"十四五"普通高等教育本科部委级规划教材
新工科系列教材

# 纺织品可持续印染技术

邢铁玲　关晋平　主编

中国纺织出版社有限公司

# 内 容 提 要

本书系统介绍了近年来的纺织品可持续印染新技术，内容包括环保型印染助剂、短流程印染技术、纺织品酶处理技术、天然染料染色印花技术、涂料印染加工技术、数码印花技术、印染废弃物处理技术、超临界二氧化碳流体无水染色技术等可持续印染技术，阐述了这些新技术的基本原理、应用方法、研究现状和发展前景。

本书可作为轻化工程和纺织工程专业本科生、研究生教材，也可供印染企业和相关领域科研人员阅读参考。

**图书在版编目（CIP）数据**

纺织品可持续印染技术／邢铁玲，关晋平主编 . --北京：中国纺织出版社有限公司，2023.4

"十四五"普通高等教育本科部委级规划教材 . 新工科系列教材

ISBN 978-7-5229-0255-5

Ⅰ. ①纺… Ⅱ. ①邢… ②关… Ⅲ. ①纺织品－染整－高等学校－教材 Ⅳ. ①TS190.6

中国版本图书馆 CIP 数据核字（2022）第 253498 号

责任编辑：朱利锋 孔会云 责任校对：寇晨晨
责任印制：王艳丽

中国纺织出版社有限公司出版发行
地址：北京市朝阳区百子湾东里 A407 号楼 邮政编码：100124
销售电话：010—67004422 传真：010—87155801
http://www.c-textilep.com
中国纺织出版社天猫旗舰店
官方微博 http://weibo.com/2119887771
三河市宏盛印务有限公司印刷 各地新华书店经销
2023 年 4 月第 1 版第 1 次印刷
开本：787×1092 1/16 印张：18.5
字数：420 千字 定价：68.00 元

# 前　言

印染，主要包括前处理、染色、印花和后整理等加工内容。印染加工是纺织品生产的重要工序，是提高纺织品品质和附加值的重要环节，是高附加值服装面料、家用纺织品和产业用纺织品的重要技术支撑，也是纺织工业发展水平的综合体现。

近年来，随着国民经济和科学技术的迅猛发展，我国印染行业在迎来更多发展机遇的同时，也面临着巨大的挑战。印染行业作为我国经济结构的重要组成部分，其环境污染问题日益突出，而相关可持续印染技术的出现，在很大程度上缓解了环境污染问题，对印染行业的绿色和可持续发展具有重要意义。本书立足于国内外纺织品可持续技术的整体发展动态，深入分析并整理了纺织品可持续印染技术的相关原理、应用方法、工艺及过程、研究现状和发展前景。

本书共八章。第一章由苏州大学周向东和杭州美高华颐化工有限公司陈焜编写；第二章由盐城工学院何雪梅编写；第三章由苏州大学邢铁玲编写；第四章由苏州大学王祥荣编写；第五章由苏州大学李若欣和常广涛编写；第六章由苏州大学陈国强和侯学妮编写；第七章第一、第二节由苏州大学魏凯编写，第三节由苏州大学关晋平编写；第八章第一节由苏州大学龙家杰编写，第二节由苏州大学郑敏编写，第三节由关晋平编写，第四节由盐城工学院蔡露编写，第五节由苏州大学王文利编写。全书由邢铁玲和关晋平统稿并担任主编。本书的部分内容取材于以上编者的研究成果。

本书在编写过程中参考了纺织品可持续印染技术、染整清洁生产新技术等方面的许多相关书籍和期刊，谨向这些参考文献的作者表示衷心的感谢！

囿于编者的能力和水平，本书一定存在许多不妥和讹谬之处，热忱欢迎专家、同行批评指正。

编者
2022 年 11 月

# 目　录

# 第一章　环保型印染助剂

## 第一节　环保型印染助剂概述

### 一、概念及有关法规要求

世界纺织染整业经过几十年的飞速发展，纺织染整产品从品种、质量、数量以及生产效率等各方面都有明显的提高，但其生产工艺却落后于科技发展的步伐和环保要求，能耗及废水排放环保问题一直未能有真正的突破。我国染整行业拥有全球最大的染整生产能力，但染整也是高能耗和高污染的行业。2022 年数据显示，我国纺织印染业废水排放量占全国工业废水统计排放量的 7.5%左右，居全国工业行业前列位。其中，印染废水是纺织工业的主要污染源，占纺织印染业废水的 80%。染整废水 pH 在 10~11 时，有机物含量高，COD 为 800~2000mg/L，同时有约 10%未成功上染染料残留在废水中。总体来看，印染废水具有污染浓度高、种类多、碱性大、毒害大及色度高等特点，属于难处理的工业废水之一。

作为世界纺织品生产第一大国，我国纺织品年产量占全球 50%以上，高占比的同时也带来了地方水电煤供给、废水处理及污染治理的高压力。随着中国经济由高速增长转向高质量发展，我国与纺织染整行业相关的《纺织染整工业水污染物排放标准》《纺织印染工业大气污染物排放标准》等法规先后出台，倒逼染整企业推行清洁生产，不断采用新设备、新技术、新工艺，推进染整生产符合生态环保要求。染整行业形势的新变化，对染整助剂提出了新要求，促进了印染助剂行业的新发展。印染助剂行业在坚持为染整行业提供符合生态指标和环保要求的高效印染助剂的同时，更应密切关注印染行业的现状和发展方向，携手印染行业共同开发染整生态环保工艺，开发染整短工艺流程以及挥发性有机物（VOC）排放少的整理工艺及相关的生态环保高效印染助剂，共同走可持续发展之路。

随着国内外市场对绿色纺织品和环境生态保护的要求越来越高以及环保法规的颁布与实施，环保型助剂已是国内外纺织助剂厂商竞相开发的主攻方向。然而迄今为止，环保型助剂还没有具体定义，但环保型纺织助剂的要求已在 Oeko-Tex Standard 100（2002 年 2 月版）中非常明确地标明，它们除了应具有纺织行业所要求的牢度性能和应用性能外，还必须满足下列八个方面的环保质量指标。

#### （一）生物降解性

印染助剂的生物降解性是指其在一定条件下被微生物氧化和分解成二氧化碳、水和其他元素的氧化物，使之成为无害物质的性质。染整加工中使用的印染助剂最终会被排放到自然界的水体中，被环境中的细菌等微生物分解净化，细菌能够以有机物为养料进行新陈代谢，通过一系列生物酶催化将其氧化为较简单的化合物，最终转化为 $CO_2$、$H_2O$ 和其他元素的氧化物。但是，不是所有的印染助剂都能被微生物分解，某些结构的印染助剂，微生物对其不发生降解作用，将在环境中长久留存下来，对生态环境造成巨大的危害。因此，开发环保型印染助剂具有十分重要的意义。

环保型印染助剂主要由环保型表面活性剂组成，欧盟制定了较完整的指令性规则，指出环保型表面活性剂必须具有 80% 的最初（一般指 5~10 天内）生物降解率和 90% 的平均生物降解率，并规定了表面活性剂生物降解性测定的方法。例如，阴离子表面活性剂适用 73/405/EEC 和 82/243/EEC；非离子表面活性剂适用 82/242/EEC。尚未有阳离子和两性离子表面活性剂的生物降解性的指令性测定方法。一些阴离子和非离子型表面活性剂的生物降解性能指标见表 1-1。

表 1-1　一些阴离子和非离子表面活性剂的生物降解性能指标

| | 表面活性剂 | 最初生物降解率/% | 总 BOD 消除百分率/% | 有机碳消除率/% |
|---|---|---|---|---|
| 阴离子型 | 直链烷基苯磺酸钠（LAS）（$C_{12}$） | 93 | 54~65 | 73 |
| | 四聚丙烯基苯磺酸钠（TPS） | 18 | <10 | — |
| | 直链烷基磺酸钠（AS）（$C_{14}$~$C_{15}$） | 89 | 75 | |
| | $\alpha$-烯烃基磺酸钠（AOS） | 89~98 | 77 | 85 |
| | 仲烷基磺酸钠（SAS） | 96 | 77 | 80 |
| | 仲醇（$C_{11}$~$C_{15}$）聚氧乙烯（3）醚硫酸酯钠盐（AES） | 98 | 73 | 88 |
| | 醇醚羧酸盐（AEC） | 96~98 | — | — |
| | 十二烷基醇磷酸酯钾盐（MAP） | 90~95 | — | — |
| 非离子型 | 壬基酚聚氧乙烯（9）醚（NPEO） | 4~80 | 0~9 | 8~17 |
| | 壬基酚聚氧乙烯（2）醚（NPEO） | 4~40 | 0~4 | 8~17 |
| | 脂肪醇聚氧乙烯（3~14）醚（AEO） | 78 | 70~90 | 80 |
| | 辛基环己醇聚氧乙烯（9）醚 | 0~50 | 0~4 | |
| | 聚醚 [$C_{11}$~$C_{15}$，EO（8），PO（5）] | >80 | 20 | 18 |

**注**　EO 代表 $\ce{(C_2H_4O)}$，PO 代表 $\ce{(C_3H_6O)}$。括号中数字表示环氧乙（丙）烷开环后所得 EO（PO）的个数。

表面活性剂的生物降解性与其分子结构有关。对于阴离子型表面活性剂，一般直链比支链好，羧酸盐比硫酸盐或磺酸盐好，磷酸盐的生物降解性也好，硫酸盐和磺酸盐需要硫细菌参与才能完成分解，降解时间较长；对于非离子型表面活性剂，脂肪醇聚氧乙烯醚的生物降解性最好，直链烷基和 $\alpha$-甲基支链的烷基聚氧乙烯醚的生物降解性差不多，支链增多，生物降解性下降，吐温型的生物降解性较好，烷基酚聚氧乙烯醚特别是带支链的烷基酚聚氧乙烯醚的生物降解性很差，非离子型表面活性剂的分解速率一般按聚氧乙烯醚的长短来决定，链越长，分解越慢，生物降解性越差；对于阳离子表面活性剂，由于其具有较大的毒性，常因为杀死细菌而使生物降解受阻，单长链的阳离子表面活性剂的生物降解性相对较好，而双长链季铵盐的生物降解性很差；两性离子型表面活性剂的生物降解性一般较好，最初生物降解率大于80%，甚至90%。

表1-1中生物降解性的测试值是表面活性剂的初级生物降解率，表征的是表观的生物降解，不能代表表面活性剂被生物降解成什么碎片以及降解到什么程度。已经丧失了表面活性剂性质的这些降解中间体一般会继续生物降解直至原始分子全部消失，所有原子都转化为 $CO_2$、$H_2O$ 和 $N_2$，这就是最终生物降解。有机化合物的碳（有机碳）不可能100%降解为 $CO_2$，因为降解过程中微生物合成新的细胞以及形成可溶性有机物中间体均需耗费一小部分碳。BASF公司规定，绿色表面活性剂的有机碳去除率应大于70%，表1-1中大部分阴离子型表面活性剂符合这一指标。

若要求提供表面活性剂的详细生物降解数据，不仅要有初级生物降解率，而且要有最终生物降解率。

**（二）低毒性**

表面活性剂的毒性包括急性毒性、鱼毒性、细菌与藻类毒性。其中，急毒性是以被试验动物一次口服、注射或皮肤涂抹助剂后产生急性中毒而死亡的半致死量来表示，即 $LD_{50}$（mg/kg），其数值越大，毒性越小。工业毒物急性毒性分级标准（参考世界卫生组织标准）见表1-2。

作为环保型表面活性剂，其急性毒性分级应该处在低毒性及以下，例如，直链烷基苯磺酸钠的 $LD_{50}$ 为1000~2000mg/kg，低毒；季铵盐阳离子表面活性剂（如1227）的 $LD_{50} <$ 1000mg/kg，中等毒性以上。

此外，表面活性剂对鱼类的急性毒性用 $LC_{50}$（mg/L）表示，所有表面活性剂的鱼类急性毒性很相似，一般在1~15mg/L的范围内。对水生细菌和藻类的毒性以 $ECO_{50}$（mg/L）表示，它表示24h内对水生细菌和藻类运动抑制程度的性质，一般在1~67mg/L的范围内。与 $LD_{50}$ 一样，它们的数值越低，其毒性越大。

**表1-2　工业毒物急性毒性分级标准**

| 毒性分级 | 小鼠一次经口 $LD_{50}$/（mg/kg） |
|---|---|
| 剧毒 | <10 |
| 高毒 | 11~100 |
| 中等毒 | 101~1000 |
| 低毒 | 1001~10000 |
| 微毒 | >10000 |

BASF公司规定，助剂的 $LC_{50}$（鱼毒性）和 $ECO_{50}$（细菌与藻类毒性）在1~100mg/L就能够使用。

**（三）低甲醛或无甲醛**

在纺织品的加工中，甲醛作为反应剂旨在提高印染助剂在纺织品上的耐久性，因为它能通过羟甲基与纤维素结构中的羟基形成共价键结合而广泛用于各类纺织印染助剂，如抗皱耐压树脂整理剂、固色剂、阻燃剂、柔软剂、黏合剂、分散剂、防水剂等。这些助剂在赋予了纺织品各项优良性能的同时，也增加了纺织品游离甲醛和释放甲醛超标的可能性。

印染助剂及染料中游离的及部分能水解产生的甲醛受到限制，要确保处理后织物中游离甲醛的含量不能超过限定值，儿童服装的游离甲醛量在 20mg/kg 以下，直接接触皮肤的服装的游离甲醛在 75mg/kg 以下，不直接接触皮肤的服装与纺织品及装饰用纺织品的游离甲醛量在 300mg/kg 以下。

### （四）不能含有环境激素

环境激素是一类对人体健康和生态环境极其有害的化学物质，目前国际市场上公认的70 种环境激素（EH）中与纺织助剂有关的环境激素有多氯联苯、烷基酚、多氯二苯并对二噁英、邻苯二甲酸酯类化合物、氯化苯酚、有机锡化合物、二苯甲酮和对硝基甲苯等 26 种，占了环境激素品种数的 37%。这些环境激素通过下列方式进入纺织助剂中：用作原料；作为最终产品；在助剂制备过程中作为副产物产生；在产品受到高温或燃烧时产生。

近年来在对我国纺织品进行检测时发现的问题，有相当一部分都与环境激素有关，列第一位的是与环境激素烷基酚直接关联的烷基酚聚氧乙烯醚（APEO）；列第二位的是环境激素邻苯二甲酸酯类化合物，它们主要用于涂层整理、柔软整理、增塑溶胶、印花以及涂料染色等，目前我国邻苯二甲酸酯类化合物的年产量很大，使用面很广，虽然已开发出一些取代品如多元醇苯甲酸酯等，但性能还有待提高；列第三位的环境激素是有机锡化合物，包括一丁基锡（MBT）、二丁基锡（DBT）、三丁基锡（TBT）、四丁基锡（TeBT）、磷酸三环己锡（TCyHT）、一辛基锡（MOT）、二辛基锡（DOT）、三辛基锡（TOT）、三苯基锡（TPhT）、三丙基锡（TPT）一个系列共 10 个品种，目前它们除了在单体聚合时用作催化剂、聚合物的稳定剂或在防腐涂层时会被带到纺织品上外，已不再作为杀菌剂用于纺织品上。

### （五）可萃取重金属的含量不能超过允许限量

纺织品上含有的重金属元素通常以化合物形式存在，不会对人体造成危害，但是，当人体出汗时，由于汗液具有一定的酸碱度，会从纺织品中萃取一定重量金属离子，这些重金属离子通过与人体皮肤接触而被吸收，一旦进入人体，则有向肝、骨骼、肾、心及脑聚集的倾向，会对人体健康造成极大的危害。所规定的 10 种重金属是砷（As）、锑（Sb）、铅（Pb）、镉（Cd）、铬（Cr）、汞（Hg）、镍（Ni）、铜（Cu）、钴（Co）、锌（Zn），其允许限量见表 1-3。

表 1-3　可萃取重金属的含量的允许限量

| 项目 | As | Sb | Pb | Cd | Cr | Hg | Ni | Cu | Co | Zn |
|---|---|---|---|---|---|---|---|---|---|---|
| 直接接触皮肤服装/（mg/kg） | 1.0 | 无 | 1.0 | 0.1 | 2.0 | 0.02 | 4.0 | 50.0 | 1.0 | 无 |
| 不直接接触皮肤服装/（mg/kg） | 1.0 | 无 | 1.0 | 0.1 | 2.0 | 0.02 | 4.0 | 50.0 | 4.0 | 无 |
| 婴幼儿服装/（mg/kg） | 0.2 | 无 | 0.2 | 0.1 | 1.0 | 0.02 | 1.0 | 25.0 | 1.0 | 无 |

### （六）不能含有致癌芳香胺

不含有或不会在特定条件（即特定还原条件）下裂解产生 24 种致癌芳香胺，所规定的致癌芳香胺与纺织染料中不能含有的 24 种致癌芳香胺相同，具体见表 1-4。

表 1-4　欧盟禁止的 24 种致癌芳香胺

| 编号 | 名称 | CAS 号 | EC 号 |
|---|---|---|---|
| 1 | 4-氨基联苯 | 92-67-1 | 202-177-1 |
| 2 | 4,4′-二氨基联苯 | 92-87-5 | 202-199-1 |
| 3 | 4-氯-2-甲基苯胺 | 95-69-2 | 202-441-6 |
| 4 | 2-萘胺 | 91-59-8 | 202-080-4 |
| 5 | 邻氨基偶氮甲苯 | 97-56-3 | 202-591-2 |
| 6 | 2-氨基-4-硝基甲苯 | 99-55-8 | 202-765-8 |
| 7 | 4-氯苯胺 | 106-47-8 | 203-401-0 |
| 8 | 2,4-二氨基苯甲醚 | 615-05-4 | 210-406-1 |
| 9 | 4,4′-二氨基二苯甲烷 | 101-77-9 | 202-974-4 |
| 10 | 3,3′-二氯联苯胺 | 91-94-1 | 202-109-0 |
| 11 | 邻甲氧基联苯胺 | 119-90-4 | 204-355-4 |
| 12 | 4,4′-二氨基-3,3′-二甲基联苯 | 119-93-7 | 204-358-0 |
| 13 | 4,4′-二氨基-3,3′-二甲基二苯甲烷 | 838-88-0 | 212-658-8 |
| 14 | 2-甲氧基-5-甲基苯 | 120-71-8 | 204-419-1 |
| 15 | 4,4′-二氨基-3,3′-二氯二苯甲烷 | 101-14-4 | 202-918-9 |
| 16 | 4,4′-二氨基二苯基醚 | 101-80-4 | 202-977-0 |
| 17 | 4,4′-二氨基二苯硫醚 | 139-65-1 | 205-370-9 |
| 18 | 2-甲基苯胺 | 95-53-4 | 202-429-0 |
| 19 | 2,4-二氨基甲苯 | 95-80-7 | 202-453-1 |
| 20 | 2,4,5-三甲苯胺 | 137-17-7 | 205-282-0 |
| 21 | 邻甲氧基苯胺 | 90-04-0 | 201-963-1 |
| 22 | 4-氨基偶氮苯 | 60-09-3 | 200-453-6 |
| 23 | 2,4-二甲基苯胺 | 95-68-1 | 202-440-0 |
| 24 | 2,6-二甲基苯胺 | 87-62-7 | 201-758-7 |

**（七）可吸附有机卤化物的含量不能超过限定值**

可吸附有机卤化物（AOX）是指用活性炭可吸附的有机卤化物。由于 AOX 在一定条件下会反应生成多卤二苯并对二噁英和多卤二苯并呋喃等致癌物质，因此，它对人体健康和生态环境的危害很大。纺织助剂中有不少品种属于 AOX，可概括为下列五类：

（1）含卤有机载体，如二氯苯、三氯苯、一氯甲苯、二氯甲苯、三氯甲苯等；

（2）氯化烃溶剂，如 1,1,1-三氯乙烷、1,2-二氯乙烷、1,1-二氯乙烯、三氯乙烯、1,

3-二氯丙烯、四氯乙烯、四氯化碳等；

（3）含卤整理剂，如含卤阻燃剂三-（2,3-二溴丙基）磷酸酯、多溴联苯、五溴二苯醚、八溴二苯醚等，防霉抗菌剂五氯苯酚、5,5-二氯-2,2-二羟基二苯甲烷等；

（4）含卤前处理剂，如含卤精练剂有氯氟烯烃类溶剂，含氯漂白剂有次氯酸盐、亚氯酸盐等；

（5）聚氯乙烯。规定五氯苯酚在婴幼儿用品中低于 0.05mg/kg，在其他纺织品中低于 0.5mg/kg；2,3,5,6-四氯苯酚在婴幼儿用品中低于 0.05mg/kg，在其他纺织品中低于 0.5mg/kg；有机氯载体氯苯和氯化甲苯要低于 1.0mg/kg；阻燃整理剂中对五溴联苯醚和八溴联苯醚禁用，氯乙烯的含量要求低于 0.002mg/kg。

### （八）不能含有其他有害化学物质

其他有害化学物质包括磷酸盐、乙二胺四乙酸、二乙烯三胺五乙酸、挥发性有机化合物、被限制的农药等。

目前国内外市场上环保型纺织助剂已具有一定的基础，涉及的范围有环保型前处理剂、环保型印染助剂和环保型后整理剂。虽然各国执行的纺织助剂环保质量标准有所不同，有些指标和法规我国尚未执行，但环保型纺织助剂的技术水平、质量、数量、检测技术等都有待进一步提高。

## 二、发展现状及趋势

随着纺织品行业不断发展，我国印染布产量不断快速增长。纺织印染助剂对纺织品的新颖化、高档化、功能化，提高纺织品附加值和在国际市场上的竞争力起着决定性的作用，可综合体现出一个国家纺织品深加工和精加工的水平。因此，纺织品印染助剂的节能、环保、高效、快速发展势在必行。

### （一）绿色低碳要求进一步提升

2020 年 9 月，中国在联合国大会上向世界宣布了 2030 年前实现碳达峰、2060 年前实现碳中和的目标。结合国家颁布的《中华人民共和国清洁生产促进法》和行业主管部门发布的《生态纺织品技术要求》，对企业提出了更严格的要求。一方面在生产过程中要严格按照国家制定的《生态纺织品技术开发与应用指南》进行开发，采用先进的绿色生态生产工艺；另一方面则是要积极采用无溶剂染色技术，减少环境污染，并尽可能地降低能源和资源消耗，提高产品附加值，加快建设资源节约型和环境友好型社会的步伐，实现绿色发展。

### （二）国内环保型印染助剂发展中存在的主要问题

#### 1. 印染助剂成分不明且缺少固有特性数据

当前国际上迫切要求助剂应该有相应的固有特性（包括燃点、凝固点、沸点、相对密度、蒸汽压、表面张力、水溶性、分配系数、闪点、可燃点、爆炸性、自燃点、氧化性、颗粒度等理化性质，毒理学性质和生态毒理学性质），但我国纺织印染助剂固有特性指标缺少，说不清楚生产的助剂中含有哪些杂质，也就无法制定毒理学指标与生态毒理学指标。这不但增加了纺织印染助剂行业按照欧盟 REACH 法规要求进行助剂注册的成本，而且有可能影响企业生产助剂的产品结构。

**2. 环保型印染助剂标准有待进一步提高**

目前大部分国产纺织印染助剂的质量指标只有常规、通用指标，缺少特性指标，也无针对物性指标的检测技术和方法，国际市场上关心的生态环保质量指标［如德国的 Oeko-Tex Standard 100、欧盟的 Eco-label、美国服饰和鞋类协会（AAFA）RSL 等所规定的对人体和环境有害的化学物质的指标］在国产助剂的标准中不仅不完整，而且有些方面根本没有。我国纺织印染助剂从检测方法标准到产品指标标准都比较滞后。

**3. 混纺织物配套环保型印染助剂缺乏**

天然纤维及性能相互弥补的各种混纺产品，越来越受到人们的青睐。而多种纤维混纺产品的高质量、短流程的前处理、染色、印花和后整理工艺及相关助剂，世界各国均未完全突破。至今，大部分仍沿用传统方法，难以生产高质量的产品。为此，国内外正在研究开发适应快速、高效、环保、节能这类工艺需求的配套助剂。

**（三）环保型印染助剂的发展趋势**

随着人类环保意识的增强，ISO 14000 的颁布实施，欧盟一系列技术壁垒政策的设置，环保型印染助剂成为近年来国内外厂商竞相开发的主攻方向，它们涉及印染助剂的各个领域。发展环保型纺织助剂遵循效率性、经济性和生态性的"三 E"原则。近 3 年世界市场开发的新型环保型纺织助剂不少于 1100 种，都具有优异的生物降解性、低毒性、低甲醛或无甲醛、不含环境激素、可萃取重金属的含量不超过允许限量、经还原不含致癌芳香胺、可吸附有机卤化物，以及其他有害化学物质的含量不超过允许限量等特点。总的来看，环保型印染助剂具有以下几方面的发展趋势。

**1. 新纤维用环保型印染助剂的需求不断增多**

近年来，国际纺织市场为了不断满足社会经济发展的需要和适应人们对时尚与舒适性的要求开发了不少新型纺织纤维，如聚乳酸纤维（PLA）、聚对苯二甲酸丙二酯纤维（PTT）、Tencel 系列纤维、纤维素氨基甲酸酯纤维（Carbacell 纤维）、高导湿聚酯纤维、木质素纤维、甲壳素纤维、Modal 纤维、多组分复合纤维和各种功能性纤维（超防缩、超柔软、磨绒、涂层和仿毛粗、中、薄型混纺交织织物等）。开发的新型染整技术有低温等离子体技术、数码喷墨印花技术等，开发的新型工艺有退—煮—漂—染湿短蒸工艺、冷轧堆高效练漂工艺及碱氧一步法工艺等。研究和发展适应这些新型纺织纤维和新型染整技术需要的环保型纺织印染助剂是众所关心的开发热点之一，如浴中润滑剂、酶制剂和各种具有特定功能的专用助剂等。

**2. 清洁型和节约型印染助剂逐渐受到青睐**

当今社会人们对环境保护问题引起高度重视。企业在清洁生产、节能减排方面注入了很大财力和人力，高效、节能、短流程、低温等印染助剂的开发不断受到纺织印染企业的欢迎，也是今后纺织印染助剂的发展方向。

**3. 利用高新技术开发环保型多功能和高功能印染助剂**

比较突出的高新技术有生物技术、纳米技术、复配增效技术和微乳化技术等。采用这些高新技术开发多功能和高功能纺织印染助剂也是纺织助剂开发热点之一，例如，近年运用生物技术制造酶制剂发展迅速，有用于棉纤维退浆处理的淀粉酶，用于棉纤维光洁和减量处理的纤维素酶，用于棉纤维精练的果胶酶和纤维素酶，也有用于丝绸脱胶和羊毛防缩整理的蛋白酶等。目前正在研究将基因工程用于酶制剂的开发上。又如，由于开发新结构的纺织助剂投入太大，且产生的"三废"污染严重，因此，复配增效技术越来越受宠。据报道，国际市场上每年新增的纺织助剂中80%的新产品采用复配增效技术制成。目前，这种新技术大致分为两种方式，一种是外复配方式，另一种是内复配方式，主要采用前一种。例如，将纳米技术用于纺织助剂中制成的纳米材料抗菌粉、远红外粉的特种助溶剂、纳米级乳液黏合剂等都起到了传统产品无法比拟的作用。

总之，我国是非常大的纺织品生产和加工基地。随着纺织印染助剂进一步向多功能、高性能和环保型推进，发展快速、高效、环保、节能的纺织品印染工艺和新产品，生产符合市场需要的纺织印染助剂是生产企业不可规避的历史重任，环保型纺织印染助剂产品市场前景广阔。

# 第二节　合成环保型印染助剂的基础原料

## 一、葡萄糖衍生物

葡萄糖分子式为 $C_6H_{12}O_6$，是自然界分布最广且最为重要的一种单糖，它是一种多羟基醛。纯净的葡萄糖为无色晶体，易溶于水，微溶于乙醇，不溶于乙醚。天然葡萄糖水溶液旋光向右，故属于"右旋糖"。以葡萄糖为原料制备的葡萄糖衍生物有烷基糖苷、甲基葡萄糖苷与脂肪酯葡萄糖酰胺。

### （一）烷基糖苷

烷基糖苷分子的结构式如图 1-1 所示。

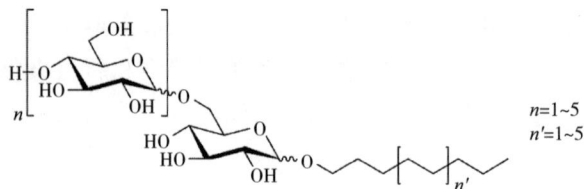

图 1-1　烷基糖苷分子的结构式

烷基糖苷又称为烷基葡萄糖苷（AGs）或烷基多糖苷（APG），是用量较广的非离子表面活性剂，其结构中的多糖结构为亲水基，烷基链段为疏水基，使其具备一般聚氧乙烯醚类非离子表面活性剂性能。APG的疏水部分主要为椰子油、棕榈仁油（$C_{12}\sim C_{14}$ 脂肪醇）、棕榈油或菜籽油（$C_{16} \sim C_{18}$脂肪醇），其亲水性随多糖聚合度而变化。APG 是异构体的复杂混合物，其特征在于多糖单元在 1~6 之间变化，市售 APG 的亲水部分平均聚合度在 1.3~1.6。

APG 的工业生产至少需要三个制造工序，如图 1-2 所示。第一阶段是葡萄糖和脂肪醇之间的酸催化缩合（缩醛化）。当前工业上有两种缩醛化方法。

（1）直接缩醛化。包括在无溶剂反应中直接缩合葡萄糖和醇（Fischer 糖苷化）。

（2）间接缩醛化。预先合成丁基聚葡萄糖苷（无须溶剂和酸催化），然后与脂肪醇反应。间接缩醛的优点是可使用廉价的葡萄糖源（例如葡萄糖浆或淀粉），而直接缩醛化虽然更简单，但需要更昂贵的无水葡萄糖。无论采用哪种缩醛化方法，所得的 APG 总是以复杂混合物的形式存在。这种混合形式的产品可以部分解释为：由于异构化产生的各种可能性，如呋喃糖苷和吡喃糖苷形式（占 90%）和 $\alpha$-端基异构体（占 65%）。然后经过葡萄糖和单葡糖苷之间的缩合聚合，得到烷基聚葡萄糖苷。单糖苷有四个易于缩醛化的羟基，但由于立体异构的原因，$1 \rightarrow 4$ 和 $1 \rightarrow 6$ 的苷键最容易反应。

第二阶段包括中和酸催化剂来停止缩醛化反应。由于缩醛化反应需要过量的醇，所以第三阶段在于通过蒸馏消除反应体系中过量醇。

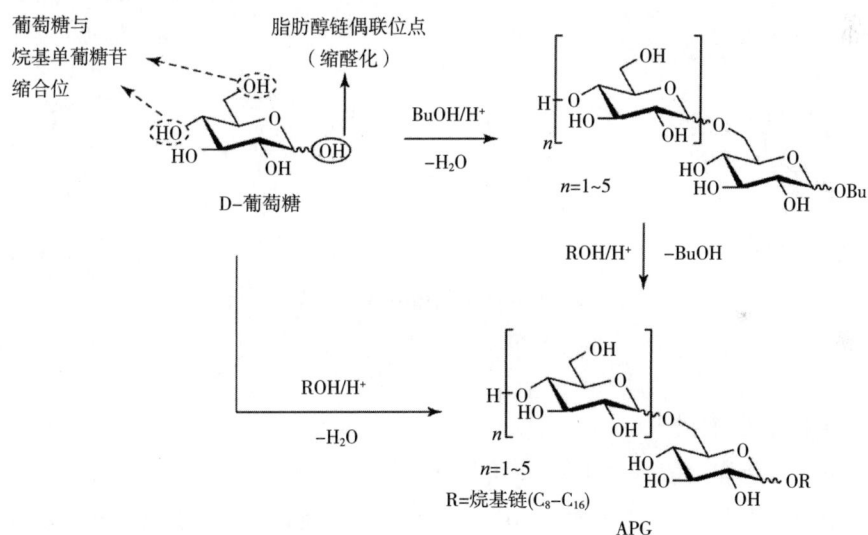

图 1-2　APG 工业化生产的反应途径

具有短烷基链的多糖苷（$C_8 \sim C_{10}$）易溶于水，适用于从中性家具护理产品到工业清洁剂；链长中等（$C_{12} \sim C_{14}$）的 APG 与其他表面活性剂结合使用时，具有较强的协同作用，适用于通用洗涤剂、洗发水和清洁化妆品；长链 APG（$C_{16} \sim C_{18}$）由于其良好的油/水乳化性能，可用于化妆品中。

APG 与其他表面活性剂相比，优势有两点。第一，与大多数表面活性剂（例如非离子型乙氧基化物）不同，它们不会在高温下从溶液中沉淀出来（即没有浊点），因此，使用过程中不必担心相分离，而且它们对高电解质的耐受性高于任何其他非离子表面活性剂；第二，在关于 APG 的生态学（需氧和厌氧环境中的完全和快速生物降解，主要是由于乙缩醛键的存在）、毒理学和皮肤病学特性，APG 具有非凡的产品安全特性，它们对皮肤和黏膜具有良好的相容性和低刺激性。

**（二）甲基葡萄糖苷**

甲基葡萄糖苷具有良好的分散力、乳化力、卫生安全性及可降解性，分子结构式如图 1-3 所示。其制备方法为：将甲醇加入反应釜中，在搅拌下加入葡萄糖和催化剂磺酸型离子树脂，保温反应 4~6h 后，降温出料。

**（三）脂肪酸葡萄糖酰胺**

葡萄糖酰胺优于糖酯的特性是它们在碱性条件下的水解敏感性较低。因此，衍生自 D-葡萄糖醇的脂肪酸葡萄糖酰胺，是通过酰胺键与烷基链连接的表面活性剂，其反应方程式如图 1-4 所示。

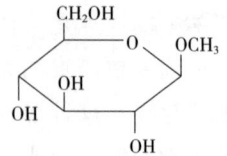

图 1-3 甲基葡萄糖苷分子的结构式

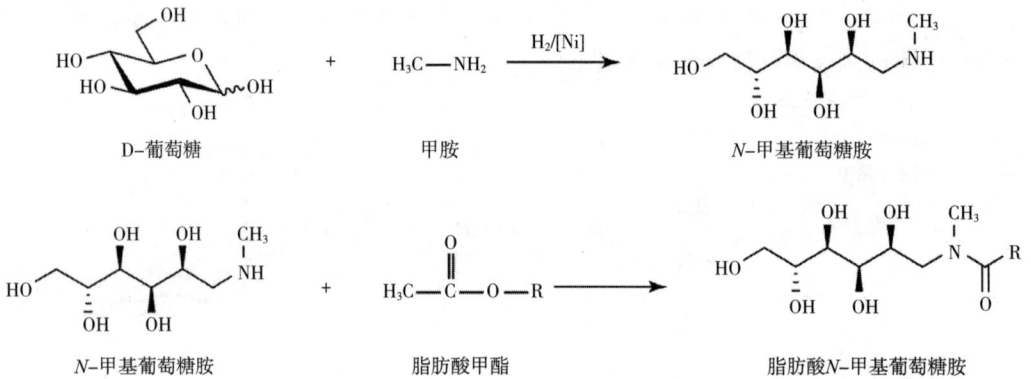

图 1-4 脂肪酸葡萄糖酰胺的合成反应式

## 二、山梨糖醇衍生物

山梨糖醇，又称山梨醇，分子式是 $C_6H_{14}O_6$，为白色吸湿性粉末或晶状粉末、片状或颗粒。根据结晶条件不同，熔点在 88~102℃ 变化，相对密度约 1.49，易溶于水（1g 溶于约 0.45g 水中），微溶于乙醇和乙酸。其可作为表面活性剂的原料，用于生产司盘（Span）和吐温（Tween）类表面活性剂。

**（一）失水山梨醇脂肪酸酯（司盘）**

司盘系列表面活性剂主要品种及理化指标见表 1-5。各品种的性能和应用见表 1-6。

表 1-5　司盘系列表面活性剂的理化指标

| 规格 | 化学名称 | 外观（25℃） | 皂化值/（mgKOH/g） | 羟值/（mgKOH/g） | 水分/% | HLB 值 |
|---|---|---|---|---|---|---|
| 司盘 20 | 失水山梨醇单月桂酸酯 | 琥珀色黏稠液体 | 160~175 | 330~360 | <1.5 | 8.6 |

续表

| 规格 | 化学名称 | 外观<br>（25℃） | 皂化值/<br>（mgKOH/g） | 羟值/<br>（mgKOH/g） | 水分/<br>% | HLB值 |
|------|---------|----------------|---------------------|---------------------|-----------|-------|
| 司盘40 | 失水山梨醇单棕榈酸酯 | 微黄色蜡状固体 | 140~150 | 255~290 | <1.5 | 6.7 |
| 司盘60 | 失水山梨醇单十八酸酯 | 微黄色蜡状固体 | 135~155 | 240~270 | <1.5 | 4.7 |
| 司盘80 | 失水山梨醇单油酸酯 | 琥珀色黏稠状 | 140~160 | 190~220 | <1.5 | 4.3 |
| 司盘85 | 失水山梨醇三油酸酯 | 黄色油状液体 | 165~185 | 60~80 | 1.5 | 1.8 |

表1-6 司盘系列表面活性剂的性能与应用

| 规格 | 性能与应用 |
|------|-----------|
| 司盘20 | （1）溶于油及有机溶剂，分散于水中呈半乳状液体<br>（2）在医药、化妆品生产中作油包水（W/O）型乳化剂、稳定剂、增塑剂、润滑剂、干燥剂；纺织工业中作柔软剂、抗静电剂；也用作机械润滑剂；作为添加型防雾剂，具有良好的初期及低温防雾滴性，适用于聚氯乙烯（PVC，1%~1.5%）、聚烯烃薄膜（0.5%~0.7%）、乙烯-醋酸乙烯共聚物（EVA）薄膜等 |
| 司盘40 | （1）溶于油及有机溶剂，热水中呈分散状<br>（2）食品、化妆品业中作乳化剂、分散剂；乳液聚合中作乳化稳定剂；印刷油墨中作分散剂；也可用作纺织防水涂料添加剂、油品乳化分散剂；广泛用于聚合物防雾滴剂，PVC农膜中用量为1%~1.7%，EVA中用量为0.5%~0.7% |
| 司盘60 | （1）不溶于水，热水中呈分散状，是良好的W/O型乳化剂，具有很强的乳化、分散、润滑性能，也是良好的稳定剂和消泡剂<br>（2）在食品工业中用作乳化剂，用于饮料、奶糖、冰激凌、面包、糕点、麦乳精、人造奶油、巧克力等生产中；在纺织工业中用作腈纶的抗静电剂、柔软上油剂的组分；在食品、农药、医药、化妆品、涂料、塑料工业中用作乳化剂、稳定剂 |
| 司盘80 | （1）难溶于水，溶于热油及有机溶剂，是高级亲油性乳化剂<br>（2）用于W/O型乳胶炸药，锦纶和黏胶帘子线油剂，对纤维具有良好的润滑作用。用于机械、涂料、化工、炸药的乳化。在石油钻井加重泥浆中作乳化剂；食品和化妆品生产中作乳化剂；油漆、涂料工业中作分散剂；钛白粉生产中作稳定剂；农药生产中作杀虫剂、润湿剂、乳化剂；石油制品中作助溶剂；也可作防锈油的防锈剂。用于纺织和皮革的润滑剂和柔软剂；作为薄膜防雾滴剂，具有良好初期和低温防雾滴性，在PVC中用量1%~1.5%，聚烯烃中用量为0.5%~0.7% |
| 司盘85 | （1）微溶于异丙醇、四氯乙烯、棉籽油等<br>（2）主要用于医药、化妆品、纺织、油漆以及石油行业等，用作乳化剂、增稠剂、防锈剂等 |

以司盘80为例，制备方法为：将1mol山梨糖醇投入反应釜中，抽真空升温脱水，脱水完毕后压入1mol精制油酸，氢氧化钠作催化剂，2h内升温至210℃左右，保温反应6h，取样测试酸值6~7mgKOH/g时，结束反应，用双氧水脱色后，减压脱水。其反应式如图1-5所示。各品种的性能和应用见表1-6。

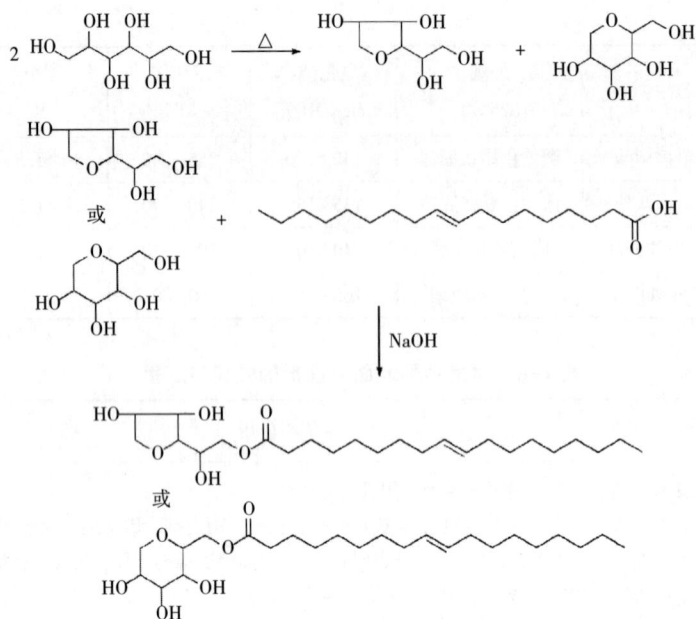

图1-5 司盘80的合成反应式

## （二）聚氧乙烯失水山梨醇脂肪酸酯（吐温）

吐温系列表面活性剂主要品种及理化指标见表1-7。

以吐温80为例，其制备方法为：将1mol预热的司盘80投入反应釜中，在搅拌下加入催化剂量的氢氧化钠，升温，并用氮气置换釜中空气后，温度控制在130~140℃开始通入5mol环氧乙烷，反应温度维持在150~160℃。通完环氧乙烷后冷却，将料液打入中和釜，用冰醋酸中和，再用双氧水脱色，最后脱水5h，得成品。反应式如图1-6所示。各品种的性能及应用见表1-8。

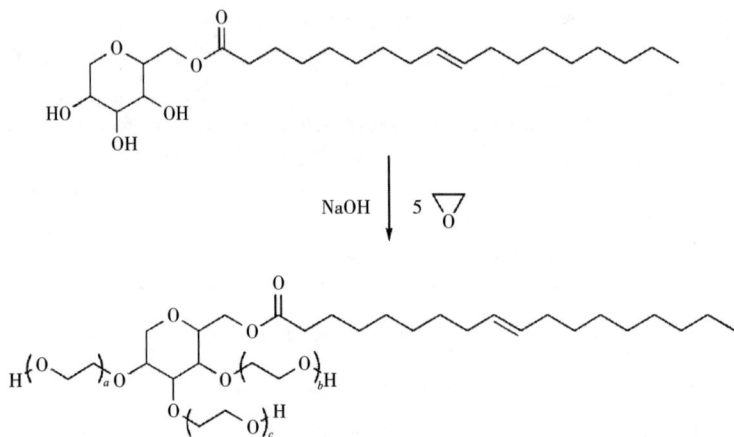

图1-6 吐温80的合成反应式

表 1-7　吐温系列表面活性剂的理化指标

| 规格 | 化学名称 | 外观<br>（25℃） | 皂化值/<br>（mgKOH/g） | 羟值/<br>（mgKOH/g） | 水分/<br>% | HLB 值 |
|---|---|---|---|---|---|---|
| 吐温 20 | 聚氧乙烯（20）<br>山梨醇单月桂酸酯 | 琥珀色黏稠液体 | 40~50 | 90~110 | <3.0 | 16.5 |
| 吐温 40 | 聚氧乙烯（20）<br>山梨醇酐单棕榈酸酯 | 淡黄色蜡状固体 | 40~55 | 85~100 | <3.0 | 15.5 |
| 吐温 60 | 聚氧乙烯（20）<br>山梨醇单硬脂酸酯 | 淡黄色蜡状固体 | 40~55 | 80~105 | | 145 |
| 吐温 80 | 聚氧乙烯（20）<br>山梨醇单油酸酯 | 琥珀色黏稠液体 | 43~55 | 65~82 | <3.0 | 15 |

表 1-8　吐温系列表面活性剂的性能与应用

| 规格 | 性能与应用 |
|---|---|
| 吐温 20 | （1）易溶于水、甲醇、乙醇、异丙醇等多种溶剂，不溶于动、矿物油，具有乳化、扩散、增溶、稳定等性能<br>（2）对人体无害，没有刺激性，在食品工业中主要用于蛋糕、冰淇淋、起酥油等制作<br>（3）在其他方面，可用作矿物油的乳化剂，染料的溶剂，化妆品的乳化剂，泡沫塑料的稳定剂，医药品的乳化剂、扩散剂和稳定剂，以及照片乳液的助剂 |
| 吐温 40 | 易溶于水、甲醇、乙醇、异丙醇等多种溶剂，不溶于动、矿物油，用作 O/W 型乳化剂、增溶剂、稳定剂、扩散剂、抗静电剂、润滑剂 |
| 吐温 60 | （1）易溶于水、甲醇、乙醇、异丙醇等多种溶剂，不溶于动、矿物油，具有优良的乳化性能，兼有润湿、起泡、扩散等作用<br>（2）用作 O/W 型乳化剂、分散剂、稳定剂，用于食品、医药、化妆品、水性涂料的制造<br>（3）在纺织业中作柔软剂、抗静电剂，是聚丙烯腈纺丝油剂组分和纤维后加工的柔软剂，使纤维消除静电，提高其柔软性并赋予纤维良好的染色性能 |
| 吐温 80 | （1）易溶于水、甲醇、乙醇，不溶于矿物油，用作乳化剂、分散剂、润湿剂、增溶剂、稳定剂，用于医药、化妆品、食品等工业<br>（2）在聚氨酯泡沫塑料生产中用作稳定剂、助发泡剂；在合成纤维中可作抗静电剂，是化纤油剂的中间体；在制作电影胶片中用作润湿剂及分散剂；用于乳化硅油时具有良好的效果，在锦纶和黏胶帘子线加工中作为油剂及水溶性乳化剂，常与司盘 80 混用<br>（3）用作油田乳化剂、防蜡剂、稠油润湿、降阻剂；用作精密机床调制润滑冷却液等 |

## 三、油脂类衍生物

化石资源的枯竭，温室气体和有毒废物的排放不断增加，以及严格的环境法规，促使研究者寻找生物基材料作为石油基的替代物，植物油就是其中之一。它们具有出色的性能以及固有的可持续性和相对较低的价格。大量植物油，如大豆油、菜籽油、棕榈油和蓖麻油等被认为是化学工业中最重要的可再生原料，可减少对石油资源消耗的依赖。

植物油的结构通式如图1-7所示，常见植物油的成分和不饱和度见表1-9，常见脂肪酸成分及其结构式见表1-10。大多数植物油结构中的碳碳双键位于9~16位碳原子上，是植物油脂的一个活性基团，酯基是植物油的另一个活性基团。有些油还含有其他反应性基团，如羟基或环氧基，例如，蓖麻油中含有90%的蓖麻油酸，其在第12个碳原子上含有羟基；紫草油的甘油三酯结构中有平均2.8个环氧基。所有这些固有的功能性基团为许多植物油衍生物的制备提供可能性。目前应用最多的是蓖麻油聚氧乙烯醚系列、脂肪酸聚氧乙烯醚系列与聚乙二醇脂肪酸酯系列。

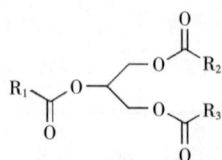

（$R_1$，$R_2$，$R_3$代表脂肪酸链）

图1-7　植物油的典型结构通式

表1-9　常见植物油的成分和不饱和度

| 名称 | 双键数 | 脂肪酸组成/% | | | | |
|---|---|---|---|---|---|---|
| | | 棕榈酸 | 硬脂酸 | 油酸 | 亚油酸 | 亚麻酸 |
| 蓖麻油 | 3.0 | 1.5 | 0.5 | 5.0 | 4.0 | 0.5 |
| 玉米油 | 4.5 | 10.9 | 2.0 | 25.4 | 59.6 | 1.2 |
| 亚麻籽油 | 6.6 | 5.5 | 3.5 | 19.1 | 15.3 | 56.6 |
| 橄榄油 | 2.8 | 13.7 | 2.5 | 71.1 | 10.0 | 0.6 |
| 棕榈油 | 1.7 | 42.8 | 4.2 | 40.5 | 10.1 | — |
| 大豆油 | 4.6 | 11.0 | 4.0 | 23.4 | 53.3 | 7.8 |
| 菜籽油 | 3.9 | 4.1 | 1.8 | 60.9 | 21.0 | 8.8 |

表1-10　植物油中常见脂肪酸成分及其结构式

| 名称 | 分子式 | 结构 |
|---|---|---|
| 辛酸 | $C_8H_{16}O_2$ | ⟍⟋⟍⟋⟍⟋—COOH |
| 棕榈酸 | $C_{16}H_{32}O_2$ | ⟍⟋⟍⟋⟍⟋⟍⟋—COOH |
| 硬脂酸 | $C_{18}H_{36}O_2$ | ⟍⟋⟍⟋⟍⟋⟍⟋—COOH |
| 油酸 | $C_{18}H_{34}O_2$ | ⟍⟋⟍⟋⟍⟋⟍⟋—COOH |
| 亚油酸 | $C_{18}H_{32}O_2$ | ⟍⟋⟍⟋⟍⟋⟍⟋—COOH |
| 亚麻酸 | $C_{18}H_{30}O_2$ | ⟍⟋⟍⟋⟍⟋⟍⟋—COOH |
| 蓖麻油酸 | $C_{18}H_{34}O_3$ | ⟍⟋⟍⟋⟍⟋⟍⟋—COOH, OH |

**（一）蓖麻油聚氧乙烯醚**

　　蓖麻油聚氧乙烯醚（EL）是以蓖麻油为主要原料，与环氧乙烷加成制得。主要合成方法为：将蓖麻油、KOH投入反应釜中，氮气保护下通入环氧乙烷，在160~180℃和0.2MPa下反应2h后，取样测试浊点，浊点符合要求后冷却到100℃，加冰醋酸调pH至6.0~8.0，加入适量的双氧水漂白，冷却到50℃，出料。反应式如图1-8所示。实际生产中还包括氢化蓖麻油聚氧乙烯醚（HEL），常见蓖麻油聚氧乙烯醚理化指标见表1-11，常见蓖麻油聚氧乙烯醚性能与应用见表1-12。

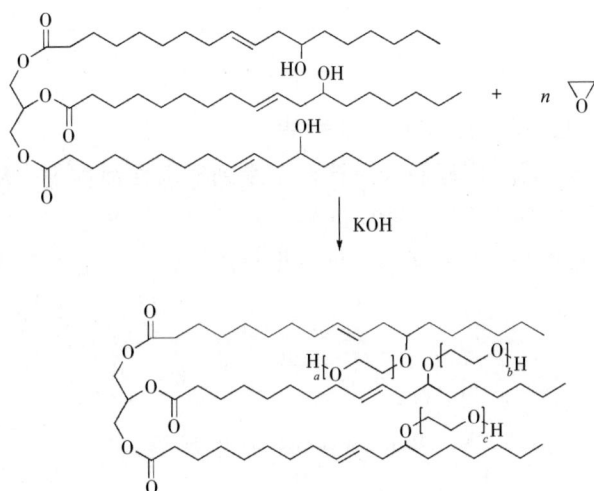

图1-8　蓖麻油聚氧乙烯醚的合成反应式

**表1-11　常见蓖麻油聚氧乙烯醚的理化指标**

| 规格 | 外观（25℃） | 皂化值/（mgKOH/g） | 浊点/℃ | 水分/% | HLB值 |
|---|---|---|---|---|---|
| EL-10 | 淡黄色透明油状 | 110~130 | — | <1.0 | 6~7 |
| EL-12 | 淡黄色透明油状 | 110~120 | — | <1.0 | 6.5~7.5 |
| EL-20 | 淡黄色透明油状 | 90~100 | — | <1.0 | 9~10 |
| HEL-20 | 淡黄色透明油状 | 90~100 | — | <1.0 | 9~10 |
| EL-30 | 淡黄色油状/膏状 | 70~80 | 45 | <1.0 | 11.5~12.5 |
| EL-40 | 淡黄色油状/膏状 | 57~67 | 70~84 | <1.0 | 13~14 |
| HEL-40 | 淡黄色油状/膏状 | 57~67 | — | <1.0 | 13~14 |
| EL-60 | 淡黄色膏状/固状 | — | 85~90 | <1.0 | 14~15.5 |

表 1-12　常见蓖麻油聚氧乙烯醚的性能与应用

| 规格 | 性能与应用 |
|---|---|
| EL-10<br>EL-12<br>EL-20<br>HEL-20 | (1) 溶于大多数有机溶剂，水中呈分散状，具有优良的乳化、扩散性能<br>(2) 在纺织业中，用作涤纶、聚丙烯腈、聚乙烯醇等合成纤维纺丝油剂的主要成分，具有乳化和抗静电作用；可使浆纱柔软、平滑，减少断头；在化纤浆料中可作为柔软平滑剂，且可消除合成浆料液中的泡沫 |
| EL-30<br>EL-40<br>HEL-40<br>EL-60 | (1) 易溶于水、脂肪酸或其他有机溶剂中，具有优良的乳化性能<br>(2) 用作 O/W 型乳化剂，用于各种植物、动物和矿物油的乳化<br>(3) 在纺织工业中用作羊毛和毛油及化纤油剂的组分，即有乳化作用又有抗静电效果 |

### （二）脂肪酸聚氧乙烯醚和聚乙二醇脂肪酸酯

脂肪酸聚氧乙烯醚和聚乙二醇脂肪酸酯这两个系列的表面活性剂，从结构上看两者十分接近，区别在于两者的合成方式不同。脂肪酸聚氧乙烯醚由脂肪酸与环氧乙烷反应制得，反应式如图 1-9 所示。如月桂酸聚氧乙烯醚、油酸聚氧乙烯醚、硬脂酸聚氧乙烯醚。

图 1-9　脂肪酸聚氧乙烯醚的合成反应式

以脂肪酸与聚乙二醇为原料，通过酯化反应制得聚乙二醇脂肪酸酯，合成反应式如图 1-10 所示。常用的聚乙二醇脂肪酸酯主要物理指标见表 1-13，主要性能与应用见表 1-14。

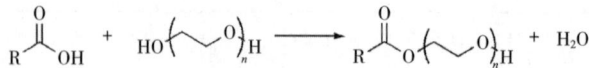

图 1-10　聚乙二醇脂肪酸酯的合成反应式

表 1-13　聚乙二醇脂肪酸酯的理化指标

| 名称 | 常用代号 | 皂化值/<br>（mgKOH/g） | HLB 值 |
|---|---|---|---|
| 聚乙二醇 400 单硬脂酸酯 | PEG400MS | 75~95 | 10.7~11.7 |
| 聚乙二醇 400 双硬脂酸酯 | PEG400DS | 110~130 | 7.2~8.2 |
| 聚乙二醇 200 单月桂酸酯 | PEG200ML | 140~155 | 9~10 |
| 聚乙二醇 200 双月桂酸酯 | PEG200DL | 195~210 | 8~9 |
| 聚乙二醇 400 单月桂酸酯 | PEG400ML | 90~110 | 12~13 |
| 聚乙二醇 400 双月桂酸酯 | PEG400DL | 130~155 | 10~11 |

续表

| 名称 | 常用代号 | 皂化值/（mgKOH/g） | HLB 值 |
|---|---|---|---|
| 聚乙二醇 400 单油酸酯 | PEG400MO | 75~95 | 11~12 |
| 聚乙二醇 400 双油酸酯 | PEG400DO | 100~130 | 7~8 |
| 聚乙二醇 600 单油酸酯 | PEG600MO | 60~75 | 13~14 |
| 聚乙二醇 600 双油酸酯 | PEG600DO | 85~105 | 10~11 |

表 1-14　聚乙二醇脂肪酸酯的性能与应用

| 名称 | 性能与应用 |
|---|---|
| PEG400MS | 溶于多种有机溶剂，水中呈分散状，具有乳化、增溶、润湿、柔软性能。纺织业中作乳化剂、柔软剂、润滑剂 |
| PEG400DS | 溶于乙醇、异丙醇、甲苯等多种有机溶剂，分散于热水中，具有分散、乳化、遮光、增溶、增稠性能。纺织业中，用作纤维润滑剂、柔软剂、抗静电剂 |
| PEG200ML | 分散于水，与矿、植物油形成混浊液，水性涂料中作消泡剂，乙烯基塑料溶胶中作降黏剂，染发膏中作黏度控制添加剂，也作纸张柔软添加剂 |
| PEG200DL | 溶于异丙醇、丙酮、四氯化碳等溶剂，水中呈分散状，用作自乳化辅助乳化剂和润滑剂、模具脱模剂、黏度控制剂 |
| PEG400ML | 分散于水，具有乳化、润滑、消泡性能，乳胶漆中作润滑剂，纤维加工中作润滑剂、匀染剂、消泡剂，也可作颜料研磨分散剂、油类溶剂类增溶剂、乙烯基塑料溶胶防粘连剂、化妆品和医药品中乳化剂 |
| PEG400DL | 分散于水，具有良好的集束、抗静电、柔软、平滑性能，化纤油剂中作油溶性乳化剂、柔软剂、润滑剂、抗静电剂，纺织业中作偶合剂、润滑剂，金属加工中作脱脂剂、冷却液添加剂，也可作纸张脱模剂，工业、民用洗涤剂 |
| PEG400MO | 溶于苯、异丙醇中，水中呈分散状，在工业上用作专用润滑剂、去油垢剂、乙烯基塑料溶胶黏度稳定剂、纺织柔软剂、润滑剂，配制干洗剂、油基切削液平衡乳化剂，可生物降解 |
| PEG400DO | 溶于矿、植物油，水中呈分散状，作 W/O 型乳化剂、增溶剂、煤油乳化剂、工业润滑剂 |
| PEG600MO PEG600DO | 溶于水，具有良好的洗涤、乳化、润滑性能。化妆品中作 O/W 型乳化剂，纺织业中作匀染剂、分散剂、柔软剂，金属加工中作润滑剂 |

## 四、腰果酚类衍生物

腰果酚（cardanol）是一种从天然腰果壳油中经先进技术提炼而成，可以代替或者部分代替苯酚用于制造环氧固化剂、液体酚醛树脂、液体或者粉末状的热固性酚醛树脂。腰果酚因其特殊的化学结构还具有以下特点：

（1）含苯环结构，具有耐高温性能；

（2）极性的羟基可提供体系对接触面的润湿和活性；

（3）间位含不饱和双键的 $C_{15}$ 直链，能提供体系良好的韧性，优异的憎水性、低渗透性和自干性。

腰果酚聚氧乙烯醚（cardanol polyoxyethylene ether，CP）是腰果酚与环氧乙烷加成产物，结构式如图1-11所示。含不同 EO 数的 CP 的理化性质见表1-15。腰果酚聚氧乙烯醚是一种植物型、可完全生物降解、性能优异的非离子型表面活性剂，具有优良的乳化性能及净洗性能，广泛用作织物的净洗剂，并可用作分散染料的高温匀染剂。

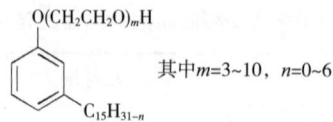

$$O(CH_2CH_2O)_mH$$

其中 $m=3\sim10$，$n=0\sim6$

$$C_{15}H_{31-n}$$

图1-11　腰果酚聚氧乙烯醚的结构式

表1-15　腰果酚聚氧乙烯醚的理化指标

| 规格 | 外观（25℃） | 羟值/（mgKOH/g） | 浊点/℃ | HLB 值 |
|---|---|---|---|---|
| CP-3 | 黄色透明液体 | 120~125 | — | 7.5 |
| CP-5 | 黄色透明液体 | 100~110 | — | 10.2 |
| CP-7 | 黄色透明液体 | 80~90 | 47.5 | 11.5 |
| CP-9 | 黄色透明液体 | 70~80 | 74.5 | 12.7 |
| CP-10 | 黄色透明液体 | 60~70 | 94.0 | 13.8 |

## 五、淀粉及其衍生物

### （一）淀粉

淀粉存在于植物的球根、块茎中以及许多树的树皮和木髓中。淀粉属高分子化合物，是由很多葡萄糖通过苷键连接而成的。淀粉颗粒外层是支链淀粉（又称胶淀粉），里层是直链淀粉，各类淀粉中所含直链淀粉为14%~15%。胶淀粉由于相对分子质量较大，又具有支链结构，呈膨化状态而悬浮在水中，其成糊率高，黏度较大，渗透性较好，不易产生结晶，成糊后也比较稳定。直链淀粉相对分子质量小，在水中呈胶体溶液，成糊率低，稳定性差，容易形成结晶，冷却后有析水现象。淀粉具有成糊率和给色量均较高、印花轮廓清晰、不粘烘筒等优点，所以它除了涂料、活性染料印花外，还适宜作其他各类染料印花用糊料，是一种主要糊料。由于淀粉难以洗除，因此，它赋予印花织物硬挺的手感和不均匀的满地印花，它从来不单独使用，这是其相对分子质量大所导致的。

### （二）糊精

糊精是淀粉在强酸作用下加热焙烘而发生分子链裂解的产物。糊精制糊方便，渗透性好，但有造成表面给色量低、轮廓线条较差、制糊率低等缺点，一般可与淀粉混合使用，互相取长补短，可用于酸性或碱性染料的防染和拔染印花。

### （三）羧甲基淀粉

羧甲基淀粉（CMS）是由天然淀粉制得，合成途径如下：

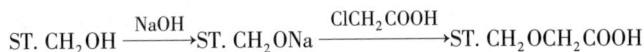

$$ST.CH_2OH \xrightarrow{NaOH} ST.CH_2ONa \xrightarrow{ClCH_2COOH} ST.CH_2OCH_2COOH$$

其中，ST 代表淀粉单元，羧甲基化显著地改进了稳定性、溶解性和洗净性。CMS 已被用作分散染料印花和活性染料印花中的增稠剂。

## 六、其他类型

### （一）海藻酸钠

海藻酸钠是海带和马尾藻中的主要成分，可从它们中提取。海藻酸是将提取碘后的海带或马尾藻切碎，浸泡，然后用占藻重 6%~9% 的纯碱溶液使海藻酸变成海藻酸钠而溶解，过滤后将滤液漂白，再用盐酸沉淀，冲洗，得到海藻酸凝胶，干燥后便成固体。海藻酸分子通式为 $(C_6H_8O_6)_n$，分子中存在三种大分子结构，具体如图 1-12 所示。

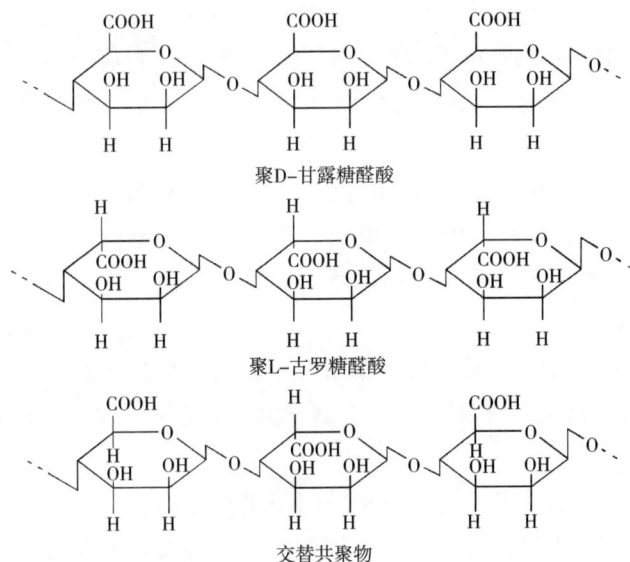

聚D-甘露糖醛酸

聚L-古罗糖醛酸

交替共聚物

图 1-12　海藻酸中三种大分子结构

在海藻酸中，聚 D-甘露糖醛酸占 20%~40%，聚 L-古罗糖醛酸占 20%~40%，两种糖醛酸的交替共聚物占 20%~40%。海藻酸不是均聚物，但习惯上用聚 D-甘露糖醛酸的结构式表示。相对分子质量一般为 5 万~18.5 万。

从分子结构上看，海藻酸与纤维素比较，仅是 5 位碳原子上以羧基（—COOH）取代了羟甲基（—CH_2OH），在 2,3 位碳原子上也同样有仲醇基。因有羧基的存在，能够与碱作用而成羧酸钠盐，从而可溶于水，使其具有负电性。海藻酸钠分子中虽有仲醇基，因为有负电性的羧基存在，它与负电性的活性染料有相斥性，使活性染料与仲醇基作用减少，因此，海藻酸钠是活性染料适宜的增稠剂。若海藻酸钠变成了海藻酸钙（即与硬水中钙离子作用），羧基的负电性就会大大降低，反应性强的活性染料，如艳兰 XBR 等即会与仲醇基结合，产生色渍。为此，必须在海藻酸钠糊中加入络合剂，如六偏磷酸钠。酸碱性对海藻酸钠糊料有影响，在 pH=5.8~11，海藻酸钠糊比较稳定，低于 5.8 时，生成凝胶，也会形成凝冻。海藻酸钠糊夏天易变质，要加入少量防腐剂。

海藻酸钠可以用于直接染料在纤维素纤维织物上的印花；分散染料在醋酯纤维、锦纶和其他合纤织物上的印花；还原染料、可溶性还原染料、可溶性偶氮染料和涂料在植物、动物或合成纤维织物上的印花。它也可用于酸性染料在羊毛织物上的印花，不能用于碱性或铬媒染料的印花，因为在色浆中有二价或三价的金属盐存在。海藻酸钠糊印花时给色量高，易洗涤性好，印花织物手感柔软；在印花时黏附花筒及筛网的糊料也易于清除。

## （二）羧甲基纤维素（CMC）

羧甲基纤维素是由碱纤维素与一氯醋酸作用而成，反应过程如下：

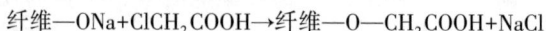

$$纤维—ONa+ClCH_2COOH→纤维—O—CH_2COOH+NaCl$$

首先被醚化的是伯醇基，其次是第二个碳原子上的仲醇基，用作印花糊料的羧甲基纤维素醚化度一般在 0.6 左右。在羧甲基纤维素商品中或多或少含有盐类，这些盐类的存在对染料的溶解有影响。羧甲基纤维素的钠盐可溶于冷水和热水，而羧甲基纤维素则不溶于水。该原糊对一价和二价金属离子并不敏感，但与三价金属离子（铝、铁、铬离子）和阳离子染料会形成不溶性沉淀。

羧甲基纤维素原糊在 pH 为 2.6 以下时会生成凝胶，pH 超过 2.6 时则溶于水。因此，它不适用于 pH 为 2.6 以下的印浆。因醚化度低，不适用于 X 型活性染料的印花，而适用于 K 型和 KN 型活性染料，给色量比海藻酸钠糊高，但手感较差。

## （三）甲基纤维素

甲基纤维素是由碱纤维素与氯甲烷作用而得，醚化度为 1~2.6（平均 1.6）。这样的甲基纤维素可溶于水，但在 60~100℃时凝结，在这种温度下它从溶胶转化成凝胶，转化温度根据其浓度和电解质浓度而定。

甲基纤维素在碱性条件下和不存在氧的情况下是稳定的，在氧存在的情况下，它失去黏性。这种增稠剂用于聚酯织物的印花，也可用于活性染料在羊毛和真丝上的印花。甲基纤维素增稠剂在铬媒、碱性和重氮化色基染料的印花中有良好的效果，织物的手感很好。

## （四）阿拉伯（树）胶

阿拉伯胶也称为阿拉伯树胶，来源于豆科的金合欢树属的树干渗出物，因此也称金合欢胶。阿拉伯胶主要成分为高分子多糖类及其钙、镁和钾盐，是一种浓度大于50%的均匀液体。由于阿拉伯胶结构上带有部分蛋白质及鼠李糖，使得阿拉伯胶有非常良好的亲水亲油性，是非常好的天然水包油型乳化稳定剂。但不同树种来源的阿拉伯胶其乳化稳定效果有差别，一般规律是：鼠李糖含量高、含氮量高的胶体，其乳化稳定性能更好些。阿拉伯树胶是一种复合多糖，完全水解时可得到 L-阿拉伯糖（戊糖）、D-半乳糖、L-鼠李糖及 D-葡萄糖醛酸，它们在阿拉伯树胶中的比例约为 3∶3∶1∶1。大分子结构很复杂，不同来源的阿拉伯树胶虽含有相同的糖类，但组分比例却有很大不同，一般数均分子量为 25 万~30 万。

天然的阿拉伯树胶是含有中性或略带酸性盐的复杂多糖，一般含 $Ca^{2+}$、$Mg^{2+}$ 及 $K^+$ 等阳离子。与三价金属盐作用后生成沉淀，阿拉伯树胶不溶于有机溶剂或油脂，在冷水或热水中能很好地溶解，形成洁净的黏性溶液；也能溶于低浓度的含水酒精（低于 60%）中；与硼砂、硅酸钠或明胶等作用，生成凝胶。加入稀酸，会使阿拉伯树胶水解为上述几种单糖。阿拉伯树胶含有过氧化物酶及氧化酶，长时间放置，多糖不断地被水解，黏度逐渐下降。它是无毒、无臭、无味、无色的清晰黏液，也可制成粒状、晶体状或粉状。阿拉伯树胶很容易溶解，可形成浓度范围很广的溶液，很易制得 50% 的浓溶液。它可用来降低水的表面张力。低浓度的阿拉伯树胶液呈现牛顿型流体行为，当浓度高于 40% 时，可观察到剪切变稀的非牛顿型流体行为。溶液的黏度与温度呈反比，也随 pH 而异，pH 为 6~7，表现出最高黏度。此外，电解质会降低胶液的黏度，同时黏度也随时间延长而降低。

阿拉伯树胶可与许多亲水性胶体混溶，常与淀粉、海藻酸钠、动物胶等混用。它可用于阳离子染料在聚丙烯腈织物上的印花和酸性染料在锦纶织物上的印花，也可用于所有品种拔染印花的靛蓝印花。

### （五）荚豆种子胶

这是从豆科植物种子中获得的一类糊料，化学组成和含量随植物而异，商品一般为奶白至淡黄棕色的粉末，目前以刺槐豆胶和瓜尔胶两种最为重要。槐树在我国分布较广，刺槐豆胶是由槐树种子的胚乳研磨而制得，是我国目前常用的印花糊料之一。瓜尔胶是印度、巴基斯坦等地生长的一种一年生豆科植物的种子中制得。它们的主要组分都含有半乳糖和甘露糖剩基，是以多甘露糖为主干的高聚物，其结构式如图 1-13 所示。

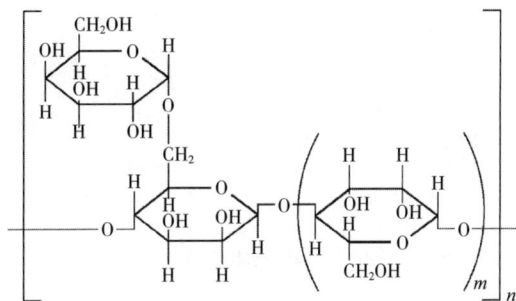

图 1-13 荚豆种子胶的结构

一般来说，刺槐豆胶 $m=3$，瓜尔胶 $m=1$，$n$ 和 $m$ 的值随树木种子类别有变化。此外，它们还含有少量蛋白质。刺槐豆胶分子容易聚集，遇烧碱易发生凝胶，与硼酸会发生交联结合而成凝胶。遇酸，特别是较高温度时会发生水解，但在 pH 为 8~11 时，糊的黏度较稳定。它们和淀粉一样，也可制成羧甲基、甲基、羟乙基等衍生物，以提高其溶解性和化学稳定性，改进糊的印花均匀性、印透性、易洗涤性和糊的流变性。

结晶树胶是从生长在东南亚一带的某些树木黏液干涸后得到的一种树胶，呈淡棕色颗粒状，其本身水溶性不高，经高压处理后才易溶于水。经过这样处理，并除去不溶物，干燥后再经粉碎得到的产物称为结晶树胶。由它制得的糊适用于多种染料印花，通常制成固含量30%~50%的原糊。

（六）甜菜碱

甜菜碱的学名为三甲基甘氨酸，其一般用作两性离子表面活性剂的原料。常用的椰子油酰胺丙基甜菜碱具有良好的清洗、起泡、调理作用，有优良的溶解性和配伍性，泡沫细腻且稳定，具有明显的增稠性、低刺激性和杀菌性，能显著提高洗涤类产品的柔软、调理和低温稳定性，具有良好的抗硬水性、抗静电性及生物降解性。

椰油酰胺丙基甜菜碱是甜菜碱类表面活性剂中应用最多的一种，广泛用于香波、沐浴液、洗手液、泡沫洁面剂等，是制备温和的婴儿香波、婴儿泡沫浴、婴儿护肤产品的主要成分；在护发和护肤配方中是一种优良的柔软调理剂；还可用作洗涤剂、润湿剂、增稠剂、抗静电剂及杀菌剂等。其制备方法为：将等摩尔的椰油酸和 N,N-二甲基-1,3-丙二胺加入反应釜中，通氮气带走水分，于100~120℃下搅拌4~5h，得酰胺基叔胺；然后将酰胺基叔胺和氯乙酸钠投入成盐釜中，于50℃下搅拌10h，加水稀释制得椰油酰胺丙基甜菜碱溶液。合成反应路线如图1-14所示。

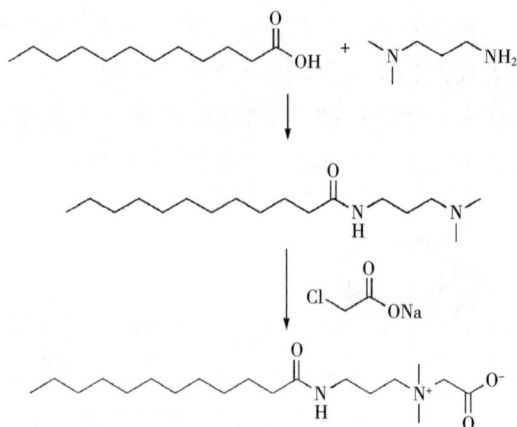

图1-14　椰油酰胺丙基甜菜碱的合成反应路线

## 七、高分子环保型原料

### （一）聚丙烯酸（PAA）

聚丙烯酸的性质和用途主要取决于它的相对分子质量。相对分子质量为200~800的PAA为低相对分子质量的电解质，具有螯合分散作用，相对分子质量在2000~5000的PAA为最佳范围的螯合分散剂；相对分子质量在$10^3$~$10^4$的PAA用作洗涤剂的助洗剂，可以取代因富营养化而禁用的三聚磷酸钠；相对分子质量为$10^4$~$10^6$的PAA用作合成增稠剂；相对分子质量为$10^6$~$10^7$的PAA用作增稠剂和絮凝剂；相对分子质量>$10^7$的超高分子量PAA不溶于水，只是在水中溶胀而成凝胶，用作吸水剂。

中低相对分子质量的聚丙烯酸的合成方法为：将去离子水加入反应釜中，加热至80～82℃，开始分别滴加用去离子水配制的过硫酸铵和丙烯酸的溶液，滴加完成后继续保温3～4h，降温出料。具体反应式如图1-15所示。

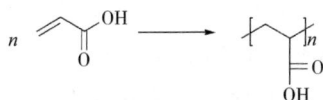

图1-15　PAA的合成反应式

### （二）水解聚马来酸酐（HPMA）

水解聚马来酸酐是聚马来酸酐的部分水解产物，相对分子质量>300，低相对分子质量（相对分子质量为400～800）的HPMA，其对金属离子螯合能力比PAA强，而分散能力比PAA弱；相对分子质量为2000～5000时的分散力增强，化学稳定性和热稳定性高，分解温度在330℃以上，适合于碱性介质中应用，无毒且生物降解性良好。

水解聚马来酸酐的制备方法为：将马来酸酐、水和一部分双氧水加入反应釜中。加热回流后在100～120℃下滴加剩余双氧水，反应完成后加热回流30min，得到澄清透明棕黄色水解产品。具体反应式如图1-16所示。

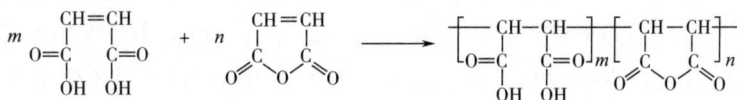

图1-16　HPMA的合成反应式

### （三）丙烯酸和马来酸共聚物（PAA-MA）

丙烯酸与马来酸共聚物有嵌段聚合和接近均聚物的产品，性能也有差异，以小间隔嵌段聚合物的效果较好，两者的配比不同，聚合产物的性能差异也较大。一般来说，丙烯酸含量越高，共聚物的分散能力越好；而马来酸酐的含量越高，共聚物的螯合能力越强，因此，可以根据需要进行配比的调节。但由于马来酸酐的反应活性比丙烯酸低，因此，在其与丙烯酸共聚时，如果增大马来酸酐的比例，会造成共聚反应的程度降低。

PAA-MA具有良好的分散性和螯合性，对钙、镁离子的络合力强于铁离子，适合染色时使用，也可以作为净洗时的助剂使用。常用于丙烯酸和马来酸酐共聚的合成方法及步骤为：将马来酸、丙烯酸和去离子水按一定比例投入反应釜中，搅拌溶解至均匀，然后升温至50～60℃，加入一小部分过硫酸铵水溶液，并逐渐升温至80～90℃，开始滴加剩余过硫酸铵水溶液。滴加完毕后保温反应1～2h，降温、过滤、出料。具体反应式如图1-17所示。

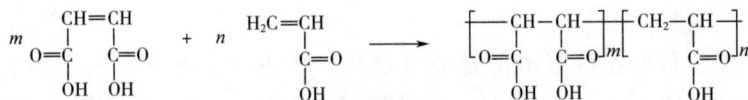

图1-17 PAA-MA的合成反应式

### (四) 二甲基二烯丙基氯化铵（DADMAC）的均聚及共聚物

二甲基二烯丙基氯化铵（dimethyldiallylammonium chloride，DADMAC）是目前最具实用价值的阳离子单体之一，分子中双键的存在可使其发生聚合反应，其均聚物及共聚物具有大分子链上正电荷密度高或可调、水溶性好、阳离子结构单元稳定、相对分子质量易于控制、高效无毒等优点，被广泛应用于石油开采、纺织印染、造纸、日用化工及水处理等诸多领域中。DADMAC是合成线型阳离子聚电解质的重要单体，聚合物的相对分子质量及其分布是其应用范围及应用性能的制约因素，不同相对分子质量的聚合产物有不同的应用性能和用途。因此，相对分子质量高且系列化聚合产物的制备、相对分子质量一定且分布受控聚合产物的制备一直是研究者重点关注的内容。目前应用最广泛的有聚二甲基二烯丙基氯化铵均聚物（PDADMAC）、聚二甲基二烯丙基氯化铵—丙烯酰胺共聚物（PDADMAC-AM）以及聚二甲基二烯丙基氯化铵—烯丙基胺共聚物（PDADMAC-DAA）。

#### 1. 聚二甲基二烯丙基氯化铵（PDADMAC）

PDADMAC是一种水溶性阳离子季铵盐，具有正电荷密度高、水溶性好、高效无毒、pH适用广泛的特点，因此广泛应用于石油开采、造纸、采矿、纺织印染、日用化工和水处理等领域。作为一种水溶性阳离子型聚合物，其应用性能和应用途径不仅受其相对分子质量大小的影响，而且还受其制备方法的经济性、清洁性影响。PDADMAC是单体DADMAC经自由基聚合反应得到。制备方法为：在装有搅拌器、温度计和通氮气装置的反应器中加入按计量经浓缩的单体溶液，室温下依次加入分别占单体质量分数为0.2%~0.6%和0.003%~0.005%的引发剂和络合剂溶液，并加入适量水，通氮气20min后，搅拌下将反应液升温到40~45℃，保温反应3h后，再先后升温到50~55℃和70~80℃各反应3h，降温，出料，得到PDADMAC产物。具体合成反应式如图1-18所示。

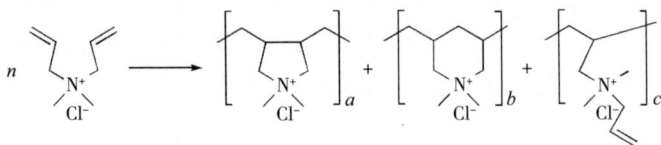

图1-18 PDADMAC的合成反应式

#### 2. 聚二甲基二烯丙基氯化铵—丙烯酰胺（PDADMAC-AM）

PDADMAC-AM又称阳离子聚丙烯酰胺，主要用于水处理中的脱色絮凝剂。20世纪50年代中期由美国氰胺公司开发成功，60~70年代在国外获得了迅速的发展。其制备方法为：将丙烯酰胺（AM）与DADMAC单体按物质的量比9:1置于反应容器中，加入一定量EDTA-

Na₄水溶液，20～40℃下加入氧化还原引发剂，在氮气保护下聚合 5～7h，降温，出料，得产物。反应式如图 1-19 所示。

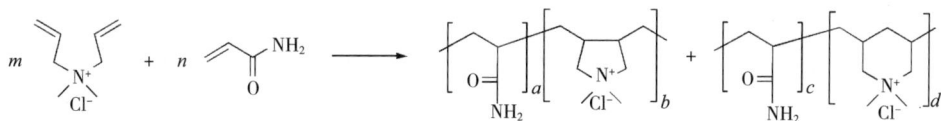

图 1-19　PDADMAC-AM 的合成反应式

### 3. 聚二甲基二烯丙基氯化铵—烯丙基胺（PDADMAC-DAA）

PDADMAC-DAA 是以二烯丙基胺（DAA）和 DADMAC 为原料、盐酸调节溶液 pH、过硫酸铵和亚硫酸钠氧化还原引发自由基聚合得到的聚合物。其主要作为活性染料的无醛固色剂应用于纺织领域中，合成方法为：将 DAA、DADMAC 和适量去离子水加入反应容器中，用盐酸调节体系至均相，升温至 40～50℃，加入一部分氧化还原引发剂，继续升温至 80～90℃，滴加剩余引发剂水溶液，滴加完毕后保温反应 2～3h，降温，出料。反应式如图 1-20 所示。

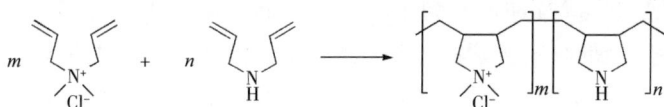

图 1-20　PDADMAC-DAA 的合成反应式

### （五）聚醋酸乙烯酯

聚醋酸乙烯酯乳液胶黏剂具有生产工艺简单、价格低廉、黏接强度高等优点，已被广泛用于木材加工及木制品（装饰木材、木器加工、人造板等）、家具组装、包装与装潢材料制作、纸品加工、织物黏接、标签固定、铅笔生产、汽车内饰、烟草加工、瓷砖粘贴等领域，是胶黏剂工业中的大宗产品之一。常用制备方法为半连续乳液聚合法：首先，在化料釜中加入定量聚乙烯醇（PVA），将蒸馏水经软水计量槽计量后放入釜中；加热使釜内温度升至 80～85℃，搅拌溶解 4～6h，使 PVA 完全溶解。在反应釜中分别投入定量的 10% 碳酸氢钠溶液和 10% 过硫酸铵溶液；接着加入溶解好的聚乙烯醇溶液和定量的脂肪醇聚氧乙烯醚（AEO-9），开动搅拌使其溶解。然后加入 15 份醋酸乙烯酯，搅拌预乳化 30min。之后将釜内物料升温至 60～65℃，此时聚合反应开始，因为是放热反应，釜内温度会自动升高，可达 80～83℃，此时回流冷凝器将有回流出现。待回流减少时，开始分别滴加醋酸乙烯酯和过硫酸铵水溶液，控制滴加速度使聚合反应温度保持在 78～80℃，大约 8h 滴加完毕。单体加完后，加入余下的过硫酸铵溶液，全部物料加完后，升温至 90～95℃，保温 30min 后，降温，出料。合成反应式如图 1-21 所示。

实际应用中也常加入其他单体与醋酸乙烯酯进行共聚反应，如丙烯酸、丙烯酸甲酯、甲基丙烯酸甲酯、丙烯酰胺等，通过共聚单体的种类搭配和不同单体之间的比例调整，可制备

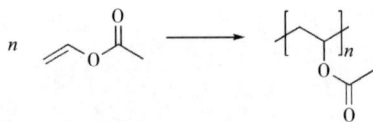

图 1-21　聚醋酸乙烯酯的合成反应式

出不同应用性能的聚合物乳液。

# 第三节　环保型基础原料在印染助剂中的应用及作用机理

## 一、在环保型前处理助剂中的应用及作用机理

### (一) 浆料

#### 1. 概述

经纱在织造时要经受停经片、棕丝和钢筘等机件的反复摩擦，还要经受由于各种机构运动而产生的反复拉伸、曲折及冲击。为了降低经纱断头率，提高经纱的可织性及产品质量，用上浆的方式可使经纱满足织造要求，赋予经纱更高的耐磨性，黏附纱条表面突出的毛羽，适当增加经纱强度，并尽可能地保持经纱原有的弹性。因此，经纱上浆是织造前经纱准备工作中的一个关键环节，布机织造能否取得优质、高产、低耗的经济效果，在很大程度上取决于浆纱工序，同时，在影响上浆质量的机械型式、操作方法、工艺条件等诸多因素中，浆料的合理选用尤其重要。经纱上浆后，单纤维间的黏结力增加，从而提高了纱的强度和纤维表面毛羽的帖服性，使纱的平滑性提高，减少了纱的摩擦系数，提高了纱的耐磨性能，同时要注意尽可能使经纱的弹性和断裂伸长率不要降低太多。

#### 2. 浆料的要求

浆液流变性实质是浆液受剪切应力时所表现的特性。浆液属高聚物分散液或高聚物溶液，经纱以一定速度通过浆液，由于表面吸附效应及黏附特性，使浆液吸附到经纱上，通过压浆辊的挤压，一部分浆液浸入纱线内部，另一部分被挤掉。从生产实践得知，若要获得良好的上浆效果，浆液的流变性十分重要。

（1）浸透性。浆液通过纱线外层的包覆，使纤维表面毛羽伏贴，同时浸透到纱的内部而形成胶质体，这样不仅使纱的表面光滑，而且增加了纱的强力。为此，要求浆液能够浸透到纱线的内部，使单纤维之间尽可能相互紧密地胶着。否则，上机织造后容易出现落浆多，再生毛羽增加，开口不清，断头增加的现象。

（2）黏附性。上浆经纱在织机上要受到反复的摩擦，如果纤维间黏结不良，浆膜就会从纱线上脱落，使单纤维相互间的抱合力降低，结果产生毛羽，影响织造。

（3）浆膜的性能。浆膜要具有一定的拉伸强度、耐磨性、屈曲强度等力学性能，同时还要具有良好的溶解性。结合实际生产中的应用要求，浆膜应具有一定的水溶性，这有助于在退浆工艺中浆料的去除。

（4）其他要求。包括经济性、吸湿不再黏、与其他浆料的混溶性、低泡性和无臭味等。

**3. 上浆的作用机理**

（1）吸附理论。麦克拉伦（Mclaren）的吸附理论认为黏附现象的实质是一种表面吸附现象。黏附过程有两个阶段，第一阶段时高分子溶液中的黏附剂粒子的布朗运动，使黏附剂迁移到被粘物（如纱线）的表面，致使高聚物黏附剂分子的极性基团逐渐向被粘物的极性部分靠近，在外界压力的作用下，或加热而使溶液黏度下降的情况下，高聚物链段也能与被粘物表面靠得很近；第二阶段是吸附作用，当黏附剂与被粘物分子间的距离小于 5Å 时，发生分子间作用。根据分析，这种吸附力包括能量级为 420J/mol 的色散力，直至能量级为 42kJ/mol 的氢键力。

（2）静电理论。静电理论认为黏附现象是由于静电力的作用。这种理论把黏附剂与作用物视为一个电容器，两种不同的高聚物表面紧密接触时，就产生双电层，相当于电容器的两个极片，形成电位差，其大小随极片间隙的增加而增大到一定的极限值，便开始放电。

黏附剂在以较慢的速度剥离时，电荷在很大程度上能够从极片漏失。因此，在表面距离很小时，原有电荷就能完全消失，剥离时只消耗少量的功。在快速剥离时，电荷缺乏足够时间放电，保持了较高的初始电荷密度，需克服较强电荷之间的引力，因而使黏附功较大。

静电理论的适用性也有一定限制，因为静电现象仅在一定的条件下（试样特别干燥，剥离速度不低于每秒数十厘米时）才能表现出来。

（3）扩散理论。扩散理论的基础是"相似相溶"原理，从高聚物最根本的特征（大分子链结构与柔顺性）出发，在分子热运动影响下，使黏附剂与被粘物分子链的尾部或中部相互扩散、纠缠。当两种不同的高聚物黏合时，它们的大分子相互扩散、纠缠在一起，形成黏附的结合。

黏附剂分子一般都有较强的扩散能力，黏附剂以溶液的形式涂覆到被粘物表面，由于两者能润湿，使被粘物在溶液中发生溶胀，甚至混溶，则被粘物分子将明显地扩散到黏附剂溶液中，最后使两相的界限模糊，形成一种高聚物逐渐向另一种高聚物扩散渗透，从而形成牢固的连接。而且随着接触时间的增加，使分子链扩散更加深入，连接更加牢固，这种扩散层具有很高的黏附强度。因此，很容易解释剥离功与克服分子引力所需功不一致的原因，弥补了吸附理论的不足。实际上，扩散理论是由吸附理论发展而来的。

扩散理论的另一论点为：高聚物相互间的黏附作用与其互溶性密切相关，这种互溶性基本上由极性相似来决定。如果两个高聚物都是极性的，或都是非极性的，经验证明它们的黏附力较高；反之，一个是极性，另一个是非极性，要获得较高的黏附力则很困难。这一论点对浆料的选择是一个有价值的经验，即应根据纤维特性选择浆料，其基本原理也是由"相似相溶"原理衍生而来的。如纤维素纤维的上浆，宜选用淀粉浆、羧甲基纤维素等，而聚酯纤维的上浆宜选用聚丙烯酸酯类浆料。

### （二）精练剂

#### 1. 纤维素纤维及其混纺织物的精练剂概述

精练是以棉为主的纤维素纤维及其混纺织物印染前处理工艺中非常重要的工序，目的在于去除纤维中所含的天然杂质。例如，在天然棉纤维中含有 10% 左右的天然杂质，包括果胶物质、含氮物质（主要是蛋白质）、蜡状物质、灰分（无机盐类）、棉籽壳等。这些物质影响了织物的吸水性和色泽，给后道加工带来困难。一般来说，这些杂质在碱性条件下能转化为可溶性物质而除去，所以烧碱是精练加工的主要助剂。但织物在烧碱作用下，其表面张力会增大。因此，必须在精练过程中加入适当的助剂，一方面是降低织物的表面张力，另一方面有利于煮练液均匀快速地渗透到织物内部，并且乳化、分散去除下来的杂质，防止杂质再沾污到织物上。近年来，随着纺织印染工业的发展，提高精练速度，节约能耗，减少用水量，缩短工艺流程等成为一个突出的问题，精练剂必须符合渗透迅速、乳化力和去污能力强、耐高温、浓碱、硬水，低泡沫、生物降解性好、安全无毒等要求。要达到上述性能及要求，须从协同增效与安全环保的角度出发，研制性能优异的绿色生态型高效精练剂。

#### 2. 精练剂的作用机理

精练过程是一个复杂的物理化学过程，有渗透、乳化、分散、净洗、螯合等作用。精练过程中精练剂的基本作用主要包括以下几方面。

（1）润湿和渗透作用。精练过程中渗透是较重要的作用。一方面，由于在棉花生长过程中，果胶物质的半乳糖醛酸慢慢地同地下水中的 $Ca^{2+}$、$Mg^{2+}$ 等结合，生成不溶于水、难膨化的果胶酸盐。果胶质分布在纤维素表面的初生壁上，阻碍了 98% 纤维素的内层次生壁的吸湿性。棉纤维中蜡状物质和残存浆料中的油性污垢使精练液不易渗入由大小不同、相互连接的毛细管所组成的纤维纱线孔隙中。另一方面，精练加工是在一定浓度的烧碱溶液中进行的，由于烧碱溶液的表面张力很高，也使精练液的渗透变得困难。为了使精练能够顺利进行，需要使纤维膨化并提高溶液在纤维间的界面性质，即需要加入能降低溶液表面张力和溶液在纤维间界面张力的表面活性剂，从而使纤维与精练液更多、更好地接触，加速润湿与渗透作用。

根据润湿和渗透的基本理论，表面活性剂通过在界面上的吸附，可以大大降低气—液界面的表面张力（$\gamma_{LG}$）和液—固界面的表面张力（$\gamma_{LS}$），使润湿较易进行。同时可提高毛细管上升的液柱静压，有利于精练液向纤维内部的渗透。精练剂质量的好坏，很大程度上取决于它降低表面张力的能力和渗透速度。

（2）净洗作用。精练过程的净洗作用十分复杂。首先，使织物上的蜡质皂化物及油性物质与织物的黏附力减弱，界面逐渐缩小，在机械作用下使油污从织物上脱离，乳化为油—水乳液，以防止其再沾污。非离子表面活性剂是优良的乳化剂，而阴离子表面活性剂将会在油蜡/水界面上形成双电层，防止油粒相互聚集，有利于形成比较稳定的乳液体系。其次，必须迅速分散碱作用的分解物而防止再沾污。这将利用表面活性剂的分散作用，也可借助其他无机或有机螯合分散剂的作用。

单一类型或结构的表面活性剂很难同时达到以上的作用，因此，必须把两种以上不同类型和不同结构的表面活性剂进行复配，可以适当地调配其类型、结构与组成，使之具有适宜的亲水亲油平衡值（HLB），满足乳化油污的要求；足够大的胶束量和足够低的临界胶束浓度（CMC）及表面张力（$\gamma_{CMC}$），使精练液体系保持优良的润湿性，并兼有优良的乳化、分散性及净洗性能。

**3. 精练剂的组成**

综合各类精练剂产品的组成，主要组分均为阴离子和非离子表面活性剂的混合物，除此之外，还要添加消泡剂、电解质、螯合分散剂、助溶剂、纤维保护剂等。采用阴离子与非离子表面活性剂混合组分的原因是这两种表面活性剂的复配具有十分明显的增效作用，可提高精练剂的润湿、渗透、乳化、净洗能力，同时又弥补了非离子及阴离子表面活性剂各自存在的不足之处。

当前的趋向是采用天然脂肪醇聚氧乙烯醚、山梨糖醇酯、山梨糖醇聚氧乙烯醚、烷基多糖苷或烷基多糖苷聚氧乙烯醚为主要原料，再复配中性电解质、螯合分散剂（聚丙烯酸钠或聚马来酸丙烯酸钠），使精练剂不仅性能达到要求，而且能够适应不同的水质及工况。

**（三）除油剂**

化纤回潮率较低，介电常数较小，而摩擦系数较高，在纺丝和织造过程中连续不断的摩擦，会产生较强的静电，必须防止和消除静电的积累，同时赋予纤维以平滑和柔软的特性，使加工顺利进行。因此，化纤纺丝和织物织造过程中必须使用大量的油剂。但这些油剂在染整加工时会影响染色性能，如色泽鲜艳度、色差、色花、色点、色渍、针油路和白印等问题。锦/氨和涤/氨针织物的常规染色加工往往需要采用先除油再进行染色的方式进行。常规染色工艺流程较长，水、电、汽消耗量大，生产效率低，不符合节能减排的环保主流要求。随着人们环保意识增强，节能减排的短流程生产工艺越来越受到重视，除油染色一浴工艺可以省去染色前的除油工序，达到节省水、电、汽用量，提高生产效率的目的。

除油实质上也属于精练范畴，区别在于化纤织物上的杂质主要是油剂。因此，除油的机理与纤维素纤维的精练机理相似，也需要经过渗透、乳化、分散、净洗、螯合等作用。在选择除油剂组分时还需要考虑被除油织物的结构，例如，涤纶的除油可选聚乙二醇脂肪酸酯、蓖麻油聚氧乙烯醚、腰果酚聚氧乙烯醚；锦纶和氨纶的除油可选择脂肪酰胺聚氧乙烯醚类表面活性剂。除此之外，还应复配阴离子型的脂肪酸聚氧乙烯醚磺酸盐来提高除油剂的乳化性与分散性。

**（四）螯合分散剂**

**1. 概述**

螯合分散剂是一种高效多用途的有机螯合物，它可以软化水质，对 $Ca^{2+}$、$Mg^{2+}$、$Fe^{3+}$ 等金属离子有很强的螯合力及浮渣分散力，防止染整加工过程中沉淀物的生成及其他污物产生的浮渣，并能缓慢地溶解并清除设备内的硅垢、钙皂沉淀物以及低聚物，防止金属盐对各种纤维再沾污，提高漂白、染色、印花产品的白度、鲜艳度、色牢度，同时能防止印花产品以及色织产品的白底再沾污。目前，环保型螯合分散剂主要有聚丙烯酸（钠）、聚马来酸—丙烯酸共聚物（PMA—AA）、水解聚马来酸酐以及聚天门冬氨酸等。

**2. 螯合分散剂的作用机理**

一方面，螯合分散剂在水中电离成为阴离子，显现出较强的吸附特性，可以强烈吸附悬浮于水中的一些低分子量聚合物、染料缔合体、果胶、浆料等。经过螯合后的微粒，表面带上了相同的电荷，此时粒子间由于静电作用而相互排斥，从而阻止了颗粒因相互碰撞而导致沉聚，以此使颗粒呈分散状态且较为均匀地悬浮于水中。另一方面，在溶液中螯合分散剂分子表面所带的负电荷与溶液中带有正电荷的 $Ca^{2+}$、$Mg^{2+}$、$Fe^{3+}$ 等金属离子通过静电作用而发生螯合，形成在溶液中稳定存在的物质。以最具代表性的 PMA-AA 为例，除了螯合性之外，其还拥有良好的分散、悬浮性能，能够强烈分散染料缔合体、胶状物及低聚物等，使其不发生凝集沉聚。当螯合分散剂与被吸附的大分子粒子结合之后，产生一定的空间位阻，被吸附分散的颗粒更难产生碰撞而发生凝集沉聚。除此之外，PMA-AA 分子能够与金属离子结合，组成结构疏松的螯合物，促进其在水中稳定分散，抑或与垢体结合后，使其变得疏松、剥离，易清除。具体作用机理如下：

（1）晶格畸变作用。在染整加工过程中，大部分垢体通常以结晶体的形式存在，以 $CaCO_3$ 为例，该晶体的增长是根据一定规律和方式进行的，带正电的 $Ca^{2+}$ 与带负电的碳酸根离子相互碰撞才组合在一起，并按一定方向通过一定规律生长。在水中加入螯合分散剂后，$CaCO_3$ 的活性增长点被其他较为活性的部分吸附，螯合分散剂与 $Ca^{2+}$ 结合，降低了 $CaCO_3$ 晶格在一定方向上的增长，由此碳酸钙晶体产生畸变，即螯合分散剂将晶体包围从而使其失去活性，阻止其生长。与此相似，相似的作用在其他垢类晶体表面发生，阻止它们凝聚沉集。此外，由于晶体的逐渐增长，一些原本吸附于晶体表面的物质，被牵引到晶格中，导致 $CaCO_3$ 晶格产生错位，进而使垢体层中产生一系列的孔洞，降低了分子间的相互作用，硬垢体开始变得松软。并且 PMA-AA 多为直链线性的聚合物，分子的一端可以吸附在 $CaCO_3$ 晶粒上，其余部位也能够包裹、缠绕在垢体表面，使其更加难以成长。因此，晶体颗粒被螯合分散剂吸附而畸变，阻止其生长，晶粒细小，导致形成的垢层蓬松，易被水流带走。

（2）增溶作用。当螯合分散剂结构中含有羧基和羟基时，能够在水中离解出氢离子，离解出氢离子的螯合分散剂部分为带负电的阴离子。这部分阴离子可以跟带正电荷的 $Ca^{2+}$、$Fe^{3+}$、$Mg^{2+}$ 等离子结合，成为结构稳定的螯合物，提高 $CaCO_3$ 晶体析出的过饱和度，即 $CaCO_3$ 在水溶液中的溶解度得到提高。此外，因螯合分散剂对垢体晶体的增长点的吸附导致其畸变，相对于垢体晶体不被螯合分散的情况，形成的晶粒相比而言要更小。从溶液中颗粒分散度和晶体溶解度之间的关系来分析，更小的晶粒能够带来垢体晶体更大的溶解度，这样也就增大了 $CaCO_3$ 析出时的过饱和度。而在水溶液中，聚羧酸盐电离后，整体分子链被带上了负电荷，这样的分子链可以更好地同金属离子构成稳定且易溶的螯合物，$CaCO_3$ 垢体在水中的溶解度得到提升，从而达到去垢的效果。

（3）静电力作用。螯合分散剂在水溶液环境中经过电离后，主体带负电荷，对带有正电荷的杂质产生较强的吸附作用，吸附在螯合分散剂上的离子带有同性质的电荷，使得这些微粒因静电作用彼此排斥，粒子之间难以接近，颗粒较均匀地悬浮分散于水中。当螯合分散剂的效果优良时，它能使被结合颗粒稳定地被分散在溶液中，即使有些微粒难以稳定地被分散，也可以减缓其聚集与沉降。

## 二、在环保型染色助剂中的应用及作用机理

### （一）匀染剂

分散染料高温匀染剂从早期的烷基酚聚氧乙烯醚类（APEO）表面活性剂，发展到现在常用的甘油聚氧乙烯醚油酸酯、苯乙烯基苯酚聚氧乙烯醚、苯乙烯基苯酚聚氧乙烯醚硫酸铵以及它们的复配物。但由于 APEO 的禁止，石油烃基类表面活性剂生物降解性差，使人们将注意力更多地转向绿色环保型的生物基表面活性剂的研究与应用。匀染剂的作用机理主要包括对染料的分散作用和匀染作用。

#### 1. 匀染剂对染料的分散作用

分散染料结构缺乏水溶性基团，是通过分散剂使染料以细小的晶体状和胶束状分散在染液中。由于染料的溶解度小，很容易达到饱和溶解状态。因此，在染色升温阶段，容易因升温不均匀造成局部过饱和现象，使染料颗粒发生结晶增长。一方面，匀染剂能够增溶悬浮在染浴中的染料颗粒；另一方面，匀染剂分子结构中的长链烷基和苯环能与染料分子结合，聚醚链段发生水合作用呈卷曲状伸展到水相中，使其作为一种位阻稳定剂，使染料颗粒通过位阻能垒更稳定地分散于水中。当匀染剂分子结构中的 EO 链较短时，它对染料的增溶性较强，能够形成体积较大的胶束，但由于其自身 HLB 值较低，疏水性强，所形成的胶束稳定性降低，尤其在高温状态下。随着 EO 数的增加，表面活性剂的水溶性提高，增溶胶束体系的稳定性也随之增强，表现出对染料分散性较好。当 EO 数继续增加时，由于表面活性剂的亲水性太强，疏水性相对降低，从而降低了与染料的结合能力，对染料的分散作用下降。

#### 2. 匀染剂对染料的匀染作用

在涤纶染色过程中，匀染剂的匀染作用主要体现在中低温阶段（90~110℃）减缓染料的上染速率，以及高温阶段（120~130℃）对染料的移染。在 90~110℃时，染料分子通过布朗运动接近纤维的双电层表面，再通过扩散作用直接吸附至纤维表面。在此染色温度下，纤维孔隙未完全打开，染料进入纤维内部较少，大部分只在纤维表面进行吸附和解吸附的平衡，所以，此时整体表现为 $K/S$ 值较低。染浴中的表面活性剂对染料分子有增溶作用，增溶作用主要发生在胶束栅栏层中单个表面活性剂分子间，它们的相互作用可能来源于染料的极性基团和表面活性剂之间的氢键作用或偶极—偶极吸引作用。另外，由于在酸性染浴中，聚氧乙烯醚中的醚氧原子会被质子化，形成带正电的基团，进而吸附到带负电荷的纤维表面，但随着 EO 数的增加，聚醚链长延长，吸附于界面的表面活性剂分子所占的面积增加，导致聚集数降低，因此，纤维表面及界面附近的染料浓度也减小，匀染性增强。

#### 3. 匀染剂的组成

传统的涤纶高温匀染剂主要为甘油聚氧乙烯醚油酸酯（A 料）与苯乙烯基苯酚聚氧乙烯醚（B 料）的复配物，但 B 料的生物降解性较差。因此，可以采用生物基表面活性剂如蓖麻油聚氧乙烯醚、腰果酚聚氧乙烯醚、聚乙二醇脂肪酸酯为主要原料，再复配脂肪酸硫酸酯盐

类阴离子表面活性剂，制备得到环保型匀染剂。

## （二）固色剂

棉纤维及其他纤维素纤维常用活性染料进行染色。在活性染料染色过程中，需要加入大量的盐来促进染料的上染，以及染色后期需要在高碱的条件下进行固色。在固色的过程中，一部分活性染料在碱的作用下与纤维素纤维发生反应，形成共价键结合，同时，未与纤维反应的染料在碱性条件下部分发生水解，吸附在纤维上。这些未固着的染料直接导致染色后织物色牢度的下降。因此，在实际生产中常用固色剂对染色后织物进行固色，以提高织物的色牢度。

随着社会的发展，人们对环保型无甲醛固色剂的研究越来越多。其中包括多胺类型固色剂，它是由二乙烯三胺与双氰胺反应，经缩合、脱氨、缩聚等步骤形成高分子化合物。这种多胺型固色剂结构中含有较多的反应性基团，能与染料和纤维发生共价键结合，提高织物的色牢度。但合成反应过程中有大量的氨气生成，使其在生产上受到一定的限制。另一种是聚阳离子型固色剂（聚二甲基二烯丙基氯化铵 PDADMAC），它是由阳离子单体二甲基二烯丙基氯化铵（DADMAC）在水溶液中通过自由基聚合而成。PDADMAC 具有较高密度的正电荷，能与染料阴离子发生离子键结合，从而提高织物的色牢度。但由于 PDADMAC 的水溶性优异，导致固色织物的耐水洗色牢度不佳，尤其在机械外力的作用下，大部分染料仍会经水洗作用进入水相中。因此，许多研究者在 PDADMAC 的基础上引入反应性单体二烯丙基胺（DAA），使 DAA 与 DADMAC 进行共聚反应，目的是提高染色后织物的耐皂洗色牢度、耐摩擦色牢度和耐水浸色牢度。

### 1. DADMAC 与 DAA 的聚合反应机理

DADMAC 与 DAA 的反应属于自由基聚合反应，其反应式如图 1-20 所示。

由产物结构式可知，DADMAC 经聚合后主要生成五元环的结构，这与单体本身的结构性质有关。相关研究表明，乙烯基单体（$CH_2$=$CHCH_2X$）的自由基聚合能力取决于结构中的 X 官能团，X 基团的供电子能力越强，乙烯基单体的反应活性越弱。通过不同二乙烯基胺类化合物的聚合反应研究，结合 $^{13}C$ NMR 对不同乙烯基上碳原子的化学位移进行分析（图 1-22，表 1-16）。结果表明，随着氮原子上取代基吸电子能力的增强，乙烯基 $\gamma$ 位（$\delta_\gamma$）和 $\beta$ 位（$\delta_\beta$）的碳原子化学位移比较接近，即 $\Delta\delta$（$\delta_\gamma$-$\delta_\beta$）值减小。这种化学位移差值的减小，减少了与乙烯基相邻的亚甲基（—$CH_2$—）上氢原子的链转移发生的概率，提高了聚合能力，有助于形成高分子聚合物。因此，单体的 $\Delta\delta$ 值以及共聚单体间 $\Delta\delta$ 值的差异都对聚合反应有影响。

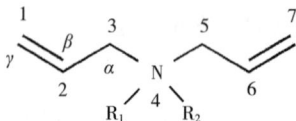

图 1-22 乙烯基上碳原子的分布

表1-16 乙烯基上碳原子的化学位移

| 单体 | $R_1$ | $R_2$ | $\Delta\delta/ppm$ | 反应性 |
|---|---|---|---|---|
| DADMAC | $CH_3$ | $CH_3$ | 3.0 | 较好 |
| DAA | H | — | 19.1 | 差 |
| DAAH$^+$ | H | H | 3.1 | 好 |

在生成PDADMAC-DAA的聚合反应中，引发剂首先进攻C1，并在C2处形成自由基（图1-23）。一方面，所形成的自由基可以与其他乙烯基单体继续反应，形成线型或交联型结构；另一方面，也可以进攻C6或C7，发生分子内的成环，形成环状结构，同时环上的自由基会随着反应的进行继续进攻其他单体，发生环聚合反应。在此聚合过程中，五元环或六元环的形成取决于自由基进攻的碳原子位置，并且已有文献证明反应过程中单体大部分形成五元环结构。

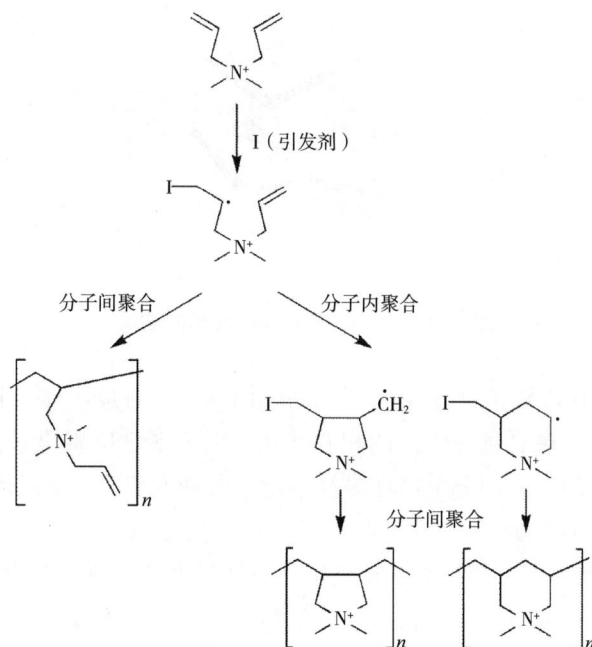

图1-23 DADMAC成环聚合机理

## 2. PDADMAC-DAA 的应用及固色机理

大多数研究者在评价固色剂对织物的固色效果时，都只测试了耐皂洗色牢度和耐干、湿摩擦色牢度，这些色牢度是固色剂最基本的性能指标。除此之外，在实际应用中，染厂为了快速检测固色效果，常用耐水浸泡色牢度进行评价，具体方法为：采用1：40的浴比，在烧杯中加入定量的水，再一起放入100℃的沸水浴中，待烧杯内水温升至95℃以上时，将待测织物浸入，恒温保温 5min，期间搅拌 3~4 次，然后取出织物，观察烧杯内水的颜色，水的颜色越浅，表明耐水浸泡色牢度越好。从这些色牢度的检测项目可知，待测织物要经过水洗、揉搓、摩擦或浸泡等物理过程。因此，要获得较好的色牢度，染料与纤维之间必须以较强作用的方式结合，如离子键、共价键以及分子间的作用力。

　　最初的聚阳离子型固色剂为 PDADMAC。在固色时，固色剂中阳离子基团与染料阴离子基团以离子键结合，同时结构中的五元环结构通过范德瓦耳斯力与纤维结合。如图 1-24 所示，PDADMAC 与棉纤维有着相似的构象结构，根据"相似相溶"原理，两者之间有着较强的吸引力，但仅靠离子键与分子间作用力，难以带来较好的耐摩擦色牢度。并且 PDADMAC 分子链上都是水溶性季铵盐基团，这就使得固色后所形成的高分子膜以及与染料形成的化合物易溶于水，尤其在测试耐水浸泡色牢度时，经高温水浸泡和机械搅拌的作用，加速聚合物与染料的溶解，使色牢度有明显的下降。

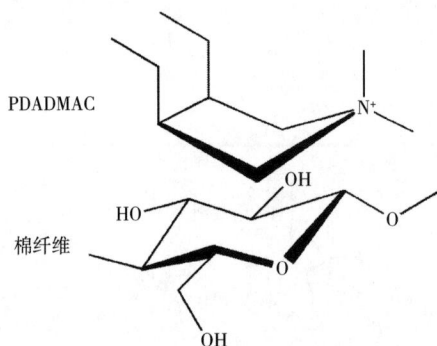

图 1-24　PDADMAC 与棉纤维的结构

　　为了进一步提高 PDADMAC 的固色牢度，采用 DAA 为共聚单体，目的是引入反应性基团，增加聚合物与染料、聚合物与纤维的相互作用。研究活性染料染色过程时，我们可以发现，活性染料在固色阶段，一部分染料在碱性环境下与纤维上的羟基反应，形成共价键结合；另一部分未反应的染料以两种形式吸附在纤维上：未发生水解的染料及水解后的染料。如图 1-25所示，在碱性条件下，含氯均三嗪结构的染料与水发生消去反应，生成羟基；乙烯砜型染料首先水解生成乙烯基砜染料，再与水分子加成，生成末端羟基。如图 1-26 所示，织物在经 PDADMAC-DAA 固色时，DADMAC 链段与染料阴离子基团发生离子键结合，DAA 链段中，—NH—基团能够与纤维上的羟基和与未水解染料结构中的 Cl 发生反应，形成共价键结合，也能够与未完全水解的乙烯基发生反应并结合。同时，DADMAC 与 DAA 所形成五元环的结构通过范德瓦耳斯力、氢键与纤维紧密结合，使固色后织物的色牢度相比 PDADMAC 固色后有较明显的提升。除此之外，DAA 链段的引入可适当降低聚合物的水溶性，对耐水浸泡色牢度的提升起到一定的作用。

（1）D—Cl+H₂O $\xrightarrow{OH^-}$ D—OH

（2）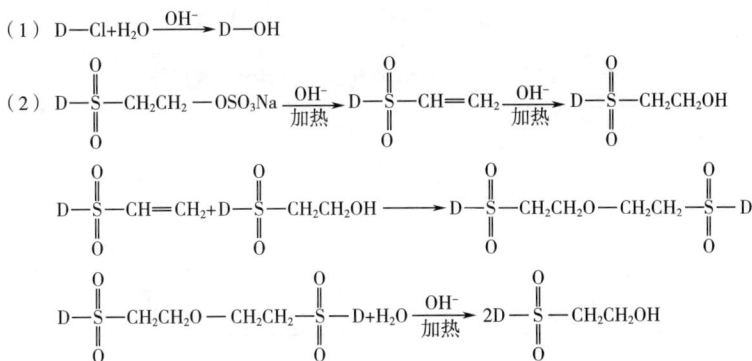

其中，D为染料主体结构

图1-25　含氯均三嗪与乙烯砜型染料水解机理

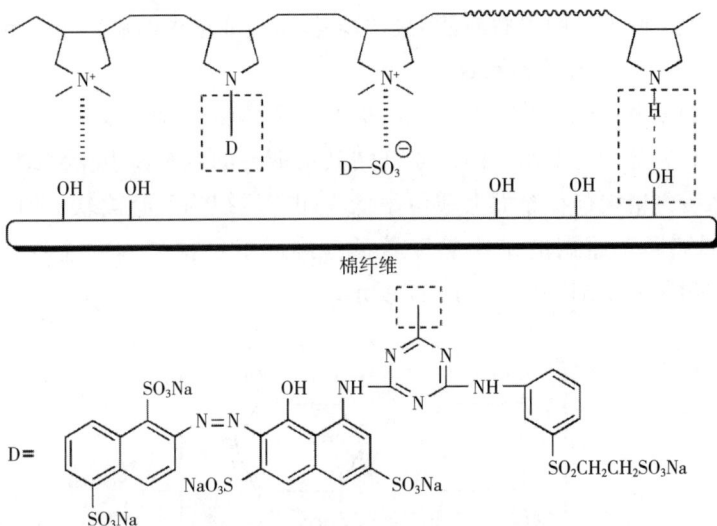

图1-26　PDADMAC-DAA 固色机理

## 三、在环保型印花助剂中的应用及作用机理

在纺织品印花中，增稠剂是一种重要的助剂。其作用一是提供良好的流变性能，将印网或印辊上的色浆转移到织物上，使染料与纤维结合在一起；二是有助于抗渗化，保证印花图案的清晰度。

### 1. 增稠剂概述

增稠剂具有用量少、时效快和稳定性好等特点，被广泛用于印染、涂料、胶黏剂、食品、化妆品、洗涤剂、石油开采等领域。在印染加工中，增稠剂被用来增大印花色浆或涂层胶的黏度，降低其流动性，使其具有假塑性，从而使印花色浆或涂层胶保持在原位置，不向其他位置渗透，这样印出的花型就具有清晰的轮廓、明显的点纹和均匀的花纹。因此，增稠剂对于印花或涂层织物的品质至关重要。增稠剂性能的主要评价指标为增稠效果、流平性、稳定性及耐电解质能力。常见类型增稠剂的主要性能指标对比见表1-17。

表1-17 常见类型增稠剂的主要性能指标对比

| 增稠剂种类 | 增稠效果 | 流平性 | 稳定性 | 耐电解质能力 |
|---|---|---|---|---|
| 无机增稠剂 | 一般 | 差 | 差 | 差 |
| 海藻酸钠 | 强 | 较差 | 优 | 优 |
| 聚丙烯酸盐 | 很强 | 一般 | 优 | 差 |
| 聚氨酯 | 较强 | 优 | 优 | 良好 |

由于在印花或涂层过程中往往会使用一些盐或调节pH，因此，在以上指标中，增稠剂的耐电解质能力是决定印花质量的关键因素之一。在众多增稠剂中，海藻酸钠由于其耐电解质能力优良而在增稠剂的使用中占很大比重。由于海藻酸钠流平性较差以及成本较高，其应用又受到了限制，因此，开发出耐电解质能力强的环保型合成增稠剂显得尤为重要。

**2. 海藻酸钠增稠剂性能及作用机理**

海藻酸钠是一种以海带巨藻等褐藻为原料提取分离精制而成的多糖类生物高分子，为白色或淡黄色粉末。其大分子链上富含阴离子，用其增稠后的色浆易上染纤维，得色量高，色泽鲜艳，经过洗涤后，增稠剂在布面上残留率低，印花后织物手感柔软。但成本高，不耐强酸、强碱和重金属离子，原糊的结构黏度较低，接近于牛顿流体的流变性能，不利于圆（平）网印花。海藻酸钠的结构式如图1-27所示。

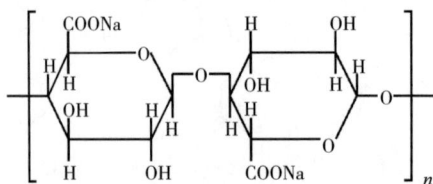

图1-27 海藻酸钠的结构式

海藻酸钠分子中阴荷性的—$COO^-$阻止阴离子性的活性染料与其反应，分子中C2、C3位上的羟基又由于空间位阻效应而难与染料发生反应，因而得色率较高；海藻酸钠分子中大量的—$COO^-$具有强水化作用，产生较高牛顿流体黏度；海藻酸钠属于非化学交联型结构，同时由于—$COO^-$的静电斥力，大分子链间不易形成网状结构，结构黏度较低，因而其耐电解质能力较强，但其印花黏度指数PVI值在0.78左右，流变性能接近于牛顿流体，不利于圆（平）网特别是高目数网印花、大面积印花和质地紧密织物的印花。

若将海藻酸部分酯化，制成海藻酸酯。一方面，通过酯化将羧基封闭起来，提高了化学稳定性，其耐酸、重金属离子、还原剂的性能和对不同染料的适应性均优于海藻酸钠；另一方面，通过部分酯化以后，—$COO^-$减少，而代之以可形成氢键的酯键，水化能力减弱，大分子链间的静电斥力减小，有利于形成网状结构，所以海藻酸酯糊料结构黏度相对较高，PVI

值在 0.6 左右，有效地改善了圆（平）网印花中的刮印性和透网性，得色率和海藻酸钠相当，成本略低于海藻酸钠，是真丝织物冷台板连续布动直接印花的理想糊料。

**3. 聚氨酯类增稠剂性能及作用机理**

聚氨酯类增稠剂（HEUR），是近年来新开发的一种非离子缔合型增稠剂，属于疏水基改性的乙氧基聚氨酯水溶性聚合物。聚氨酯类增稠剂主要由亲水基团、疏水基团以及连接疏水和亲水基团的氨基甲酸酯基组成。传统的聚氨酯增稠剂都是线性结构，在分子链两端含有疏水基团，在水相或乳液体系中通过两点缔合来增稠。随着人们对聚氨酯缔合型增稠剂的增稠效率的要求越来越高，传统的两点缔合的聚氨酯增稠剂已不能满足应用的要求。含疏水侧基的线型聚氨酯增稠剂和含支化结构的聚氨酯增稠剂都使原来的两点或单点缔合变为三点以上的多点缔合，其增稠效果有所改善。

聚氨酯类增稠剂增稠机理是利用聚氨酯类增稠剂大分子具有独特的软、硬链段结构及交联基团，缔合后的聚氨酯分子中同时具有亲水和疏水基团。疏水基团之间相互缔合形成胶束，胶束末端的疏水基团也能吸附周围的胶束，由于胶束间相互缠绕，体系的黏度增大。疏水基团彼此缔合形成胶束，并且通过使用不同的疏水基团，形成的胶束端基可以被其他胶束颗粒吸附。相互连接和缠结的胶束增加了系统的黏度。亲水基团与水发生水合作用，形成氢键，从而限制了水的流动。HUER 对乳液的增稠作用机理示意图如图 1-28 所示。

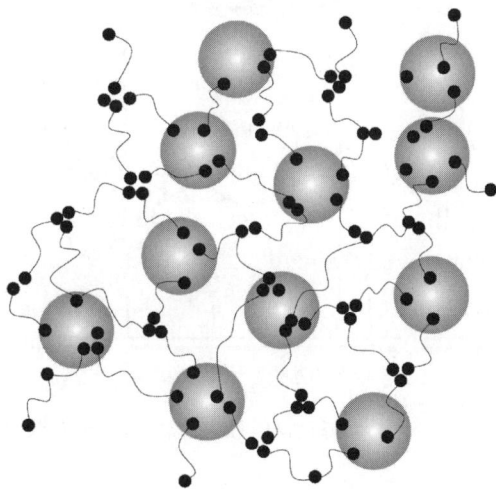

图 1-28 HUER 对乳液的增稠作用机理示意图

**四、在环保型功能整理助剂中的应用及作用机理**

**（一）柔软剂**

氨基改性有机硅柔软剂表现出优异的柔软性、平滑性和弹性，与其在纤维上形成薄膜的能力和分布形态息息相关。有机硅柔软剂所形成的膜不仅能降低纤维与纤维之间的摩擦系数，而且能填补纤维表面的孔隙，从而使纤维表面更光滑，宏观上表现出对人触觉的影响。

通过扫描电子显微镜（FESEM）、X射线光电子能谱（XPS）、原子力显微镜（AFM）和衰减全反射红外光谱（ATR-IR）可以分析氨基硅油在纤维表面的成膜性能和取向分布情况。氨基硅油可以在棉纤维上形成疏水性薄膜，显著降低纤维的表面粗糙度，且随着氨值的增加而变小。尤其是ATR-IR测试结果表明，随着氨值的降低，谱图上羟基吸收峰变强，这是因为氨基数量的减少导致有机硅与纤维上的—OH形成氢键减少，增加了纤维表面—OH的数量，这也进一步说明氨基硅油的取向分布是氨基官能团与纤维结构上的—OH形成氢键，吸附在纤维界面上，而聚有机硅氧烷链段中的Si—CH₃基团向空气界面延伸。结合图1-29可知，有机硅柔软剂会在纤维表面铺展并形成疏水薄膜，迫使聚二甲基硅氧烷骨架上极性的Si—O键和氨基指向纤维表面，并与纤维表面的—OH形成氢键结合，而疏水性—CH₃和长链烷烃基则远离硅—纤维界面并指向空气界面。

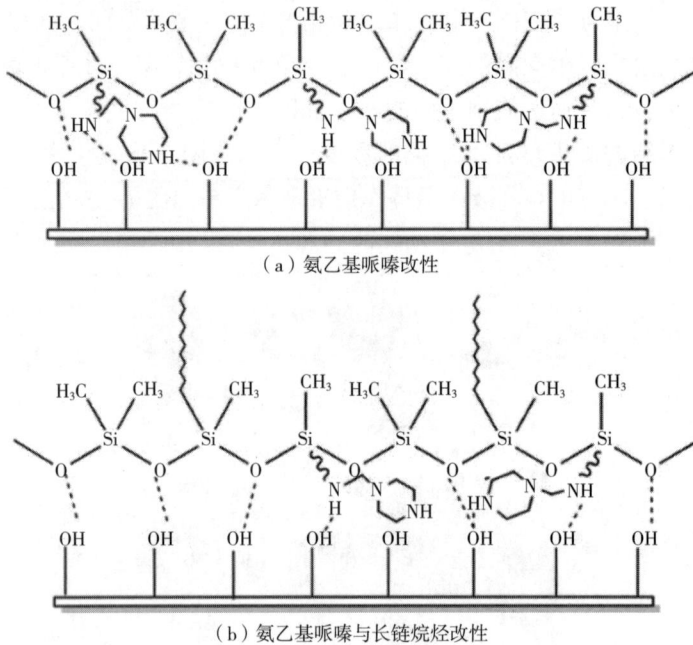

（a）氨乙基哌嗪改性

（b）氨乙基哌嗪与长链烷烃改性

图1-29　侧链改性聚有机硅氧烷在棉纤维上分布取向模型

嵌段硅油的作用机理如图1-30所示，其与氨基硅油相似，链段上的极性氨基、Si—O和聚醚链段中的醚键均可与纤维结构上的羟基形成氢键，甲基向空气界面有序排列，使纤维表面光滑，聚二甲基硅氧烷主链上引入氨基聚醚链段，打破了原有有机硅主链的有序排列，使水分子能通过聚醚链段进入纤维，改善整理后织物亲水性的同时，提高织物的柔软性。

综上所述，氨基改性硅油对棉纤维的吸附机理可以解释为：

（1）棉纤维在水中时，纤维结构中的—OH电离使其表面带负电荷，能与带正电荷的质子化氨基形成离子键结合；

（2）有机硅主链与纤维之间或有机硅链段自身之间会形成醚键结合；

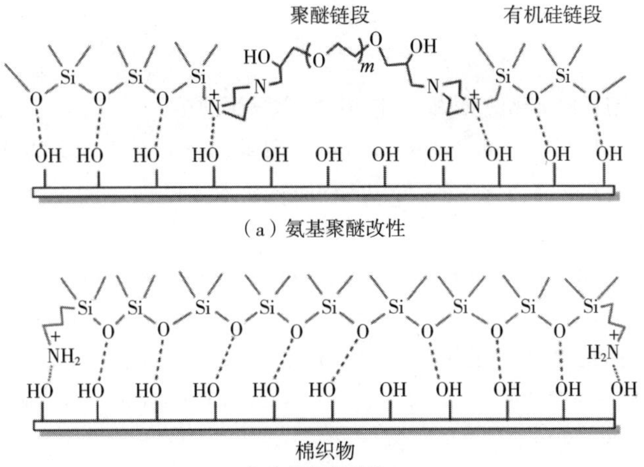

（a）氨基聚醚改性

（b）端氨基改性

图 1-30　嵌段硅油在棉纤维上分布取向模型

（3）有机硅主链与纤维上的羟基形成氢键结合；

（4）纤维分子与有机硅分子之间存在范德瓦耳斯力。

对于纤维结构中反应性基团较少的涤纶，氨基聚硅氧烷与涤纶表面的相互作用较弱，分子链随机堆砌在纤维表面，形成不均匀包覆，极性氨基未形成定向吸附，所以氨基聚硅氧烷不易形成定向分布和单层覆盖，在高温焙烘时，有机硅链段在纤维表面发生移动、旋转、铺展和卷曲等行为，降低纤维的内应力和摩擦系数，达到柔软的效果。

**（二）硬挺剂**

硬挺整理是织物通过浸轧和高温焙烘后，硬挺剂在纤维内部、纤维之间或纤维的表面形成薄膜或产生交联，从而使织物具有硬挺、厚实以及丰满手感的一种整理工艺。目前，该工艺仍在选用脲醛树脂作为硬挺整理剂，这类硬挺剂原料易得、成本低廉、固化速度快、硬挺度高，但整理后的织物会释放甲醛。

聚丙烯酸酯类硬挺剂是一类从生产、使用乃至服用过程中不产生甲醛的环保型树脂整理剂。它的作用机理与脲醛树脂不同，其相对分子质量比较大，不易渗入纤维内部，多黏附于纤维表面及纤维之间，经热处理后，进一步形成不溶性高分子物质，使织物获得较佳的硬挺效果。硬挺剂的应用效果还与聚合物本身的玻璃化温度有关。玻璃化温度高的聚合物，其所形成的膜硬度高，但脆性强，整理后织物的初始硬度较高，但经揉搓、弯折等外力作用后，硬度下降较明显；玻璃化温度低的聚合物，所成的膜柔性太强，黏性也提高，导致初始硬挺度较差。因此，需要根据所选丙烯酸酯类单体的玻璃化温度和投料比来设计最终聚合物的玻璃化温度，以获得成膜硬度高且具有一定韧性的聚合物。

醋酸乙烯酯是制备硬挺剂中最常用的单体，但实际生产中还常搭配另一种硬单体与之共聚，如丙烯酸甲酯、甲基丙烯酸甲酯、苯乙烯等，目的是提高共聚物的玻璃化温度，增加成膜的韧性。

## 参考文献

[1]施亦东．生态纺织品与环保染化助剂[M]．中国纺织出版社,2014.

[2]Hass H B,Snell F D,York W C,et al. Process for producing sugar esters [P]. US 2893990,1990.

[3]Parker W J,Khan R A,Mufti K S. Process for the production of surface active agents comprising sucrose esters [P].GB 1399053,1973.

[4]Polat T,Linhardt R J. Synthesis and applications of sucrose-based esters[J] J. Surfact. Deterg. ,2001,4(4): 415-421.

[5]朱领地,黎钢．化工产品手册:精细化工助剂[M]．5 版．北京:化学工业出版社,2008.

[6]Maugard T,Remaud-Simeon M,Petre D,et al. Enzymatic synthesis of glycamide surfactants by amidifi cation reaction[J]. Tetrahedron,1997,53(14):5185-5194.

[7]Ruback W,Schmidt S,van Beklum H,et al. Eds carbohydrates as organic raw materials Ⅲ[M]. VCH, Weinheim,1996.

[8]房连顺．烷基糖苷聚氧乙烯醚的合成[J]．能源化工,2017,38(2):25-28.

[9]籍海燕．烷基糖苷 APG 的合成及其在纺织印染中的应用研究[D]．上海:东华大学,2010.

[10]Chai J L,Cui X C,Zhang X Y,et al. Adsorption equilibrium and dynamic surface tension of alkyl polyglucosides and their mixed surfactant systems with CTAB and SDS in the surface of aqueous solutions[J]. Journal of Molecular Liquids,2018,264:442-450.

[11]Jiang L C,Basri M,Omar D,et al. Self-assembly behaviour of alkylpolyglucosides (APG) in mixed surfactant-stabilized emulsions system[J]. Journal of Molecular Liquids,2011,158(3):175-181.

[12]王秀玲．纺织品印花增稠剂综述[J]．印染译丛,1997(1):37-42.

[13]宋孝平,杨建庄．HBJH 糊料代替海藻酸钠的应用[J]．印染,1997,23(7):25-26.

[14]Biermann U,Bornscheuer U,Meier M A R,et al. Oils and fats as renewable raw materials in chemistry[J]. Angew. Chem. Int. Ed. 2011,50(17):3854-3871.

[15]Corma A,Iborra S,Velty A. Chemical routes for the transformation of biomass into chemicals[J].Chem. Rev. 2007, 107(6):2411-2502.

[16]Biswas A,Sharma B K,Willett J L,et al. Soybean oil as a renewable feedstock for nitrogencontaining derivatives, Energ. Environ. Sci. 2008,1(6):639-644.

[17]Hayes D G . Fatty Acids-Based Surfactants and Their Uses[M]. Fatty Acids,2017.

[18]Garti N,Aserin A,Fanun M. Non-ionic sucrose esters microemulsions for food applications. Part 1. Water solubilization[J]. Colloids and Surfaces A:Physicochemical and Engineering Aspects,2000,164(1):27-38.

[19]Akoh C C,Mutua L N. Synthesis of alkyl glycoside fatty acid esters:Effect of reaction parameters and the incorporation of n-3 polyunsaturated fatty acids[J]. Enzyme & Microbial Technology,1994,16(2):115-119.

[20]Wang A,Chen L,Xu F,et al. Phase behavior of castor oil-based ionic liquid microemulsions:effects of ionic liquids,surfactants,and cosurfactants[J]. Journal of Chemical & Engineering Data,2015,60(3):519-524.

[21]Babu K,Pal N,Bera A,et al. Studies on interfacial tension and contact angle of synthesized surfactant and polymeric from castor oil for enhanced oil recovery[J]. Applied Surface ence,2015,353(OCT. 30):1126-1136.

[22]Dantas T N C,Vale T Y F,Neto A A D,et al. Micellization study and adsorption properties of an ionic surfactant synthesized from hydrogenated cardanol in air-water and in air-brine interfaces[J]. Colloid & Polymer Science,

2009,287(1):81-87.

[23]Suresh Kattimuttathu I,Gesche Foerst,Rolf Schubert. Synthesis and micellization properties of new anionic reactive surfactants based on hydrogenated cardanol[J]. Journal of Surfactants & Detergents,2012,15(2):207-215.

[24]Bruce I E,Mehta L,Porter M J,et al. Anionic surfactants synthesised from replenishable phenolic lipids[J]. Journal of Surfactants and Detergents,2009,12(4):337-344.

[25]黎明,全春生. 一种腰果酚聚氧乙烯醚及其制备方法[P]. CN 200910017036. X.

[26]李昊男,王树根. 新型腰果酚基高温匀染剂的染色性能研究[J]. 印染助剂,2016(9):41-44.

[27]张然,张海红,李晓元,等. 生物质腰果酚基 Gemini 表面活性剂的合成及性能研究[J]. 现代化工,2016, 36;352(2):70-73.

[28]蔡香. 腰果酚类表面活性剂的合成及其在高温匀染剂中的应用[D]. 杭州:浙江理工大学,2017.

[29]杨海涛,周向东,张桃勇,等. 富马酸—丙烯酸二元共聚物的合成及应用[C]. 浙江省纺织印染助剂情报网年会,2007:19-21.

[30]李兵. 可与表面活性剂复配的高效螯合分散剂的研发与应用[D]. 上海:东华大学,2018.

[31]杨静新,陈新华. 聚阳离子无醛固色剂研制与应用[J]. 印染助剂,2009,26(3):23-26.

[32]陈新华,杨静新,金建森,等. 三元共聚无醛固色剂的合成与应用研究[J]. 印染助剂,2011,28(2):47-50.

[33]余义开,张跃军. 棉用聚合物型固色剂的研究进展[J]. 纺织学报,2010(11):145-150.

[34]黄海霞,李辉容,王志国,等. 不同引发剂下醋酸乙烯酯共聚乳液的合成及性能研究[J]. 绵阳师范学院学报,2009(5):49-52.

[35]刘瑛,程秀莲,宋襄翎. 聚醋酸乙烯酯乳液合成工艺的研究[J]. 辽宁化工,2004,33(1):3.

[36]周永元. 浆料化学与物理[M]. 纺织工业出版社,1985.

[37]李洁. 经纱上浆用浆料的性能及应用[J]. 棉纺织技术,1996,24(1):41-44.

[38]李广芬,张友松. 变性淀粉在纺织工业中的应用[J]. 印染,1998,24(1):34-38.

[39]张海峰. 印染助剂实用技术讲座连载(第二讲):合理选用浆料,提高浆纱质量[J]. 印染助剂,1996,13(2):36-37,31,27.

[40]周永元. 纺织浆料学[M]. 北京:中国纺织出版社,2004.

[41]陈国强,王祥荣. 染整助剂化学[M]. 北京:中国纺织出版社,2009.

[42]Crook E H,Fordyce D B,Trebbi G F. Molecular weight distribution of nonionic surfactants. I. Surface and interfacial tension of normal distribution and homogeneous p,t-Octylphenoxyethoxyethanols(OPE'S)[J]. The Journal of Physical Chemistry,1963,67(10):1987-1994.

[43]Garvey M J,Tadros T F,Vincent B. A comparison of the volume occupied by macromolecules in the adsorbed state and in bulk solution:Adsorption of narrow molecular weight fractions of poly(vinyl alcohol) at the polystyrene/water interface[J]. Journal of colloid & interface science,1974,49(1):57-68.

[44]Lee H,Pober R,Calvert P. Dispersion of powders in solutions of a block copolymer[J]. Journal of Colloid & Interface Science,1986,110(1):144-148.

[45]Fumikatsu,Tokiwa,Kaoru. Solubilization behavior of mixed micelles of anionic and nonionic surfactants in relation to their micellar structures[J]. Bulletin of the Chemical Society of Japan,1973,46(5):1338-1342.

[46]Tokiwa F. Solubilization behavior of sodium dodecylpolyoxyethylene sulfates in relation to their polyoxyethylene chain lengths[J]. The Journal of Physical Chemistry,1968,72(4):1214-1217.

[47]赵涛. 染整工艺与原理[M]. 北京:中国纺织出版社,2009.

[48] Kronberg B,Stenius P,Thorssell Y. Adsorption of nonylphenol‒poly(propylene oxide)—poly(ethylene oxide) nonionic surfactants on polystyrene latex[J]. Colloids & Surfaces,1984,12:113‒123.

[49] Vaidya R A, Mathias L J. On predicting free radical polymerizability of allyl monomers. MINDO/3 and 13C NMR results[J]. Journal of Polymer Science Polymer Symposia,2010,74(1):243‒251.

[50] Nurcan,Şenyurt,Tüzün,et al. A computational approach to the polymerizabilities of diallylamines[J]. Journal of Molecular Modeling,2001,7(7):257‒264.

[51] Lancaster J E,Baccei L,Panzer H P. The structure of poly(diallyldimethyl‒ammonium) chloride by 13C‒NMR spectroscopy[J]. Journal of Polymer Science:Polymer Letters Edition,1976,14(9):549‒554.

[52] 贾旭,张跃军. APS 引发制备高分子量 PDMDAAC[J]. 应用化学,2007(6):12‒16.

[53] Blackburn R S,Burkinshaw S M. Treatment of cellulose with cationic, nucleophilic polymers to enable reactive dyeing at neutral pH without electrolyte addition[J]. Journal of Applied Polymer ence,2010,89(4):1026‒1031.

[54] Wen J,Zhenghua Z,Kongchang C. Study on the hydrolysis kinetics of vinylsulfonyl reactive dye‒fiber bond[J]. Dyes & Pigments,1989,10(3):217‒237.

[55] Wang Jiping,Zhang Yongbo,Dou Huashu,et al. Influence of ethylene oxide content in nonionic surfactant to the hydrolysis of reactive dye in silicone non‒aqueous dyeing system[J]. Polymers,2018,10(10):1158.

[56] Kim S H,Park S Y,Yoon N S,et al. Synthesis and properties of spiroxazine polymer derived from cyclopolymerization of diallyldimethylammonium chloride and diallylamine[J]. Dyes & Pigments,2005,66(2):155‒160.

[57] 杨栋樑. 聚硅氧烷柔软剂的结构性能及其作用模型(二)[J]. 印染,2008,34(17):40‒43.

[58] Parvinzadeh M, Hajiraissi R. Macro‒and microemulsion silicone softeners on polyester fibers:evaluation of different physical properties [J]. Journal of Surfactants and Detergents,2008,11(4):269‒273.

[59] 陈焜,周向东. 低溶剂嵌段硅油的碱法合成及应用[J]. 印染,2018(15):26‒31.

[60] 刘彦杰,吴明华,陈权胜,等. 聚硅氧烷链段相对分子质量对改性聚硅氧烷的影响[J]. 纺织学报,2014,35(10):60‒66.

[61] Jin Y,Pu Q,Fan H. Synthesis of linear piperazine/polyether functional polysiloxane and its modification of surface properties on cotton fabrics [J]. ACS Applied Materials & Interfaces,2015,7(14):7552‒7558.

[62] 陈焜,周向东. 环保型硬挺剂 M‒432 的合成与应用[J]. 印染,2015(9):51‒55.

[63] 周向东,江敏,易辉,等. 环保型硬挺剂的合成及在纺织品上的应用[J]. 印染助剂,2009,26(10):30‒34.

# 第二章   短流程印染技术

## 第一节   短流程印染技术概述

### 一、短流程印染技术概念及原理

染整加工是纺织品深加工的一个重要工序，是提高纺织品使用附加值必不可缺少的组成部分，一方面是为满足人们对服装色彩和服用性的要求；另一方面却需要消耗一定能源并产生污染排放。在地球资源不断枯竭和环境污染日趋恶化的今天，如何在满足人类社会物质文明发展的同时，减少资源浪费和生产过程所产生的污染，是现代工业发展所必须考虑的重要课题。

我国纺织品及其印染加工技术生产工艺流程长，要经过前处理、染色、印花、后整理等工序，不仅水耗能耗高，而且也制约着具有中国特色的高附加值纺织品的开发利用。传统的前处理通常包含常规的三步法工序即退浆、煮练、漂白。根据此顺序进行前处理加工产品的重演性较好，但存在机台多、耗时长、低效率、高能耗的问题，而且一些印染产品常见的疵病如皱条、折痕、擦伤、破损、斑渍、白度不匀、降强、泛黄、纬斜等都与较长的前处理三步法工艺有关。而传统的纺织品染色、洗涤过程长，染色费时，染料利用率低（综合利用率只有50%~60%），需要使用大量的无机盐进行促染，成本高，重演性降低，剥色和重染或修色难度增加，在线检测与控制较难实现，同时能耗和水耗高。资料显示，印染行业能耗约占纺织工业的30%，废水和$COD_{Cr}$排放约占纺织工业的80%以上。因此，在当前的节能减排形势下，开发和推广高效、节能、可持续的加工技术，是染整加工在当前社会环境下获得生存和发展的重要任务之一。

所谓的短流程加工，是指在染整加工工序中在不同设备上各种合理缩减方法的总称，而不是某个特定的具体工艺和设备的名称。将传统的印染工序从前处理到后整理，由原来的三步、四步工序通过对生产原料、生产过程、工艺路线以及设备的全过程控制，缩减为两步甚至一步，不仅能充分发挥各工序的优势，减少加工过程的时间，提高生产效率，降低生产成本，而且也减少了对织物纤维所造成的损伤或破坏，是现代染整技术实现节能减排的重要手段。实际生产中高效的短流程技术的实施需要借助于工艺优化、配套助剂、高效合理的设备三方面共同的作用，通过现代计算机辅助的先进染整设备的优化组合，以最低的能耗和最高的生产效率达到满足染整工艺的不同需求。

### 二、短流程印染技术类型

用不同的方法、不同的设备进行短流程加工，它的工艺条件和处方各不相同，因此短流程印染加工工序繁多，根据前后工序的合并方式，目前主要集中在短流程前处理技术和短流程染色技术的研究和开发。

### （一）短流程前处理技术

短流程前处理技术是把常规的退、煮、漂三步工艺各自的作用原理和去除的杂质，合并在一步或二步中完成。如碱的作用，既为退浆剂又是煮练剂，这是因为碱退浆和碱煮练是棉织物最为普遍的退浆、煮练方法，在常规的前处理中是两个独立的加工过程，但又是相互渗透和相互联系的，即在碱退浆的同时，棉纤维上的天然杂质也在发生分解作用；而在碱煮练时，退浆后织物上残余的浆料也可以进一步被去除。若将碱退浆和碱煮练合二为一，使棉织物上的浆料和油蜡、果胶等天然杂质的去除在一个工序中完成，则在工作液的组成中必须加入渗透剂、高效精练剂等助剂来满足加工要求。另外，如果是碱氧一浴中，还可作为过氧化氢漂白的碱剂。又如，过氧化氢在退煮漂一步法中既是退浆剂又是漂白剂，还可对纤维上的木质素及其他杂质起氧化作用。而其中添加的各种助剂所发生的乳化、分散、萃取等作用之多不下几十种。因此短流程前处理工艺的特点表现为参与反应物质的多样性及反应类型的复杂性。

### （二）短流程染色技术

（1）活性染料湿短蒸染色技术。将织物浸轧染液后，无需烘干，直接汽蒸固色。此技术具有流程短、固色效率高、盐耗量低、节能节水、节约染化料、工艺重演性好等优点。该工艺不仅适用于机织物，也可适用于针织物的湿短蒸染色。

（2）一种染料一浴染多种纤维技术。例如，活性染料在专用助剂的条件下染棉锦交织物等。

（3）两种染料一浴染多种纤维技术。如分散、活性染料一浴染涤/棉织物等。

（4）染色与不同工序相结合，同浴进行的技术，实现"染色+"多效应目的和功能。如前处理/染色一浴技术、染色/整理同浴技术等。

### 三、短流程印染技术发展现状

面对当前日趋激烈的市场竞争，严格的成本控制，严厉的环境影响评价标准，印染行业从缩短染整工艺流程出发，进行绿色生产技术创新研究，走低碳节能减排道路，契合纺织产业链转型升级，实现企业"生态效益、经济效益和社会效益"的统一协调发展。目前，已得到实际应用的高效前处理工艺有低温低碱一浴前处理工艺，如采用高效精练剂加工助剂；低温前处理，如冷轧堆前处理工艺；高效一步法短流程前处理工艺；无水或非水前处理，如极小浴比或泡沫浴精练工艺等。

生态环保的生物酶前处理，如应用果胶酶、煮练酶、蛋白酶、淀粉酶、过氧化物酶与各种类别的酶精练工艺。生物酶不仅可单独用于退浆、精练、抛光等工序，也可以与其他生产工序结合，形成一系列生物酶短流程处理工艺，如酶退浆和酶精练一浴法、酶精练和漂白一浴法、酶精练和染色一浴法、酶精练和生物抛光一浴法、生物抛光和染色一浴法等，从而缩短工艺流程，降低生产成本，而生物酶联合处理工艺也是未来酶染整技术的一个发展方向。

另外，助剂的发展也带来了工艺的改进，如漂白从传统的漂白粉、次氯酸钠、亚氯酸钠发展到目前过氧化氢漂白或精练的"无氯漂白"工艺甚至是特种漂白剂漂白、无烧碱快速氧漂工艺；退浆从传统的碱退浆法发展到现在的生物法、超声波法；设备上，从加压煮布锅，发展到绳状和平幅连续汽蒸练漂机、高温高压快速练漂机等。

这些新工艺、新技术、新设备的开发，推动了前处理进一步向高速、高效、连续化、自动化、环保、清洁生产方向发展，从而将前处理加工技术提高到一个更新、更高的水平。

一系列短流程染色工艺开发并获得广泛应用，如冷轧堆染色、不同染料的一浴染色或一种染料对多组分纤维的一浴染色、纯/棉织物的涂料连续轧染、低盐少盐低碱活性染料染色、活性染料湿短蒸染色、涤/棉织物分散/涂料一浴轧染和浅色涤/棉织物单分散轧染等工艺，这些工艺能在满足清洁生产技术基础上适应当前生态、高效的要求。为实现产品的清洁化、节能、环保的生产，满足多元化、个性化，提高国产面料的档次和附加值，前处理/染色同浴、染色/整理同浴等短流程技术也在不断开发研究中。总之，短流程染整技术的创新不仅能提升染整工艺水平，而且推动了染整行业的发展，同时也是纺织品市场竞争的重要手段。未来，短流程染整技术的发展遵循产品高品质、功能化，染整加工生态化，染料与助剂绿色、安全化的发展趋势，适应"生态、节能"的要求，获得可持续发展。

# 第二节  短流程前处理技术

## 一、短流程前处理技术种类

纺织品的前处理是染整加工的第一道工序，其处理效果的好坏直接关系到后续染色、印花和后整理的品质，因而也是非常重要的一道工序。关于高效短流程前处理工艺的研究最早源于20世纪70年代，主要是受到当时的石油能源危机影响，西方国家的印染行业为了应对高能耗的前处理而研发的节能工艺，在随后的科技和精细化工发展的影响下，出现了各种高效前处理助剂，如大批高效稳定剂、精练剂，为不同设备单元优化组合起到了重要作用，也为高效短流程前处理快速发展奠定了良好基础。目前，已成功应用的高效短流程前处理工艺，一是将传统的退、煮和漂合为一步，称为一浴一步法；二是织物经退浆后，将煮和漂合为一步，称为二浴一步法；三是结合生物技术的酶氧无碱工艺，用生物酶工艺代替传统碱处理工艺，既可提高织物品质，又可节能减排。

### （一）一步法工艺

一步法即退浆、煮练、漂白三合一工艺技术。实施一步法前处理工艺，关键是要选用在较高碱浓度下对双氧水具有良好稳定效果的双氧水稳定剂。能够使双氧水在常温浓碱条件下，保持一定的稳定性，并在高温汽蒸分解过程中，只对织物中的浆料和纤维天然杂质产生氧化破坏作用，而不切断纤维素的大分子链，使纤维损伤程度控制在允许的范围内。从目前应用的角度来看，实施一步法工艺必须建立在优化工艺、高效染化料和助剂、先进设备功能的基础上。目前，普遍应用的主要有两种方法，即冷轧堆法和汽蒸法。

**1. 冷轧堆碱氧一浴工艺**

冷轧堆碱氧一浴工艺的设备流程短、节省能源，节省加工成本，装备一次性投资少，能有效地克服厚密织物在采用平幅加工时易出现的折皱。其工艺流程为：烧毛→轧碱氧工作液→卷堆（室温25~30℃，20h）→高效平洗→烘干。由于是在低温下作用，碱浓度较高，但双氧水的反应速率仍然很慢，故需要采取以下措施。

首先要确保工作液对织物的充分浸渍和渗透，需要高浓度的化学品和长时间的堆置时间，来充分完成必要的化学和物理的各种萃取去杂作用。

其次，冷堆工艺的碱氧用量要比汽蒸工艺高出50%~100%，要取得好效果，关键同样在于水洗，其作用比汽蒸法还重要。堆置后如加强碱处理，则效果更为明显。毛效明显上升，这是由于浆料、果胶质经氧化裂解后，在碱溶液中溶解度显著提高，且热碱又促进杂质的碱水解及皂化反应的进一步进行。高温易使棉蜡热熔成液体，在机械作用下，易分散进入表面活性剂的胶束内，这个作用同样需要碱、表面活性剂以及反应时间。如果冷堆后立即用大量热水冲洗，将使降解反应和皂化反应不充分，从而不利于浆料、果胶质及棉蜡的去除。因此，可采用高速高效练漂机热碱处理，其工艺流程：烧毛→干落布→浸轧工作液（高效给液，轧液率95%）→大卷装转动（转速4~6r/min）堆置16~24h→热碱处理→短蒸2~4min（102℃）→强力冲洗→高效水洗→烘干。

最后，冷轧堆工作液如果浓度较高，会容易引起沉淀和分解，不利于工作液在织物上的渗透扩散，产生低毛效的弊端，也会给纤维织物、机器和操作者带来或多或少的危险性。因此，降低浓度、提高织物的带液量就成为短流程工艺的关键。

在实际生产中，利用各种均匀渗透高给液装置可以有效解决这个问题。由于冷堆工艺作用温和，因而对纤维的损伤相对较小，因而此工艺可广泛适用于各种棉织物的退煮漂一步法工艺。

**2. 汽蒸一步法**

汽蒸一步法是将传统的退浆、煮练和漂白三步过程改为退煮漂一浴汽蒸法进行。汽蒸一步法可在R汽蒸箱或L履带蒸箱上进行，也可采用高温高压溢流染色机或高温高压巨型卷染机。例如，上海市纺织科学研究院陈士行提出的履带汽蒸一浴法工艺：烧毛→打卷（轧水或退浆液）→蒸洗→轧碱氧工作液→履带箱汽蒸（95℃，50~60min）→平洗→烘干。R汽蒸箱浸渍工艺：烧毛→轧碱堆置→高效水洗→轧碱氧工作液→R箱汽蒸（85±5℃，30~40min，液下浸30~40min，不加热，酌补双氧水）→水洗→烘干。履带箱汽蒸适用于涤/棉、纯棉等织物的加工，R汽蒸箱适用于涤/棉轻薄织物的加工。在高温高压溢流染色机上的工艺流程为：烧毛→进入高温高压溢流染色机130℃处理5min→高效水洗→开轧烘干。由于退煮漂一浴汽蒸的碱浓度和温度较高，双氧水的快速分解会造成织物损伤，需要降低烧碱和双氧水浓度，并加入性能优良的耐碱稳定剂。但是，退浆与煮练合一后，浆料在强碱浴中不易洗净，为此，退煮后，必须加强水洗，来提高退浆与煮练的效果。因此，对重浆和含杂量大的纯棉厚重织物往往难以达到所要求的处理效果。

## (二) 二步法工艺

根据退、煮、漂的不同组合形式，二步法工艺可分为两种。一种是织物先经退浆，再经碱氧一浴煮漂的工艺，又称 D-SB，另一种是织物先经退浆、煮练一浴处理，再经常规双氧水漂白的二步工艺，又称 DS-B。

### 1. D-SB 工艺

先退浆，然后碱氧一浴即煮漂合一。即浸轧退浆液卷装堆置，高效水洗，然后浸轧碱氧液汽蒸（温度100~102℃，时间45~60min），高效水洗；该工艺中常用的退浆方法有酶退浆、氧化剂退浆、碱氧浴冷堆法退浆等。此工艺须有较强的碱性和较浓的过氧化氢，以除去织物上的杂质并同时完成漂白加工。如果碱浓度较高，易使双氧水分解，故需选择优异的双氧水稳定剂，如选择一些性能良好的耐强碱、耐高温的氧漂稳定剂和螯合分散剂，使纤维受损伤程度减少。退浆及随后的水洗必须充分彻底，要最大限度地除去浆料和部分杂质，以减轻后续碱氧一浴煮漂工序的压力，并使双氧水稳定地分解。此工艺适用于含浆较重的纯棉厚重紧密织物。总的来说，此法应用较少。

### 2. DS-B 工艺

退浆与煮练合并，然后漂白。浸轧碱氧液及精练剂，在100℃温度下汽蒸50~60min，高效水洗，然后再浸轧双氧水常规漂白，在100℃下汽蒸50~60min，最后再经过一次高效水洗。由于漂白为常规传统工艺，因而对双氧水稳定剂要求不高，一般稳定剂都可以使用。此工艺碱浓度较低，双氧水分解速率相对较缓和，对纤维损伤较小，工艺安全性较高。但退浆、煮练合一后，浆料在强碱浴中不易洗净，因而影响退浆和煮练效果，为此退煮后必须充分彻底地水洗。根据采用的设备不同，可有多种不同的组合。普遍采用 L 履带平幅汽蒸设备，特别是引进 R 汽蒸箱后，由于 R 汽蒸箱具有汽蒸与浸煮双重作用，因而用 R 汽蒸箱结合的二步法工艺被许多工厂所采用。如常见的平幅轧卷汽蒸工艺流程：烧毛→浸轧碱液或碱氧液→平幅轧卷汽蒸（进行退煮一浴处理）→90℃以上充分水洗→浸轧双氧水漂液（pH 值 10.5~10.8）→进入 L 汽蒸箱（进行常规漂白，100℃汽蒸60min）→高效水洗→烘干。该工艺最早用于含浆率较低的中薄纯棉织物和涤/棉织物，现在已扩展到多种织物的加工。

从二步法工艺流程来看，不管是先退浆，还是先退煮合一工艺，都必须浸轧退浆、煮练或氧漂工作液，以及添加渗透剂等必要的助剂。由于进行前处理之前的织物，有可能是纯棉坯布烧毛后轧碱灭火过的或者经冷轧堆置过的，织物上难免附着一些灰尘、杂质等，也有的坯布存在拒水性能的差异，因而很难使织物大量均匀地吸附工作液。为此，除了依靠渗透剂的作用外，还必须依靠机械的浸轧作用，将织物纤维之间所充满的空气排除，并均匀地吸附或渗透足够的工作液。采用高给液装置，织物可在较短时间内获得高带液量，满足工艺对蒸汽浓度的要求，同时又可避免织物在蒸箱内产生折皱印。

## (三) 酶氧无碱工艺

### 1. 酶氧无碱前处理工艺机理

纯棉织物无论是传统的还是短流程的前处理工艺，都选用烧碱、表面活性剂等化学药品，在高温条件下对织物去除杂质。冷轧堆前处理尽管是低温，但烧碱浓度很高。这些碱残留在废水中,必然对环境造成污染。另外,如果采用淀粉酶或烧碱/双氧水,使用连续或冷堆法对织物上的浆料进行去除,存在的问题是淀粉酶只对淀粉有分解作用,对 PVA 无作用;烧碱/双氧水冷堆对 PVA 有一定去除作用,但无法去除淀粉浆,也不适用于多纤维产品。采用生物酶工艺替代传统的烧碱工艺和短流程的碱氧工艺,是近年来发展起来的一项具有环保性的前处理工艺。利用由多种对纤维素杂质有专一分解作用的酶和一些化学助剂制成的复合精练酶代替烧碱,并与双氧水配合使用,用于棉织物的退浆和煮练。

复合精练酶是由多种生物酶(如淀粉酶、过氧化氢酶、果胶酶、纤维素酶、脂肪酶和蛋白酶等)组成,在一定条件下对某种物质有专一的高效催化分解作用,可使织物坯布上的浆料、蜡质、果胶等杂质裂解而易溶于水,并在机械力的作用下脱落,达到退浆、煮练的效果。在精练过程中复合酶能够使双氧水的漂白 pH 维持在 10.5~11。而双氧水能对烧毛后聚合度提高的 PVA 进行解聚,有利于后续的进一步作用;双氧水被消耗后,又可能成为后续酶作用的引发剂;后续产生过醋酸分解出的双氧水起到主要作用,经过过氧化氢酶激活双氧水的分解,产生氧化自由基,进一步加速 PVA 的分解。复合生物酶前处理作用机理如图 2-1 所示。

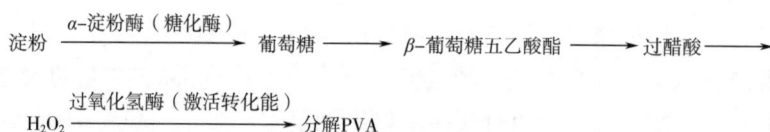

$$\text{淀粉} \xrightarrow{\text{$\alpha$-淀粉酶(糖化酶)}} \text{葡萄糖} \longrightarrow \text{$\beta$-葡萄糖五乙酸酯} \longrightarrow \text{过醋酸} \longrightarrow$$

$$H_2O_2 \xrightarrow{\text{过氧化氢酶(激活转化能)}} \text{分解PVA}$$

图 2-1 复合生物酶前处理作用机理

实践证明,淀粉酶和果胶酶具有很好的协同作用。已有报道利用复合酶 HG0180〔即纤维素酶、果胶酶、淀粉酶等复配后经改性海泡石负载、固化造粒后得到的乳白色粉末(30~50 目)〕对棉坯布进行酶氧一浴二步法短流程前处理,复合酶在退煮温度 50℃、酶质量浓度为 1g/L、酶退煮时间 50min 条件下,发现去除棉坯布上的果胶、色素、浆料等杂质效果较明显,作用条件温和,对环境无危害,灭酶条件为 90℃处理 10min。其工艺曲线如图 2-2 所示。

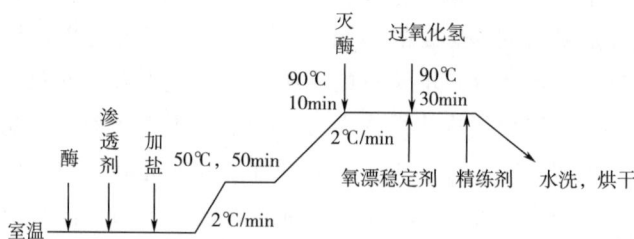

图 2-2 酶氧一浴二步法短流程工艺曲线

### 2. 酶氧无碱前处理工艺优点

复合生物酶前处理工艺由于几乎不使用烧碱,对强碱敏感度较高的纤维的影响较小,因此纤维适应性广,管控简单,生产效率高。复合生物酶可分解淀粉,对 PVA、果胶质进行降解，对蜡质进行乳化，且因作用时间长而效果明显。PVA 被降解，使浆料去除率达到 6 级以上，面料洁净度高，匀透性好，毛效均匀，对后续的丝光、染色、印花都有利。复合生物酶前处理工艺中轧酶工序流程短，进布张力小，而且采用 60~70℃浸轧，有利于幅宽收缩，轧酶后采用打卷堆置，在保温堆置过程中，织造的应力和轧酶后纬向剧烈收缩产生的应力通过延长堆置时间达到有效的释放，从而使后续加工的卷边起皱问题得到有效控制，幅宽收缩的均匀性好。可以使面料身骨柔软，有利于起毛，所以在高弹力类、磨毛类面料上的应用优势明显。复合生物酶短流程工艺采用轧酶、漂白/煮练、漂白工艺，可节约大量的水、电、汽。此外，因加工过程中用碱量极低，污水处理难度降低，整体而言，节能减排、降耗效果非常明显。

### （四）短流程前处理工艺条件及控制

高效、低能耗的短流程前处理工艺作为染整加工的一项重要新技术，是染整前处理工艺的发展方向，但短流程前处理工艺的应用，必须根据品种特点、加工要求、最终用途结合设备类型、织物组织规格、纤维原料的组成等因素，来优选出合适的短流程前处理工艺。从工艺本身来看，织物高效短流程前处理，主要是通过浸轧、反应（冷堆法或汽蒸法）、洗涤三个基本单元过程的有效作用，给予织物与处理液充分的反应条件，从而获得高效、低能耗及良好的处理效果。因此必须从下面三个重要环节入手，合理设计工艺处方，优选出最佳工艺条件，从而保证织物可在最低的能耗条件下达到最佳的处理效果。

**1. 浸轧工作液**

短流程前处理工艺将传统三步工序组合为一步或二步，并且织物中所要除去的浆料、蜡质和果胶等杂质，必须集中在一步或二步中完成。因此，根据二步法或一步法的处理要求，必须对工作液的组成进行合理的设计。例如，在碱氧一浴一步法的加工中，碱和过氧化氢作为主要用剂，这是因为碱兼具退浆、煮练和过氧化氢漂白的碱剂三种作用，而过氧化氢既是漂白剂又具有氧化退浆作用。当一种化学剂要担当多重作用时，必然需要加大用量，在碱氧一浴中，碱和过氧化氢的浓度都要较常规的三步法工艺高得多。由于过氧化氢漂白在弱碱性（pH = 10.5~11）条件下进行较为理想，显然在碱氧同浴中不能满足这一条件，过高的碱浓度会引起过氧化氢无效分解，生成的 $O_2$ 和过氧氢自由基 $HO_2\cdot$，导致纤维受损。为了使织物的去杂程度达到半制品质量要求，并且不损伤织物纤维，必须严格控制双氧水反应速率，合理确定工艺处方（如烧碱、双氧水和各种助剂用量），同时还必须选用耐碱性较强、稳定性优良的氧漂稳定剂才能获得满意的效果。

由于短流程必然导致化学品浓度的增加，浓度高将引起溶液发生沉淀和分解，不利于工作液在织物上渗透、扩散，给织物、机器和操作者本身带来或多或少的危险性。因此，在化学品总量不变，降低浓度，必须提高织物的带液量，特别是未经处理的纯棉纤维具有拒水性时，必须加入适当的渗透剂，提高处理液对纤维的渗透能力。考虑到处理液的碱性较强，应选用耐碱稳定性较好的渗透剂。在浸轧碱氧液时，其溶液温度不能高于织物温度，应保持在室温条件下。如果碱氧液温度高于织物温度，那么织物浸入溶液中，其纤维孔隙中所含的空气将受热膨胀，进而阻止碱氧液的渗入。此外，低碱氧液温度可防止双氧水的分解，因此，在实际生产中以室温下浸轧工作液为宜。尽管如此，还必须借助机械的浸轧设备，在较短的时间内将织物内的空气排出。采用高轧液率轧车可排出织物内部空气，在织物内外形成压力差，使处理液能够很快渗透到织物纤维内部，达到较高的织物带液率。

**2. 汽蒸或堆置**

（1）汽蒸工艺条件。在纯棉织物煮漂碱氧一浴的汽蒸法工艺中，为达到煮练匀、透，漂白纯、净要求，汽蒸时既要考虑碱与蜡质、果胶等天然杂质足够的反应时间，又要兼顾过氧化氢的分解速率，故常压汽蒸的时间一般需要60~90min，才能使棉织物上的浆料和天然杂质得以充分地膨化、分解，织物处理后的效果较好。由于在纯棉织物退煮漂一步法工艺中，要去除的杂质集中在一道工序中，对汽蒸条件设置的要求更高，汽蒸设备要求预热时间长。例如，采用瑞士贝宁格公司的平幅退煮漂联合机，该汽蒸机上层为导辊（回形穿布），下层为双层辊床履带（图2-3）。

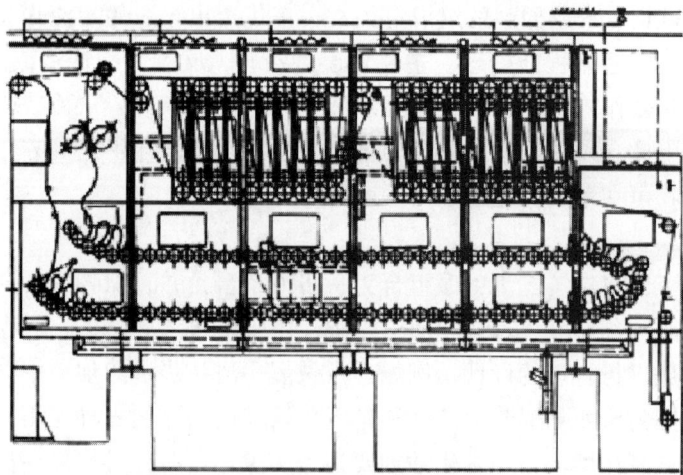

图2-3　导辊/辊床汽蒸箱

（2）堆置工艺条件。在纯棉织物煮漂碱氧一浴的堆置法工艺中，由于在室温下作用，各化学助剂的反应速率低，要达到加工要求的去杂程度，则需要长时间的堆置，一般纯棉织物打卷冷堆的时间要24h以上。由于作用条件温和，工作液的扩散和渗透又很充分，常能使一般加工过程中难以去除的杂质（如棉籽壳）被除去。有研究者将浸轧工作液后布卷的堆置温度提高至40~60℃，这样可缩短堆置时间，即所谓的"温堆工艺"。该工艺的关键和难点是保持堆置过程中的温度恒定，否则将会造成布卷内外各片段之间的处理效果差异而影响织物的后加工。

**3. 强化水洗**

短流程前处理工艺从常规三步法的三次水洗缩减为一次或二次，水洗除杂的负担增大。水洗不良不仅不能去除杂质，而且还可能把已脱落或未脱落已松弛的浆料、杂质重新黏附到纤维上，因此水洗是短流程前处理工艺中的一个关键问题。目前，短流程前处理工艺经常采用的高效强化水洗方法有三种：

（1）水洗液中添加高效净洗剂以增强水洗效果；

（2）采用高效水洗设备，加强机械洗涤除杂能力；

（3）提高水洗温度，保持前部分水温在95℃以上，而且越高越好。

实际生产中，高效水洗常采用的是高温洗液、强力冲洗、逆流振荡等方法，如采用高温低水位蛇形逐格倒流的高效水洗设备。

## 二、短流程前处理技术配套助剂

高效短流程退煮漂一步法工艺能否成功，关键在于多功能精练剂、高效稳定剂、渗透剂、螯合剂等的合理选用。相配套的助剂必须满足以下四点：①能满足不同品种、不同要求的专用、系列、标准化的助剂；②利用高新技术来开发的新助剂；③易于生物降解和保护环境的绿色助剂；④价廉物美，在保证质量的基础上，不断降低助剂的成本。

### （一）高效环保的精练剂

短流程前处理工艺选用高效精练剂除了必须具有优良的低温下渗透、乳化、分散作用外，还要求低泡、耐浓碱、耐氧漂和较强的洗涤剂及适应节能减排高要求。目前，大多环保型精练剂以烷基多糖苷（APG）、脂肪醇醚、天然脂肪醇聚氧乙烯醚、失水山梨醇聚氧基化合物、仲烷基磺酸钠（SAS）、脂肪酸甲酯磺酸盐（MES）、醇醚羧酸盐（AEC）、聚醚、脂肪酰胺琥珀酸单酯磺酸钠（AMESS）、烷基磺酸钠、烷基聚氧乙烯醚硫酸盐（AES）等复配而成。例如，杭州多恩公司的强力渗透精练剂CPB是一种新型高效冷轧堆精练剂，由高效渗透剂、双氧水低温漂白活化剂、新型金属络合剂和环保型表面活性剂等组成，具有润湿、精练、漂白等多种功能，在冷轧堆精练中能达到好的毛效（9.1cm/30min）和白度，具有优异的冷堆效果，无须复漂工序，节约工时，极大地降低了能耗；浙江传化股份有限公司研发的精练粉TF-120EB具有优异的渗透性和双氧水稳定性，以及与棉用增白剂良好的同浴配伍性，可实现碱氧漂白增白一步完成，降低了前处理成本，适用于全棉织物长车碱氧一浴汽蒸工艺。

### （二）高效渗透剂

高效渗透剂通常由在碱性条件下具有极强渗透力的表面活性剂组成，在前处理配方中少量添加，就能在织物中均匀快速渗透且能渗透到纤维内部，取得较好的练漂效果。例如，KT08是一种阴离子型的异辛醇醚硫酸酯表面活性剂，中性条件下无表面活性，在浓碱溶液中具有极强的渗透力。又如，TEP也是一种阴离子型表面活性剂，在强碱和高温条件下具有极强的渗透力及卓越的乳化、脱油和洗涤功能等。

### （三）高效螯合分散剂

由于织物退浆时用作上浆防腐剂的铜、锌离子的存在不利于退浆，浆料与杂质易再沉积在纤维上，影响底布的白度；煮练时煮练液中的钙、镁离子和果胶盐会严重影响煮练后织物的白度、毛效和手感；漂白时，铁、锰等金属离子会加速双氧水的分解，造成织物局部过氧化、强力下降甚至产生破洞；硬水中的钙、镁及其他重金属离子易形成不溶性金属盐沉淀在织物和设备上，影响产品质量，造成设备结垢。因此，高效的短流程技术的实施必须加入高效螯合分散剂。目前，高效螯合分散剂多是聚羧酸类螯合分散剂，是一类既有螯合能力又有分散能力的助剂，其单体中一般都含有氨基、羟基、羧基、不饱和键等，如马来酸酐、丙烯酰胺、丙烯酸等。为了获得更好的螯合和分散效果，很多企业采用2个或2个以上不同结构的高效螯合分散剂进行复配。例如，石家庄市联邦科特化工有限公司的新型螯合分散剂LD-330不仅对金属离子有极强的络合作用以及很好的分散性，能防止污物与悬浮物的沾污，而且耐酸、耐碱、耐盐，不含磷；德国Stockhausen公司的高效金属络合剂Solopol ZF是一种以糖为基础的可生物降解的聚合物络合剂，能与棉中的金属、钙和镁等相结合，可用来取代目前市场上提供的生物降解性比较差的金属络合剂。

### （四）多功能前处理剂

多功能前处理剂集多种功能于一体，兼有乳化、润湿、渗透、洗涤等重要功能，不仅缩短了工时、确保织物具有优良的白度和吸湿能力，而且适应低温低碱等节能减排的要求。例如，某些快速氧漂剂可以实现高温速漂（无烧碱快速氧漂工艺），只使用快速氧漂剂和双氧水，在高温溢流机内110℃保温15~20min即可。因为快速氧漂剂有渗透、精练、乳化、除油、螯合净洗、调节pH等作用，在氧漂工艺中能从根本上取代烧碱、渗透剂、稳定剂、除油剂等多种助剂。漂后废水的pH小于9，COD值比烧碱工艺减少一半，易于污水处理，且工艺重现性好，从而达到清洁化节能生产的目的。广东庄杰化学有限公司的低温低碱多功能前处理助剂ZJ-CH58及浙江传化股份有限公司的冷漂精练剂TF-189L，都是集渗透、精练、螯合、低温催化于一体的新型多功能助剂，属阴/非离子型，适用于冷堆和长车低温练漂工艺，助剂中复配的高效低温精练组分在碱和双氧水的协同作用下具有优异的精练及退浆效果，而双氧水—活化体系可使涤/棉或全棉织物在50~80℃条件下取得优良的漂白效果，处理后的织物平整度高，织物伸长率明显提高，可达到印花或染色半成品的要求，整个工艺大大降低了前处理加工的能耗、水耗和成本，同时解决了高温工艺的布面易起皱和缩率大等问题。

### （五）生物酶加工助剂

用生物酶或酶制剂加工已被公认为是一种绿色染整技术，具有专一性、效率高、反应快、节能、节水、节时、不损伤纤维、可避免后续染色不匀、提高给色量、环境污染少、易生物降解等特点，已扩展到几乎所有的纺织品湿加工的各道工序中。如用于棉纤维退浆处理的退浆酶、用于棉纤维光洁与减量处理的纤维素酶、用于棉纤维精练的果胶酶、用于棉纤维漂白的过氧化物酶、用于退煮漂一步法加工的多功能复合酶，还有除氧酶、脂肪酶、抛光酶（酸性、中性）等。

近年来，国内外加强了对酶化学的研究，不断开发出新型的生物酶或酶制剂。例如，上海市纺织科学研究院纺织化学中心研发的清棉师Scolase能快速渗入纤维内部，在90~100℃时该助剂的化学组分与双氧水共同作用，能有效去除棉纤维上的果胶、蜡质、色素等杂质，在生物酶与化学品的共同作用下，缩短了纤维除杂过程的时间，减少了化学品的用量，达到了简化工艺流程、减少织物损伤、提高织物白度和毛效、减少废水排放量、废水低碱排放且易于处理的效果。郑州兰天印花色浆有限公司的精练酶881是多种酶制剂的复配产品，集精练剂、螯合分散剂、碱剂等功能于一体，具有乳化、润湿、渗透和净棉等效果，不仅操作简单、工艺流程短、设备少、织物白度和毛效与常规退煮漂三步工艺相当，可取代常规工艺中的精练剂和碱剂，而且水电汽的耗用量远低于常规工艺，纤维强力损伤明显减小。Novozymes（诺维信）公司的ScourzymeNP（精练酶）利用生物原理将棉、麻纤维上的果胶分解，有利于纤维中油脂、蜡质和其他杂质的去除，应用条件温和，对织物进行更有效的精练，织物的手感更柔软，能源和水的消耗更低，对环境的负面影响更小。

### 三、短流程前处理技术设备

短流程前处理工艺与设备是密切相关的。工艺流程的缩短、简化，要求采用的加工设备能够保证产品品质同时大幅度降低成本，快速适应当今市场小批量、多品种、快交货的要求。这就需要工艺设备具有柔性、通用性和快速反应能力。根据不同前处理工艺要求，由于浸轧、汽蒸和水洗三个阶段对整个前处理的效率和品质起到很重要的作用，因此，可通过提高轧、洗、烘、蒸通用单元效率，配置高给液装置组成不同的联合机来实现高效短流程加工。

#### （一）高给液装置

高给液装置是前处理短流程工艺条件的核心装备。冷轧堆前处理中，织物的带液率对短时间的织物渗透和助剂的均匀反应都具有非常重要的作用。棉织物坯布在初次遇水时，因纤维存在果胶质、蜡质和浆料等杂物，具有拒水性，需加入适量具有耐碱和稳定性的渗透剂，加快织物纤维的湿润。采取高给液和透芯给液装置，可加快织物纤维的"透芯"。为了排出织物纤维内部空气，还需通过轧车的浸轧作用，促使处理液迅速渗透到织物纤维内部。目前主要有轧辊加压法、真空加压法、蒸汽加热驱赶空气法，其中真空加压法效果较好。如德国高乐公司的Dip-Sat-Plus高给液装置、德国门泽尔公司的Optimax高给液装置等。织物卷绕过程中，为了保证织物均匀带液，应始终处于恒张力状态，故一般采用主驱动辊进行卷装。

#### 1. 德国高乐（Goller）公司Dip-Sat-Plus高给液装置

图2-4所示为Dip-Sat-Plus高给液装置。该装置采用的是溢流槽+"S"穿布轧车结构形式。其工作原理是，织物在进入给液槽之前，先经过中小辊轧车，轧液率控制在60%。织物在不受到损伤的同时，其内部的空气被充分排除，紧接着进入高给液槽，织物在高给液槽中，受到化学品溶液的反复穿透，并且不断占据原被空气所占据的织物内部空间。织物经过三个浸渍槽的反复浸渍，有19m长的容布量受到长时间的渗透，化学品可均匀地渗透到纱线的芯部，达到"透芯"效果。所谓"透芯"是指给液透入经纬纱之间及纱线纤维之间的空间。经过给液"透芯"的织物，再经过"S"轧车，将浮在织物表面的部分给液轧去，然后再次实施"透芯"，将织物的轧液率控制到120%，从而达到带液量大且均匀的效果。Dip-Sat-Plus装置还配置了一套物料循环系统，采用定量加料控制，并且该系统中过滤器内的化学助剂和液位可自动控制。

#### 2. 德国门泽尔公司Optimax高给液装置

该装置利用真空吸液原理。主要由上下两套轧车、织物狭缝通道以及输液管等组成，结

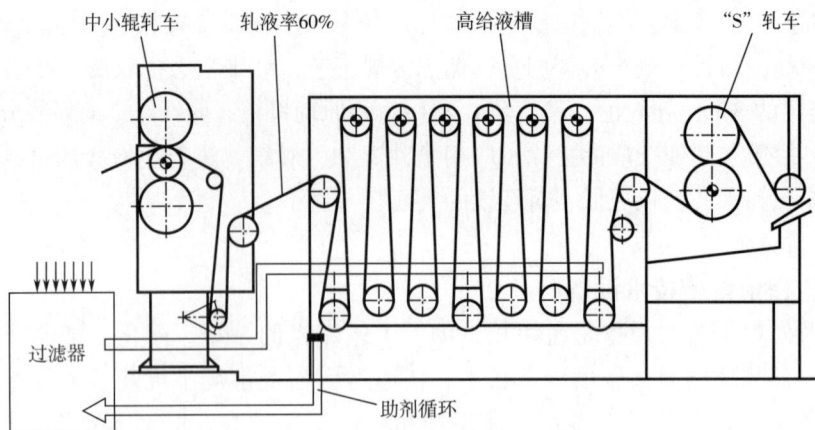

图 2-4　Dip-Sat-Plus 高给液装置

构如图 2-5 所示。工作原理如图 2-6 所示，被浸湿的织物由下进入轧车 1，出轧点之后进入由两个导布辊和轧辊构成的楔形溶液沟槽。在该处产生强烈的气液交换，工作液在负压的作用下渗透到织物纤维内。织物出楔形沟槽后向上穿过密封的狭缝通道进入上轧车 2。在该轧车的作用下，织物上多余的液体被轧车 2 轧去，获得工艺所需的轧液率。装置中有一收集管，可将轧车所轧出的工作液收集起来，织物经过时受到负压作用得到进一步渗透。Optimax 高给液装置属于轧吸法，高压力微孔轧辊在轧去织物上水的同时也去除了织物孔隙中的部分空气，形成了抽吸工作液的效果。

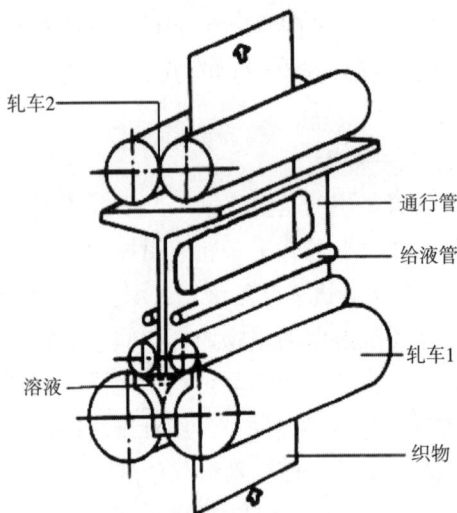

图 2-5　Optimax 高给液装置结构示意图

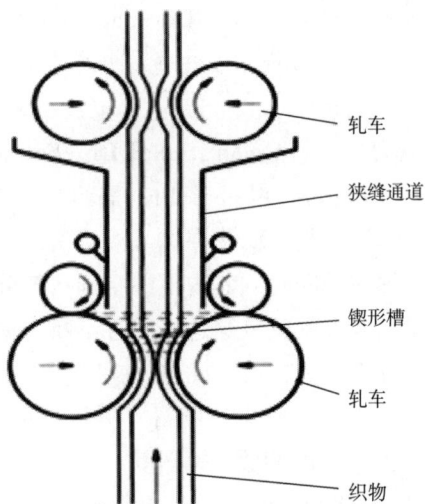

图 2-6　Optimax 高给液装置原理

**（二）汽蒸箱**

汽蒸箱在织物退煮漂前处理的浸轧、反应和洗涤过程中，主要用于反应段控制温度、湿度和织物的输送方式。其中织物的输送方式对织物能否获得均匀受热和湿度影响较大。提供均匀、充分的温度和湿度，织物可获得良好的去杂效果。为此，汽蒸箱要求预蒸区的预热时间要长，以保证织物能够充分均匀受热，尽量避免堆置后再受热。汽蒸箱分为绳状汽蒸箱和平幅汽蒸箱两种。绳状汽蒸箱生产效率高、成本低，能够满足印花织物对前处理的质量要求，但对稀薄织物容易产生纬斜、位移和擦破等问题。平幅汽蒸箱的生产效率、成本及能耗相对较差，但可满足高档织物的质量要求。汽蒸箱按照输送织物方式分为平板履带式、网带式、导辊床式、条栅式、R-box 和环形分格式等。

（三）高效水洗装置

织物的水洗过程是一个传质过程。冷轧堆后的洗涤工艺要求水洗前洁面，将浮积于织物表面的浆料杂质清除后，进行高温、逆流、强力冲洗、振荡水洗，将织物堆置后的浆料、棉蜡、色素、半纤维素和果胶等水解断键后的生成物及膨化松动了的棉籽壳等杂质洗除。在洗涤中，使洗下的杂质稳定分散在洗涤液中，防止再沉积到织物上或导布辊上；同时使纤维中原封闭的活性基团充分暴露，达到均一分布、自由溶胀状态，保证工艺有良好的质量及重现性。国内外各公司开发的高效水洗设备都是基于这些目的来设计制造的，例如，贝宁格公司的平幅冲洗机（Injecta）是一种专门用于高效短流程前处理工艺的强力水洗设备。该水洗机由一台平幅冲洗机（图2-7）、两台 DA-6 型高效水洗箱（图2-8）以及进出布装置和烘燥单元组成。该水洗联合机除采用全程逆流供水外，由于织物在水洗狭缝通道内，水洗液对织物的强烈机械作用区达到 3m 以上，与普通平洗槽中的喷淋或真空抽吸的作用程度相比高达几百倍，因此，极大地提高了水洗传质过程的浓度梯度，从而提高了洗涤效果。

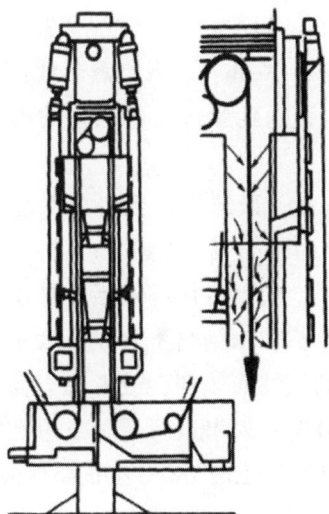

图 2-7　平幅冲洗机结构示意图　　　图 2-8　DA-6 型高效水洗箱示意图

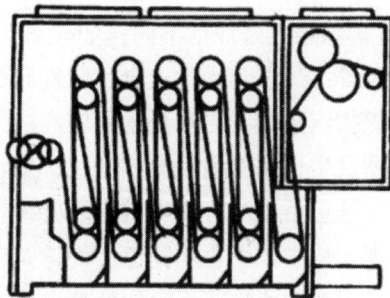

# 第三节　短流程染色技术

## 一、单组分短流程染色技术

### （一）纤维素活性染料湿短蒸染色技术

活性染料色泽艳丽、色谱齐全、价格低廉，是当今纤维素纤维纺织品最重要的染色用染料之一。活性染料连续轧染有多种工艺，包括轧蒸、轧焙和轧堆工艺等，最常见的是轧—烘—蒸工艺。根据此工艺，染料上染、固着与织物的湿度及含水率存在紧密关系，但此工艺常需用尿素，且产生的大量含盐废水对环境造成污染，也浪费大量能源。为了解决以上问题，人们提出了一种短流程的连续轧染新工艺，即活性染料湿短蒸工艺，将传统染色的四个上染过程（吸附、扩散、固色、水洗）中的吸附、扩散、固色三步合成一步走。在选用适当染料和固色碱剂的前提下，织物浸轧染液后不需进行烘干或室温堆置，采用专用汽蒸设备，用高温过热蒸汽或高温干湿混合载体加热蒸汽，使织物尽快升温，使织物上的水分从 60%～70% 很快降到适当水平，如棉织物含水率快速降到 30% 左右，黏胶织物降到 35% 左右后，使染料快速固色。

湿短蒸染色工艺具有简便、高效、节能、固着率高，以及色泽均匀鲜艳和对环境友好的特点。不同的湿短蒸设备的染色工艺也不尽相同，其中最关键的湿蒸工艺参数是对温度和湿度的精确控制。这两个参数又密切相关，并直接影响染料的上染（扩散）和固色速度。另外，为了使织物上水分能快速蒸发并维持在合适的水平，湿短蒸的蒸箱除了供给常压饱和蒸汽外，还需要具备使蒸汽迅速升温的附加设备，汽蒸时往往用蒸汽/空气混合气体或高温过热蒸汽作加热介质，前者蒸焙温度在 120～130℃，时间在 2～3min；后者汽蒸温度在 180℃ 左右，时间仅为 20～75s，在这种条件下固色率较高。而其他影响到湿蒸染色工艺的参数包括载热体、水的作用、染料的选择、碱剂、助剂等的作用。

对不同的染料（反应性和扩散速度）、纤维（吸湿性、微结构）和染色深度（染料浓度和提升性），湿短蒸染色条件也不同，如较低温度蒸焙时适合反应性强的染料，如二氯均三嗪和氟氯嘧啶类等；高温蒸焙时适合反应性稍低的染料，包括常用的双活性基染料。不论是哪类染料，湿织物汽蒸时，在水分含量较高的情况下，都要求染料不会发生大量水解，在达到足够温度后才发生快速固色反应。为此，适用的碱剂碱性应较弱，或者在织物含水率较高时碱性不能强，这包括小苏打或纯碱与一些碱剂的混合碱，如果进行低碱或中性固色效果会更好。研究发现，用中性固色剂固色，不论是在 120～130℃ 还是 180℃ 左右都有很好的效果。

适合纤维素织物的湿短蒸工艺的活性染料有很多，如 DyStar 公司的 Levafix 染料及大部分的 Remazol（雷马素）RGB 活性染料。汽巴 Cibacron YCE 黄、Cibacron RC-D 红、Cibacron NC-B 及永光、申新部分染料也有较好的效果。东华大学李连颖使用安诺其 ECO 活性染料实施湿蒸短流程染色。研究发现，130℃ 湿蒸短流程工艺具有较高织物表观深度 $K/S$ 值，牢度与传统轧烘轧蒸工艺相当，但固色率较传统轧蒸轧烘工艺略低。另外，100℃蒸汽湿蒸工艺仅适合染较浅的颜色。其湿蒸短流程工艺为：

浸轧染液及碱液的混合液（染料 5～120g/L，元明粉 50～60g/L，纯碱 40～50g/L，ECO渗透剂 10 mL/L，二浸二轧，带液率 75%）→湿蒸［100℃ 或 130℃，湿度（50±5）%，2.5min］→冷水洗→热水洗→皂洗→热水洗→冷水洗→烘干。

国内逄志强等研究了低盐湿蒸工艺。该工艺是将染料和碱剂加在一浴，浸轧染液后进行湿蒸固色。该低盐湿蒸工艺流程为：

室温浸轧染液（轧液率 70%）→透风（30s）→汽蒸（饱和蒸汽蒸 90s）→第一槽 70℃温水淋洗→第二槽 90℃热水淋洗→第三槽 90℃热水淋洗→第四槽 2g/L、95℃皂洗→第五槽 90℃热水淋洗→淋洗→烘干。

与轧干轧蒸工艺相比，低盐湿蒸工艺简单而可靠，不需中间烘干和高浓度的盐。特别是一些毛圈织物、灯芯绒、毛绒和其他厚重织物，没有泳移问题，有很好的渗透性。

### （二）蛋白质纤维的湿短蒸染色技术

由于羊毛纤维表面存在疏水性类脂层和致密的鳞片结构，传统的羊毛浸染通常是在长时间的高温沸煮条件下进行的，这容易导致羊毛失重、织物泛黄和纤维的强力下降。针对这个问题，陈改君等研究了羊毛活性染料湿短蒸染色工艺。研究发现，同常规 100℃ 水浴染色相比，湿蒸处理对羊毛损伤较小，羊毛外部形态基本保持完整。湿短蒸染色过程中的湿蒸处理会造成羊毛纤维蛋白质大分子中的部分二硫键断裂以及羊毛纤维微观结构的变化。汽蒸处理后羊毛纤维蛋白质大分子中螺旋结构含量减少，而折叠结构和无规卷曲含量增加，羊毛纤维的结晶度下降。汽蒸处理提高了羊毛纤维的平衡回潮率和吸湿滞后值以及对染料的扩散系数。同常规水浴染色和传统轧—烘—轧—蒸染色工艺相比，优化的湿短蒸染色工艺具有纤维强力损伤小、更高的染色饱和值和更好的染色牢度等优点。另外，双氧水预处理对进一步提高羊毛活性染料湿短蒸染色质量也有一定效果。

### （三）锦纶织物的短流程染色技术

在实际生产中，锦纶织物通常采用酸性染料进行染色，酸性染料具有色谱齐全、使用方便等优点，但由于酸性染料上带有水溶性基团，导致染色后的织物湿处理牢度比较差。因此，要想提高酸性染料染色后锦纶织物的湿处理牢度，往往需要进一步的固色处理。目前，大多数染厂一般染色后经排液、水洗再进行固色，工艺流程长、效率低、能耗大，并产生大量污水。贾言星等采用节水酸性固色剂 TF-506HA 对锦纶织物进行短流程染色、固色处理，实现了锦纶织物染色后不排液就可直接固色。节水酸性固色剂 TF-506HA 是一种高相对分子质量芳香族磺酸类缩合物，其固色机理是在一浴两步法固色工艺中，此固色剂可排除染色残液中的物质对固色剂的干扰，使固色剂大量吸附到织物表面，阴荷性的固色剂分子与纤维上的氨基形成氢键，借助范德瓦耳斯力吸附大分子，在纤维上形成多层吸附，同时，固色剂阴离子与酸性染料阴离子间存在斥力，阻碍了酸性染料向染浴扩散，从而提高色牢度。此短流程工艺缩短锦纶染色、固色工艺流程，达到节能减耗、降本增效的效果。其工艺流程如图 2-9 所示。

精练除油→热水洗（90℃，20min）→水洗→染色→降温到80℃同浴固色→水洗→后处理→出缸

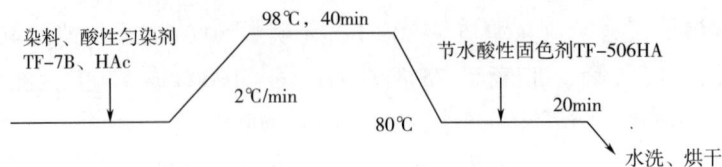

图 2-9　一浴两步染色工艺流程图

## 二、多组分短流程染色技术

随着人们生活水平的提高，舒适性面料的开发成为主要趋势。多组分纤维混纺面料综合了各种不同纤维的优良性能，降低了加工成本，近几年获得了极大的发展。但纤维成分不同，其染色工艺也不同，尤其是在需要实现同色性效果时，需要较好地利用染料与助剂的性能，还要兼顾使用最短、最省的加工工艺，节能减排。混纺织物的常规染色方法通常采用二浴法，虽然具有很好的染色同色性，但操作烦琐，能耗物耗大。采用一浴法染色具有提高生产效率、降低成本、缩短生产周期、操作方便等优点。近年来国内外染料生产公司通过筛选和研发，开发了能够同浴染色的多种染料和工艺，例如分散/活性染料染色、分散/酸性染料染色、活性/酸性染料染色以及分散/阳离子染料染色等，以适用于涤纶与纤维素纤维、锦纶和腈纶；纤维素纤维与锦纶、羊毛和蚕丝，以及它们与氨纶的多组分纤维纺织品的一浴法染色等。无论是用两种染料同浴染色，或是一种染料染多种组分，为了使染料对多种组分均衡上染，提高同色性和色牢度，需要制定新的染色工艺，特别是控制升温程序和调节染浴 pH。目前已有许多控制 pH 的助剂供应，大多数是利用升温过程使 pH 从碱性滑向中性和酸性，也有反向滑动的，这对 pH 敏感的纤维和染料染色非常有效，不仅减少纤维和染料的损伤，还可以提高上染率、同色性、匀染性和色牢度。此处仅简单介绍几种常见含棉的双组分纤维短流程一浴染色的例子。

### （一）天丝/棉织物湿短蒸染色

天丝纤维属于纤维素纤维，因此，棉用染料均能对天丝纤维进行染色。但天丝纤维的染色亲和力更强，上染速度快，初染率高，移染性差，匀染性低，其混纺织物很难染得稳定的色光，特别是中深色，重现性差，染后两种纱线会有较大的颜色差别。对于染深色过程中出现色差、得色不匀或两相色问题，选用 DyStar 公司生产的 RGB 型活性染料，采用湿短蒸工艺进行深浓色染色，可以解决。RGB 型活性染料是 DyStar 公司生产的专用于短湿蒸工艺染色的一套活性染料。研究发现，RGB 型活性染料透染性和匀染性好，在天丝/棉织物上可以染得均匀一致的色光，且染深色时优势更加明显，用少量的染料就可得到较深的色泽，固色率高，染色牢度好，易水洗，可节省染料 20%~30%。推荐的工艺流程及条件：

浸轧混合染液（轧液率 70%）→湿蒸固色（温度 130℃，湿度 25%，风量 4m³/s）→水洗→皂洗→水洗→烘干

### (二) 涤/棉织物短流程一浴染色

在棉纤维混纺产品中，产量最多的、最常见的是涤棉混纺产品。涤棉混纺织物既有棉的优点又有涤纶的长处，如产品的吸湿性能好、尺寸稳定、缩水率小。另外，含涤纶成分高的纺织产品具有挺拔、不易皱折、易洗、快干的优良特点。对涤棉混纺织物进行染整加工方面的研究具有重大实用意义。

在实际生产过程中，涤/棉织物常采用活性/分散染料一浴法染色，但存在 pH、温度、电解质难以一致以及两种染料相互反应等问题。为了达到活性/分散染料同浴染色，近年来开发了低碱或中性固色活性染料和耐高温低盐染色的活性染料，并配套选用低温、耐碱、耐电解质或分散稳定性良好的分散染料。例如，美国 Hoechst Celanese 公司的 Thomas Van 等提出采用低盐类活性染料和耐碱性的分散染料在碱性浴中染色，染色后得到了较高的得色率和上染率。马海涛、袁琴华选用一些耐碱性分散染料，在匀染剂 MY 存在的条件下，对涤棉混纺织物进行分散/活性染料一浴一步法染色，效果较好；潘云芳等使用 ERD 系列分散染料和 KD 型活性染料对涤棉混纺织物进行一浴一步法碱性高温染色，在不同的碱性条件下，$\beta$-环糊精的加入起增深作用，且匀染效果也很明显；赵欣等使用分散蓝 2BLN/活性蓝 H-ER 对涤棉混纺织物实现碱性一浴一步法染色，同样达到了很好的染色效果。因此，实现活性/分散染料一浴一步法染色，需要在碱性浴条件下添加匀染剂等助剂实现，但碱剂等的加入也或多或少会增加染色工艺复杂程度，并且染后废液也会对环境造成一定的污染。

进一步，国内外研究者开发了 pH 滑动、低碱或中性固色以及所谓碱性染色的多种一浴法染色工艺，并开发了 pH 滑动剂或者 pH 调节剂、中性固色剂以及"代用碱"和"代用盐"等染色助剂。如马海涛等提出采用 pH 滑动高温高压法一浴工艺，这种工艺的两种染料先后上染到纤维上，但是在染色过程中不必调节染浴的 pH，只需在染色初期加入适当的 pH 滑移剂均可。这种滑移剂随着染色温度的提高会逐渐发生水解释放酸根离子，使染液的 pH 从碱性逐渐变成酸性，即低温（60~70℃）时染液为碱性，活性染料上染纤维，高温（110~130℃）时染液为酸性，分散染料与纤维发生上染和固着。

为了提高涤棉混纺染色织物的鲜艳度，减少活性和分散染料同浴染色时分散染料的水解和被还原，避免织物出现所谓"黄斑"现象，活性染料在低碱或中性（包括弱酸性）条件下的固色工艺开始受到重视。江都市皮革化工厂与东华大学合作研制开发成功一种新型活性染料印染助剂——中性固色剂 NF。其由含氮有机物、增深剂、酸或盐等多种水溶性物质组成，外观呈白色粉状。改变了以往活性染料必须在碱性条件下固色，使之可在中性或弱酸性条件下一步固色。主要适用于涤棉混纺织物采用分散/活性染料一浴法轧染或同浆印花，不仅使活性染料固色率高，色泽鲜艳，分散染料不易遭水解破坏，而且能降低成本，缩短工艺流程，减少污水排放。与尿素工艺相比，可提高固色率 30% 以上，节约活性染料 15% 左右，用它加工的织物色泽艳丽饱满，包光纯正，无色差，彻底解决了染色中的"黄斑"弊病问题。

染色设备上，连续轧—烘—轧—蒸染色以及轧—烘—焙短流程热溶轧染是涤棉混纺织物主流染色工艺。采用传统的轧车装置，织物的轧液率普遍为 60%~70%，一般都需先进行预烘，以避免高温焙烘或焙蒸阶段的染料泳移现象，但预烘过程在一定程度上又会造成活性染料的水解。此外，由于分散染料在高温状态下易升华，在传统轧染工艺中，无论是采用拉幅定形机还是导轮式蒸化箱，高温升华后的一部分分散染料会逸散到织物之外，进入设备的箱体和管道，造成设备的污染，并形成颗粒脱落到布面上，导致新设备一段时间之后就无法加工浅色产品。染料逸散还会造成染料利用率偏低，产生浮色，并增加水洗负担。另外，传统的蒸化装置相对于织物本身是开放式的，通常箱体较大，需要耗用大量的蒸汽，且温度和湿度不易控制均匀。针对上述问题，李智等开发了在低轧液率下通过连续封闭式的固色装置进行连续轧焙蒸超短流程染色工艺。通过自制的低带液量免预烘、无逸散焙烘固色工艺装置，对涤棉混纺织物进行免预烘、无逸散连续轧焙蒸超短流程染色。结果表明，选择适宜的染化料和设备，在轧液率 10%~20%、焙烘温度 180~190℃、焙烘时间 1.5~4min 的条件下，可实现涤棉混纺织物免预烘、少水洗及低盐染色。

### （三）锦/棉织物短流程一浴法染色

锦/棉交织物由锦纶纤维作为经纱，棉纤维作为纬纱交织而成。锦/棉交织物兼具棉的透气吸湿性和穿着舒适性，以及锦纶的结实和耐磨性，深受广大消费者的喜爱。锦/棉交织物传统上通常使用分散/活性、酸性/活性、中性/活性、分散/直接等染料进行两浴法染色，即先在碱性条件下用活性染料染棉，后在弱酸性条件下采用酸性、中性染料套染锦纶组分。虽然经此法染色后的织物布面质量及色牢度较好，但是两浴法染色时间较长，且能耗大，加工产量低，污水排放多，经济效益差。因此，锦/棉交织物采用短流程染色技术，如采用直接/中性染料、酸性/活性染料、中性/活性染料、活性/分散染料和活性染料等一浴法染色技术也成为相关研究人员关注的重点。

#### 1. 活性/中性染料一浴法染色

活性/中性染料一浴法染色的基本原理是：通过提高染色、固色温度（100℃左右），实现活性/中性染料同时在中性浴中上染棉纤维和锦纶，或通过调节染浴 pH，使活性染料在碱性染浴中染棉，中性染料在中性染浴中染锦纶。中性染料染锦纶具有竭染率高、染深性好、色泽坚牢但匀染性较差的特点，较适合染锦纶中深色。热固型活性染料（如 NF 型、N 型、CN 型和 NE 型等）染棉具有匀染性好、湿牢度好但染深性较差的特点，比较适合染棉中浅色。常州新浩印染有限公司崔浩然提出用中性/热固型活性染料一浴法染中色锦/棉织物、中性/高温型活性染料一浴法染深色锦/棉织物，工艺流程分别如图 2-10、图 2-11 所示。

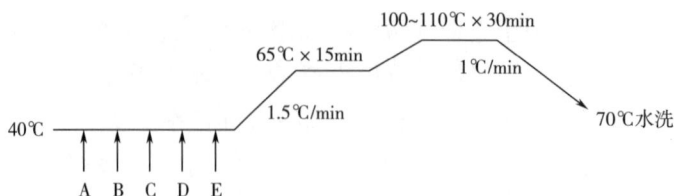

图 2-10　中性/热固型活性染料一浴法染中色锦/棉织物的工艺流程

A—软水剂 1~2g/L　B—缓冲剂（pH=7）　C—锦纶匀染剂　D—电解质 20~40g/L　E—染料

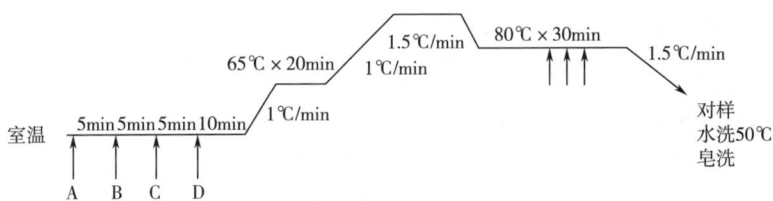

图 2-11  中性/高温型活性染料一浴法染深色锦/棉织物的实用工艺流程

A—螯合剂 1~2g/L  B—缓冲剂 2g/L  C—染液  D—电解质 30~50g/L  E—固色纯碱分次加入

陈国洪等对锦/棉交织物实现活性/中性染料一浴法染色，先用活性染料（3BS 艳红、3RS 黄、B 元青）染棉，后醋酸调节 pH 在 7 左右进行中性染料（GRL 枣红、GL 中性深黄、S-R 中性黑）染锦纶，获得的染色物具有较好的同色性和较高的耐皂洗、耐摩擦色牢度，且免去了活性染料染色后皂洗工艺。王华清采用 Kayacelon React CN 中性固色活性染料和 1：2 型中性染料在一浴中，100℃、pH 为 7 的条件下，同时完成对棉、锦两种纤维的上色，并具有较高的色牢度和同色性。

**2. 活性/分散染料一浴法染色**

活性/分散染料一浴法染色主要解决活性染料与分散染料染色工艺条件如染浴 pH、染色温度等的差异问题，选择能在中性、100℃下具有较好染色效果的活性染料和分散染料，从而实现一浴中分散染料染锦纶、活性染料染棉纤维。例如，彭志忠对锦/棉弹性针织物采用分散/活性染料一浴法染色，分散染料选用分散稳定性较高的 Dianix 染料，活性染料选用 Kay-acelon React CN 型活性染料，在中性条件、70℃始染，100℃保温固色，工艺宽容度高、重现性好，但其染中深色牢度还有待改善。热固型活性染料耐热性好，其在 100~120℃保温足够时间足以达到染色平衡，上染率稳定，得色深浅变化不明显。这类活性染料的染色温度范围较宽，既适合 100℃染色，也适合 130℃染色。分散染料与热固型活性染料同浴染锦/棉织物，染色温度相匹配。崔浩然研究了分散染料与热固型活性染料（如 NF 型、N 型、CN 型和 NE 型）一浴法染锦/棉织物，在中性、100℃条件下，分散染料染锦纶与热固型活性染料染棉具有良好的同浴染色适应性。其分散/活性染料染浅色锦/棉织物的实用工艺流程如图2-12所示。

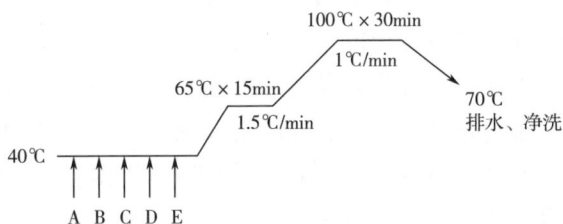

图 2-12  分散/活性染料浅色锦/棉织物的实用工艺流程图

A—软水剂 1~2g/L  B—缓冲剂（pH=7）  C—匀染剂 1~1.5g/L  D—元明粉 10~20g/L  E—染料

### 3. 活性/金属络合染料一浴法染色

活性/金属络合染料一浴法染色关键在于对染浴 pH 的调节，先在碱性浴中活性染料上染棉纤维，然后在酸性条件下，使 1∶2 金属络合染料上染锦纶。例如，杨波采用 1∶2 金属络合染料 Dorolan 深蓝 DBL 与活性蓝 B-2GLN 对锦/棉织物进行一浴法浸染染色，通过醋酸调节 pH，使两种染料在一浴法中的上染率及各项染色牢度指标与传统二浴法染色工艺相当。

### 4. 活性/酸性染料一浴法染色

通过对活性、酸性染料进行筛选，可实现在中性条件下、同一浴中活性染料上染棉纤维和酸性染料上染锦纶。例如，朱志彬等采用约克夏无碱活性染料 NRA 系列（Intracron Yellow NRA-HM、Intracron Red NRA-2B 和 Intracron Blue NRA-HM）和弱酸性染料 Nylanthrene B 组（Nylanthrene Yellow B-4NGL、Nylanthrene Red B-NG 和 Nylanthrene Blue B-AR）在 pH 为 7、染色温度 100℃的条件下，对锦/棉交织物进行一浴法染色。获得的染色织物色光稳定，同色性好，各项色牢度均较高，布面效果明显改善，成品品质提高。而曹机良等采用中性固色活性染料（Argazol 黄 NF-GR、Argazol 红 NF-3B 和 Argazol 蓝 NF-BG）和酸性染料（弱酸性黄 3G、弱酸性红 10B 和弱酸性深蓝 5R）实现了对锦/棉交织物的一浴法染色，经固色后锦/棉织物的各项牢度均满足服用要求。

### 5. 直接/酸性染料一浴法染色

直接/酸性染料要实现一浴法染色，通常先要对织物进行阳离子化改性，然后对直接、酸性染料进行筛选，能在弱酸性条件下同一浴中分别上染棉和锦纶。例如，徐瑾等采用酸性固色剂 TF-506 对织物进行预处理后，在弱酸性（pH=6）条件下，采用直接染料染棉和酸性染料染锦纶一浴法染色，解决了锦纶和棉染色过程中相互沾色问题，染色效果较好。张修强等对锦/棉交织物选用直接染料/弱酸性染料一浴染色，获得的染色织物色牢度，匀染性较好。

### 6. 活性染料一浴法染色

该法依据染色工艺中锦纶和棉纤维的上染先后顺序不同，通过调节染浴 pH，改变染浴在不同工艺阶段的酸碱性，从而在碱性条件下实现活性染料染棉，在酸性条件下实现活性染料染锦纶。王宏等选用 Cibacron FN 型活性染料（一氟均三嗪加改良型乙烯砜型双活性基团染料）、Cibacron 黄 FN-2R、Cibacron 红 FN-R、Cibacron 兰 FN-R 对锦/棉交织物进行一浴法染色。活性染料先在碱性条件下对棉纤维进行染色，然后加入 $(NH_4)_2SO_4$ 和醋酸调节染液 pH 至 5~6，沸染锦纶。整个生产过程采用低张力工艺，保证产品的质量和风格，尤其是浅色同色性效果好，湿牢度佳。尹宇、王春梅等根据活性染料的染色特征值 SERF 从大到小筛选了 3 组活性染料，分别采用先酸后碱工艺和应用 pH 调节剂 A 工艺对锦/棉交织物进行一浴法染色，发现 SERF 值中等的染料（如活性大红 3DR、活性金黄 2RS、活性翠蓝 GS）适用于上述两种工艺，固色率均可达 70%以上，耐摩擦色牢度和耐皂洗色牢度为 4~5 级，同色性较好。

总之，一浴法染色工艺流程缩短，染色时间缩短，锦/棉面料染色的综合成本减少 30%~40%。一浴法染色的关键是染料和助剂的选择，需要总结筛选出适合自身染色特点的染料，并在不断实践中总结适合自身产品的一浴法染色工艺。

#### （四） 纤维素/毛混纺织物一浴法染色

羊毛是高档的纺织纤维之一，具有许多优良特性，如光泽柔和、手感丰满而富有弹性、悬垂性好、吸湿性强、穿着舒适等。另外，羊毛从拉伸形变中回复的性能比较突出，一般情况下仅次于锦纶，所以羊毛织物穿着挺括，不易起皱。为了降低羊毛织物的价格，可以用棉、粘胶纤维、Tencel、莫代尔等与羊毛进行混纺，但棉毛混纺产品要实现棉、毛同色。由于棉、毛的形态结构和化学性能相去甚远，使棉、毛染色难以达到同色。张巧芳等对棉毛混纺织物活性染料一浴一步法染色进行研究，从染料筛选和制订适当的染色工艺着手，选用科莱恩 S 型乙烯砜型活性染料进行同浴染色，克服羊毛染色后表观色深的缺点，确定了在保护羊毛不受强碱、高温损伤的条件下，使用乙烯砜型活性染料在弱碱性及中温条件下一浴一步法染棉毛混纺织物的工艺，可获得棉、毛同色织物，其工艺简单，匀染性好，染色牢度高。

Tencel/丝光羊毛双组分混纺织物的染色一直是染色中的难题。Tencel 纤维一般用直接染料和活性染料进行染色，而丝光羊毛则采用酸性染料和毛用活性染料进行染色。目前，在实际生产中被广为接受的是直接/酸性染料一浴以及活性/酸性染料二浴或两步法。尽管前者具有工艺流程短、能耗低、修色容易和重现性好等优点，但存在色牢度和色泽鲜艳度差，以及沾色严重等问题。后者固然可以解决色牢度和色泽鲜艳度的问题，但染色工序较为烦琐，而且许多色泽的同色性问题依然得不到有效的解决。吴婵娟等采用 Argazol Tw 活性染料，在中性条件下对丝光羊毛和 Tencel 双组分纤维进行同浴染色，获得了良好的匀染性，较高的上染率和固色率，同色性好，耐皂洗色牢度优良。

### 三、短流程多效应同浴染色技术

染整加工是个系统工程，如果前处理的织物毛效不一致，将严重影响染料的上染率。如果前处理的织物除氧不净，将导致织物色相偏浅等。后整理也同样如此，如果后整理带碱高温水洗，将会使已上染的部分染料水解，尤其是活性艳蓝类染料。皂煮不净首先影响织物的内在质量，其次使织物色光偏暗。后整理要考虑在定形时高温下致使白色织物泛黄、有色织物产生色变的柔软剂、坯布克重、织物幅宽、缩水率等诸多因素。因此，为了进一步控制染整加工的质量，提高生产效率，减少染整加工的污染，尽量缩短染整工艺路线，人们对练漂/染色同浴、染色/整理同浴，甚至将练漂/染色/整理一浴技术展开了大量的研究。

#### （一） 练漂/染色同浴技术

前处理和染色工序是用水排污和耗时的主要环节，为了降低染整行业所面临的巨大环保压力和成本压力，染整工作者不断地改进工艺，尽量把前处理和染色合并为一步。一般情况下，纺织品在染色前必须进行退浆、精练和漂白等处理，除去织造时上的浆料、纤维自身生长时共存的油脂蜡质、色素和纺丝油剂，获得染色所需的润湿性和白度。而对于化纤织物而言，杂质含量相对较少，与棉织物相比，其前处理任务较轻。为了缩短工艺流程，节约能源，降低排污，练漂与染色一浴法得到广泛的应用。

**1. 纯棉织物的练漂/染色同浴技术**

精练以去除棉纤维上的天然杂质为主要目的，使织物获得良好的亲水性和较洁净的外观，以利于后续染色加工，漂白主要以过氧化氢作为氧化剂，在碱性条件下释放出不稳定的过氢氧根离子，进一步分解成氢氧根离子和初生态氧（活性氧），活性氧与色素发色团的双键发生反应，产生消色作用。活性染料染色是染料在盐存在条件下通过范德瓦耳斯力先附着纤维素纤维上，然后在碱性条件下与纤维素纤维上的羟基形成共价键结合。纵观这三道工序，有几个共同点：均在碱性条件下进行；均在一定高温条件下；需要加入一定量的加工助剂。

前处理染色一浴法是把传统的这三步工艺合并在一起对织物进行一浴一步或者一浴两步法加工。然而，实现一浴一步练、漂、染，对染料来说，必须具备三个条件：

（1）与一浴练染助剂的相容性要好；

（2）耐热（100℃、130℃）稳定性要好；

（3）耐氧漂（双氧水）稳定性要好，即染料的染色性能必须与一浴练、漂、染的工艺环境相适应才能获得稳定、良好的染色效果。

例如，崔浩然对直接（混纺、耐晒）染料的耐高温（130℃）稳定性、耐双氧水稳定性以及与一浴练染助剂的相容性，进行了检测与分析，指出直接性染料与一浴练染剂具有良好的相容性，在沸温（100℃）条件下染色，其得色深度与匀染效果优良，所以，很适合纯棉织物（或纱线）采用沸温（100℃）一浴练染工艺（一浴练染剂+直接染料）染色牢度要求不高的深浓色泽。其推荐的工艺流程如图2-13所示。赵士毅研究棉织物漂染一浴法染色，采用活性染料诺威克隆深夜色S-R染色的最优工艺为，$H_2O_2$用量1%（owf）、保温温度65℃、染色时间40min、固色纯碱用量7.5%（owf）。该工艺缩短了操作流程，提高了生产效率，可实现节能减排，降低生产成本。

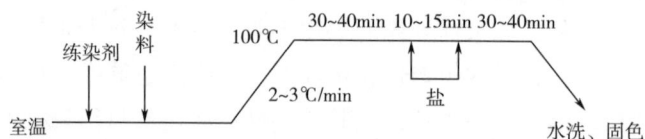

图2-13  直接染料一浴练染工艺

总之，将前处理工序负载在后道染色工序中完成，节省前处理工序，缩短加工工艺流程，提高生产效率。此工艺减少了助剂种类，操作简单方便，将影响染色品质的可变因素大大降低。

**2. 涤/棉织物练漂/染色同浴技术**

常规的涤棉混纺织物染色方法已经成熟，对于中浅色织物，一般要经过精练、漂白、涤纶染色、还原清洗、棉纤维染色、皂洗等工艺过程；而深色织物则一般要经过涤纶染色、还原清洗、棉纤维染色、皂洗等工艺过程，将精练、漂白过程省去，但是客户要求较高的还是必须要经过精练、漂白处理，因为不经过处理会使棉纤维上带一层黄色，不仅影响对色，而且手感较差，染色后的耐摩擦色牢度较差。因此，除了黑色，一般深色织物也是要经过精练、漂白的。但在漂白后，一般要经过水洗、酸洗工序，为分散染料染涤做准备，而且在加入分散染料之前要加醋酸调节pH。整个工序过程运行时间是3~4h，包括染涤过程要加至少三次水，不仅效率低而且能耗也高。目前涤/棉织物练漂/染色同浴技术主要有一浴一步法工艺和一浴两步法工艺。

（1）一浴一步法。涤/棉织物短流程一浴一步法工艺染色，就是将棉织物的练漂与涤纶的染色一浴一步完成。该短流程工艺的特点，是集精练助剂、漂白助剂、分散染料于一体，实施高温高压染色。该工艺的实施需要两个条件：一是分散染料既要有超高的耐碱稳定性，又得有良好的耐氧化稳定性，即在高温高压（130℃）、碱和氧共有的条件下，对涤纶要有正常的染色效果；二是要求练染助剂必须具有耐高温（130℃）、耐氧漂、相容性好的特点，即在高温高压（130℃）、碱和氧共存条件下，对织物要有良好的练漂效果，而对分散染料的染色效果没有负面影响。

为了解决这两个问题，近年来，国内染料企业相继推出了"耐碱分散染料"。如浙江龙盛集团股份有限公司的 ALK 系列耐碱分散染料、浙江闰土股份有限公司的 ADD 系列耐碱分散染料等。山东蓬莱嘉信染料化工有限公司推出了新型超强耐碱分散染料，其高温（130℃）耐碱能力达到了前所未有的水平。经检测，H 系列分散染料的耐碱能力达 pH＝11，HA 系列分散染料的耐碱能力达 pH＝14，而且对色光影响幅度不大。单从耐碱稳定性来看，国产大部分耐碱分散染料，在适宜的条件下使用，能够达到练、漂、染短流程一浴一步法染色工艺要求。另外，要选用一剂型练染剂染色。所谓一剂型练染剂，是集螯合分散剂、精练剂、双氧水稳定剂、高温分散匀染剂和碱剂于一体，可以直接用于涤/棉织物的练、漂、染一浴一步法工艺中，使用很方便。

例如，宋国方等采用德美开发的新型助剂涤棉漂染一浴剂 DM-1381 和龙盛集团开发的耐碱 AL 系列分散染料，对涤/棉针织物实现了棉的氧漂与分散染料涤纶染色一浴法，缩短了工艺流程。浙江传化股份有限公司程晓霞等利用配套助剂 TF-260S 和耐碱氧分散染料开发了 T/C、CVC 针织面料短流程练染同浴工艺，在涤纶染色过程中完成棉部分的精练。其中 TF-260S 兼顾前处理和匀染双重功能，二者协同作用，从而可以在涤纶染色过程中完成棉的精练。另外，TF-260S 还具有稳定染浴 pH、提高分散染料耐碱耐双氧水性能、减少涤纶低聚物等特点。而科莱恩公司针对纤维素/涤纶混纺织物，研发了短流程的"SWIFT"浸染工艺，用特殊的分散染料及活性染料，通过前处理（氯漂）与分散染料染色倒置，分散染料要求须具有碱可清洗、低的热迁移性、非常好的分散稳定性，对于纱线及条染，要求非常高的耐升华色牢度，耐后道加工；活性染料要求有高的固色率及提升性、良好的染色配伍性、良好的染色牢度。此染色工艺具有高的可靠性，用水、能源少，8h 完成纤维素/涤纶混纺织物的前处理和染色加工，可实现"盲染"。袁洁等选择浙江龙盛控股有限公司沾棉很浅的耐碱分散橙 SA-BR、分散藏青 SA-NB、分散红玉 SA-BFL 进行煮练染涤一浴工艺，使用前处理助剂 Y-10，发现该工艺可缩短染色时间 80min，节省 2 缸水，颜色重现性好，提高了生产效率，具有节能减排的经济效益。其工艺流程如图 2-14 所示。

总之，练、漂、染一浴一步法染色工艺，适合涤/棉织物的小批量、多品种加工。尤其适合涤/棉织物染中浅色（因为染深浓色泽无须漂白），练、漂、染一浴一步法染色的 pH 以 10 为最佳，其原因有以下几点。第一，碱是双氧水的活化剂，能使其转变为具有漂白能力的过

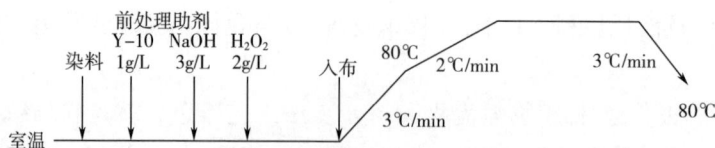

图 2-14 煮练染涤一浴工艺

氢氧根离子（HO$_2^-$），从而对棉纤产生漂白作用。但碱性过高会使 H$_2$O$_2$ 分解过快，生成较多 O$_2$ 和过氧化氢自由基（HO$_2$·）。这既会损伤纤维，又会因无效分解过多降低漂白效果。第二，双氧水的分解速率随温度的提高而加快。一浴一步法工艺采用的练、漂、染温度为超高温 130℃，由于 H$_2$O$_2$ 的分解速率较快，染液（练漂液）的 pH 应该比常规 100℃漂白（pH = 10.5~11）要低，以防止 H$_2$O$_2$ 过快分解影响练漂效果。第三，多数耐碱分散染料的耐碱能力 pH = 9~10，所以，练漂液的 pH 必须与之相适应。倘若 pH 偏低，会直接影响棉纤的练漂效果；pH 偏高，又会使涤纶染色结果产生显著甚至严重的减色与变色。

（2）一浴两步法。对涤棉混纺针织物进行精练、漂白、染色，采用一浴两步法工艺，即先精练氧漂后，再加入分散染料染涤、活性染料染棉。两种染料分两个阶段加入同一染浴，首先进行涤纶的染色，然后降温至 80℃，加入纯碱对活性染料进行固色处理。省去了染涤后的还原清洗、酸洗、2 道水洗。较传统工艺而言，可节约 3 缸水，节省工时 1.5h；省去了传统两浴染色法染棉用的螯合分散剂、常温匀染剂、浴中平滑剂和染涤后的还原清洗所需助剂。

一浴两步法工艺中，单独氧漂后，先染涤纶再同浴染棉或黏，分散染料不用在碱性条件下染色，氧漂、染涤相对分开；但考虑到染棉时 pH，建议在中性条件下进行分散染料染色。

在短流程一浴工艺中，分散、活性染料一浴皂洗剂对于一浴两步法以及一浴一步法是关键的助剂，它的萃取和清洗能力直接关系到色光的重现性、稳定性以及色牢度的好坏，并且直接决定了短流程工艺的适用范围。

**（二）染色/整理同浴技术**

**1. 抛光整理/染色同浴技术**

近年来，棉针织物的生物抛光加工（也称除毛加工）呈逐年上升趋势。传统纤维素酶抛光工艺流程长、生产效率低。将生物酶抛光整理与染色加工相结合可以达到节能减排、高效染整加工的目的。杭州塔西化工有限公司刘昭雪、常向真等分别采用诺维信公司的中性抛光酶 8000L，将抛光与活性染料染色同一浴进行处理，在染色工序的前段，染浴 pH 处于中性，酶抛光和染料上染同时进行，当抛光过程结束后加入碱剂，一方面使酶失活，另一方面使染料固色。该工艺缩短了工艺时间，提升了产品质量，达到节能降耗、降低成本的目的。有研究者提出将棉针织物练、抛、染进行一浴工艺，即将独立的精练、染色、生物抛光三大步骤合而为一，能有效地克服单纯采用酶前处理、抛光一浴法处理后，棉纤维上的棉籽壳不能完全去除、白度稍差的问题，又能获得良好的品质，实现节能减排、降耗增效的作用。但该工艺不适用需氧漂前处理的浅中色产品，仅适用碱煮除油类纯棉、涤/棉织物的深色和特深色处理。建议的生物酶前处理、抛光、染色一浴工艺流程如图 2-15 所示。

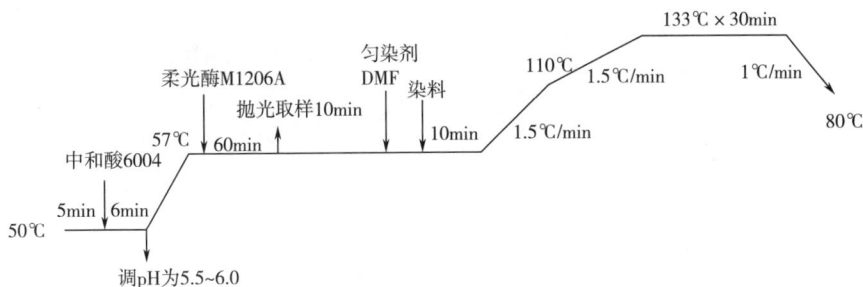

图 2-15　生物酶前处理、抛光、染涤一浴工艺曲线

李红彪提出了低温低碱氧漂+抛光染色一浴工艺和生物精练抛光染色一浴工艺，工艺流程曲线如图 2-16 所示。低温低碱精练剂是高效表面活性剂、双氧水催化剂、pH 控制剂、螯合分散剂等的复配物，能在较低温度下表现出优异的润湿、渗透、乳化和分散性能。催化剂能在较低温度下提高双氧水的有效分解率，提高漂白精练效果，pH 控制剂使漂白过程中漂白浴的 pH 逐渐降低，在漂白结束时 pH 接近中性，漂白后无需酸中和，排液即可进入除氧抛光染色一浴工艺。不仅缩短了印染生产流程，而且减少污水排放，达到降低生产成本，提高生产效率的目的，有效解决布面易生折痕等问题。

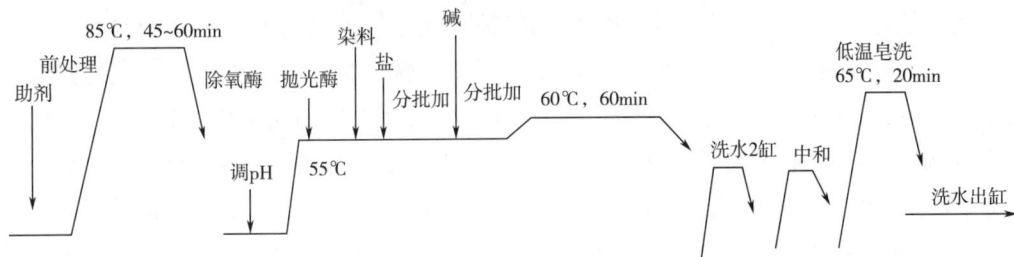

图 2-16　低温低碱氧漂+除氧、抛光、染色一浴工艺曲线

在适当条件下（50~60℃，pH=5.5~6.5，时间 80~110min），果胶酶 1632B 能有效分解棉纤维上的果胶和去除棉纤维上的杂质，中性纤维素酶能够利用内切酶和外切酶的协同作用并借助机械的摩擦力，折断布面毛羽，活性染色在此条件下完成上染棉纤维的过程。在此条件下共同完成精练、抛光、染料上染过程，加碱即可对中性抛光酶灭活且达到染色固色的效果。其工艺流程如图 2-17 所示。这两个工艺比常规染色工艺节能降耗，大大提高了生产效率，节约了生产成本，降低了布面出现折痕的概率，明显降低了污水 COD。

氧漂净洗工艺是染色前去除残存双氧水的过程，因残存双氧水破坏染料的结构，严重影响染色的结果。研究发现，采用如图 2-18 所示的除氧、抛光、染色一浴短流程工艺，获得的抛光效果与传统工艺抛光效果十分接近。染色无论色泽的亮度、饱和度还是各项物理牢度均优于传统工艺，且染料的上染率有非常明显的提高，可节约染料 8%~10%。

**2. 耐久性压烫整理/染色同浴技术**

棉织物的主要缺点之一是它的折皱回复性差，这可以通过合理选择整理剂与棉纤维的羟

**67**

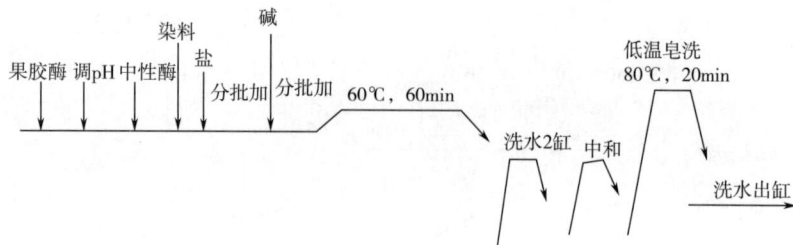

图 2-17  生物精练、抛光、染色一浴工艺

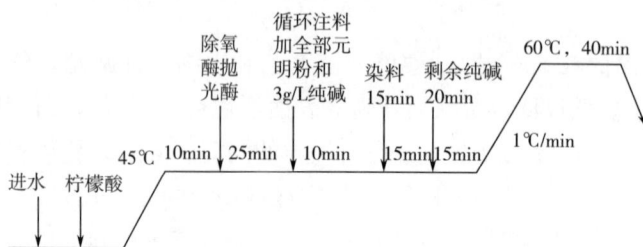

图 2-18  棉针织物除氧、抛光、染色一浴流程工艺曲线

基交联而改善。交联处理如在染色后进行，染色牢度会有所改善。为了减少能量消耗，20 世纪 60 年代，就有研究者将染料和树脂整理剂放到同一浴液中，变染色、整理两步过程为一步过程的尝试，该法的优点是降低能耗，缩短生产时间，减少染化剂和整理剂，减轻废水排放量。此外，也可以减少因交联而给棉染色带来的问题。最早如 Hyung-Min Choi 利用二醛和一氯均三嗪活性染料实现棉一浴染色和无甲醛耐久性压烫整理。郝龙云等将棉/毛织物耐久压烫整理与活性染料染色同浴进行，不仅可使织物获得较好的免烫效果，而且可获得更高的染色深度。西南大学卢明等利用耐酸大红和柠檬酸整理剂对真丝绸织物进行一浴染色抗皱整理，当控制工作液 pH 为 2.5~3.0，柠檬酸 7%，耐酸大红 4%（owf），磷酸二氢钠 4%，焙烘条件为 150℃、3min 时，可以获得较佳的抗皱染色效果。

**3. 抗紫外整理/染色同浴技术**

近年来防紫外线纺织品越来越受到人们的青睐。为了缩短加工流程，获得具有抗紫外性能的染色产品，不少学者将抗紫外整理剂分别与分散染料、活性染料、酸性染料，甚至荧光染料进行同浴的研究。例如，逄春华采用防紫外线整理剂 JLSUNRSCJ-966、HerstRHTUV100 分别与分散染料对涤纶织物进行防紫外线整理染色同浴研究。结果表明，当 JLSUNRSCJ-966 用量为 3%或者 HerstR HTUV100 用量为 4%时，整理后织物 UPF 值均可超过 50，水洗 40 次后织物 UPF 值仍然超过 50，织物的耐晒牢度均提高到 5 级。王延伟采用分散染料/中性固色活性染料/紫外线吸收剂对涤/棉织物进行一浴法染色和抗紫外整理。当在分散染料 1%（owf），中性固色活性染料 3%（owf），紫外线吸收剂 HLF 10%（owf），氯化钠 30g/L，染色温度 130℃，保温时间 40min 条件下，染色织物获得满意的色泽和优良的抗紫外性能，且织物的耐水洗和耐摩擦色牢度均达到 3 级。毕松梅等用纳米 $TiO_2$ 与分散染料配制染浴，在高温高压条件下同时上染和整理 PET 织物。在高压和 130℃高温条件下，平均粒径为 8nm 的 $TiO_2$颗粒能进入 PET 纤维内部无定形区的孔隙，并在冷却后永久固着在 PET 纤维上。所得织物不仅具有较好的抗菌和抗紫外线性能，且整理对织物的染色性能和服用性能均无影响。刘昭雪采用碱减量、预定形、抗紫外整理剂 UVFAST-PEX 与分散染料同浴染色，制备吸湿排汗织物，紫外线防护指数 UPF>30+。曹机良、孟春丽等分别采用 MZ 酸性染料和反应型紫外吸收剂 UV-SUN CEL LIQ、UV-FAST HLF 对锦纶织物进行染色和抗紫外整理一浴加工，发现中浅色锦纶织物进行紫外线防护整理，随着紫外吸收剂用量增加，织物的 UPF 值增大，但 $K/S$ 值明显降低；随着温度的升高和时间的延长，$K/S$ 值和 UPF 均增大；随着 pH 的增大，锦纶的 $K/S$ 值和 UPF 均降低。获得的锦纶织物染色和整理一浴的最佳工艺为：酸性染料 0.5%（owf），紫外吸收剂 5%（owf），pH 为 4，100℃保温 60min。经染色和整理后锦纶抗紫外效果较好，且耐洗性优良。

荧光染料在纺织品中的应用已经被人们所重视，尤其作为警示面料有着广泛的市场需求。荧光染料的视觉效果既包括对可见光选择吸收后产生的颜色，又包括吸收紫外光后发射出的可见光颜色。荧光染料分子吸收特征频率的紫外光后，引起电子由低能级的基态向高能态的激发态跃迁，由于激发态不稳定，分子在很短的时间内通过弛豫转移到激发态的最低振动能级，从此处回落到基态的较高振动能级的过程中，部分能量以可见光的形式释放，产生荧光效应。曹毅等用 1%（owf）的活性荧光黄 FL 和反应型紫外线吸收剂 3%（owf）LIQ 对 PECH-amine 改性棉织物进行一浴无盐染色和抗紫外线整理，改性棉织物一浴无盐荧光染色和抗紫外线整理的优化工艺为改性剂 PECH-amine 10g/L，氢氧化钠 10g/L，改性温度 90℃，保温时间 60min。改性后棉织物染色和抗紫外一浴无盐整理的 UPF 指数可达到 55 左右，经过 30 次标准水洗之后，其 UPF 指数仍保持在 50 以上，耐洗和耐摩擦色牢度达到 4 级以上。

#### 4. 亲水整理/染色同浴技术

涤纶织物的亲水整理多采用染后浸渍或浸轧法，染整工序较长，生产效率低，耗时耗能，而采用亲水整理/染色同浴法可缩短染整工序，降低能耗，提高生产效率。常规聚酯聚醚型亲水整理剂因其水溶性较差且浊点低，在同浴染色中，易引起分散染料的聚集或是形成表面活性剂—分散染料聚集体，在涤纶染色过程中，这些聚集体会导致染色织物出现色花或色点。为此，董威等自制了一种新型聚酯聚醚共聚型亲水整理剂，可与分散染料高温高压法同浴上染涤纶织物，其结构中引入了间苯二甲酸二甲酯-5-磺酸钠，在不影响分散染料染色性能的条件下，不仅赋予涤纶织物良好的亲水性和耐洗性，达到染色和亲水整理同浴加工的目的，还未影响染色牢度。文水平等合成了一种含聚硅氧烷、氨基、聚酯、聚醚链段的多功能整理剂 826B，与涤纶染色进行同浴整理。结果显示，826B 能赋予涤纶织物耐久的亲水性、快干性、抗静电性、易去污效果和自然柔软的手感，对织物色光影响小。

#### 5. 阻燃整理/染色同浴技术

涤纶属于易燃织物，但具有良好的力学性能，被广泛用于建筑和交通装饰材料。目前，涤纶织物进行阻燃整理时使用较多的是含卤阻燃剂，阻燃效果好。但由于燃烧过程中易释放有刺激性、腐蚀性的卤化氢气体，尤其部分溴系阻燃剂在高温裂解燃烧时，会产生有毒的多溴代二苯并呋喃（PBDF）及多溴代二苯并噁烷（PBDD），不适用于室内、汽车、机舱和高铁等封闭空间，而逐渐被不易产生有害气体的磷系阻燃剂替代。磷系阻燃剂具有效率高、燃烧产烟量小和毒性小等优点。苏梦婷等采用两种磷氮系阻燃剂 PYRODEF 和 NICCA FI-NONE HF-1120 与分散染料同浴加工处理涤纶织物，阻燃效果良好，都可达到国标 B1 级。但磷系阻燃剂多采用浸轧工艺整理织物，整理过程中易导致染色织物产生变色、色迁等问题，不利于生产控制；整理后的织物也会因磷酸酯迁移到表面而产生油腻感，且阻燃耐洗性差，织物手感不佳。

有学者发现，使用有机磷系阻燃剂可有效避免这些现象的发生。例如，刘晓云等采用有机磷系阻燃剂 RF-209 和分散染料对涤纶织物进行阻燃/染色同浴加工。由于 RF-209 具有与涤纶相似的芳环结构，相对分子质量小，对涤纶亲和力高，熔点高。所使用的阻燃/染色同浴工艺处方为：分散染料 1.5%（owf），阻燃剂 RF-209 $Y\%$（owf），高温匀染剂 2g/L，渗透剂 JFC 2g/L，醋酸 0.5g/L，浴比 1:30，温度 105~135℃，时间 20~60min。皂洗工艺为保险粉 2g/L，纯碱 3g/L，温度 85℃，时间 20min，浴比 1:30。研究发现，当阻燃剂 RF-209 质量分数 15%（owf），染色温度 135℃，染色时间 30min 时，整理织物的阻燃性能优于 GB/T 5455—2014 的 B1 级，且织物燃烧烟雾明显减少，洗涤 50 次，阻燃效果基本不变。强力、手感不受影响，染色织物 $K/S$ 值接近传统工艺，耐洗色牢度、耐干/湿摩擦色牢度 4~5 级。

**6. 抗菌整理/染色同浴技术**

具有抗菌功能纺织品在当代社会中越来越受到重视。目前，主要通过两种方法生产抗菌纺织品：一是通过后整理的方法将抗菌整理剂通过物理或者化学的方法整理到织物上；二是通过共混或者改性等手段将抗菌剂与其他材料制成高性能纳米纤维。而将抗菌和染色合二为一，不仅能够缩短生产工艺，提高生产效率，而且能获得较好的抗菌染色效果。广东湛丰精细化工有限公司李中全将染色、抗菌吸湿排汗整理同浴（含锌抗菌剂 Z06 为 0.3%~0.7%、吸湿排汗剂 QH-13 为 2%、除油剂 QH-1193D 为 1%、匀染剂 QH-2335 为 0.3%、防皱剂 QH-501 为 2%）→酸性还原清洗→洗水→脱水、定形烘干。利用该工艺参数处理的袜用涤纶筒子纱，抑菌率大于 80%，抑菌圈宽度为 0，芯吸高度大于 12cm/30min，符合生产要求。王超对涤/锦超细纤维分散染料染色时，同浴加入抗菌整理剂 SCJ-891，获得的染色织物具有优异的抗菌性能，并对金黄色葡萄球菌的抑菌率大于 99.9%，且不影响染色织物的 $K/S$ 值和毛效。魏叶等利用 4-乙烯基重氮盐与蚕丝蛋白分子中酪氨酸侧基的耦合反应，实现蚕丝纤维原位染色；在此基础上，应用辣根过氧化物酶、乙酰丙酮和 $H_2O_2$ 构建的三元催化体系，促进蚕丝原位染色中引入的乙烯基与甲基丙烯酰氧乙基三甲基氯化铵接枝共聚，赋予蚕丝织物抗菌效果。

## 参考文献

[1]赵红,蔡再生.生态染整技术研究进展[J].国际纺织导报,2018,46(11):24,26-30.

[2]秦文利.染整前处理工艺及助剂的研究进展[J].化纤与纺织技术,2015,44(3):10-13.

[3]余学来,陈光杰,沈诚,等.多组分中高档彩纱面料高效短流程工艺及功能整理的应用[J].染整技术,

2013,35(11):39-41.

[4]刘建平,肖君明,李江华.棉织物退煮漂汽蒸一浴工艺[J].西安工程大学学报,2013,27(5):582-585.

[5]陈荣圻.低碳经济下再论活性染料短流程湿蒸轧染染色工艺[J].染整技术,2012,34(12):1-16.

[6]潘云芳.双组分变色龙涤纶装饰布短流程染整工艺[J].印染助剂,2012,29(10):46-48.

[7]王超,李俊杏,郭艳丽,等.涤棉针织物短流程染整工艺[J].针织工业,2012(4):38-43.

[8]王武,张炼.涤棉、涤黏类针织物染整短流程工艺[J].针织工业,2012(2):43-45.

[9]陈荣圻.低碳经济下再论活性染料短流程湿蒸轧染染色工艺(续)[J].染料与染色,2011,48(3):31-37.

[10]徐谷仓.对近年来染整前处理工艺技术进展的回顾和看法(下)[J].纺织科技进展,2010(4):1-3.

[11]徐谷仓.对近年来染整前处理工艺技术进展的回顾和看法(上)[J].纺织科技进展,2010(3):27-32.

[12]徐顺成.针织物染整工艺的现状及发展趋势[J].纺织导报,2008(3):74-76,78,80.

[13]何珍宝.国内外染色技术新进展[J].丝绸,2007(8):62-65.

[14]唐增荣.染整前处理助剂合理应用:前处理助剂种类、选用、检测及环保与降耗[J].上海丝绸,2007(2):18-29.

[15]朱仁雄.染整设备关注节能环保自动化[J].纺织信息周刊,2004(37):18-19.

[16]陈立秋.退煮漂短流程工艺设备(三)[J].印染,2004(3):33-35.

[17]陈立秋.退煮漂短流程工艺设备(二)[J].印染,2004(2):34-36.

[18]胡毅,赵振河.短流程工艺在抗菌鞋用布染整加工中的运用[J].广西纺织科技,2003(4):24-26.

[19]顾宇峰,陈立秋.突破壁垒:入世后染整行业面临"绿色"挑战(下)[J].染整技术,2002(5):18-20,5.

[20]刘阳,王逢.纯毛单纱织物短流程染整工艺初探[J].济南纺织化纤科技,2002(3):11-13.

[21]徐谷仓.染整短流程前处理工艺、助剂和设备的现状与展望(上)[J].染整技术,2001(5):8-11,4.

[22]徐谷仓.染整短流程前处理工艺、助剂和设备的现状与展望[J].纺织导报,2001(5):116-121,170.

[23]徐谷仓,金咸穰.短流程前处理的有关理论和工艺(二)[J].印染,1992(4):56-60.

[24]徐谷仓,金咸穰.短流程前处理的有关理论和工艺(一)[J].印染,1992(3):57-59,44.

[25]唐育民,陆宁宁,许良英.退、煮、漂三合一前处理剂 TL 的研制与应用[J].染整技术,2000(6):29-31.

[26]瞿海燕,王式绪.织物染整中短流程前处理助剂的选择[J].宁波化工,1999(2):3-5.

[27]杜高敏,郑庆康,宋庆双,等.涤棉织物高效短流程前处理工艺的探讨[J].染整技术,2012,34(2):28-30,48.

[28]李培庆,陈刚,李韵.碱氧一浴汽蒸法前处理工艺探索[J].印染,1992(5):9-12,33.

[29]罗平.AR750C 漂白稳定剂及助剂用于毛巾冷漂工艺[J].四川纺织科技,1998(2):3-5.

[30]李淑华,杨继烈.锦棉交织物轧染短流程染色[J].印染,2019,45(13):5-10,15.

[31]陈立秋.湿短蒸染色清洁生产的工艺条件(三)[J].印染,2004(18):44-45.

[32]陈立秋.湿短蒸染色清洁生产的工艺条件(二)[J].印染,2004(17):42-44.

[33]陈立秋.湿短蒸染色清洁生产的工艺条件(一)[J].印染,2004(16):41-43.

[34]葛心民,陆峰宝.活性染料短流程湿蒸新工艺新设备[J].江苏纺织,2004(4):45-47.

[35]费浩鑫,钦雅蟾,徐亚州.湿蒸新工艺在印染加工中的应用[J].印染,2004(5):13-15.

[36]瞿保京,王贤瑞,郭冬菊.活性染料短流程湿蒸染色配色系统的建立[J].印染,2004(5):18-20.

[37]费浩鑫,钦雅蟾.高温湿蒸短流程连续前处理工艺[J].印染,2003(S1):51-53,77.

[38]王贤瑞,伍允申,曹妹然,等.RGB 染料短流程湿蒸染色工艺探讨[J].印染,2003(4):11-12,51.

[39]茹胜吾,费浩鑫,李学荣.活性染料短流程湿蒸染色工艺[J].印染,1995(12):17-22,3.

[40]陈改君,朱若英,谢丰,等.湿蒸对羊毛微观结构的影响[J].毛纺科技,2016,44(4):30-34.

[41]贾言星,王兰,李代梅,等.节水酸性固色剂对锦纶短流程染色工艺研究[J].天津纺织科技,2020(3):56-59.

[42]宋国方,宋继文,李清平,等.阳涤复合丝高弹双色起绒面料短流程一浴染色[J].针织工业,2019(5):33-36.

[43]马海涛,袁琴华,张翠芳.涤棉混纺织物分散/活性一浴一步法染色的发展[J].纺织导报,2000(2):44-46.

[44]潘云芳.β-环糊精在涤棉织物分散/活性染料一浴一步法中的应用[J].印染助剂,2004(5):42-44,48.

[45]赵欣,高淑珍.涤棉织物分散/活性碱性一浴一步法染色工艺探讨[J].纺织学报,2003(2):60-63,5-6.

[46]刘长智,玄伟,尹之波,等.中性固色剂NF在活性染料轧染染色中的应用[J].山东纺织科技,1995(2):14-18.

[47]李智,栗岱欣,梁芳,等.棉、涤及其混纺织物的免预烘轧焙蒸超短流程染色工艺[J].印染,2019,45(16):30-33.

[48]崔浩然.如何采用一浴一步法染深浓色泽棉锦类织物[J].印染,2016,42(6):59-60.

[49]崔浩然.如何选择涤棉练漂染一浴加工用分散染料[J].印染,2015,41(6):59-60.

[50]崔浩然.涤、锦、棉一浴一步法染色技术[J].染整技术,2013,35(8):40-42.

[51]崔浩然.棉/锦织物一浴一步法染色[J].印染,2013,39(10):46-50.

[52]李红彪,李中全,陈建琼.棉织物的节能生态染整短流程工艺[J].现代纺织技,2019,27(6):96-101.

[53]徐瓁,王敏霞.染色工艺对锦/棉双色效果的影响[J].印染,2005(14):29-31.

[54]张修强,陈永红.锦棉交织物一浴法染色工艺[J].印染,2005(21):20-21.

[55]吴婵娟,朱泉,许斌,等.Tencel/丝光羊毛混纺织物的短流程染色[J].印染,2002(5):8-10,52.

[56]孙红玉,闫英山,夏燕茂,等.涤棉混纺四面弹低温短流程连续生产工艺探讨[J].染整技术,2019,41(4):52-55.

[57]贺婕,周方颖,余艳娥.色织面料节水节能短流程清洁生产技术研究[J].轻纺工业与技术,2018,47(3):5-7.

[58]瞿建刚,舒越浩,黄长根,等.CVC织物分散/活性长车短流程染色[J].印染,2017,43(18):35-38.

# 第三章 纺织品酶处理技术

## 第一节 酶的特性及应用概述

### 一、酶的特性和作用机制

酶（enzyme）是活细胞产生的一类具有催化功能的生物分子，所以又称为生物催化剂（biocatalysts）。酶的主要成分是蛋白质，蛋白质所具有的一些理化性质酶都具备，如酶的相对分子量很大；酶由氨基酸组成；酶的水溶液具有亲水胶体性质，不能透过半透膜；具有两性性质；在苛刻的理化因素作用下易变性失活等。

酶催化的化学反应，称为酶促反应（enzymatic reaction）。在酶的催化下发生化学变化的物质，称为底物（substrate）。

#### （一）酶的催化特性

酶是生物催化剂，具有一般催化剂的共性。例如，用量少而催化效率高；它能够改变化学反应的速度，但是不能改变反应平衡点；酶和一般催化剂相同，也是通过降低反应的活化能，从而加速反应的进行。但是，酶作为一种生物催化剂，与一般催化剂相比具有更显著的特点。

**1. 高效性**

酶的催化作用比一般催化剂速度高 $10^6 \sim 10^{12}$ 倍。例如，过氧化氢的分解用 $Fe^{2+}$ 催化，效率为 $6 \times 10^{-4} mol/(mol \cdot s)$，而用过氧化氢酶催化，效率为 $6 \times 10^6 mol/(mol \cdot s)$。再如，染整前处理用碱来分解淀粉达到退浆要求，一般需要 $10 \sim 12h$，而用 $\alpha$-淀粉酶退浆，只要 $20 \sim 30min$ 即可。

**2. 专一性**

酶的专一性（specificity）又称为特异性，是指酶在催化反应时对底物的选择性。氢离子对淀粉、脂肪和蛋白质的水解，都有催化作用，而在生物体内，要使其分解，则分别需要淀粉酶、脂肪酶、蛋白酶进行催化。所以说酶催化具有专一性，一种酶只能催化一种或一类反应，作用于一种或一类底物。

**3. 反应条件温和**

酶促反应一般在 $pH=5 \sim 8$ 的水溶液中进行，反应温度范围一般为 $20 \sim 40 ℃$。这是由于酶的主要成分是蛋白质，能引起蛋白质变性的因素，如高温、强酸、强碱、重金属盐等都易使酶丧失催化活性。

### (二) 酶的组成及分类

**1. 酶的组成**

酶和其他蛋白质一样，根据其组成成分可分为简单蛋白质和结合蛋白质两类，分别为单纯酶和结合酶。单纯酶仅由蛋白质组成，如淀粉酶、脂肪酶、蛋白酶等水解酶类。结合酶除含蛋白质外还含有非蛋白质部分，因而称为结合酶，大多数氧化还原酶属于这一类。结合酶中蛋白质部分称为酶蛋白，非蛋白部分称为辅因子。酶蛋白与辅因子结合而成的完整分子称为全酶。只有全酶才具有催化活性，将酶蛋白和辅因子分开后，均无催化作用。

**2. 酶的命名**

酶的命名有两种方法，一种为习惯命名法，另一种为系统命名法。按前一种方法命名的习惯名称要求简短、使用方便。但缺点是不够系统、不够准确。为此，1961年国际酶学委员会提出了系统命名法。

（1）习惯命名法。习惯命名法可以根据酶催化的底物来命名，如催化水解淀粉的酶称为淀粉酶，催化水解蛋白质的酶叫蛋白酶；也可以根据酶所催化反应的性质来命名，如催化氧化还原反应的酶叫氧化还原酶。有时在这些命名的基础上加上酶的来源或其他特点。

（2）国际系统命名法。国际系统命名法的原则是以酶所催化的整体反应为基础，规定每种酶的名称应当明确标明酶的底物及催化反应的性质。如果一种酶催化两个底物起反应，应在它们的系统名称中包括两种底物的名称，并以冒号将它们隔开。若底物之一是水时，可将水略去不写。

如淀粉酶（习惯名）的系统名称为淀粉酶：水解酶，催化的反应为：

$$淀粉酶 + H_2O \longrightarrow 葡萄糖$$

葡萄糖氧化酶的系统名称为 $\beta$-D-葡萄糖：氧化还原酶，催化的反应为：

$$\beta\text{-}D\text{-}葡萄糖 + O_2 \rightleftharpoons D\text{-}葡萄糖酸\text{-}\delta\text{-}内酯 + H_2O_2$$

由于系统名称往往太长，一般使用习惯名称。

**3. 酶的分类**

酶的分类是以其催化的反应为基础的，分为六大类：

（1）水解酶。水解酶（hydrolase）催化底物的加水分解反应。可用通式表示如下：

$$A—B + H_2O \longrightarrow A—H + B—OH$$

水解酶主要包括淀粉酶、蛋白酶及脂肪酶等。如脂肪酶催化的脂水解反应：

$$R—COOCH_2CH_3 \xrightarrow{H_2O} RCOOH + CH_3CH_2OH$$

（2）氧化还原酶。氧化还原酶（oxido-reductase）催化氧化还原反应，往往冠以脱氢酶、氧化酶、还原酶等名称。如乳酸脱氢酶催化乳酸的脱氢反应：

$$\underset{\underset{OH}{|}}{CH_3CHCOOH} + NAD^+ \longrightarrow \underset{\underset{O}{\|}}{CH_3CCOOH} + NADH + H^+$$

（3）转移酶。转移酶催化基团转移反应，即将一个底物分子的基团或原子转移到另一个底物的分子上，即：

$$A—X+B \rightleftharpoons A+B—X$$

如谷丙转氨酶催化的氨基转移反应：

$$CH_3CHCOOH+HOOCCH_2CH_2CCOOH \rightleftharpoons CH_3CCOOH+HOOCCH_2CH_2CHCOOH$$

（4）裂合酶。裂合酶催化从底物分子中移去一个基团或原子形成双键的反应及其逆反应。用下式表示：

$$A+B \rightleftharpoons AB$$

这类酶主要包括醛缩酶、水化酶及脱氨酶等。如延胡索酸水合酶催化的反应：

$$HOOCCH=CHCOOH+H_2O \rightleftharpoons HOOCCH_2CHCOOH$$

（5）异构酶。异构酶催化各种同分异构体的相互转化，即底物分子内基团或原子的重排过程，简式如下：

$$A \rightleftharpoons B$$

如葡萄糖异构酶催化葡萄糖异构为果糖：

（6）合成酶。又称为连接酶，能够催化两个底物分子反应生成一个分子，大多数反应需要提供能量才能进行，如需腺苷三磷酸（ATP）参与反应。简式如下：

$$A+B+ATP \longrightarrow AB+ADP+Pi$$

如丙酮酸羧化酶催化的反应：

$$丙酮酸+ CO_2 \longrightarrow 草酰乙酸$$

### （三）酶的作用机制

#### 1. 酶作用专一性的机制

酶的底物专一性即特异性（substrate specificity）是指酶对它所作用的底物有严格的选择性。一种酶只能催化某一类，甚至只与某一种物质起化学变化。酶的专一性分为两种类型：

（1）结构专一性。有些酶对底物的要求非常严格，只作用于一个底物，而不作用于任何其他物质，这种专一性称为"绝对专一性"（absolute specificity）。例如，脲酶只能催化尿素水解，而对尿素的各种衍生物不起作用；麦芽糖酶只作用于麦芽糖，而不作用于其他二糖；淀粉酶只作用于淀粉，而不作用于纤维素。

有些酶对底物的要求比上述绝对专一性略低一些，它的作用对象不只是一种底物，这种专一性称为"相对专一性"。具有相对专一性的酶作用于底物时，对键两端的基团要求程度

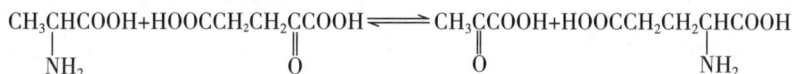

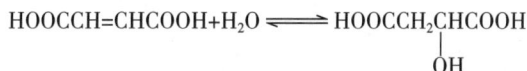

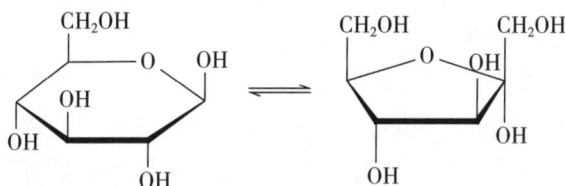

不同，对其中一个基团要求严格，对另一个则要求不严格，这种专一性又称为"族专一性"或"基团专一性"。例如，$\alpha$-D-葡萄糖苷酶不但要求 $\alpha$-糖苷键，并且要求 $\alpha$-糖苷键的一端必须有葡萄糖残基，即 $\alpha$-葡萄糖苷，而对键的另一端 R 基团则要求不严，因此它可催化含有 $\alpha$-葡萄糖苷的蔗糖或麦芽糖水解，但不能使含有 $\beta$-葡萄糖苷的纤维二糖水解。

有些酶，只要求作用于一定的键，而对键两端的基团并无严格的要求，这种专一性是另一种相对专一性，又称为"键专一性"。这类酶对底物结构的要求最低。例如，酯酶催化酯键的水解，而对底物中的 R 及 R′基团都没有严格的要求，只是对于不同脂类的水解速率有所不同。

（2）立体异构专一性（stereospecificity）。当底物具有立体异构体时，酶只作用其中的一种，这种专一性称为立体异构专一性。

①旋光异构专一性。它是酶反应中相当普遍的现象。例如，L-氨基酸氧化酶只能催化 L-氨基酸氧化，而对 D-氨基酸无作用。又如，$\beta$-葡萄糖氧化酶能将 $\beta$-D-葡萄糖转变为葡萄糖酸，而对 $\alpha$-D-葡萄糖不起作用。

②几何异构专一性。有的酶具有几何异构专一性，例如，延胡索酸水化酶只能催化延胡索酸水合成苹果酸，或催化逆反应生成反-丁烯二酸；而不能催化顺-丁烯二酸的水合作用，也不能催化逆反应生成顺-丁烯二酸。

### 2. 关于酶作用专一性的假说

1894 年，E. Fisher 曾用"锁钥"学说（lock and key theory）来解释酶作用的专一性，认为底物分子或底物分子的一部分像钥匙，专一地楔入酶的活性中心部位，也就是说，底物分子进行化学反应的部位与酶分子上有催化效能的必需基团间具有紧密互补的关系（图 3-1）。但该学说的局限性在于认为酶的结构是刚性的，若如此，在一个酶促可逆反应中酶不可能同时与底物和产物的结构都相配。此外，当底物与酶结合时，酶分子上的某些基团常常发生明显的变化。

1958 年，Koshland 提出了"诱导契合"学说（induced-fit hypothesis），该学说认为，酶分子活性中心的结构原来并非和底物的结构互相吻合，但酶的活性中心是柔软的而非刚性的。当底物与酶相遇时，可诱导酶活性中心的构象发生相应的变化，有关的各个基团达到正确的排列和定向，从而使酶和底物契合而结合成中间复合物，并引起底物发生反应（图 3-2）。

研究者们采用 X 射线衍射、圆二色光谱、核磁共振（NMR）等方法研究酶与底物结合时，发现很多酶均有构象改变。因此，迄今为止这一学说仍为广大研究者所认可。

### 3. 酶作用高效性的机制

酶的催化反应是由一些基元催化反应组成的，主要分为共价催化和酸碱催化。

（1）共价催化。酶通过与底物形成反应活性很高的共价过渡产物，使反应活化能降低，从而提高反应速率的过程，称为共价催化。

酶中参与共价催化的基团主要包括组氨酸的咪唑基、半胱氨酸的巯基、天门冬氨酸的羧基、丝氨酸的羟基等。这些基团都含有孤对电子，可以和底物的亲电子基团共价结合。

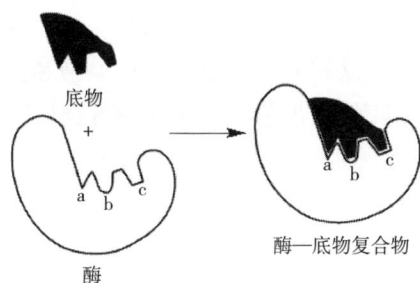

图 3-1　酶与底物的"锁钥"学说示意图　　图 3-2　酶与底物的"诱导契合"学说示意图

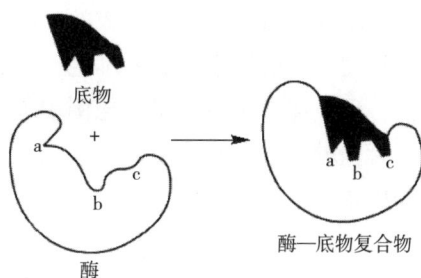

（2）酸碱催化。酸碱催化是指酶向底物提供质子或底物接受质子形成中间复合物，达到降低反应活化能的过程。酶分子中可提供质子的基团有—COOH、—SH、—NH$_3^+$、酚羟基、咪唑基等，对应的—COO$^-$、—S—、—NH$_2$等为接受质子的基团。

由于酶分子中存在多种供质子或受质子的基团，因此，酶的酸碱催化效率比一般的酸碱催化剂高得多。

## 二、影响酶促反应的因素

### （一）底物浓度对酶促反应的影响

早在 1902 年，Henri 在研究蔗糖酶催化蔗糖分解时，发现酶促反应对底物有饱和现象。在一定的酶浓度下如将反应速率对底物浓度（S）作图（图 3-3），可以看到，当底物浓度较低时，反应速率与底物浓度呈正比，表现为一级反应；随着底物浓度的增加，反应速率不再按正比升高，此时，反应表现为混合级反应。当底物增加至一定浓度时，反应速率趋于恒定，继续增加底物浓度，反应速率也不再增加，表现为零级反应。

反应速率与底物浓度之间的这种关系，反映了酶促反应中有酶—底物复合物（ES）的存在，即中间产物学说。该学说认为，酶促反应过程中，酶（E）首先和底物（S）结合生成中间复合物（ES），然后生成产物（P），并释放出酶，反应用下式表示：

$$S+E \Longrightarrow ES \longrightarrow P+E$$

若以产物生成的速率表示反应速率，显然产物生成的速率与 ES 的浓度呈正比。底物浓

图 3-3　底物浓度对酶促反应速率的影响

度很低时，酶的活性中心没有全部与底物结合，此时增加底物的浓度，ES 的形成与产物的生成都呈正比地增加。当底物浓度增至一定时，全部酶都已变成 ES，此时再增加底物浓度也不会增加 ES 浓度，反应速率趋于恒定。

### （二）酶浓度对酶促反应的影响

在酶促反应中，如果底物浓度足够大，足以使酶饱和，则反应速率与酶浓度呈正比。在

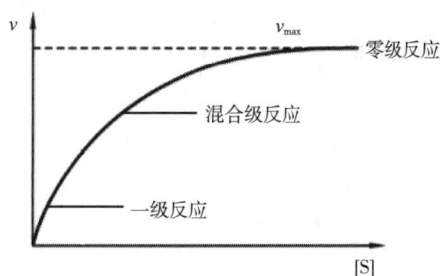

一定条件下，酶的数量越多，则生成的中间复合物越多，反应速率也就越快。但当酶的浓度增加到一定程度，反应体系中底物不足，酶分子过量，以致底物已不足以使酶饱和，继续增加酶的浓度，反应速率也不再呈正比例增加。生产中酶的添加量应视具体情况而定，酶浓度太低，反应时间较长；酶浓度过高，会造成浪费（酶制剂成本较高），一般通过工艺研究确定酶的最佳用量。

### （三）温度对酶促反应的影响

温度对酶促反应速率的影响有两个方面：一方面，像一般化学反应一样，随着温度升高，活化分子数增多，酶反应速率加快；另一方面，随着温度升高，酶蛋白逐渐变性失活，反应速率随之降低。

图3-4展示了温度对酶促反应速率的影响。在较低温度范围（0~50℃）内，温度升高，酶促反应速率加快。当温度升至50~60℃，酶的活性迅速下降，甚至丧失活性，此时即使再降温也不能恢复。在某一温度时，酶促反应速率达到最大，此时所对应的温度称为酶作用的最适温度。

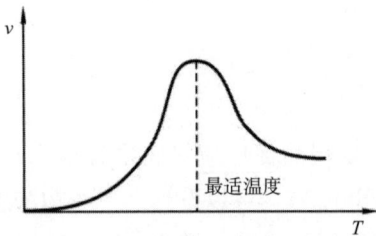

图3-4 温度对酶促反应速率的影响

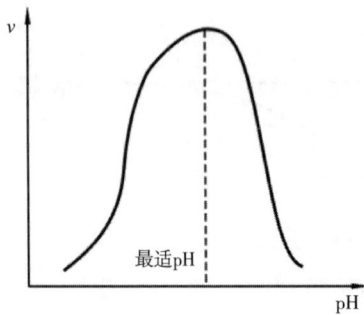

图3-5 pH对酶促反应速率的影响

每一种酶都有一个最适温度。从温血动物组织中提取的酶，最适温度一般在35~40℃；植物酶的最适温度稍高，在40~50℃；大部分微生物酶的最适温度在30~60℃。酶的最适温度不是一个特征物理常数，而与酶的作用时间、酶浓度、底物、激活剂和抑制剂等因素有关。例如，最适温度会随作用时间的改变而改变，作用时间长，酶的最适温度较低；作用时间短，则酶的最适温度较高。

### （四）pH对酶促反应的影响

大部分酶的活力受其环境pH的影响，在一定pH下，酶促反应具有最大速率，高于或低于此值，反应速率都会下降，通常称此pH为酶促反应的最适pH。各种酶的最适pH不同，一般在6.0~8.0。用酶促反应速率对pH作图，一般可得到一条钟形曲线，如图3-5所示。但也有不少例外，如霉菌酸性蛋白酶的最适pH为2.0，地衣芽孢杆菌碱性蛋白酶的最适pH则为11.0。酶的最适pH不是固定的常数，受底物种类、浓度及缓冲溶液成分不同等因素影响。

### （五）抑制剂和激活剂对酶促反应的影响

酶的催化活性在某些物质影响下可以增高或降低。凡是能降低或抑制酶活性的物质称为抑制剂（inhibitor）。

抑制剂类型很多，有重金属类（如 $Ag+$、$Hg^{2+}$、$Cu^{2+}$等）、非金属类（硫化氢、氟化物、有机磷农药及麻醉剂等）和生物大分子抑制剂（如某些植物的种子，大麦、绿豆等）。

　　根据抑制剂与酶的作用方式及抑制是否可逆，将抑制作用分为不可逆性抑制和可逆性抑制两大类型。前者通常是抑制剂与酶的某些基团或活性部位生成共价键结合，引起永久性的失活或活力降低。后者是一些小分子的物质与酶发生可逆性的结合，通过透析、过滤等物理方法就可除去这些小分子，酶的活力可以得到恢复，这类抑制剂和酶的结合是非共价键结合。

　　与抑制剂相对应，凡是能使酶活性增高的物质，称为酶的激活剂（activator）。酶的激活剂大多是金属离子，其中以正离子居多，有 $K^+$、$Na^+$、$Mg^{2+}$、$Mn^{2+}$、$Ca^{2+}$、$Cu^{2+}$ 和 $Fe^{2+}$ 等；常作为激活剂的阴离子有 $Cl^-$、$HPO_4^{2-}$、$Br^-$ 等。金属离子作为激活剂的作用：一是作为酶的辅助因子，参与酶的组成；二是当酶与底物结合时能起桥梁作用。还有一些小分子有机化合物，如半胱氨酸、维生素 C 等，也可以作为酶的激活剂，原因主要是使含巯基的酶中被氧化的二硫键还原成巯基，从而恢复酶的活力，提高酶活性；或者作为金属螯合剂（如 EDTA，乙二胺四乙酸），以除去酶中重金属杂质，从而解除重金属对酶的抑制作用。

　　激活剂和抑制剂的作用都不是绝对的，同一种物质对不同的酶可能作用不同，例如，氰化物是细胞色素氧化酶的抑制剂，却是木瓜蛋白酶的激活剂。酶的抑制和变性不同，前者使酶活性下降，但酶蛋白并未失活，而后者则使酶蛋白失活。

　　在应用酶进行处理时，应避免抑制剂的存在，而选用适当的激活剂，可大大提高酶的催化效率。

### 三、纺织用酶制剂的种类和特点

　　目前纺织用生物酶制剂主要有淀粉酶、纤维素酶、蛋白酶、过氧化氢酶、果胶酶、脂肪酶、漆酶和葡萄糖氧化酶等，可实现的纺织品湿加工过程包括：酶退浆、酶精练、生物酶抛光、牛仔服洗旧、丝织物酶脱胶、织物漂白后双氧水的生物酶脱除等。表3-1列出了常见的纺织加工用酶制剂的种类、来源及其应用领域。

表3-1　纺织加工中使用和研究的酶制剂

| 酶种类 | 主要来源 | 作用对象 | 应用领域 | 目前国内外应用程度 | 国产化水平 |
|---|---|---|---|---|---|
| $\alpha$-淀粉酶 | 米曲霉、黑曲霉、枯草杆菌 | 淀粉浆料 | 淀粉浆料的退浆及印花后糊料的去除 | 工业化应用 | 高 |
| 纤维素酶 | 黑曲霉、木霉 | 纤维素 | 天然纤维素纤维的精练加工 | 半工业化应用 | 一般 |
| | | | 纤维素纤维织物生物抛光整理 | 工业化应用 | 低 |
| | | | 牛仔服装返旧整理（靛蓝染料的间接剥色） | 工业化应用 | 一般 |
| 半纤维素酶 | 黑曲霉 | 纤维素 | 沤麻和棉/麻织物的精练 | 工业化应用 | 一般 |

| 酶种类 | 主要来源 | 作用对象 | 应用领域 | 目前国内外应用程度 | 国产化水平 |
|---|---|---|---|---|---|
| 木质素过氧化物酶 | 白腐菌 | 木质素 | 沤麻和天然纤维素纤维的精练、柔软处理 | 无单独商品化制剂 | 无 |
| 果胶酶 | 黑曲霉、米根霉 | 果胶质 | 沤麻 | 半工业化应用 | 低 |
| | | | 天然纤维素纤维织物的精练 | 实验室研究 | 低 |
| 蛋白水解酶 | 植物、动物、霉菌和细菌 | 蛋白质 | 真丝脱胶、真丝砂洗 | 工业化应用 | 一般 |
| | | | 羊毛的改性、防毡缩整理、丝光等 | 实验室研究 | 低 |
| 过氧化氢酶 | 黑曲霉、溶壁小球菌、动物肝脏 | 过氧化氢 | 去除氧漂后织物上残留的双氧水 | 工业化应用 | 一般 |
| 脂肪酶 | 动物脏器、米曲霉和黑曲霉等 | 甘油三酯 | 去除蚕丝、羊毛纤维中的油脂,天然纤维素纤维织物的退浆和精练 | 实验室研究 | 低 |
| PVA降解酶 | 细菌 | PVA | 各种含PVA浆料织物的退浆 | 无商品化制剂 | 无 |
| 角质酶 | 真菌、细菌 | 棉、毛纤维角质层中酯类物质 | 棉织物退浆,羊毛预处理 | 无商品化制剂 | 无 |
| 漆酶 | 植物、昆虫和微生物 | 酚类、芳胺类 | 牛仔布的返旧整理（靛蓝染料剥色） | 工业化应用 | 无 |
| | | | 染色废液的脱色等 | 实验室研究 | 无 |
| 葡萄糖氧化酶 | 米曲霉、黑曲霉 | 葡萄糖 | 棉织物漂白 | 实验室研究 | 无 |
| 酪氨酸酶 | 蘑菇、马铃薯 | 酚类 | 蚕丝、羊毛的接枝改性 | 实验室研究 | 低 |
| 谷氨酰胺转氨酶 | 微生物、动物肝脏 | 蛋白质 | 蚕丝、羊毛的改性 | 实验室研究 | 一般 |

## 四、纺织品酶处理技术的发展现状及应用前景

### （一）纺织品酶处理技术的国内外发展现状

我国是纺织领域应用酶最早的国家,在3000年前已经出现以微生物发酵为手段的麻类沤渍脱胶法。我国古代用得最多的是胰酶,直接取自猪的胰脏,用于真丝的脱胶。国外最早将酶应用于纺织领域的记载是在1857年,当时是用麦芽提取液处理淀粉上浆织物,但直到1912年,在获得来自动物和微生物的淀粉酶后,织物的酶退浆工艺才得到产业化应用。用生物酶作为真丝精练剂是我国劳动人民智慧的结晶,特别是胰酶的真丝脱胶,在唐代已经形成了基

本固定的工艺，比国外的同类研究（1931 年美国的 Marsh 才对此进行研究）至少早了 1200 年。但是，近代我国纺织酶制剂应用发展缓慢，除淀粉酶退浆和蛋白酶的真丝脱胶之外，大多数的纺织酶加工工艺技术来自国外。

目前，在纺织加工中应用的酶制剂主要为水解酶。从应用范围看，纺织酶处理技术已经渗透到纺织加工的整个过程。有些加工方法，如纤维素纤维织物的生物抛光和牛仔布的返旧整理已经成为纺织加工的常规手段；麻的生物脱胶时间可从夏季自然沤麻的 10d 左右缩短到目前的 36h 左右，明显提高了生产效率，加工质量更为稳定。酶还在纺织印染废水处理以及服装的成衣加工方面得到应用或正在开发之中。

### (二) 纺织品酶处理技术的应用前景

生物酶制剂的高效性使其应用于染整加工时大大提高了生产效率；专一性使其只作用于特定的基质，从而对纤维的损伤小；温和性使其对加工设备材料的要求低，节约了原材料，又能节约能源；无毒性使其在应用过程中对人体安全，对生态环境无影响。在当今全球重视生态环保的要求下，纺织品酶处理技术更具有突出的现实意义，是纺织工业清洁生产技术的未来发展方向。

尽管目前生物酶在纺织工业中的应用仍存在一些问题，如酶的高效性问题、寻找耐温的酶种、蛋白酶作用的局限性问题等，但随着生物工艺学的不断进步，将会开发出更多适合于纺织印染加工的酶，其应用前景将是无限的。

# 第二节　酶在前处理中的应用

## 一、酶在退浆中的应用

在织布时，通常都要对经纱上浆，以保证经纱有好的织造性能，以免在织造时断经。上浆的浆料种类很多，视纤维种类而不同。棉纱仍以使用淀粉浆为主，涤纶、锦纶等合成纤维纱线主要使用聚乙烯醇（PVA）、羧甲基纤维素（CMC）、聚丙烯酸酯共聚物等浆料。但织造完成后织物上浆料的存在会给染整加工带来影响，因此，织物在进行染整加工前需要经退浆工序将浆料去除。目前，退浆的方法主要有碱退浆、酸退浆、氧化剂退浆和酶退浆。

其中酶退浆是利用退浆酶将织物上的浆料降解，使之迅速洗脱的工艺。酶退浆工艺具有高效快速、条件温和、退浆率高以及处理后织物品质好的特点，一般退浆率可达到 90% 以上，退浆后纤维不受损伤，织物手感柔软、丰满、光洁度高，染色后颜色鲜艳；且酶退浆废水 pH 低，可生化性好，符合清洁生产和绿色环保要求，在纺织印染行业得到广泛应用。根据浆料组成的不同，酶退浆除使用淀粉酶外，其他酶制剂也可应用。如用纤维素酶进行 CMC 浆料的退浆等，PVA 分解酶用于 PVA 浆料的降解，对多元混合浆料还可以用复合酶进行退浆。

**（一）淀粉酶退浆**

酶退浆所用酶制剂主要为淀粉酶，是水解淀粉和糖原的酶类总称，广泛存在于动植物和微生物中。它能够高效、专一地降解淀粉浆料，且对环境无危害。淀粉酶是最早实现工业化生产的一种酶制剂，也是纺织工业中最早进行工业化应用的酶制剂之一。

**1. 淀粉酶的种类及作用方式**

淀粉酶的种类较多，常见的淀粉酶种类有 α-淀粉酶、β-淀粉酶、葡萄糖淀粉酶和脱支酶等。α-淀粉酶是一种内切酶，它作用于淀粉时，可以从淀粉分子的内部随机地切开 α-1,4-糖苷键，生成一系列聚合度不同的低聚糖，且其酶来源广泛，价格低廉，是纺织加过程工中最常用的淀粉酶；β-淀粉酶又被称为麦芽糖苷酶，是一种外切酶，作用于淀粉时，从淀粉链的非还原性末端依次切下麦芽糖单位，β-淀粉酶不能裂开支链淀粉中的 α-1,6-糖苷键，也不能绕过支链淀粉的分支点继续作用于 α-1,4-糖苷键，故遇到分支点就停止作用，因此 β-淀粉酶对支链淀粉的作用是不完全的；葡萄糖淀粉酶也是外切型的淀粉酶，该酶作用于淀粉时，能够从淀粉链的非还原性末端切开 α-1,4-糖苷键和 α-1,6-糖苷键，但其水解淀粉的速度很慢；脱支酶水解支链淀粉分子的 1,6-糖苷键，常与其他酶联合使用。以上几种淀粉酶对淀粉的作用方式如图 3-6 所示。

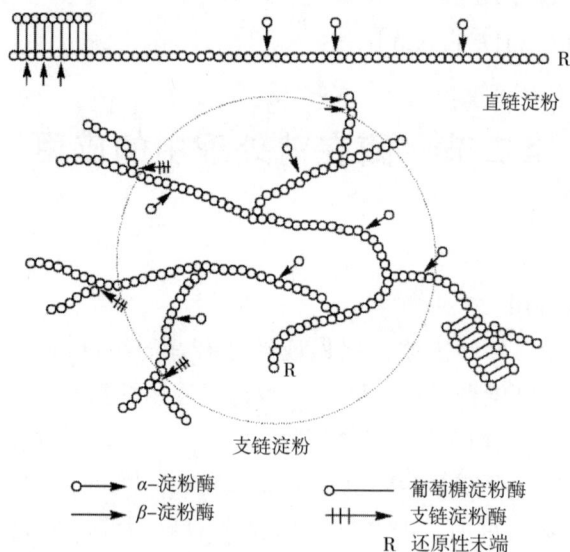

图 3-6　淀粉酶对淀粉的作用方式

目前，退浆用的淀粉酶主要是 α-淀粉酶。不同来源的 α-淀粉酶具有不同的热稳定性和最适反应温度。α-淀粉酶可以分为四类：

（1）耐高温 α-淀粉酶。以地衣芽孢杆菌所产的 α-淀粉酶耐热性最高，其最适反应温度达 95℃左右，瞬间可达 105~110℃，因此该酶也称耐高温 α-淀粉酶。

（2）中温淀粉酶。由枯草杆菌所产的 α-淀粉酶，最适反应温度为 65℃左右，又称中温淀粉酶。

（3）非耐热性 α-淀粉酶。来源于真菌的 α-淀粉酶，最适反应温度仅为 55℃左右，属非耐热性 α-淀粉酶。这类淀粉酶一般不用作酶退浆。

（4）宽温幅淀粉酶。即通过基因重组技术开发的能在较宽温度范围内使用的酶，最佳使用温度视产品而异，不同公司的不同品种温度范围不相同。

**2. 淀粉酶的退浆工艺**

（1）淀粉酶退浆工艺流程。淀粉酶退浆工艺虽然会随着酶制剂、退浆设备和织物的不同而有差异，但一般由 4 个工艺过程组成，即预处理、施加酶制剂、保温处理和水洗后处理。

①预处理。淀粉酶一般不易分解生淀粉或硬化淀粉皮膜，为了使酶制剂能在浆膜中较好地渗透，提高淀粉酶对淀粉的水解效率，在施加酶制剂前要进行热水洗涤预处理。预处理通常在烧毛后进行，采用较高温度的水（在 80℃以上）对织物进行洗涤。预处理不仅可加快浆膜溶胀，同时可以去除织物上的杂质、防腐剂、酸性物质、上浆油剂或其他助剂等。

②施加酶制剂。施加酶制剂是通过工艺手段使织物对酶液吸收的过程，可以通过浸轧、浸渍、喷酶等方法进行。为使酶液能够充分渗透织物，一般要添加非离子型的润湿剂、渗透剂等。加入适量的金属离子（例如钠离子或钙离子）对酶起活化作用。

③保温处理。淀粉酶分解淀粉需要一定的时间，保温处理可使酶制剂对织物上淀粉进行充分水解，使淀粉浆易于洗除。在酶制剂活性温度范围内，保温时间长、温度高，酶的浓度可以适当低一些。保温处理可以采用堆置法，或直接进行酶液循环处理，或两者结合的方式。若仅采用堆置法，保温时间需较长（2~4h）。为缩短保温时间，也有先短时间堆置（如 20min）后汽蒸 1~5min 的堆置/汽蒸结合的方法。对于耐高温酶制剂，则可以在 100~110℃汽蒸 15~120s，以达到使淀粉充分水解的目的。实际处理时，保温时间影响因素比较复杂，通常以退浆干净为标准来确定时间。

④水洗后处理。淀粉浆经淀粉酶水解后，仍然附着在织物上，需要通过水洗去除。水洗应在尽可能高的温度下进行，并添加洗涤剂以促进水解物的迅速去除。对于厚重织物，还可以添加一定的碱剂以提高对浆料及其水解物的洗涤效果。

（2）退浆工艺举例。以前退浆常用中温淀粉酶，目前广泛使用宽温幅淀粉酶和高温淀粉酶。几种常用淀粉酶的退浆工艺见表 3-2。

表 3-2　几种常用淀粉酶的退浆工艺

| 公司名称 | 产品名称 | 使用温度/℃ | 使用 pH | 退浆方式 |
|---|---|---|---|---|
| 诺维信 | 宽温幅退浆酶 Suhong 2000 | 25~95 | 5.5~7.5 | 卷染、轧堆、J 型箱 |
| 杰能科 | 高温淀粉酶 Optisize Next | 70~110 | 5.0~10.0 | 热轧堆、轧蒸 |
| 诺维信 | 高温淀粉酶 Aquazym Ultra | 60~110 | 5.5~7.5 | 卷染、轧堆、J 型箱 |
| 联邦科特 | 宽温幅淀粉酶 OPT-260 | 40~100 | 4.0~9.0 | 快速短蒸 |
| 传化 | 高效退浆酶 TF-162B | 15~105 | 4.0~9.0 | 汽蒸、冷堆、浸渍 |

传化高效退浆酶 TF-162B 的应用工艺举例如下。

19.7tex×19.7tex 268 根/10cm×268 根/10cm 全棉织物。

①冷堆退浆工艺流程。

浸轧酶液（退浆酶 TF-162B 为 4.0g/L，渗透剂 JFC 为 5g/L，轧液率 75%）→打卷冷堆（室温，4h）→热水洗（95~100℃，2 格）→冷水洗（1 格）→烘干

②汽蒸退浆工艺流程。

轧酶液（退浆酶 TF-162B 为 2.0g/L，渗透剂 JFC 为 5g/L，二浸二轧，轧液率 75%）→汽蒸（98~102℃，20min）→热水洗（95~100℃，2 格）→冷水洗（1 格）→烘干

淀粉酶退浆已经成功应用多年，工艺成熟。然而，淀粉酶对于织物上的 PVA 浆料无降解作用。PVA 降解酶能够有效去除和降解 PVA 浆料，显著降低退浆废水的处理成本。但目前仍处于实验室研究阶段，还未实现大规模工业化生产。

### （二）PVA 降解酶退浆

#### 1. PVA 降解酶的作用机理

PVA 降解酶是一系列能够催化降解 PVA 的酶的统称。已发现的 PVA 降解酶主要包括聚乙烯醇氧化酶、聚乙烯醇脱氢酶、$\beta$-双酮水解酶。目前关于 PVA 降解酶降解机理比较一致的看法为：聚乙烯醇须经两步酶催化过程才得以降解，第一步由 PVA 氧化酶（仲醇氧化酶）在有氧的条件下，或由 PVA 脱氢酶参与下，聚乙烯醇氧化脱氢为酮基化合物。对第二步的反应，一种观点认为，聚乙烯醇的羟基被 PVA 仲醇氧化酶催化氧化为酮基型 PVA 以后，再被 PVA 水解酶催化裂解；而另一种观点则认为，氧化型 PVA 的水解反应是自发进行的，氧化型 PVA 的自发水解主要是由于其分子结构的不稳定性所造成的，而氧化型 PVA 水解酶能加速这种水解反应。PVA 降解酶催化降解 PVA 的可能途径如图 3-7 所示。

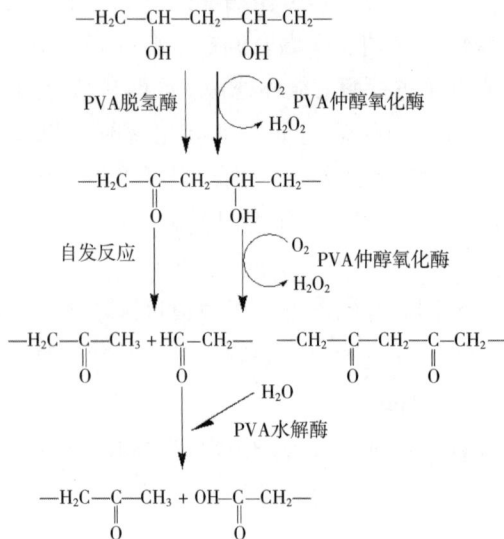

图 3-7 PVA 降解酶降解 PVA 的可能途径

#### 2. PVA 降解酶的退浆工艺

目前使用 PVA 降解酶进行 PVA 浆料退浆工艺的研究较少，仅在实验室范围进行。日本近畿大学的研究人员采用 PVA 混合酶对棉织物进行退浆。其降解 PVA 的最佳条件为 pH=8.0，温度 30~55℃。用混合酶对经 PVA 溶液（25g/L）上浆的棉织物在 30℃和 pH=8.0 条件下处理 1h 后，与传统的热水退浆工艺（80℃，30min）比较，检测到织物中残留的 PVA 量相近。当酶退浆时间延长至 6h 时，织物上残留 PVA 的量最小，酶退浆 4h 后废液中的 PVA 含量可忽略不计。

东华大学国家染整工程中心在纯 PVA 上浆棉织物的退浆处理中发现，当采用 PVA 降解酶退浆时，浆液中 PVA 含量与棉布上残留 PVA 量之和小于 100%，而采用缓冲溶液和热水退浆，PVA 总量变化不大，说明 PVA 降解酶对 PVA 浆料有降解的作用。同时研究得出，PVA 降解酶在 pH=7~8，温度 30℃的反应条件下反应 3h，即可对 PVA 进行降解。

江南大学的研究人员将上浆棉织物润湿后在 70℃水蒸气中汽蒸 0.5h，此时棉织物上的 PVA 处于溶胀状态，后转至 35℃的水蒸气中平衡 15min。将平衡好的上浆棉织物浸入能降解 PVA 的混合菌系所产的混合酶的粗酶液中 2min，随着酶作用时间延长，退浆废水中 PVA 的相对分子质量逐渐降低，说明 PVA 降解酶能切割 PVA 的分子链。与热水退浆相比，酶法处理的退浆废水 COD 有所下降，说明热水退浆仅仅是把 PVA 从棉织物上洗脱进入水中，PVA 分子的难降解性会使产生的废水较难处理。

## 二、酶在精练中的应用

### （一）棉纺织品的精练

棉织物精练的主要目的是除杂。传统精练经碱煮练后，需消耗大量清水进行漂洗，产生大量的污水。用生物酶对棉织物进行精练，通常不会影响纤维素的骨架，还可使对纤维的破坏降到最低。

#### 1. 果胶酶精练

果胶酶根据作用方式可分为原果胶酶（催化不溶性原果胶分解出游离水溶性果胶质）、果胶酯酶（分解水溶性果胶分子中聚半乳糖醛酸酯中的甲氧基与半乳糖醛酸之间的酯键，形成聚半乳糖醛酸）、聚半乳糖醛酸酶（切断聚半乳糖醛酸的 $\alpha-1,4$ 糖苷键，使果胶黏度迅速下降）和聚半乳糖醛酸裂解酶（通过反式消除作用切割聚半乳糖醛酸的 $\alpha-1,4$ 糖苷键，生成 C4~C5 的不饱和糖）。

根据果胶酶作用条件不同，可以分为酸性果胶酶（最适 pH 在 4.0~6.0）和碱性果胶酶（最适 pH 在 7.0~9.0）。前者作用时间长，酶用量很大，对棉织物的强力有较大的损伤。后者以诺维信公司的 Bioperp 果胶酶系列为代表，该果胶酶是由一种基因改性的芽孢杆菌微生物经发酵而制成的。

有研究人员比较了德国 AB 公司的 PL-300 酸性果胶酶和 Bioprep 3000L 碱性果胶酶对纯棉针织物的果胶去除效果。结果表明，碱性果胶酶要明显好于酸性果胶酶。研究人员普遍认为，碱性果胶酶对棉纤维果胶质具有很好的去除作用。

采用 0.3g/kg 织物的 Bioprep 3000L 在 55~65℃、pH=7.0~9.0 条件下精练 30min，果胶质的去除率一般可达到 70%，织物的润湿性即可达到要求。如果增加果胶酶的用量，时间还可进一步缩短。

#### 2. 果胶酶和纤维素酶的混合精练

研究发现，果胶酶与纤维素酶复配使用可以明显改善织物的润湿性能，这是由于纤维素酶对果胶酶去除果胶质有一定的协同作用，能够通过分解角皮层下初生胞壁中的纤维素破坏角皮层，使果胶酶更容易接近纤维中的果胶。此外，据研究，通过纤维素酶可以间接地作用木质素或降低棉籽壳在织物表面的机械附着力，破坏棉籽壳的完整结构，提高棉籽壳的去除率。但是纤维素酶会导致织物强力损失过大，使用需慎重。

采用东莞商宝绿色科技集团有限公司生产的碱性果胶酶与中性纤维素酶复配体系对针织纯棉坯布进行精练，优选的工艺条件如下：酶用量 1.0g/L，JFC 加入量 1.5g/L，浴比 1∶10，温度 55℃，pH=8.0，时间 50min。采用该工艺条件精练后纯棉针织物的果胶去除率为 92%，毛效为 14.4cm/30min。与传统碱精练相比，生物酶精练所造成织物的失重较小；对织物的强力无任何损伤；果胶去除率及毛效与传统处理相当，其中复配体系效果优于纯果胶酶处理效果；此外，与其他两种处理相比，复配体系处理后的织物表面更为光洁；处理后织物的染色深度和色牢度均可达到传统精练处理的染色效果，优于单纯的果胶酶处理效果。

### （二）麻纺织品的脱胶

麻类纤维是优良的纺织原料之一，但在应用前必须进行脱胶处理，以去除韧皮纤维中的果胶物质并使纤维相互分离，赋予纤维优良的纺织性能和品质。亚麻、苎麻等麻纤维的前处理，传统是先将纤维发酵，然后用碱精练来去除其中的果胶质，存在煮练液污染环境以及耗水耗能等诸多问题。生物浸渍进行脱胶由来已久，古时就有通过将麻类作物放置在河水中，在自然状态下经过微生物产生的果胶酶类对麻类作物的胶质及半纤维素进行降解。该传统沤麻方法的缺点在于生产周期长，工艺条件不稳定，麻纤维质量波动大。为稳定麻纤维的质量，提高生产效率，可添加果胶酶等进行生物酶脱胶，其作用原理和前述相同。和棉不同的是，麻含果胶量很高，但脱胶时并不需将果胶全部去除。在脱胶时，麻中的其他杂质也会有部分去除。

NY/T 1537—2007《苎麻生物脱胶技术规范》指出，苎麻胶质复合体结构复杂，其生物降解需果胶酶、木聚糖酶、甘露聚糖酶等非纤维素降解酶在内的关键复合酶系协同作用。且脱胶前期果胶酶对苎麻胶质的降解效率远高于木聚糖酶，并证实果胶酶降解苎麻原麻起"黏合"作用的果胶质，使细胞结构松散，促进半纤维素酶类和其他脱胶因子的有效渗透，从而提高脱胶复合酶体系的降解效率。

近年来，采用酶法对麻纺织品进行脱胶的研究较多。如用果胶酶和木聚糖酶对亚麻进行联合脱胶，由于两种酶的协同作用，使脱胶作用增强。碱性果胶酶和木聚糖酶配比为 1∶2，酶用量 0.8%，温度 30~32℃，浴比 1∶（13~14），pH=8.5，脱胶时间 60~65h，打成麻质量佳，强力和出麻率高。采用果胶酶、半纤维素酶和漆酶对非洲剑麻进行生物—化学联合脱胶处理，其配比为 1∶3∶2，酶用量为 50g/L，温度为 50℃，酶处理液 pH 为 6.5，酶处理时间为 2h。堆置时间为 4h，可以获得较好的脱胶效果。

### （三）蚕丝的脱胶

蚕丝及其纺织品的脱胶有多种方法，主要有酸碱脱胶、皂脱胶、高温高压脱胶、酶脱胶等。酶脱胶又称为生物精练法。近年来，采用酶脱胶越来越受到重视，因为酶催化的高度专一性，其只对丝胶中的球蛋白起作用，而不会对丝素中的线性蛋白造成影响，故对丝素的损伤小。此外，酶脱胶不需要高温条件，脱胶后的蚕丝具有手感柔软、色泽自然明亮的效果。

能用作蚕丝脱胶的酶按其最佳作用的 pH 分为酸性蛋白酶酶、中性蛋白晦和碱性蛋白酶三类。目前蚕丝脱胶应用的酶主要有以下几种。

**1. 胰蛋白酶**

胰蛋白酶是指提取于猪胰脏的一种蛋白酶，对赖氨酸、精氨酸含量高的丝胶有很高的催化水解能力，对丝素蛋白却不作用，最适 pH 为 7~9，缓冲剂一般用碳酸铵，处理温度为37℃时，处理 1~4h 有很好的脱胶效果。

**2. 木瓜酶**

木瓜酶提取于未成熟的木瓜。在 pH=5~7.5、温度为 70~90℃ 条件下有很高的活力。它的精练效果好于一般的蛋白酶，但价格较高。

**3. 细菌蛋白酶**

这类蛋白酶提取于细菌。国内应用的细菌酶有 2709 碱性蛋白酶（提取于枯草杆菌类）、209 碱性蛋白酶（提取于芽孢杆菌类）、S114 中性蛋白酶、ZS742 中性蛋白酶等。国外的产品有 Alcalase 碱性蛋白酶（诺维信公司）等。

碱性蛋白酶由于在低温弱碱性条件下脱胶，有利于丝胶膨化，对酶脱胶有促进作用，使精练效率提高。2709 和 209 碱性蛋白酶，前者更耐碱，最适 pH 为 11，温度为 40℃ 左右有很好的脱胶效果。S114 和 ZS742 中性蛋白酶，适宜于中性浴，温度为 40℃ 左右，脱胶效果不及碱性蛋白酶，但脱胶作用较缓和，特别适合丝毛交织绸精练。

由于酶的专一性强，对蚕丝中的油脂、蜡质等其他杂质没有去除作用，所以酶常与其他脱胶剂联合使用，以达到更好的脱胶效果。一般采用碱法预处理与蛋白酶相结合的二浴脱胶方法，即用低浓度碱剂进行真丝高温预处理，脱除大部分丝胶，而且对织物上油脂和蜡质起到较好的乳化、分散和水解作用，然后再借助蛋白酶在较低温度下脱除残留的丝胶，使得酶处理后织物润湿性有了较大的提高。典型的真丝脱胶二浴法工艺流程为：

预处理（95℃，20 min）→酶脱胶（50℃，50min）→水洗（80℃，10min）→ 室温水洗

工艺处方为：预处理中，$Na_2CO_3$ $x$，精练剂 0.5g/L，$Na_2S_2O_4$ 0.5g/L，渗透剂 0.5g/L；酶脱胶中，蛋白酶 0.2%~0.4%（owf）。

### 三、酶在漂白中的应用

目前酶在纺织品漂白中的应用主要有葡萄糖氧化酶漂白和过氧化氢酶去除氧漂后残余的过氧化氢，前者尚处于实验室研究阶段，后者已实现产业化应用。

#### （一）葡萄糖氧化酶漂白

葡萄糖氧化酶（GOD）是一种需氧脱氢酶，漂白原理是底物在葡萄糖氧化酶催化作用下产生葡萄糖酸内酯和过氧化氢，过氧化氢起到漂白作用。葡萄糖酸内酯与水结合形成葡萄糖酸，可以与水中的金属离子产生螯合作用，有效地阻止金属离子对过氧化氢的催化分解，因此在漂白时无须加入双氧水稳定剂。

葡萄糖氧化酶漂白主要有以下两种漂白工艺。

**1. 酶催化生成 $H_2O_2$ 与 $H_2O_2$ 漂白棉织物一浴两步工艺**

（1）葡萄糖氧化酶催化葡萄糖产生 $H_2O_2$。葡萄糖氧化酶 15U/mL，葡萄糖 12g/L，pH = 7.0，45℃，150min，通气量 9.0L/min，搅拌速率 500r/min。

（2）$H_2O_2$ 漂白。调节 $H_2O_2$ 漂液 pH 至 10~10.5，浴比 1∶50，95℃漂白 60min。

与传统漂白工艺相比，葡萄糖氧化酶漂白的织物白度略低，但葡萄糖氧化酶产生的漂液可直接用于漂白，无须添加其他试剂，且葡萄糖氧化酶漂白工艺对纤维的损伤更小。

**2. 棉织物的葡萄糖氧化酶低温漂白工艺**

虽然葡萄糖氧化酶漂白处理更多地保持了织物的强力，但织物白度还很难达到传统漂白白度，这主要是由于葡萄糖氧化酶产生的 $H_2O_2$ 未能完全分解所致。在 $H_2O_2$ 漂白浴中加入过氧化物活化剂，可以大大提高 $H_2O_2$ 在较低温度和 pH 条件下漂白的效果，而不损伤纤维，是一种简便而有效的方法。

目前，有研究开发了葡萄糖氧化酶低温漂白工艺，即将葡萄糖氧化酶与双氧水低温漂白技术相结合。四乙酰乙二胺（TAED）是活化漂白剂中研究最多的一种，在织物漂白和纸浆漂白方面都有很多应用研究。棉织物的葡萄糖氧化酶 TAED 低温漂白工艺可分为以下两步。

（1）葡萄糖氧化酶催化葡萄糖产生 $H_2O_2$。葡萄糖氧化酶 10.65U/mL，葡萄糖 15g/L，pH=7.0，40℃，100min，通气量 4.5L/min，搅拌速率 500r/min。

（2）TAED 低温 $H_2O_2$ 漂白。调节 pH 至 7.0，$n(TAED)∶n(H_2O_2)=0.5∶1$，70℃，60min，焦磷酸钠 2g/L，浴比 10∶1。

在葡萄糖氧化酶活化低温漂白工艺中，产生的 $H_2O_2$ 分解率在 98% 以上，能够完全而有效地分解，对织物进行有效漂白。萄糖氧化酶低温漂白和 $H_2O_2$ 传统漂白都会对织物造成一定损伤，但相比之下，葡萄糖氧化酶低温漂白工艺对纤维造成的损伤更小，强力损失更少。

**（二）过氧化氢酶去除氧漂残留双氧水**

过氧化氢由于其优异的漂白性能，被用于各类织物的前处理加工，但是在加工结束后过氧化氢并没有完全的分解，残留的过氧化氢会降低织物的强力。染浴中若存在过氧化氢，会造成对氧化剂敏感的活性染料褪色。已经证明，即使染料分子较小的改变都会导致色泽的消失。因此漂白过程一旦结束，必须将氧漂后残留的过氧化氢去除干净。

通过比较传统方法与酶法去除氧漂残留双氧水工艺流程（图 3-8），我们发现，传统工艺需多次升温洗涤，并可能带入有毒和难降解的物质。过氧化氢酶工艺有如下优点：

（1）无残留的有毒物质；

（2）漂白剂能完全被去除；

（3）由于减少了洗涤步骤，废水排放量减少；

（4）废水的总可溶物浓度降低；

（5）酶使用安全并可完全被生物降解。

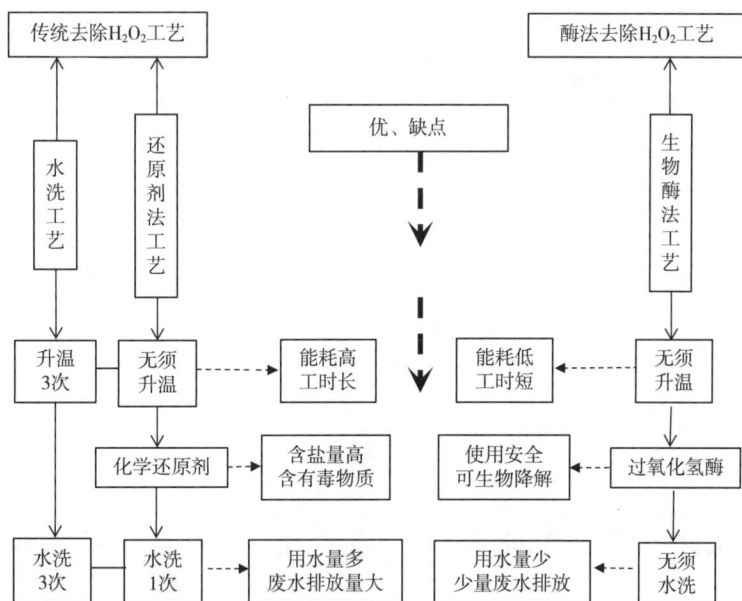

图 3-8　去除过氧化氢传统工艺与酶法工艺流程比较

虽然过氧化氢酶的价格较高，但经过企业应用成本核算，酶法工艺能够显著提高生产效率，提高设备利用率，同时大幅度降低了水、电、汽的消耗，降低了生产成本。

# 第三节　酶在纺织品整理中的应用

## 一、酶在纤维素纤维纺织品整理中的应用

纤维素纤维纺织品的酶处理，除了已述的前处理外，主要是进行纤维表面改性。利用纤维素酶对纤维素进行催化水解，这种作用可以获得多种改性效果。纤维素酶是一组催化水解纤维素生成葡萄糖的酶系总称。目前，商品化纤维素酶主要由木霉和黑曲霉两个属的菌株发酵生产制得。纤维素酶主要分为三大类：

（1）$\beta$-1,4-内切葡聚糖酶（来自真菌的简称 EG，来自细菌的简称 Cen），该酶可以随机水解纤维素大分子链中的 $\beta$-1,4-糖苷键。

（2）$\beta$-1,4-外切葡聚糖酶（来自真菌的简称 CBH，来自细菌的简称 Cex），该酶沿纤维素链末端水解，依次释放纤维二糖。

（3）$\beta$-葡萄糖苷酶（简称 BG），又称纤维二糖酶，该酶主要将由内切葡聚糖酶和外切葡聚糖酶水解产生的纤维二糖、寡糖以及低聚糖继续水解，生成葡萄糖。

纤维素酶对纤维素纤维的作用原理如图 3-9 所示。

### 1. 纤维素纤维织物的生物抛光和柔软整理

（1）纤维素酶生物抛光和柔软整理的原理。纤维素酶被用于纤维素纤维织物的柔软和抛

（A）

带有绒毛的纤
维素纤维织物

纤维素酶 ┤内切葡聚糖酶
外切葡聚糖酶
纤维二糖酶

（B）

外切葡聚糖酶作用的
纤维素大分子链末端

外切葡聚糖酶作用的
纤维素大分子链末端

（C）

（D）

（E）

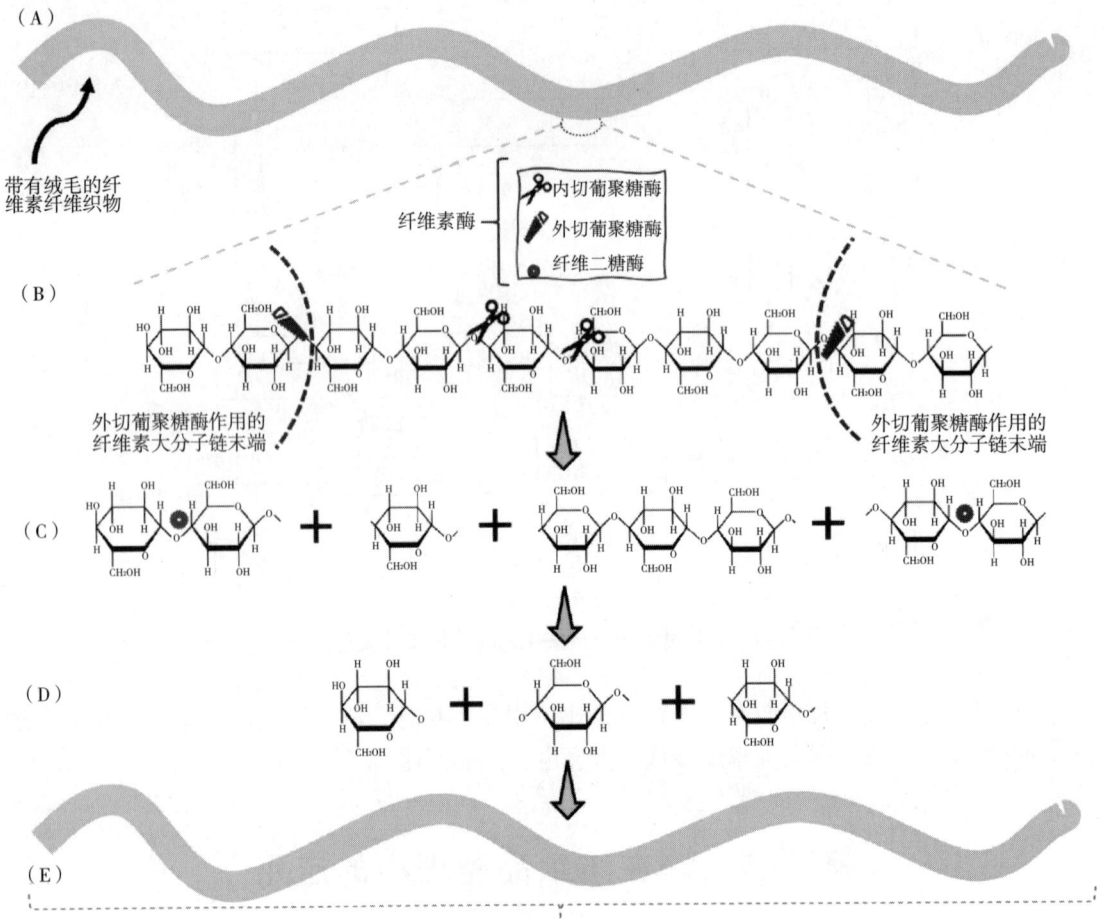

图3-9　纤维素酶对纤维素纤维的作用原理示意图

光整理，以赋予织物柔软的手感和光洁的外观，改善织物的起毛起球性。

纤维素纤维织物的生物抛光整理是利用纤维素酶改善纤维素纤维织物表面光洁度和柔软
性的整理。纤维素酶的 EG、CBH 和 BG 三种组分协同发挥作用对纤维素纤维进行水解。三种
酶组分中，EG 酶在生物抛光中起决定性作用。该整理可以应用于机织和针织的纤维素纤维织
物（棉、麻），并可以在纺织品湿加工的任何一个阶段进行，大多数情况下在漂白后进行
加工。

纤维素纤维织物经纤维素酶整理后变得柔软，其原理如下：

①表面张力变小。纤维素酶可以水解纤维素纤维表面的微细绒毛，施加一定外力后，微
细绒毛便可以从纤维上脱离，使织物表面光洁、顺滑，纤维素纤维的表面张力降低，其抗弯
刚度降低，因此使织物变得柔软。

②摩擦系数变小。纤维素纤维织物经过纤维素酶处理后，纤维之间的摩擦系数会降低，
在外力作用时纱线容易滑动，纤维的剪切弯曲刚度降低，影响织物的手感，从而使织物变得
柔软。

③纤维表面变化。纤维素纤维经纤维素酶处理后，表面会被刻蚀形成沟壑，纤维间的粘连减少，会使纤维变得蓬松柔软。

此外，纤维素酶整理的实质是纤维素酶对纤维素进行水解减量，在织物的外观和手感被改善的同时需要仔细控制减量程度，如棉织物的失重率控制在3%~5%为好，以平衡织物失重率和各种性能的关系。

（2）影响纤维素酶处理效果的主要因素。

①机械作用。生物酶抛光的实现，不仅需要纤维素酶对纤维素进行水解，而且一般都还需要机械作用力。一是为了促进酶分子与纤维的吸附和解吸的速度；二是使酶水解产生的产物尽快分散到液相中。因为机械搅拌有助于被酶水解的绒毛易于从织物表面脱落，使织物表面变得光洁，这是纤维素酶工业化应用中不可或缺的条件。另外，机械搅动还增加了酶分子与织物接触的频率，从而达到理想的处理效果。

机械搅拌对不同种类的纤维素酶有着不同的影响。增加机械搅拌，能增加内切纤维素酶的活性，增加酶在纤维素纤维上的吸附饱和值。但是，机械搅拌作用却降低了酶（尤其是内切酶）在纤维素纤维上的吸附常数，即机械搅拌作用有利于酶的解吸。这与强烈的机械搅拌作用导致内切酶作用的纤维素纤维更高的失重有关。

②纤维素酶用量。在相同处理条件下，一般随酶用量的增加，织物的减量率增加。当纤维素酶的用量增加到一定程度后，继续增加用量并不能提高作用效果，且导致织物的失重和损伤比较严重。在处理纤维素纤维织物时，酶用量通常在1%~3%（owf）。此外，由于各种纤维素酶的酶活不同，所以在确定用量时，要考虑其酶活以及待处理织物的种类和厚度等。

③酶制剂的形式。与游离纤维素酶相比，固定化酶提高了对棉织物的生物抛光能力，并将织物物理性质的损失降至最低。如将纤维素酶固定于刀豆蛋白包覆的海藻酸钙微珠上，固定化纤维素酶的抛光效果更好（图3-10），且处理织物的强力损失和失重率都低于游离纤维素酶处理织物。其原因是游离酶更多地作用于织物的内部区域，导致纤维在织物表面突起，且游离酶处理织物对纤维素的水解程度高于固定化酶处理织物。

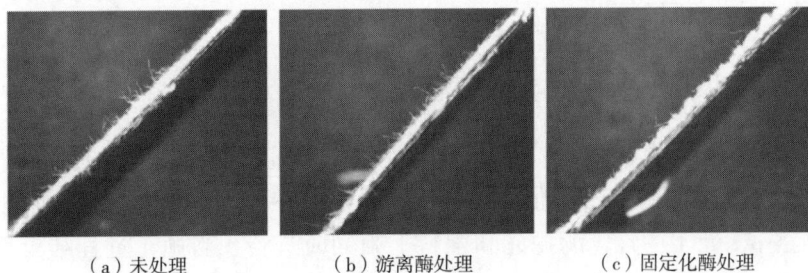

（a）未处理　　　（b）游离酶处理　　　（c）固定化酶处理

图3-10　酶处理前后的棉纤维表面显微镜照片（放大400倍）

④处理温度、pH和处理时间。处理液的温度和pH对纤维素酶的酶活有很大的影响，这与所用酶制剂的最适温度和pH范围有关。目前应用的纤维素酶有酸性纤维素酶和中性纤维

素酶。酸性纤维素酶的最适温度一般在 50~60℃，最适 pH 在 4~6。中性纤维素酶的最适温度与酸性纤维素酶接近，最适 pH 在 6~7。酶对织物的处理时间越长，织物的减量率就越高，但过高的减量率，会使织物强力损伤严重。

⑤添加剂。处理液中的某些添加剂是酶的激活剂，如非离子表面活性剂 AEO 能促进酶分子的扩散和渗透，增加酶在固体底物上的可移动性，使酶较容易地解吸并移动到其他结合部位，从而增加酶的活性。而有些添加剂，如单宁酸、甲醛、多酚固色剂等，则可能成为酶的抑制剂，导致酶活性降低或丧失酶活。

⑥染色。织物经染色后进行酶处理，其减量率较染色前进行酶处理的失重率要低。这是由于染色后的纤维表面吸附了大量染料，导致其难以受到酶的侵蚀作用。所以经不同染料处理后的织物，其减量率所受到的影响也不同。

⑦处理设备。减量加工大多采用溢流染色机、卷染机、绳状染色机及水洗机等。其中，松式设备的处理效果较紧式设备好，而轧堆设备则由于时间及温度难以控制，加上机械作用不充分，因此减量率也难以掌握，而且处理效果不佳。溢流染色机和卷染机的使用较多，二者各有优缺点。溢流染色机处理时间短、效率高，处理后的织物蓬松饱满手感好，但由于机械力过大，容易造成织物擦伤，织物强力下降快，容易破损。卷染机处理量大、批次稳定、揉搓作用小，织物降强慢不易破损，处理后织物的手感均匀滑爽、悬垂性好，但处理时间长。

（3）棉织物的生物抛光整理工艺。棉织物生物抛光工艺较为成熟，一般是在前处理后和染色前进行。

传统的棉织物生物抛光一般使用酸性纤维素酶，由于抛光与染色条件差异较大，所以常采用两浴法工艺。抛光工艺曲线如图 3-11 所示。

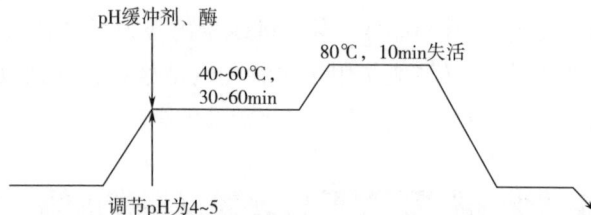

图 3-11　棉织物酸性纤维素酶抛光工艺曲线

传统纤维素酶抛光工艺流程长，生产效率低。随着酶制剂开发水平的提高，已生产出适合抛光、染色一浴法工艺的中性纤维素酶。将抛光与活性染料染色同浴进行处理，在染色工序的前段，染浴 pH 处于中性，酶抛光和染料上染同时进行，当抛光过程结束后加入碱剂，一方面使酶失活，另一方面使染料固色，该工艺缩短了工艺时间，提升产品质量，达到节能降耗、降低成本的目的。工艺曲线如图 3-12 所示。但该工艺需考虑染料对纤维素酶酶活的影响。

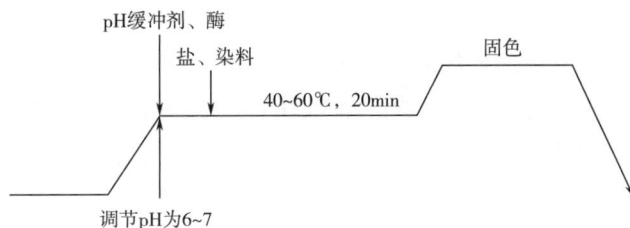

图 3-12 棉织物中性纤维素酶抛光、染色一浴法工艺曲线

过氧化氢酶除氧的最适 pH 在 7 左右，因此，中性纤维素酶抛光可与生物除氧、染色一浴进行，上述工艺中过氧化氢酶与纤维素酶同时加入即可。

（4）其他纤维素纤维织物的纤维素酶处理。除了棉织物以外，其他纤维素纤维，如亚麻、苎麻、黏胶纤维和铜氨人造丝等织物也都可以进行纤维素酶处理。除了苎麻外，这些纤维素纤维织物的失重率均较大（表 3-3）。其原因主要是纤维的超分子或生态结构不同。苎麻有较高的结晶度、取向度和低的孔隙率；黏胶纤维的无定形区通常比棉多，超分子结构不同，所以酶处理后的变化也不同。

表 3-3　不同纤维素纤维织物酶处理后的失重率

| 织物种类 | 失重率/% | | |
| --- | --- | --- | --- |
| | 6h | 20h | 48h |
| 棉 | 4.20 | 13.89 | 23.83 |
| 苎麻 | 3.80 | 6.44 | 10.46 |
| 亚麻 | 6.34 | 13.59 | 21.13 |
| 黏胶纤维 | 2.40 | 13.63 | 26.23 |
| 棉/亚麻混纺 | 4.58 | 8.90 | 15.69 |

①苎麻平布的酶洗工艺。纤维素酶 6%~8%（owf），浴比 1:（10~30），pH=4.5~5.5，温度 45~60℃，时间 45~75min，设备为工业洗衣机。

苎麻织物可以通过纤维素酶处理，达到降低刚度 30% 以上，手感柔软，刺痒感基本消除，同时强力损失控制在 30% 以内。

②亚麻织物的纤维素酶处理工艺。诺维信酸性纤维素酶 1%~3%（owf），浴比 1:8~1:15，pH=4.0~6.0，温度 40~60℃，时间 60~90min，设备为溢流染色机或工业洗衣机。

亚麻织物经生物抛光整理后布面光洁、手感柔软、尺寸稳定，并减轻了刺痒感，提高了亚麻织物的服用性能及附加值。

③黏胶纤维织物冷轧堆抛光整理工艺。10g/L 的诺维信低温纤维素酶 19500，带液率 100%，pH=6.5，堆置温度 50℃，冷轧堆时间 8h。

黏胶纤维织物经冷轧堆纤维素酶抛光处理后，抗起毛起球效果有显著提高，抗起毛起球等级能够达到 4 级，布面光洁度好，顶破强度能达到服用要求，提高了黏胶纤维织物的布面效果和品质。

**93**

### 2. Lyocell 纤维去原纤化处理

原纤化是纤维表面容易形成原纤的一种现象或倾向，当纤维外层开裂时，纤维会分裂成更细小的纤维（纤维的原纤化）。纤维素纤维和再生纤维素纤维都存在不同程度的原纤化现象，而 Lyocell 纤维的原纤化程度最明显。原纤化是普通 Lyocell 纤维的特性之一。Lyocell 纤维的化学本质是纤维素，因此酶处理是去除 Lyocell 纤维原纤的主要方法之一。常见的 Lyocell 织物成品按外观主要分两种类型，即桃皮绒织物和表面光洁的织物。两种类型的产品通常都需要用纤维素酶处理去除原纤。应用于 Lyocell 织物的纤维素酶处理工艺也称去原纤化工艺。

（1）Lyocell 织物的基本加工流程。利用纤维素酶处理 Lyocell 织物，同时结合一定的机械作用，可有效去除织物表面的绒毛。

①表面光洁织物。

前处理（平幅烧毛、退浆、漂白、碱处理）→初级原纤化→纤维素酶处理→平幅染色（如绳状染色，则染色后需再施以酶处理）→平幅柔软，交联整理

②桃皮绒织物。

前处理→初级原纤化→纤维素酶处理（酶去原纤化）→染色→次级原纤化→柔软、交联整理

初级原纤化是指在湿热条件和较强的机械力作用下，织物内未被固定在纱线内部的短纤维末端翘出纤维表面，翘出的纤维在受到较强的机械作用时就会发生原纤化，从而导致织物表面的起毛起球。初级原纤化的目的是充分暴露拟去除的绒毛，以便在后续加工工序中用纤维素酶去除。

次级原纤化是指将初级原纤化、纤维素酶处理之后所得到的表面光洁织物再施以湿热机械处理，在织物表面产生一层均匀的原纤，赋予织物特定的手感。次级原纤化时分裂出的原纤较短，通常为十分之几毫米，分布均匀，且不会起球，染色均匀，次级原纤化的织物手感柔软，表面类似桃子的表皮。工艺举例：

Then airflow AFS 气流染色机初级原纤化工艺：Cibafluid C（润滑剂）3g/L，烧碱 3g/L。

60℃进布→80℃加入烧碱处理 5min→90~100℃处理 60~80min→水洗→醋酸中和→水洗

酸性纤维素酶处理工艺：酸性纤维素酶 3%~5%（owf），润滑剂 2~3g/L，浴比 1∶5~1∶10，pH=5~6，温度 45~55℃，处理时间 50~80min。

酶失活处理：纯碱 2~3g/L，浴比 1∶（15~20），温度 80~85℃，处理时间 20~30min，60℃水洗 15min。

由于 Lyocell 纤维的聚合度和取向度较高，一些常用的纤维素酶没有足够的效力。因此必须选用对 Lyocell 作用更为明显的纤维素酶制剂。在酸性酶、中性酶和碱性酶中以酸性酶对纤维素的作用最为强烈。故 Lyocell 纤维纯纺织物的酶去原纤化加工多采用酸性纤维素酶。

根据实践经验，理想的绳状加工设备是气流染色机，不仅能使织物经受充分摩擦，而且织物在气流染色机中能不断频繁地交换接触面，可以防止折痕的产生。

（2）纤维素酶处理对 Lyocell 纤维结构的影响。

①酶处理对 Lyocell 纤维表面形态结构的影响。韩国全南国立大学的 Younsook Shin 等将已经初级原纤化的 Lyocell 织物（Tencel 斜纹机织物，经纬密度为 110 根/cm×74 根/cm，克重

$236g/m^2$）用纤维素酶处理不同时间，用扫描电子显微镜对纤维表面形态进行了观察，结果如图3-13所示。由图3-13可知，经初级原纤化后，纤维表面产生了较长的原纤［图3-13（a）］，而经过纤维素酶处理（60min）后纤维表面长原纤已被去除，但仍存在一些细微的原纤［图3-13（b）］；如果进一步用纤维素酶长时间处理（120min），则在部分纤维表面又分裂出一些小原纤［图3-13（c）］，这些新形成的小原纤是由于纤维经长时间酶处理后发生损伤所致。

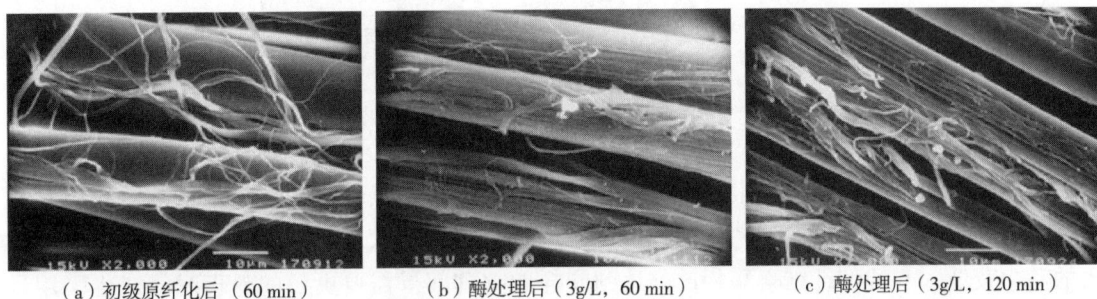

（a）初级原纤化后（60 min）　　（b）酶处理后（3g/L，60 min）　　（c）酶处理后（3g/L，120 min）

图3-13　纤维素酶处理前后Lyocell纤维的扫描电镜照片

②酶处理对Lyocell纤维结晶结构的影响。图3-14是Lyocell纤维经不同时间的酶处理后的X射线衍射图。图3-14中a是退浆后的试样，它有三个$2\theta$角分别位于12.1°、20.2°、21.8°，它们分别归属于纤维素Ⅱ 101、$\overline{1}01$、002晶面的衍射峰。Lyocell纤维经纤维素酶处理后（b~e），衍射峰并无明显的变化，说明酶处理未影响Lyocell纤维的结晶结构。

### 3. 牛仔布的返旧整理

牛仔布是经纱上浆，由靛蓝染料染色的经纱与未染色的纬纱织造的斜纹织物。由于靛蓝染料的耐湿摩擦色牢度差，牛仔布可以通过特殊的水洗方法获得"穿旧"效果，深受消费者喜爱，被称为牛仔布返旧整理。牛仔布的返旧整理通常是在加工成服装后进行的。在早期，牛仔布采用石磨水洗的方法获得"穿旧感"。但该工艺存在生产效率低、设备磨损快、布面或衣兜残留浮石残渣等诸多缺点。随着消费者对水洗和环保要求的提高，以及新型酶制剂和整理技术的发展，传统的石磨水洗工艺逐步被酶洗整理替代。

目前，纤维素酶和漆酶已经成功应用于牛仔织物的返旧整理。酶洗返旧整理基本可以避免石磨水洗中存在的问题，同时还赋予织物独特的风格，并可以从本质上改善织物的手感。

（1）牛仔布的纤维素酶返旧整理。通过纤维素酶对牛仔布表面棉纤维的水解作用，在机械外力的作用下，使织物表面的靛蓝染料随着纤维一

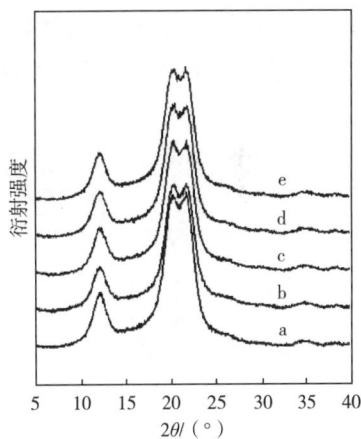

图3-14　纤维素酶处理前后
Lyocell纤维的X射线衍射图谱
a—未处理　b—酶3g/L，15min
c—酶3g/L，60min　d—酶3g/L，120min
e—酶8g/L，120min

起从织物上去除，可以产生类似石磨水洗的效果（图3-15）。

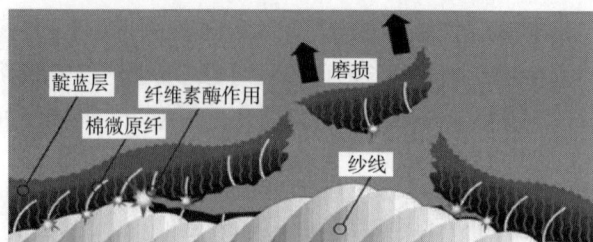

图3-15　纤维素酶返旧整理原理示意图

　　酸性纤维素酶和中性纤维素酶都可以用于牛仔布的返旧整理。酸性纤维素酶对纤维素纤维有更强的水解作用，水洗效率更高，但是，织物强力损失大，整理重现性差。中性纤维素酶的活力较低，与酸性纤维素酶相比，达到同样的整理效果需要更长的整理时间或更多用量的酶。但是，中性纤维素酶处理对织物强力损失小，整理效果重现性好。

　　此外，在等量酶蛋白条件下，酸性纤维素酶引起的反沾色比中性纤维素酶严重得多。这是由于酸性纤维素酶蛋白结构中的靛蓝结合区所占比例较高，其酶洗整理中剥落的靛蓝重新吸附到纤维上的量更多所致。由于酸性纤维素酶价格较低，在实际牛仔织物的返旧整理中应用较多。中性纤维素酶的价格较高，通常用于高档牛仔服装的处理。

　　牛仔布的纤维素酶返旧整理可分为退浆、纤维素酶洗涤和最后的洗涤剂复洗等工序。退浆不仅去除织物经纱上的浆料，还有利于后续酶洗时对纤维及染料的剥离；洗涤剂复洗可以去除悬浮的染料（消除部分返沾色），并使纤维素酶失活。牛仔布纤维素酶洗整理工艺流程如图3-16所示。牛仔布纤维素酶洗整理工艺示例见表3-4。

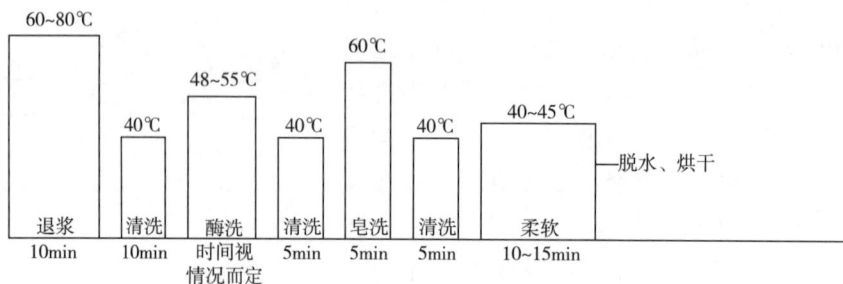

图3-16　牛仔布纤维素酶洗整理工艺

表3-4　牛仔布纤维素酶洗整理工艺条件

| 工艺参数 | 酸性纤维素酶 | | 中性纤维素酶 | |
| --- | --- | --- | --- | --- |
| | 杰能科全能酶 IndiAge GC101 | 诺维信 Denimax Acid SBX | 杰能科 IndiAge NeutraG | 诺维信 Cellusoft Suhong B333 |
| 酶用量（owf）/% | 0.1~1.2 | 1~2.5 | 0.5~1.0 | 0.2~0.5 |

续表

| 工艺参数 | 酸性纤维素酶 | | 中性纤维素酶 | |
|---|---|---|---|---|
| | 杰能科全能酶 IndiAge GC101 | 诺维信 Denimax Acid SBX | 杰能科 IndiAge NeutraG | 诺维信 Cellusoft Suhong B333 |
| 浴比 | 1 : (3~20) | 1 : 10 | 1 : 10 | 1 : (5~20) |
| pH | 4.5~6.0 | 4.5~5.5 | 6.0~8.0 | 5.5~6.5 |
| 温度/℃ | 45~65 | 45~55 | 45~55 | 45~60 |
| 处理时间/min | 20~60 | 45~90 | 60 | 20~60 |

**注**　灭活条件：1~2g/L 碳酸钠或硼酸钠或碱性洗涤剂，pH≥10，70~80℃，处理 10min 以上。如果后续配合漂洗工序，则无须单独灭活。

（2）牛仔布的漆酶返旧整理。漆酶是一种氧化还原酶，在介体存在下可以催化绝大部分染料使其脱色。介体系统对靛蓝染料的分解效率很高，已被用于牛仔布的脱色返旧整理。2,2-连氮-双-（3-乙基苯并噻吡咯啉-6-磺酸）（ABTS）、紫尿酸、1-羟基苯并三唑（HBT）以及一些蒽醌类染料都可以作为靛蓝染料的介体，促进漆酶对靛蓝的脱色。采用漆酶进行靛蓝染料的脱色处理，氧化反应对染料具有专一性，对纤维素纤维没有作用，因而不会对纤维造成损伤。处理后热水洗便可使酶失活，达到处理要求。典型的产品有诺维信公司的 Denilite ⅡS，它包含漆酶和所需的介质。使用该类产品不会产生返沾污现象。鉴于漆酶价格虽高却可以防止返染，而酸性纤维素酶处理造成返染较强却价格较低，可将两者结合起来协同作用，以达到较好的处理效果。

DeniliteⅡS 漆酶整理工艺：Denilite ⅡS 0.5%~2%（owf），浴比 1 : (4~20)，pH=4.0~5.5，温度 60~70℃，处理时间 10~30min。

## 二、酶在蛋白质纤维纺织品整理中的应用

### 1. 酶在羊毛防毡缩整理中的应用

羊毛织物因具有良好的弹性、保暖性及柔和的手感，倍受消费者的欢迎。但由于羊毛自身结构的特殊性，即纤维表面具有鳞片层，能产生定向摩擦效应，加之羊毛优良的弹性和卷曲性，使得毛织物在水洗过程中会因外力作用而产生毡缩，影响织物的风格和尺寸稳定性。为有效去除羊毛纤维表面的鳞片层，改善其服用性能，需要对它进行防毡缩整理。其基本原理皆是建立在如何减小定向摩擦效应和改变羊毛固有弹性的基础上，防缩方法通常可分为三大类：加法、减法和加减法。"加法"防毡缩整理是以树脂填塞羊毛纤维表面鳞片层的间隙，使其在鳞片表面形成薄膜，或利用交联剂在羊毛大分子之间进行交联，以限制羊毛纤维的相对运动；"减法"防毡缩整理是以化学试剂适当损伤羊毛纤维表面的鳞片层，减小定向摩擦效应，以达到防毡缩目的，"加减法"即加法和减法相复合的办法，取长补短，实现防缩。

由于传统的羊毛防毡缩化学整理工艺均存在环境污染问题，近年来，随着生物技术在纺织生产中的应用研究日趋深入。酶处理是当前研究较多的生物防毡缩技术。通常用于羊毛防

毡缩整理的酶有蛋白酶、脂肪酶和谷氨酰胺转氨酶，他们通过对羊毛的催化水解作用来实现对羊毛鳞片的破坏，减少产生毡缩的制动因素，以达到防毡缩的目的。

（1）蛋白酶在羊毛防毡缩整理中的应用。研究表明，单用蛋白酶进行羊毛防毡缩处理的作用很小。原因是酶自身是相对分子质量较大的蛋白质，渗透性差，而羊毛鳞片层是复杂的蛋白质混合物，含有大量的二硫键，结构坚固，抗酶能力极强，因此，蛋白酶与其他方法协同作用对羊毛防毡缩的研究受到广泛关注。为了提高蛋白酶的处理效果，可以在处理浴中加入活化剂或进行多酶同浴协同处理。

①在处理液中添加还原性活化剂。还原性活化剂如三羧乙基膦（TCEP）$[P(CH_2CH_2COOH)_3]$，它是一种弱的还原性物质，对二硫键的还原选择性极强，可以显著提升蛋白酶对鳞片的水解效果。殷秀梅等以 TCEP 作为蛋白酶的活化剂，对羊毛毛条进行连续浸轧处理，处理后的毛条基本可以达到防缩要求，但是仍然存在一定的强力损失，其工艺处方为：Savinase 16.0L 碱性蛋白酶 $x$g/L，渗透剂 1.0g/L，活化剂 610（主要成分为 TCEP）3.0g/L，pH＝7.8～8.2，温度 40～50℃，车速 4m/min，浴比 1∶25。蛋白酶和活化剂同浴处理后毛条毡缩球密度与原毛相比降低 2/3，断裂强力和断裂伸长率随着处理温度的升高而降低，强力保留率在 80% 左右。

②多酶同浴协同处理。周雯等采用角蛋白酶/蛋白酶一浴法处理羊毛织物，角蛋白酶可促进蛋白酶的水解减量，使织物的毡缩率明显降低。工艺流程如下：

织物浸渍常温水→轧液→浸渍复合酶液→恒温处理一定时间→高温灭酶→水洗→烘干

其工艺处方为：角蛋白酶 50%（owf，酶活 19U/mL），Savinase 16.0L 碱性蛋白酶 2.0%（owf，酶活 20kU/mL），渗透剂 1.0g/L，pH＝8.5，温度 55℃，处理时间 18h，浴比 1∶25。

处理后的织物性能结果表明，单独使用蛋白酶处理的女衣呢织物毡缩率比较高，无法达到防缩效果，经过角蛋白酶/蛋白酶一浴法处理后，织物毡缩率下降到 4.46%，防毡缩性显著提高。这是因为角蛋白酶可使羊毛鳞片外层的角蛋白丧失不溶性和抗酶解的能力，而蛋白酶可在角蛋白酶作用鳞片处进一步降解鳞片内层含硫量很低的非角质化蛋白质。蛋白酶对鳞片的降解也使得更多角蛋白暴露，为角蛋白酶进一步水解鳞片提供了更多位点，两种酶的协同作用能使羊毛鳞片充分降解，因此，织物的防毡缩性能提高，但织物的强力损失很大。

（2）谷胺酰胺转氨酶在羊毛防毡缩整理中的应用。谷胺酰胺转氨酶简称 TGase，是一种催化蛋白质分子间或分子内酰基转移反应的转移酶，可对各种蛋白质进行改性，引起蛋白质分子内、分子间发生交联，蛋白质和氨基酸之间的连接以及蛋白质分子内谷氨酰胺基的水解。TGase 不仅能够催化羊毛角蛋白自身的交联反应，还可以含有伯氨基团的功能性物质作为酰基的受体，与羊毛角蛋白发生反应连接到羊毛纤维上，从而对羊毛进行功能化改性（图 3-17）。在酶促接枝改性前，先对羊毛表面进行适当预处理，使羊毛表面接枝位点的位置暴露并增加接枝位点数量，提高酶分子对毛纤维作用位点的可及度，将会很大程度提高 TGase 对羊毛功能化改性的效率。外源的蛋白，如丝胶蛋白、酪蛋白及明胶等作为 TGase 作用的良好底物，在 TGase 的催化作用下可在羊毛纤维表面交联或与羊毛蛋白发生交联反应，赋予羊毛织物一定的防毡缩性。

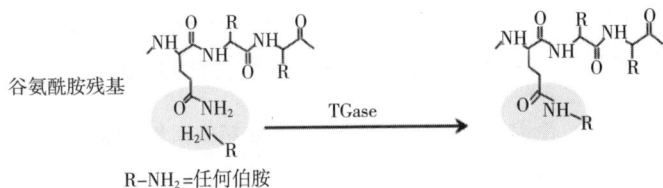

图 3-17　TGase 催化蛋白质与伯胺化合物示意图

**2. 多酚氧化酶在蚕丝功能整理中的应用**

多酚氧化酶（polyphenoloxidase，PPO）属核编码含铜金属酶，广泛存在于植物、真菌、昆虫等机体中，其主要包括酪氨酸酶和漆酶。它能有效催化多酚类化合物氧化形成相应的醌类物质。PPO 可以将蛋白质分子中的酪氨酸氧化成二酚，此二元酚再由 PPO 氧化生成邻苯二醌类物质，这些 $o$-苯醌类物质会进一步与蛋白质中的氨基酸支链（如氨基、吲哚基、巯基或另一个酪氨酸残基的酚羟基）发生亲核反应，从而引发蛋白质的分子内和分子间交联。

（1）多酚氧化酶在蚕丝抗菌整理中的应用。$\varepsilon$-聚赖氨酸（$\varepsilon$-PLL）是含有 25~30 个赖氨酸残基的同型单体聚合物，侧链上含有多个伯氨基，抑菌效果好，抑菌谱广，安全性高。利用 PPO 催化真丝织物接枝 $\varepsilon$-PLL 可实现蚕丝织物的抗菌整理。其反应机理为 $\varepsilon$-PLL 可以与多酚氧化酶催化氧化后的真丝发生美拉德反应或迈克尔加成反应，从而接枝到蚕丝上（图 3-18）。

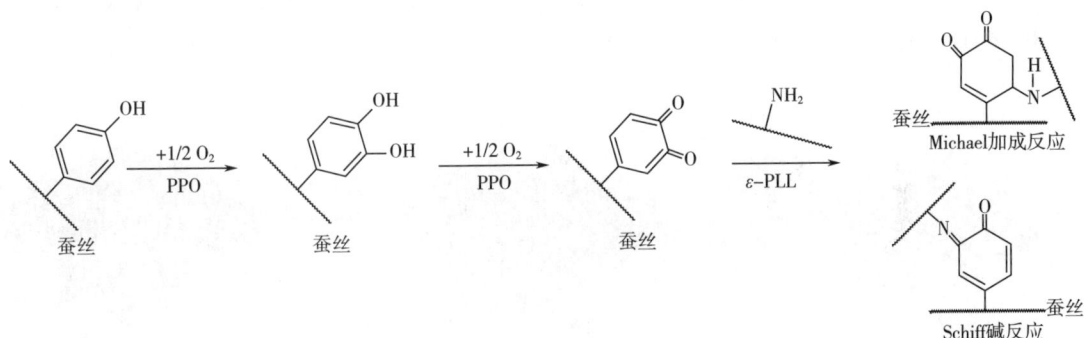

图 3-18　蚕丝的酶促反应及其与 $\varepsilon$-PLL 的接枝反应原理

利用漆酶催化蚕丝纤维接枝 $\varepsilon$-聚赖氨酸的工艺举例如下：蚕丝织物经 6%（owf）漆酶在 pH=6.0、55℃下氧化处理 30min，然后再以 20%（owf）的 $\varepsilon$-PLL 接枝处理 120min。蚕丝经上述漆酶催化改性处理后，赖氨酸含量从未处理样的 0.35% 增加至 2.66%，增加了 660%，证明在漆酶催化作用下，真丝纤维与 $\varepsilon$-PLL 发生接枝反应。抗菌性能测试表明，漆酶催化 $\varepsilon$-PLL 接枝的蚕丝织物对金黄色葡萄球菌和大肠杆菌均具有良好的抗菌性，对金黄色葡萄球菌的抑菌率达 99.99%。

漆酶催化 $\varepsilon$-PLL 接枝蚕丝，不仅提高了蚕丝的抗菌性能，织物的防皱效果也得到改善，干态折皱回复角略有增加，湿态折皱回复角明显增加（表 3-5）。这表明漆酶催化引发了丝素

分子间或丝素与 ε-PLL 间发生了交联，所形成的共价交联使得蚕丝纤维在形变过程中因氢键拆散而导致的永久形变减少，形变回复能力提高，抗皱性能得到改善。

表 3-5　漆酶催化 ε-PLL 接枝蚕丝织物折皱回复性能的变化

| 试样 | 干态折皱回复角（经+纬）/（°） | 湿态折皱回复角（经+纬）/（°） |
| --- | --- | --- |
| 空白样 | 284.5 | 182.3 |
| 接枝样 | 291.2 | 237.5 |

（2）漆酶催化多酚快速聚合对蚕丝的功能整理。多巴胺、儿茶酚、咖啡酸、没食子酸等多酚类化合物含有邻苯二酚或邻苯三酚基团，可以自聚沉积在纤维等基质表面形成稳定的聚多酚涂层，产生具有类似贻贝蛋白的强黏附性。仿生涂层表面含有氨基、酚羟基和醌基等反应性官能团，还可以与带有氨基或巯基的亲核物质发生 Michael 加成或 Schiff 反应等，为后续的二次改性提供平台，进一步赋予材料不同的功能。同时，多酚对金属离子的螯合能力及还原性也被用于制备不同结构的纳米颗粒与功能表面。基于上述性质，多酚类化合物作为一种新兴的表面改性剂被广泛关注，成为材料表面改性领域的新宠。但多酚化合物的常规聚合反应时间较长，漆酶催化可以大大加快多酚化合物的聚合反应速率。

采用漆酶催化多酚改性蚕丝织物，然后与亚铁离子溶液反应，在蚕丝纤维表面诱导矿化获得不同形态的多酚/$Fe^{2+}$ 杂化物（图 3-19）。具体处理条件为：将蚕丝织物浸入 200mL 含 20mmol/L 酚类化合物和 1U/mL 漆酶的混合溶液中，在 55℃下震荡 4h，然后置入 40mmol/L $FeSO_4 \cdot 7H_2O$ 溶液中，并在室温静置 24h。

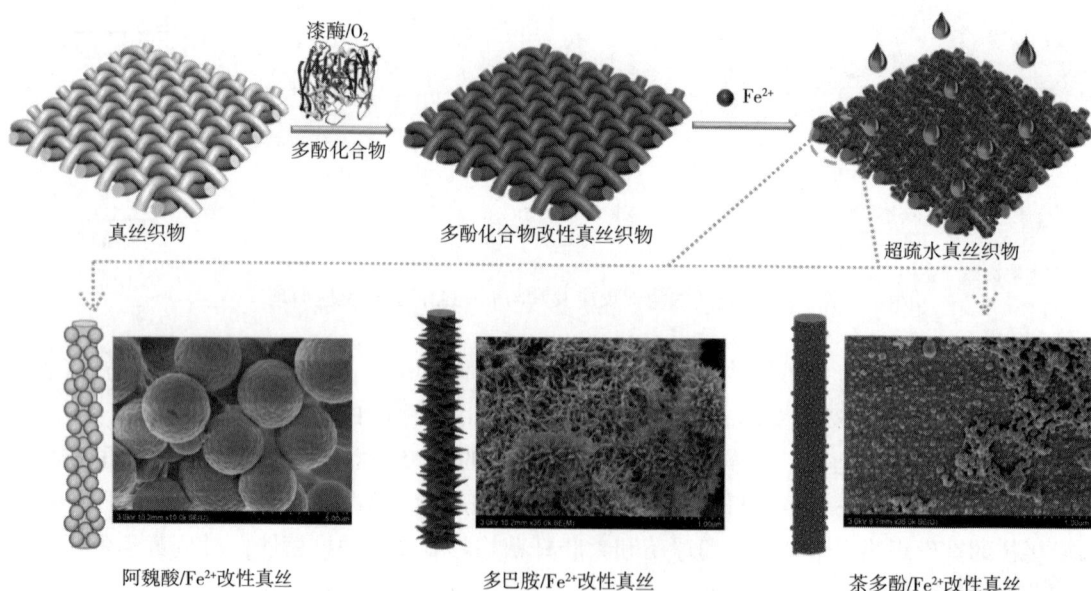

图 3-19　多酚化合物改性真丝织物的示意图

阿魏酸/$Fe^{2+}$形成的杂化物类似于一颗颗葡萄，呈现出完美的球型，且其改性后蚕丝织物接触角高达 155°。而多巴胺/$Fe^{2+}$杂化物，则类似于寒冬中树枝上凝固的冰晶，且蚕丝纤维被针状杂化物均匀而密集地包裹着，大大增加了丝纤维表面的粗糙度，改性后蚕丝织物接触角高达 165°。通过这种简单环保的方法可制备拥有优异的自清洁性能、阻燃性能及抗紫外性能的蚕丝织物，多巴胺/$Fe^{2+}$改性蚕丝织物的 UPF 值为 72.45。在垂直燃烧测试中，其炭长仅为 10.5 cm，LOI 值为 28.2%。

### 三、酶在合成纤维纺织品改性中的应用

#### 1. 涤纶的酶法改性

涤纶（PET，聚酯纤维）是一种应用最广泛的合成纤维，有很多优良的特性，如高强度、抗拉伸、耐磨、耐酸碱及优异的弹性回复性能等。但由于聚酯纤维分子排列紧密，分子中疏水性基团较少，故织物在穿着过程中因摩擦而产生电荷积累，导致织物带电，影响穿着舒适性。通过提高涤纶的亲水性可以改善其抗静电性，其中采用生物酶法来处理涤纶织物是一种经济生态的改性方法，在改善涤纶不足之处的同时，又不影响其原有的优良特性。

（1）涤纶改性用酶。涤纶酶法改性所用的酶是酯酶（Esterases，EC 3.1），酯酶是将酯水解成酸和醇的酶。常说的酯酶是羧酸酯水解酶（Carboxylic ester hydrolase，EC 3.1.1），主要包括羧酸酯酶（Carboxylesterase，EC 3.1.1.1）、脂肪酶（Lipase，EC 3.1.1.3）和角质酶（Cutinase，EC 3.1.1.74）。涤纶中的酯键在酯酶的催化作用下可以水解为羧基和羟基（图 3-20），与酯基相比，羧基和羟基具有更强的极性和亲水性，从而改善涤纶的亲水性和抗静电性。

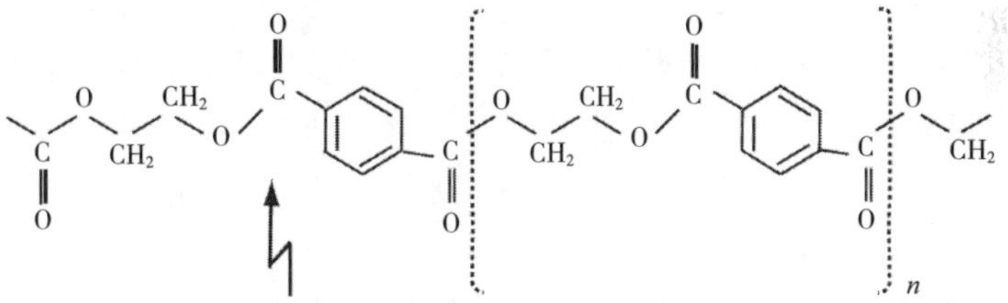

图 3-20 酯酶对涤纶的作用部位示意图

（2）酶对涤纶的改性。酶处理涤纶可显著减少起球，提高亲水性和与阳离子染料的反应性，重量仅略有下降。图 3-21 为涤纶酶处理前后的扫描电镜照片。脂肪酶处理条件：pH=4.2，温度 50℃，脂肪酶浓度 100%（owf），处理时间 90min；角质酶处理条件：pH=9.0，温度 50℃，角质酶浓度 100%（owf），处理时间 60min。与未经处理的涤纶相比，脂肪酶和角质酶处理后涤纶表面出现大量的裂纹。经脂肪酶处理后的涤纶织物与水的接触角从未处理的 98.2°降到 67.7°，经角质酶处理的涤纶织物的接触角降到 78.8°。两种酶处理对涤纶织物的强力基本都没有影响。

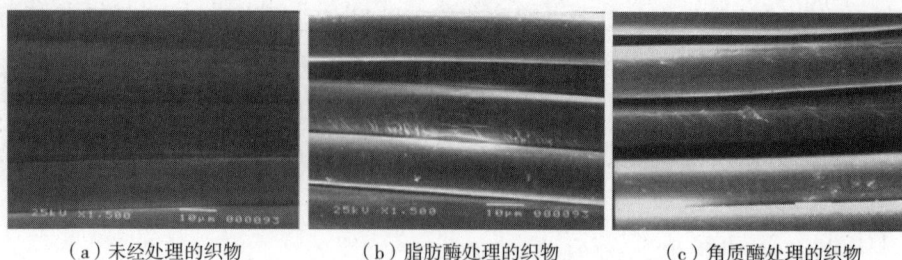

（a）未经处理的织物　　　　（b）脂肪酶处理的织物　　　　（c）角质酶处理的织物

图3-21　涤纶酶处理前后的扫描电镜照片

### 2. 腈纶的酶法改性

腈纶的许多性能与羊毛相似，但由于它是疏水性纤维，吸湿性差、易起静电，从而限制了它的进一步发展。为了适应腈纶生产的迅速发展，满足人们对于高品质面料不断增长的需求，寻求对腈纶进行直接改性的方法，使其具有天然纤维般的吸湿性和抗静电性，成为世界各国化学纤维和染整工作者研究的重要课题。传统的腈纶抗静电改性工艺可分为两种：化学改性和物理改性。传统的物理改性不能保持腈纶的一些优良性能，而化学改性反应条件苛刻，环境污染严重。采用生物酶法对腈纶改性应运而生。

（1）腈纶改性用酶。腈纶表面改性用酶包括腈水解酶、腈水合酶、酰胺酶三种。能产生腈水解酶的细菌包括芽孢杆菌、无芽孢杆菌、小球菌以及短杆菌等。已知能产生腈水合酶的微生物有红球菌、假单胞菌、假诺卡氏菌、节杆菌、芽孢杆菌、诺卡氏菌、棒状杆菌和短杆菌等。

腈纶的酶水解途径有两种：一是通过腈水解酶（nitrilase）直接将氰基转化为羧酸；二是先通过腈水合酶（nitrile hydratase）将氰基转化为酰胺基，再通过酰胺酶（amidase）的作用转化成羧酸，如图3-22所示。

（2）酶对腈纶的改性。Tauber采用从红球菌（腈水合酶和酰胺酶的工作菌）中提取出的粗酶液于25℃、pH=7条件下处理腈纶织物72h，经酶改性的腈纶织物用亚甲基蓝染色更容易，$K/S$值增加15%。腈纶经生物酶改性后，织物的回潮率、静电半衰期、可染性均得到提高。对酶处理前后腈纶表面化学元素的XPS分析，证实了腈纶表面的部分—CN被转化为—COOH和—CONH$_2$。

与天然纤维织物的酶改性相比，腈纶酶改性工艺的研究和开发相对较晚，腈纶特有的致密超分子结构也一定程度上限制了酶的作用。

# 第四节　酶在其他印染加工中的应用

## 一、酶在染色中的应用
### （一）蛋白酶在染色中的应用
蛋白酶可用作羊毛低温染色的促染剂。用蛋白酶处理羊毛时，酶首先作用于鳞片层和皮

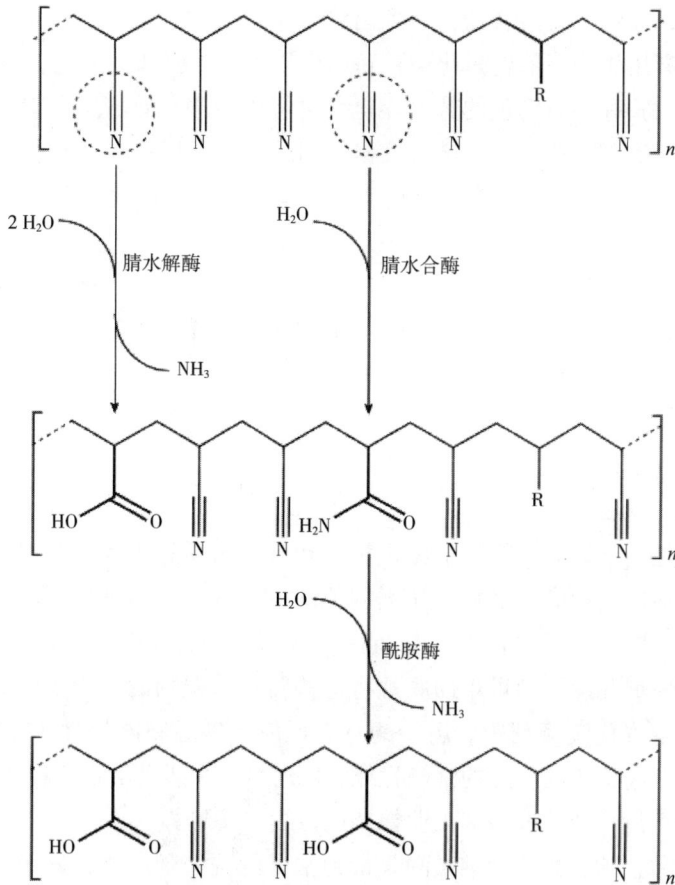

图3-22 腈纶的酶水解作用示意图

质层间，使鳞片层中角质化的蛋白质氨基酸中的肽键水解，使鳞片层局部龟裂并逐步脱落，从而破坏疏水层，提高纤维的渗透性，使羊毛纤维上染料扩散的孔道扩大，染料能大量迅速地上染，在较低的温度即能获得较高的上染百分率。

采用5%的蛋白酶Lan L作为促染剂，可代替金属媒染剂在80℃对羊毛进行低温染色，酶促染效果明显；采用0.25%的蛋白酶于pH=7、55℃处理羊毛纱线87min，发现蛋白酶增加了天然茜草染料对纤维的吸收，上染率达到88.78%。赋予真丝织物良好的色深，具有商业染色前景。染色羊毛纱线如图3-23所示。

图3-23 碱性蛋白酶预处理后经茜草染色的羊毛纱线

**（二）氧化还原酶在染色中的应用**

在纺织品染色方面，氧化还原酶的应用逐渐成为新兴的研究热点和开发领域。氧化还原酶的原位染色和改性技术是利用其催化小分子物质在纤维或织物上发生氧化还原反应，原位生成聚合物，达到对纤维染色或改性的目的。常用的氧化还原酶有漆酶和酪氨酸酶。利用生物酶催化氧化染色目前已用于棉、亚麻、羊毛、蚕丝等纤维上。

酚、氨基酚和二胺等小而无色的芳香族化合物可被漆酶氧化成芳氧基，其中芳氧基进一步发生非酶促反应，形成有色产物。试验数据表明，漆酶可通过氧化至少含两种取代基（氨基、羟基和甲氧基）的苯衍生物，形成有色产物（从黄色、棕色到红色和蓝色）。例如，儿茶酚在漆酶催化下能与5-二氨基苯磺酸发生偶联反应形成有色物质进而对棉织物进行染色；将邻苯二酚和阿魏酸进行漆酶酶促聚合可用于羊毛的染色。利用酪氨酸酶对咖啡酸的催化氧化作用，可对羊毛、蚕丝、尼龙织物进行同步染色和功能化改性，经过处理的织物具有优异的耐摩擦色牢度、耐洗色牢度和耐光色牢度。

## 二、酶在洗涤中的应用

### 1. 酶在洗涤剂中的应用

衣服上的污渍是复杂的混合物，由无机污垢和有机污垢等组成。无机污垢，比如灰尘可以很容易地与表面活性剂和助洗剂在洗涤剂的帮助下被洗除。而有机污垢，如人体分泌的皮脂或者血液等，其主要是有机化合物（如蛋白质或脂肪）。这些有机物常常不溶于水，而且附着力强。表面活性剂和助洗剂很难彻底地将这些污垢从织物的表面清除。因此，生物酶已被越来越多地应用于现代洗涤剂中。由于酶具有反应条件温和的特性，在室温洗涤条件下，洗涤剂中酶的应用有利于达到更好的洗涤性能，同时可减少表面活性剂或其他化学品的用量，降低洗涤剂的环境负荷，帮助洗涤剂工业保持可持续发展趋势。

蛋白酶、淀粉酶、脂肪酶和纤维素酶是最为常见的洗涤剂用酶，其中蛋白酶和淀粉酶在全球洗涤剂工业酶市场中构成占比约为60%和25%。蛋白酶是洗涤剂工业中应用最广泛的酶制剂。蛋白酶可将蛋白质水解为易于溶解或分散于洗涤剂溶液中的肽链和氨基酸，用于洗涤剂配方中有助于去除汗渍、血渍、粪便、草渍等。淀粉酶用在洗涤剂中可有效地去除衣物上的淀粉污渍，使淀粉类的污垢水解为相对分子质量较低的糖类，而且可以保持织物白度或使发暗的织物增白。脂肪酶能够很好地去除脂质性污渍，如食用油脂类渍、唇膏、黄油及衣服袖口领口上的顽固污渍。"Tide"洗涤剂首次添加了工业化生产的用于洗涤剂工业的碱性脂肪酶，它可将衣物上的油脂污垢分解成脂肪酸而被除去，同时祛除黄斑的效果也非常明显，且对水温的要求也不高。图3-24是橄榄油染制的棉污布用含脂肪酶Lipex®的洗涤剂洗涤前后的横截面照片，照片中的白色部分是橄榄油。Lipex®可去除进入棉纤维中空部分（内腔）的油污（橄榄油），且添加Lipex®的洗涤剂对油污的去除效果好于普通洗涤剂。纤维素酶能将棉纤维上的蜡质剥落下来，同时纤维素酶能扩大织物纤维中的空穴和毛细管，使其他酶较好地渗透于棉纤维上，与其他酶表现出更好的协同效应，使内嵌在纤维内部的顽固污渍得到更好的去除。

此外，甘露聚糖类（一种胶状物质，如作为食品增稠剂和稳定剂常用的瓜尔豆胶）的污渍黏附于棉织物表面，在洗涤时很难去除。而且，洗不掉的甘露聚糖类的无色黏性污渍还将颗粒状污渍（如泥土、灰尘等），在洗涤和多次穿着过程中黏附到织物表面，造成织物发黄

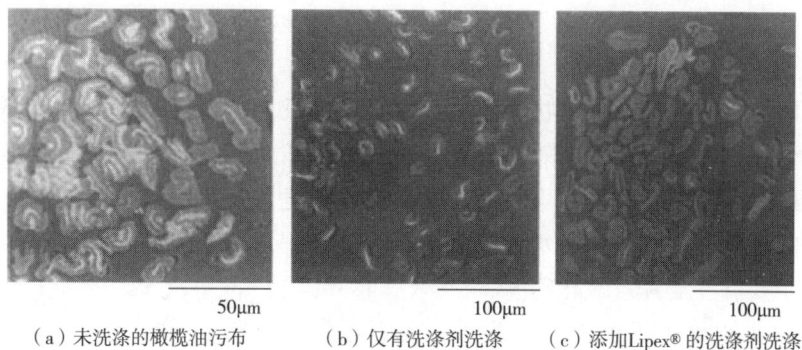

（a）未洗涤的橄榄油污布　　（b）仅有洗涤剂洗涤　　（c）添加Lipex® 的洗涤剂洗涤

图 3-24　脂肪酶 Lipex® 的洗涤效果照片

变灰。诺维信公司的魔威酶 TM（Mannaway®），是一种应用于洗涤工业的甘露聚糖酶，能够切断甘露聚糖的主链，使这种污渍在洗涤过程中容易去除。

**2. 皂洗酶在活性染料染色后皂洗中的应用**

活性染料的固色率大多只有 70%，还有大量的未固着染料、水解染料附着于织物表面，必须经过多次水洗和皂洗才能去除。常规皂洗工艺产生大量的印染废水，直接影响染色的节能减排和加工的生态性，成为活性染料染色中的关键难题。皂洗酶是用于活性染料染色中替代传统皂洗的环保型助剂，通常因含有特种高分子物组分及生物酶，可将未反应固着染料及水解产物中的发色团破坏清除，从而去除浮色提高染色织物的沾色牢度和耐湿摩擦色牢度，减少皂洗后热水洗和水洗次数，降低织物水洗成本和缩短处理时间。

采用上海市纺织科学研究院有限公司的中温型安汰素 DSE-107 皂洗酶用于活性染料染色后的棉针织物皂洗，皂洗工艺曲线如图 3-25 所示。皂洗酶的用量 1.5%（owf），皂洗温度 70~80℃，皂洗时间 30min，皂洗液 pH = 6~7。根据染料浓度，可以适当调整皂洗酶的用量。皂洗酶相比常规皂洗产品对染色后的棉针织物处理，染料浓度不同，废水色度由 8~256 倍降至 8~32 倍；织物的耐湿摩擦色牢度、耐皂洗褪色牢度和耐水洗褪色牢度提高半级，耐皂洗沾色牢度和耐水洗沾色牢度降低半级，符合相应的服用标准。应用皂洗酶皂洗工艺后，染色后处理可以由 5~6 道工序减至 3~4 道工序，平均处理 1t 棉针织物缩短加工时间 1.5h，节约蒸汽 1m³、水 15t，折合节约成本 379 元。废水排放量减少，废水色度降低，减轻了对环境的污染。皂洗酶工艺兼具良好的生产效益和生态效益，满足节能减排要求。

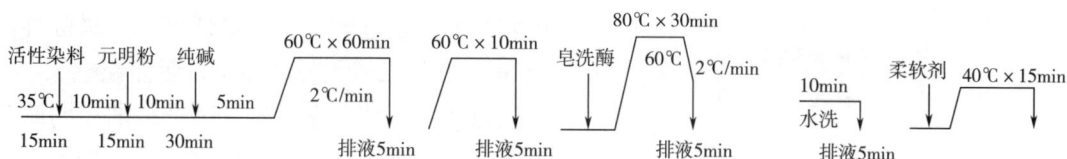

图 3-25　皂洗酶皂洗工艺曲线

### 三、酶在废水处理中的应用

印染废水脱色常用处理方法有物理吸附、化学降解及光化学和电化学氧化等。随着对环境保护的日益重视，采用生态、高效、节能的废水处理技术越来越受到青睐。将生物酶应用于印染废水处理，利用酶将印染废水中复杂的染料化学键打开，将其快速降解成小分子，可有效地脱色，降低毒性。在印染废水处理中，一般多采用氧化还原酶。应用于印染废水处理的氧化还原酶主要有漆酶和过氧化物酶。

#### 1. 漆酶在废水处理中的应用

（1）漆酶催化染料脱色。漆酶底物特异性广泛，对各种酚、芳胺及其衍生物等都具有催化氧化作用。在 300 多种常用染料中，超过 50% 的染料可被漆酶脱色，近 70% 的染料可被漆酶催化氧化。另外，漆酶的催化效率高、氧化条件温和、能耗低，不需要添加 $H_2O_2$，不产生二次污染，并可提高废水的可生化性。因此，漆酶被认为是当前染料脱色潜力最佳的酶种之一，具有很好的应用前景。

漆酶活性部位的分子结构中一般含有 4 个铜离子，即 1 个 T1 铜离子，1 个 T2 铜离子和 2 个 T3 铜离子，在氧化还原反应中起到关键作用。漆酶催化不同类型底物氧化反应的机理主要表现在四个铜离子协同传递电子及价态变化，实现对 $O_2$ 的还原和底物自由基的形成。漆酶对底物的催化机制为单电子氧化机制，如图 3-26 所示，在底物氧化过程中，底物结合于 T1 铜离子位点，T1 铜离子夺取底物一个电子，使其生成自由基，T1 铜离子自身由 $Cu^{2+}$ 变为 $Cu^+$。得到电子的 T1 铜离子再将电子通过组氨酸—胱氨酸—组氨酸（His-Cys-His）三肽链传递给由 T2 铜离子和 T3 铜离子组成的 3 核铜簇，然后 $O_2$ 在 3 核铜簇中心被还原为 $H_2O$。

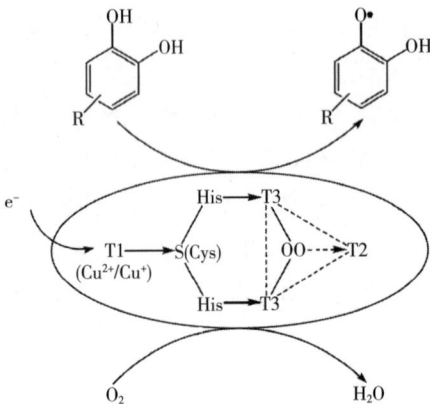

图 3-26　漆酶催化氧化反应中
电子转移途径示意图

由曲霉菌发酵而成的商品漆酶制剂 SUKALacc 对酸性红 R、酸性黑 ATT、活性艳红 X-B 和活性艳蓝 KN-R 这 4 种染料进行脱色试验，脱色率分别为 85.97%，85.49%、46.69%、14.85%。其中前 3 种染料都是偶氮染料，活性艳蓝 KN-R 为蒽醌染料。说明 SUKALacc 表现出宽泛的底物特异性，但对偶氮染料的脱色效果更好。

真菌 5319 漆酶粗酶液在 pH 为 4.5、50℃条件下对蒽醌类染料活性艳蓝 X-BR 和 K-GR 的脱色率均超过 80%，但对偶氮类染料活性深蓝 M-2GE、活性红 KD-8B 和活性艳橙 K-7R 的脱色效果不佳。血红密孔菌产生的漆酶耐热性能良好，对含活性艳蓝 KNR 的印染废水具有很好的脱色效果：在漆酶 0.7IU/mL、60℃、pH=3.6 条件下，反应 5h 脱色率可达到 91.0%。研究发现，真菌漆酶适合酸性染料废水的脱色，但同时也有一定的局限性，产酶周期长，热稳定性比较差。细菌漆酶作用 pH 范围比较广，热稳定性好，但是由于纯化困难，在实际的生产应用中也存在着一定的局限性。

（2）漆酶/介体体系催化染料脱色。由于漆酶的氧化还原电位较低，在催化氧化脱色中较适合的底物是具有酚羟基或芳胺特征结构的染料。可通过将漆酶与还原性小分子介体连用，进一步扩大其作用范围，提升漆酶催化染料脱色效果。还原性小分子介体包括 2,2′-联氮-二（3-乙基-苯并噻唑-6-磺酸）二铵盐（ABTS）、1-羟基苯并三唑（HBT）和 N-羟基乙酰苯胺（NHA）等。介体在反应中先被漆酶氧化成自由基，然后氧化态的介体使染料氧化而自己被还原。漆酶将吸收的电子转移给氧气进而产生水，这说明小分子介质对染料的降解起到介导作用。因为介体容易氧化，而氧化态的介体具有较高的氧化能力，从而达到促进作用。

采用杏鲍菇菌渣固态发酵产漆酶粗酶液，在添加介体的条件下处理染料 3h 后，活性艳蓝 K3R、酸性蓝 209、活性艳蓝 KN-R 的脱色率均超过 80%，比无介体存在条件下的脱色率高 15%。以云芝（*Trametes versicolor*）1126 发酵所得漆酶粗酶液与 HBT 组成的漆酶/HBT 介质系统对靛蓝染料进行脱色，温度 60℃，pH 4.5，粗酶液 2mL/100mL，HBT 溶液 2mL/100mL，反应 80min 后的脱色率可达 90.1%。

（3）固定化漆酶催化染料脱色。尽管漆酶/介体体系有很强的催化能力和广阔的应用前景，但其大规模应用还存在一些问题。例如，在实际应用中漆酶容易失活，且处理连续的流出物时，游离漆酶会不断流失。此外，可溶性小分子介体存在二次污染和重复使用性问题。这些阻碍了漆酶在环境修复中的应用，增加了操作成本。酶的固定化被认为是一种可以解决这些限制的方法。固定化酶是指利用物理或者化学的手段将酶固定在载体上或者束缚在一定区域内，同时保持了酶的催化活性，并能连续反应和反复使用。酶的固定化方法包括物理吸附法、包埋法、化学交联法、共价结合法及这几种方法的组合。不同的固定化方法各有利弊（表 3-6），需要根据实际应用条件与目的进行选择及优化。

表 3-6 各种酶固定化方法的特点

| 项目 | 物理吸附法 | 包埋法 | 化学交联法 | 共价结合法 |
|---|---|---|---|---|
| 制备难易程度 | 较难 | 较难 | 容易 | 容易 |
| 固定化程度 | 强 | 强 | 强 | 较弱 |
| 酶活回收率 | 较高 | 高 | 较高 | 高 |
| 载体再生 | 不能 | 不能 | 能 | 能 |
| 费用 | 较高 | 低 | 低 | 低 |
| 适用范围 | 较广 | 小分子底物 | 广泛 | 广泛 |

采用复合型载体丙烯酸酯类聚合物固定漆酶，对酸性紫 4 进行脱色，在酶用量 12.5U/mL、染料浓度 150mg/L，反应温度 45~55℃、pH=4.5~5.0 条件下脱色 4h，脱色率达到 98.5%；重复使用 8 批次后，脱色率仍能保持在 90% 以上。以多孔玻璃、活化的琼脂糖、金属铝及

IRA-400 离子交换树脂为载体制备固定化漆酶。分别处理含不同染料（直接染料、酸性染料、活性染料）的印染废水。结果发现，固定化漆酶对染料的降解速率比游离酶快，而且废水中染料的毒性也降低了 80%，处理后的废水还可以重复利用，大大降低了水的消耗量。

**2. 过氧化物酶在废水处理中的应用**

（1）辣根过氧化物酶对染料废水的脱色。辣根过氧化物酶（HRP）主要来源于植物，是由无色酶蛋白和棕色的铁卟啉结合而成的一种糖蛋白。辣根过氧化物酶比活性高，稳定性强，相对分子质量小，纯酶也较容易制备，而且这种酶含有血红素，能利用 $H_2O_2$ 氧化许多有机及无机化合物。

5mg HRP 在 $H_2O_2$ 浓度 2.4mmol/L、pH = 3.0、45℃、60min 条件下，对 20mg/L 偶氮荧光桃红的去除率高达 92%。以固定化 HRP 为催化剂，催化 $H_2O_2$ 对刚果红染料进行氧化降解，在 pH = 3.5、固定化酶 0.5g、$H_2O_2$ 1.0mmol/L、染料浓度 0.1mmol/L、40℃ 条件下反应 30min，染料的降解率达到 91.6%。磁性漆酶/辣根过氧化物酶纳米复合物具有协同作用，对阳离子染料孔雀绿和阴离子偶氮染料酸性橙 7 具有很强的催化活性和染料降解能力，得益于其磁性，被反复使用 14 次后对孔雀绿仍有 90% 的去除率。

（2）锰过氧化物酶对染料废水的脱色。锰过氧化物酶（MnP）是一种含铁血红素辅基的糖基化过氧化物，所含铁血红素为含 Fe（Ⅲ）的高度螺旋五聚体，并与组氨酸残基相连。MnP 的底物专一性弱，具有氧化降解各类芳香族化合物的独特能力。由黄孢原毛平革菌（*Phanerochaete chrysosporium*）WX213 合成的锰过氧化物酶，对偶氮染料、三芳甲烷类染料、杂环类染料均有较好的脱色效果。但 MnP 的价格较高，国外有研究从玉米生物工厂大量生产 MnP，将其成本从每克 24000 美元大幅降至低于 5 美元，其与漆酶共同作用，对偶氮和蒽醌类染料均具有较好的降解性能。从黄曲霉固态培养物中分离得到的 MnP，并将其固定在氧化铁纳米粒子上，催化降解直接红 31 和酸性黑 234。与游离 MnP 对比，游离 MnP 和固定化 MnP 对直接红 31 的脱色率分别为 94% 和 100%，对酸性黑 234 的脱色率分别为 85% 和 92%。磁性可分离固定化 MnP 具有更高的热稳定性，可以在更宽的 pH 和温度范围内工作，并且比游离 MnP 具有更高的催化活性。

（3）木质素过氧化物酶对染料废水的脱色。木质素过氧化物酶（LiP）是一系列含有 1 个高自旋 Fe（Ⅲ）卟啉环（Ⅸ）血红素辅基的同工酶。通过高度非特异性和无立体选择性的自由基反应，促使底物氧化，也使其与降解物之间并非酶与底物的一一对应关系，故对染料的降解呈现广谱性。LiP 具有比其他过氧化物酶更高的氧化还原电位，使其可氧化具高氧化还原电位的化学物质。LiP 能对许多物质进行直接或间接的氧化，还能借助于一些自由基催化氧化—还原反应。采用 56.6U/L 的黄孢原毛平革菌 LiP 粗酶液在 pH = 3.1、$H_2O_2$ 0.2mmol/L、30℃ 条件下对 40mg/L 的活性艳红 K-2BP 处理 15min，脱色率可达 89%。此外，有研究表明，LiP 比 MnP 脱色能力更强，LiP 可处理更高浓度的染料，且可作用的染料类型更广。

## 参考文献

[1]李宪臻. 生物化学[M]. 武汉:华中科技大学出版社,2008.

[2]张洪渊,万海青.生物化学[M].3版.北京:化学工业出版社,2014.

[3]王允祥,李峰.生物化学[M].武汉:华中科技大学出版社,2011.

[4]宋心远,沈煜如.新型染整技术[M].北京:中国纺织出版社,2001.

[5]范雪荣,王强.纺织酶学[M].北京:中国纺织出版社有限公司,2020.

[6]周文龙.生物酶在纺织工业中的应用(二)[J].印染,2010(20):44-46.

[7]徐新荣,毛志平.生物酶在纺织工业中的应用[C].//中国发酵工业协会第四届会员代表大会论文集.北京,2009.

[8]范雪荣,王强,王平,等.可用于纺织工业清洁生产的新型酶制剂[J].针织工业,2011(5):29-33.

[9]李淑华,顾晓梅,邱红娟.生物酶在染整加工中的应用及其发展[J].染整技术,2007(1):13-17.

[10]唐人成,赵建平,梅士英.Lyocell纺织品染整加工技术[M].北京:中国纺织出版社,2001.

[11]张洁,王强,范雪荣,等.棉织物的复合酶退浆工艺[J].印染,2016(15):1-5.

[12]杨恩科.棉织物生物酶处理的研究[D].西安:西安工程大学,2006.

[13]王雷.棉织物生物酶前处理探究[D].上海:东华大学,2006.

[14]司曼.生物酶在棉织物染整加工中的应用[J].染整技术,2011(1):12-16.

[15]Sarmiento F,Peralta R,Blamey J M. Cold and hot extremozymes:industrial relevance and current trends[J/OL]. Frontiers in Bioengineering and Biotechnology,[2015-10-20]. https://doi. org/10. 3389/fbioe. 2015. 00148.

[16]王金涛,李书贵,王利萍,等.宽温退浆酶TF-162B[J].印染,2010(20):44-46.

[17]王婷婷,王炜,俞丹.淀粉/PVA混合浆料的酶/过硫酸钠低温退浆[J].印染,2014(5):19-23.

[18]刘红玉.纯PVA模拟上浆织物的PVA降解酶退浆研究[D].上海:东华大学,2010.

[19]胡志毅.降解PVA混合体系的发酵条件研究及降解机理初探[D].无锡:江南大学,2006.

[20]Tatsuma M,Michio S,Takashi K. Enzymatic desizing of polyvinyl alcohol from cotton fabrics. Journal of Chemical Technology & Biotechnology[J]. 1997,68:151-156.

[21]牛海燕.产PVA降解酶混合菌系的筛选、发酵条件优化及酶学特性研究[D].无锡:江南大学,2008.

[22]王强,范雪荣,高卫东,等.生物酶在棉织物精练加工中的应用[J].纺织学报,2006(8):113-116.

[23]Karapinar E,Sariisik MO. Scouring of cotton with cellulases,pectinases and proteases[J]. 2004,12(3):79-82.

[24]Csiszar E,Szakács G,Koczkacet B. Biopreparation & cotton fabric with enzymes produced by solid-state fermentation[J]. Enzyme and Microbial Technology,2007,40:1765-1771.

[25]王少华,胡欢鸟,罗华,等.中性纤维素酶在棉织物生物精练中的应用[C].//第七届中国酶工程学术研讨会论文集.合肥,2009.

[26]沈克群,刘鲁民,谢纯良,等.亚麻复合酶脱胶技术研究[J].中国麻业科学,2016,38(2):69-74.

[27]成莉凤,刘正初,冯湘沅,等.苎麻脱胶果胶复合酶的优选及其效果分析[J].纺织学报,2017,38(6):64-68.

[28]王清,孙小寅,朱厚军,等.非洲剑麻生物酶脱胶工艺研究[J].纺织科学与工程学报,2020,37(3):38-43.

[29]王平,范雪荣.生物技术在纺织品前处理加工中的应用[J].上海纺织科技,2005(4):4-6.

[30]师体海.木瓜蛋白酶对蚕丝及其织物的作用[D].重庆:西南大学,2017.

[31]赵政,陈庭春,朱泉,等.棉织物葡萄糖氧化酶低温活化漂白[J].印染,2011(10):6-9.

[32]陈庭春,赵政,朱泉,等.棉织物葡萄糖氧化酶漂白作用研究[J].印染,2010(7):20-23.

[33]芦国军.纺织清洁生产用过氧化氢酶的工业化生产条件优化[D].无锡:江南大学,2008.

[34]何照兴,袁军.过氧化氢酶的应用与实践[J].印染,2001(5):29-30.

[35]余圆圆,王强,范雪荣. 纤维素酶在纤维素纤维织物整理中的应用[J]. 染整技术,2017,39(1):1-5.

[36]李胜磊,姚继明,王其. 棉针织物的生物柔软整理[J]. 国际纺织导报,2014(3):42-45.

[37]王景,邓东海. 纤维素酶 DM-8620 在仿天丝棉机织物上的应用[J]. 染整技术,2017,39(9):44-47.

[38]刘磊,陆必泰. 纤维素酶在棉织物生物抛光中的应用[J]. 武汉纺织大学学报,2011,24(6):34-36.

[39]Sankarraj N,Nallathambi G. Enzymatic biopolishing of cotton fabric with free/immobilized cellulase[J].Carbohydrate Polymers,2018,191:95-102.

[40]李美真,姚金波,崔淑玲. 染整新技术[M]. 北京:科学出版社,2013.

[41]周映红. Lyocell 织物桃皮绒风格的加工工艺[D]. 上海:东华大学,2005.

[42]羌晓阳. Lyocell 纤维织物的染整加工技术研究[D]. 苏州:苏州大学,2003.

[43]Shin Y,Son K,Yoo D I. Structural changes in Tencel by enzymatic hydrolysis[J]. Journal of Applied Polymer Science,2000,76(11):1644-1651.

[44]Saravanan D,Vasanthi N S,Ramachandran T. A review on influential behaviour of biopolishing on dyeability and certain physico-mechanical properties of cotton fabrics[J]. Carbohydrate Polymers,2009,76(1):1-7.

[45]高品. 靛蓝染色织物酶洗时的返染问题研究[D]. 青岛:青岛大学,2007.

[46]Patra A K,Madhu A,Bala N. Enzyme washing of indigo and sulphur dyed denim[J]. Fashion and Textiles,2018,5(3):1-15.

[47]Pazarlioglu N K,Sariisik M,Telefoncu A. Laccase:production by Trametes versicolor and application to denim washing[J]. Process Biochemistry,2005,40(5):1673-1678.

[48]王平,王强,范雪荣,等. 羊毛蛋白酶防毡缩加工综述[J]. 印染,2010(5):46-19.

[49]戴建芳,王雪燕. 蛋白酶在羊毛防毡缩整理中应用的综述[J]. 染整技术,2013,35(3):4-8.

[50]郭守娇. 基于生物酶的真丝功能改性[D]. 苏州:苏州大学,2013.

[51]周青青. 酚类化合物/金属离子对纺织品的超疏水改性及应用研究[D]. 苏州:苏州大学,2020.

[52]Qingqing Zhou,Wei Wu,Shaoqiang Zhou,et al. Polydopamine-induced growth of mineralized $\gamma$-FeOOH nanorods for construction of silk fabric with excellent superhydrophobicity,flame retardancy and UV resistance[J].Chemical Engineering Journal,2020,382:122988.

[53]王小花,Aspergillus oryzae 脂肪酶的制备及其用于涤纶改性的研究[D]. 上海:东华大学,2006.

[54]Lee S H,Song W S. Surface modification of polyester fabrics by enzyme treatment[J]. Fibres and Polymers,2010,11:54-59.

[55]王宁,许绚,陆大年. 生物酶在腈纶及涤纶改性中的应用[J]. 合成纤维工业,2003,26(4):35-37.

[56]Tauber M M,Cavaco-Paulo A,Robra H et al. Nitrile hydratase and amidase from Rhodococcus rhodochrous hydrolyze acrylic fibres and granular polyacrylonitriles[J]. Appl Environ Microbiol,2000,66:1634-1638.

[57]王平. 红球菌的优化培养及其粗酶液在腈纶改性中的应用[D]. 上海:东华大学,2008.

[58]王承,苏静,傅佳佳. 漆酶催化聚合在纤维着色上的应用[J]. 应用化工,2019,48(6):1397-1340.

[59]Shin H,Guebitz G,Cavaco-Paulo A. "In situ" enzymatically prepared polymers for wool coloration[J].Macromolecular Materials & Engineering,2015,286 (11):691-694.

[60]孙莎莎. 酶促酚类化合物聚合及其对纺织品的功能改性和染色[D]. 苏州:苏州大学,2013.

[61]朱俊萍,魏玉娟,王慈,等. 羊毛生物酶低温染色工艺研究[J]. 毛纺科技,2007(8):5-8.

[62]Nazari A,Montazer M,Afzali F. et al. Optimization of proteases pretreatment on natural dyeing of wool using response surface methodology[J]. Clean Techn Environ Policy,2014,16:1081-1093.

[ 63 ] Mazeyar Parvinadeh. Effect of proteolytic enzyme on dyeing of wool with madder[ J ]. Enzyme and Microbial Technology,2007,40:1719 -1722.

[ 64 ] Vankar P S,Shukla D,Wijayapala S,et al. A. K. Innovative silk dyeing using enzyme and Rubia cordifolia extract at room temperature[ J ]. Pigment & Resin Technology,2017,46(4):296-302.

[ 65 ] Cheng K P,Poon C F,Au C K. et al. The enzyme washing on silk fabrics[ J ]. Research Journal of Textile and Apparel,1998,2（1）:55-62.

[ 66 ] 岳霄,铃木阳一. 洗涤剂用酶的作用及最新技术[ J ]. 中国洗涤用品工业,2016(6):43-48.

[ 67 ] 窦春妍,刘建勇. 皂洗酶及其应用[ J ]. 染整技术,2017,39(7):7-11.

[ 68 ] 王卫民,邓旺,任海舟,等. 皂洗酶皂洗工艺的分析与评价[ J ]. 染整技术,2018(7):39-43.

[ 69 ] 万云洋,杜予民. 漆酶结构与催化机理[ J ]. 化学通报,2007(9):662-670.

[ 70 ] 庄华炜. 氧化还原酶在印染废水处理中的应用[ J ]. 印染,2019(9):51-57.

[ 71 ] 王美银,张新颖,汤真平. 固定化漆酶处理染料废水的研究进展[ J ]. 能源与环境,2017(7):85-87.

[ 72 ] Gül O T,Ocsoy I. Preparation of magnetic horseradish peroxidase-laccase nanoflower for rapid and efficient dye degradation with dual mechanism and cyclic use[ J ]. Materials Letters 2021,303:130501.

[ 73 ] Kalsoom U,Ahsan Z,Bhatti H N,et al. Iron oxide nanoparticles immobilized Aspergillus flavus manganese peroxidase with improved biocatalytic,kinetic,thermodynamic,and dye degradation potentialities[ J ]. Process Biochemistry,2022,117:117-133.

# 第四章　天然染料染色印花技术

## 第一节　天然染料概述

天然染料是以天然产物为原料得到的可用于纺织品染色的染料。一般是指从植物、动物或矿产资源中获得的，未经人工合成过程，很少或没有经过化学加工的染料。目前应用最为广泛的是从植物中提取的天然色素。

天然染料在古代纺织品染色中被广泛采用，自1856年合成染料开发以来，分子结构可设计、可人工合成的合成染料逐步替代了天然染料。近年来，随着检测技术的发展，人们发现一些合成染料对人体和环境存在有害作用，国内外出台并实施了一批生态纺织品法规，限制有害合成染料的使用。同时，人们环保和可持续发展理念逐渐增强，生活方式更加崇尚自然、生态和健康，天然染料用于纺织品印染加工的相关技术日益受到关注，天然染料及其在纺织品加工中的应用技术成为人们研究开发的热点。

### 一、天然染料的特点

#### （一）优点

与合成染料相比，天然染料具有以下的优点：

（1）天然染料来自自然界，对人体无毒、无害，甚至大多数天然色素也被用于食品工业；此外，天然染料从提取到使用过程对环境造成的影响要低于合成染料的制备和使用。

（2）天然染料的色彩体现出安逸、不可复制、独具禀性的风格；加上天然染料在整个历史发展过程中的各个时期都被赋予了不一样的文化寓意，符合人们追求时尚、自然等爱好。

（3）大多数天然染料除了具有独特的色彩以外，还会赋予染色产品特殊的功能性，如抗菌、抗紫外线、防虫除螨和抗氧化等保健功能，有利于提升产品的附加值。

（4）天然染料的开发利用有利于减少化石资源的使用，促进天然资源的综合利用，特别是废弃资源的再利用，实现可持续发展。

#### （二）缺点

在现代加工技术迅速发展、人们对纺织品色彩需求不断提升的今天，天然染料在纺织品印染加工中的应用也显现出一系列不足，这需要我们在开发天然染料及其应用技术过程中加以克服。

（1）天然染料的色谱不齐全。天然染料来自自然界，其分子结构和颜色与植物的生长过程伴生而来，不能改变。虽然目前研究开发的天然染料多达近百种，大多集中在黄色、红色、蓝色、棕色等几个色系，色彩丰富度并不是很高，不能满足人们日益增长的对服饰色彩的需求。

（2）颜色稳定性和染色牢度较差。天然染料的来源存在不稳定性，对于同一种植物而言，来源于不同地域、不同季节，其色素的含量、组成、颜色等都存在较大的差异，导致染色性能不稳定；天然染料本身的化学稳定性较差，可能随着加工过程 pH、温度等条件的变化而使色素的性能和颜色产生很大程度的改变；这也会影响到染色织物的色牢度，如果耐光稳定性差，会影响到染色织物的耐光照色牢度。

（3）染料利用率低、染色成本高。大多数天然染料共轭体系较短，相对分子质量较低，并且没有离子性基团，因此对纤维的作用力主要是氢键和范德瓦耳斯力，亲和力较低，加上水溶性差，造成染色时的上染百分率较低，染料利用率低。此外，天然染料需要经历种植—收集—提取—精制等过程获得，生产规模较小，成本较合成染料要高得多，造成天然染料染色成本较高。

近年来，人们在天然染料提取和应用技术的开发过程中，也重点关注这方面的问题。例如，通过超声波提取技术提高提取效率，从板栗壳、芡实壳等废弃资源中提取色素含量较低天然染料的成本；采用金属离子和天然媒染剂媒染处理提高上染率和染色织物的色牢度；通过拼色染色技术、媒染剂复配技术等丰富天然染料染色织物的色谱。

### 二、天然染料的历史

天然染料的提取和使用在我国具有十分悠久的历史，考古研究发现，从旧石器时代起，人们就开始使用天然染料。例如，北京山顶洞人文化遗址中发现了采用矿物质颜料染成红色的石制项链，这标志着那时的人们已经知道采用天然着色剂进行着色处理。在 5000 年前的新石器时代晚期，我们的祖先就开始使用天然色素进行染色和装饰，在新疆楼兰罗布泊出土的毡帽，经 $^{14}$C 年代测定技术鉴定，属于新石器时代（5000 多年）物品。

植物染料的应用可以追溯到 4000 多年前的黄帝时期，经过长期的应用与改良，人们逐渐掌握了染料植物的种植、染料的提取和染色加工技术。进入商周以后，已经掌握了利用多种矿物、植物染料染色的技术，中国第一部诗歌总集《诗经》中已有蓝草、茜草用于染色的内容记载。到了夏代，据《大戴礼记·夏小正》记载，我国先民就已使用蓝草进行染色，并且掌握了蓝草的生长规律，进行蓝草的人工种植。西周时期的《周礼·天官冢宰·典妇功/夏采》中记载："凡染，春暴练，夏纁玄，秋染夏，冬献功。掌凡染事。"说明那个时期已有专门掌管有关染色事宜的职位了。《周礼·冬官考工记》还记载"三入为纁，五入为緅，七入为缁"，总结了染色次数对颜色的影响，这种多次浸染的套色染色法，直到近代我国染色手工业还有沿用。充分说明了那个时期，人们已经掌握了丰富的染色经验和技艺。

秦汉时期，染料植物的种植面积和品种不断扩大，已经出现规模经营。西汉史学家司马迁的《史记·货殖列传》曾记载有"千亩茜，其人与千户侯等"，可见当时植物染料的种植和染色已相当发达，茜草成为最重要的红色植物染料。在长沙马王堆一号汉墓出土的"深红绢"和"长寿绣"丝绵袍的红色底色，经检测是用茜素和明矾多次浸染而成。东汉《说文解字》中所罗列的纺织品的色彩名称达 39 种，其中绝大多数为丝织品。植物染料的制备到南北朝时已经相当完备，可供常年存储使用。北魏末年贾恩勰著的《齐民要术》中记载有关于种植染料植物和萃取染料加工过程。如"河东染御黄法"，以及发酵法制备靛蓝的方法。

草木染发展到唐代已经非常发达，《唐六典》有"凡染大抵以草木而成，有以花叶、有以茎实、有以根皮，出有方土，采以时月"的描述。说明植物染色已经成为唐代染色的主要方法和技术，远比其他天然染料应用广泛。《唐本草》里还有采用椿木或柃木灰作为媒染剂的记载。明清时期，可用作染色的植物扩大到几十种，我国染料植物的种植、制备工艺、染料应用技术在这一时期均达到鼎盛阶段，染坊也有了很大的发展。明代李时珍《本草纲目》记载："其木染黄赤色，谓之柘黄，天子所服。"宋应星编撰的《天工开物》中"诸色质料"部分记载57种纺织品上色彩名称以及部分颜色的染色方法。

自从1856年英国珀金（Perkin）发明苯胺紫以后，合成染料迅速实现工业化生产并得到快速发展，19世纪中叶相继出现了碱性、酸性、直接等染料；同时茜素和靛蓝的合成获得成功，此后，根据不同纤维纺织品染色的特性和需求，不同结构和种类合成染料被设计开发。19世纪以后，合成染料开始传入中国，逐渐取代天然染料用于纺织品染色，天然染料在规模化染色加工中极少使用。但随着人们自然、生态和环保理念的提升，天然染料染色技术必将重新受到人们的重视，成为纺织品生态染色的一个重要组成部分。

# 第二节　天然染料的分类

## 一、按来源分类

按照来源，天然染料可以分成植物染料、动物染料和矿物染料三种类型。

植物染料是从自然界中植物的花、茎、叶、果实、种子、皮、根部等提取的天然色素。根据植物种类和提取部位的不同，可以得到不同种类、结构的天然染料。植物染料是目前使用的天然染料中最重要和最常用的一类，品种较多、色谱较为齐全。使用从植物中提取的天然染料给纺织品上色的方法，又称为"植物染"或"草木染"。常用的植物染料主要有植物靛蓝、茜草色素、苏木色素、栀子色素、红花色素、茶色素、板栗壳色素、石榴皮色素、高粱红色素、姜黄色素等。

动物染料是指从动物身体及组织器官内累积的天然有色颗粒中提取的色素。动物染料的种类要比植物染料少得多，价格也要贵得多。目前主要应用的动物染料主要有胭脂虫红和紫胶色素。胭脂虫红是从寄生在仙人掌上的胭脂虫雌虫体内提取的一种天然蒽醌类色素；紫胶色素是从豆科、桑科植物上的紫胶虫所分泌的树脂状物质紫胶中提取的蒽醌衍生物类天然色素。

矿物染料常为有色矿物质的粉体，主要成分为金属的有色氧化物。红色有赭石，成分为$Fe_2O_3$；黄色有石黄，成分为$As_2O_3$；蓝色和绿色主要是天然铜矿石。矿物染料不溶于水，对纤维没有亲和力，染色时需要用黏合剂将矿物染料黏附在纤维的表面而着色，并且一些矿物染料对人体有毒害性，因此，矿物染料极少用于纺织品染色。

## 二、按结构分类

从不同天然动植物中提取得到的天然染料具有不同的结构，从同一种植物中提取的色素结构也不是单一的，一般是多种结构化合物的混合物，还有配糖体存在。例如，从核桃壳中提取的色素成分包括萘醌类、黄酮类、多酚类、多糖二芳基庚烷类、萜类、甾体等。因此，天然染料的结构种类繁多，一般可以分为以下几类。

### （一）蒽醌类

蒽醌类天然染料广泛分布于动植物界，如茜草色素、紫胶色素、大黄素、胭脂虫红色素等都是蒽醌结构的天然色素，结构如图 4-1 所示。茜草色素可从茜草根部提取，是古代最为重要的红色染料；大黄素可以从蓼科植物虎杖的干燥根茎、掌叶大黄的根茎中提取。蒽醌类色素中含有数量不等的羟基、羧基，或带有糖苷的结构，这些基团决定了色素的溶解性能。羟基越多，水溶性越大；带有糖苷的色素的水溶性一般比不带糖苷的水溶性大；在分子中带有羧基，则水溶性更强。蒽醌结构的天然染料化学稳定性较好，并且分子中的羰基和羟基可以作为与金属离子形成螯合物的配位体，与金属离子形成配位结构后，蒽醌结构的天然染料一般能获得较好的染色牢度。

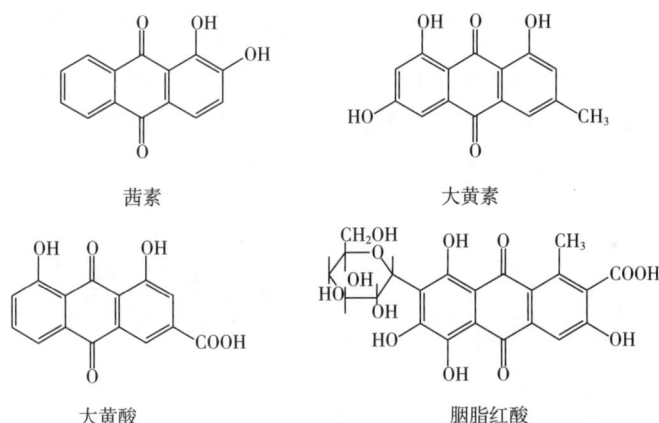

茜素

大黄素

大黄酸

胭脂红酸

图 4-1　蒽醌类天然色素的分子结构

### （二）萘醌类

萘醌类天然染料种类较少，最具代表性的是紫草的提取物，主要成分紫草素的结构为 5,8-二羟基-2-[(1R)-1-羟基-4-甲基戊-3-烯基]萘-1,4-二酮，分子结构如图 4-2 所示。紫草素的耐光性、热稳定性良好，对介质的对介质 pH 比较敏感，在酸性条件下溶液呈红色，碱性条件下呈蓝色，中性时则为紫色。从凤仙花的花、叶、果皮、种子和根中提取得到的色素中也含有萘醌类化合物，主要包括 2-羟基-1,4-萘醌（指甲花醌）和 2-甲氧基-1,4-萘醌（指甲花醌的甲基醚），分子结构如图 4-2 所示。

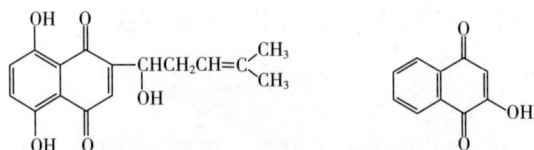

紫草素　　　　　　　　　　　指甲花醌

图 4-2　萘醌类天然色素的分子结构

### （三）黄酮类

黄酮类化合物一般是指两个具有酚羟基的苯环通过中央三碳原子相互连接而成的一系列化合物。黄酮类化合物结构中常连接有酚羟基、甲氧基、甲基、异戊烯基等官能团，还常与糖结合成苷。黄酮类化合物的化学性质与其分子结构中的官能团有关，按照连接两个苯环的三碳原子结构是否成环、氧化、取代的差异，可以将黄酮类化合物分为黄酮类（木樨草素、芹菜素）、异黄酮类（大豆异黄酮、染料木素）、黄酮醇类（槲皮素、芸香素）、查耳酮类、黄烷酮类、花色素类等。

黄酮类化合物广泛存在于植物的叶、果实、根、皮中，属于植物在长期自然选择过程中产生的一些次级代谢产物，种类繁多，至今人们已发现并鉴定了几千多种黄酮类化合物。从植物提取的天然染料中属于黄酮类结构的较多，例如，高粱壳和秸秆中提取高粱红色素成分是 5,4′-二羟基异黄酮-7-O-半乳糖苷和 5′,4′-二羟基-6,8-二甲氧基异黄酮-7-O-半乳糖苷，从槐花中提取的黄色素成分为黄酮醇配糖体，从红花中提取红花素结构为 4′,5,7,8-四羟基黄烷酮。此外，槲皮素、黄芩素、杨梅素、染料木素、锦葵色素、银杏素等均是植物染料的主要成分，黄酮类天然色素的分子结构如图 4-3 所示。

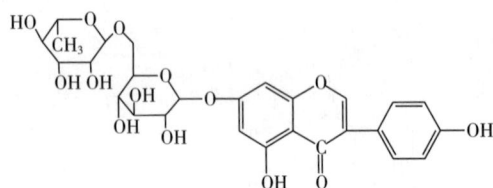

高粱红色素：5,4′-二羟基异黄酮-7-O-半乳糖苷

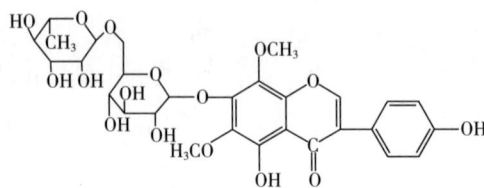

高粱红色素：5′,4′-二羟基-6,8-二甲氧基异黄酮-7-O-半乳糖苷

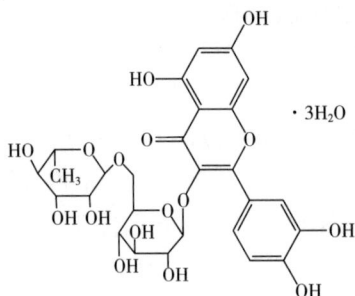

槐花色素

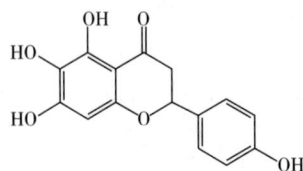

红花素

图 4-3

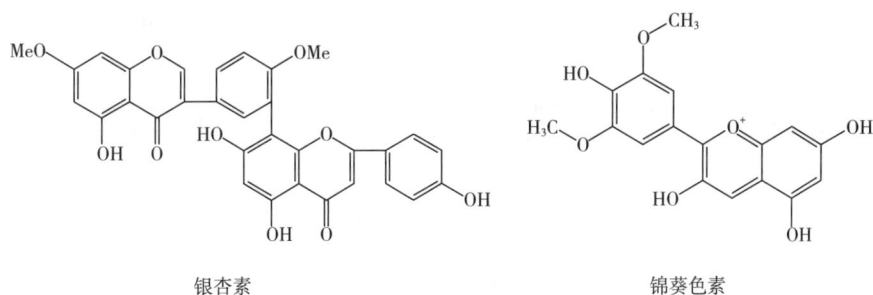

银杏素                              锦葵色素

图4-3 黄酮类天然色素的分子结构

### (四) 吲哚酚类

植物靛蓝是最主要、最常见的蓝色天然染料。植物靛蓝取自一些称为蓝草的植物，常见的有菘蓝、蓼蓝、马蓝和木蓝等。蓝草中的靛质以吲哚酚配糖体的形成存在，提取靛质后在发酵液中分解，游离出吲哚酚，吲哚酚在碱性环境下发生酮式互变异构，进而生成吲哚酮，两分子的吲哚酮可在碱性条件下发生氧化缩合反应生成不溶性的靛蓝。靛蓝微溶于水、乙醇、甘油和丙二醇，耐光性、耐热性差，对柠檬酸、酒石酸和碱的稳定差。

靛蓝属于典型的还原染料，其分子结构如图4-4所示，染色时需在碱性条件下还原为隐色体，才能溶于水，并上染纤维，经氧化后回复到靛蓝结构而固着在纤维上。

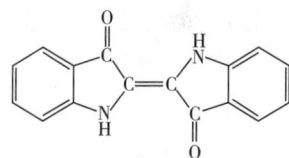

图4-4 靛蓝的分子结构

### (五) 单宁类

单宁是植物体内所含的能将生皮鞣成革的多元酚衍生物，故又称植物鞣质，是植物次生代谢产物酚类多聚体中的一类物质，属于多元苯酚的复杂化合物。单宁广泛存在于植物界，尤其是裸子植物及双子叶植物的杨柳科、山毛榉科、蓼科、蔷薇科、豆科、桃金娘科和茜草科植物的皮、木、叶、根、果实等部位。根据化学组成，单宁分为水解类单宁（酸酯类多酚）和缩合类单宁（黄烷醇类多酚或原花色素）两类，分子结构如图4-5所示。

水解类单宁相对分子质量较小，由酚酸与单糖通过酯键结合而成，分子中的酯键或苷键可被酸、碱、酶催化水解。含有该类单宁的植物很多，如五倍子、柯子、板栗、石榴皮、丁香等。其主要代表是五倍子单宁。

而缩合类单宁相对分子质量较大，是羟基黄烷醇类单体的组合物，单体间以C—C键相连，分子结构中无苷键与酯键，故不能被酸、碱水解。但在热酸作用下缩合成花色素，因此，缩合类单宁也被称作原花色素。儿茶素类化合物及其二聚缩合物没有鞣质的特性，它们的三聚物才开始具有鞣质的特性，分子越大，特性就越明显。大多数天然存在的缩合鞣质是五或更多的聚合物。缩合鞣质广泛分布在植物界中，例如儿茶、茶叶、虎杖、桂皮、桉叶、钩藤、白桦、云杉、松、槟榔等。

植物单宁分子内有多个邻位酚羟基，可作为多基配体与一个中心离子（如铁、铜、锌等

**117**

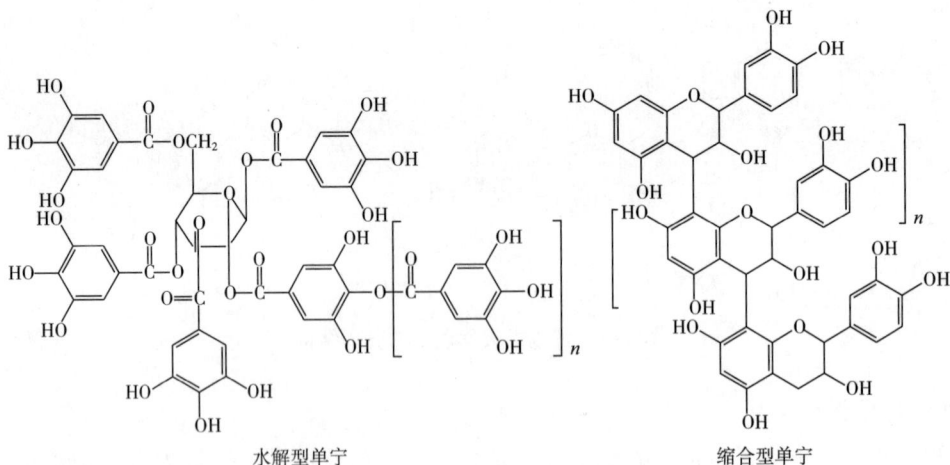

水解型单宁　　　　　　　　　　　缩合型单宁

图 4-5　单宁类天然色素的分子结构

金属离子）络合，形成环状螯合物。其结构中酚羟基尤其是邻位酚羟基在氧化剂作用下容易被氧化成醌，形成醌类染料，与金属元素反应形成有色配合物，可制作不同颜色的染料。如五倍子单宁作为染料本身只能得到很浅的灰黄颜色，然而用铁盐进行媒染，可以得到黑色，且具有较好的耐光色牢度和耐洗色牢度。

**（六）类胡萝卜素类**

类胡萝卜素是一组由 8 个异戊二烯基本单位构成的碳氢化合物和它们的氧化衍生物组成的化合物。类胡萝卜素广泛分布且被大量合成于高等植物的光合、非光合组织以及微生物中。根据结构，类胡萝卜素进一步可分为胡萝卜素，如 $\beta$-胡萝卜素；胡萝卜醇，如叶黄素、虾青素；胡萝卜醇的酯，如 $\beta$-阿朴-8′-胡萝卜酸酯；胡萝卜酸，如藏红素、胭脂树橙。类胡萝卜素类色素主要为黄、橙、红等浅色品种，其耐光色牢度较差，在纺织品染色中使用的品种较少。被用作植物染料的主要有栀子色素（藏花素、藏花酸）、胭脂树橙等，藏花酸的分子结构如图 4-6 所示。

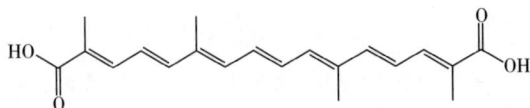

图 4-6　藏花酸的分子结构

**（七）生物碱类**

生物碱是存在于自然界中的一类含氮的碱性有机化合物，一般无色，只有少数带有颜色，例如小檗碱、木兰花碱、蛇根碱等均为黄色。其中，小檗碱常被作为黄色天然染料用于纺织品染色。由于小檗碱分子中带有一个季铵结构的正电荷（图 4-7），属于天然阳离子染料，可直接上染带负

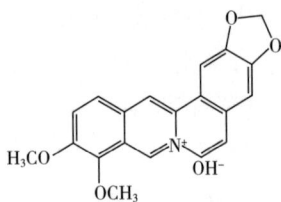

图 4-7　小檗碱的分子结构

电性的纤维织物。小檗碱广泛分布于植物界，在黄连中小檗碱含量可达 10% 以上，在黄柏和十大功劳等植物中的成分比例也很高。

### （八）叶绿素类

叶绿素存在于所有能营造光合作用的生物体，包括绿色植物、原核的蓝绿藻（蓝菌）和真核的藻类。叶绿素结构为镁卟啉化合物，分子是由两部分组成：核心部分是一个卟啉环；另一部分是一个很长的脂肪烃侧链，称为叶绿醇，其分子结构如图 4-8 所示。镁原子居于卟啉环的中央，偏向于带正电荷，与其相连的氮原子则偏向于带负电荷，因而卟啉具有极性。

酸性条件下，叶绿素分子很容易失去卟啉环中的镁成为棕色的去镁叶绿素。镁离子也可以被重金属离子取代，改变其性质，颜色随重金属离子的不同而变化。其中以叶绿素铜钠的色泽最为鲜艳，对光和热的稳定性较高，也是最常见的叶绿素类色素产品。

### （九）其他类型

自然界中的天然色素品种繁多，结构复杂，常用的天然染料中还有上述分类中没有提及的色素结构。

天然染料姜黄素是一种从姜科植物姜黄、郁金、莪术等的根茎中提取得到的黄色色素，为酸性多酚类物质，主链为不饱和脂族及芳香族基团，其分子结构如图 4-9 所示。姜黄是一种传统黄色天然染料，色泽鲜艳。姜黄素可溶于乙醇、冰醋酸、丙酮和乙酸乙酯等有机溶剂中。在中性、酸性时呈黄色，在碱性时呈红褐色。

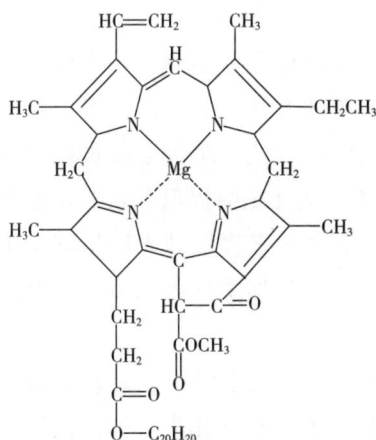

图 4-8　叶绿素的分子结构　　　　图 4-9　姜黄素的分子结构

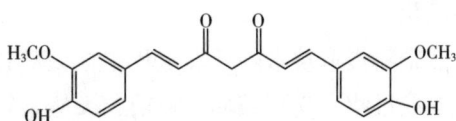

从豆科植物苏木中提取得到的天然染料主要成分包括原苏木素类、苏木素类、苏木醇类、苯丙素类、高异黄酮类和苏木查耳酮类。苏木素是苯并吡喃的衍生物，在酸性条件下呈黄色，碱性条件下为洋红色，结构如图 4-10 所示。苏木素在空气中能迅速氧化为苏木红素。

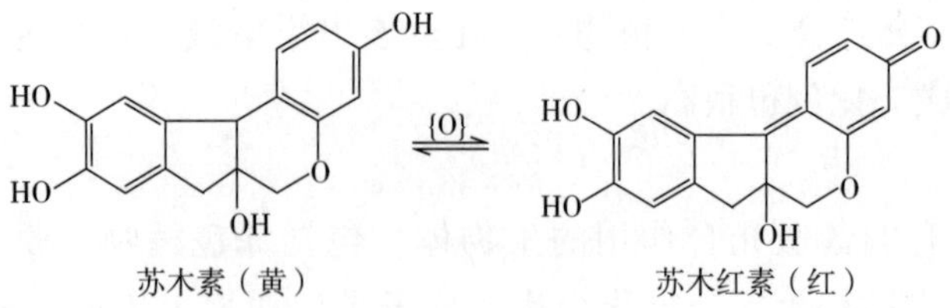

苏木素（黄）　　　　　　　　　　　苏木红素（红）

图4-10　苏木色素的分子结构

### 三、按染色方法分类

天然染料按照染色方法可分为还原染色染料、直接染色染料、媒染型染料和阳离子染料。还原型天然染料染色时需先将染料还原，上染纤维后，再氧化为色淀而着色，主要是从蓝草中提取获得的植物靛蓝染料。直接染色染料一般分子比较大，对纤维的亲和力较好，可直接上染纤维。大多数的天然染料由于分子比较小，对纤维直接性低，但分子结构中含有可以与金属离子形成配位键的基团，可以通过媒染提高上染率和色牢度，属于媒染型染料。阳离子型天然染料是指具有阳荷性基团的染料，代表品种是从黄连中提取的小檗碱，带有阳荷性基团，染色时可通过静电引力作用上染阴离子性的纤维。

# 第三节　天然染料的提取

在采用天然植物色素染色时，首先必须把植物中所含的色素从生物体中提取出来。在天然染料染色的早期，人们主要采用粉碎、浸渍压榨等简单的方法提取天然色素，然后将提取液用于纺织品的染色。逐渐地，人们掌握了提取色素的保存方法，不需要随提随用，可以使色素用得更久。在《天工开物》的《彰施》中详细记述了从红花中提取色素制作红花饼的方法，所得红花饼可以收藏起来，随时用于织物的染色。随着色素提取技术和精细化工技术的发展，目前已经有十分完整的色素提取、分离、精制、干燥的加工技术和设备，促进了天然染料的商品化。

在天然染料提取技术的开发过程中，关键技术是如何提高提取效率，防止色素原有颜色和功能在提取过程中受到破坏。目前，天然染料的提取方法一般可分为溶剂浸提法、辅助提取法和发酵提取法等。

### 一、溶剂浸提法

溶剂浸提法就是采用合适的溶剂从植物资源中提取天然色素成分的方法，是最常用的一种提取方法，操作简单、方便，适用范围广。根据植物中各种色素成分在溶剂中的溶解性，选用对色素成分溶解度大、对不需要溶出成分溶解度小的溶剂，而将色素成分尽可能完全地从植物组织内溶解提取出来。

**1. 溶剂提取过程的基本原理**

当溶剂加到植物原料中时，在渗透和扩散作用下，溶剂通过原材料细胞壁渗透入细胞内，溶解可溶性物质，形成细胞内外色素成分的浓度差而产生渗透压，在渗透压的作用下，细胞内的浓溶液不断向外扩散，而细胞外的溶剂又不断进入植物组织细胞中溶解可溶性色素成分，不断往返，直到细胞内外溶液浓度达到动态平衡时，完成一次提取过程。将此饱和色素溶液滤出，再加入新溶剂，使细胞内外产生新的浓度差，继续进行提取，可把所需色素成分大部分溶解提出。

**2. 溶剂的选择**

天然色素成分在溶剂中的溶解度直接与色素的结构和溶剂性质有关。色素在溶剂中的溶解遵循相似相溶原理。亲水性的色素成分易溶于水或亲水性有机溶剂，亲油性的色素成分易溶于亲油性的有机溶剂中。选择适宜的溶剂是色素提取的关键，溶剂选择合适就能顺利地把需要的色素成分提取出来。在色素提取时，需要对植物中所含色素的成分和结构进行分析，估计色素的溶解性质，同时，需充分考虑溶剂对色素组分的亲和力以及黏度、分子大小等因素，进行溶剂的选用。适宜的溶剂应符合以下要求：

（1）对需要的色素成分溶解性大，对共存的其他成分溶解性小，提高提取色素的纯度，且提取速度快；

（2）不与目标色素成分发生化学反应；

（3）安全低毒，对人体和环境没有危害；

（4）价格低廉，沸点适中，回收方便。

**3. 提取方法**

根据色素提取所用的溶剂不同，一般可分为水提取法和有机溶剂提取法。

（1）水提取法。大多数天然色素分子中含有多个羟基，有的色素分子中还含有糖苷的结构，它们在水中有一定溶解度。因此，许多天然色素可以通过在水中的浸泡、煎熬使色素从生物体中溶解到水中。但植物中还有许多亲水性成分，如无机盐、糖类、氨基酸、蛋白质等也会被水溶出，这将影响到色素的纯度。另外，加入酸或碱可以增加某些色素成分的溶解度，提高色素成分的提取效率。一般地，酸性水可使生物碱呈盐溶出，碱性水可增加黄酮、香豆素、酚类物质溶出。因此，在色素提取工艺中，会出现酸性提取和碱性提取的工艺条件。采用水为溶剂时，一般采用浸渍和煎煮等方法使色素从细胞中溶出。

（2）有机溶剂提取法。一些色素在水中的溶解度较低，而在乙醇、丙酮、乙酸乙酯、石油醚等有机溶剂中有较好的溶解度，因此，对于这些色素可以采取有机溶剂来提取。乙醇、甲醇、丙酮等与水能够混溶，属于亲水性溶剂，提取的色素也具有一定的亲水性。其中，乙醇价格低、毒性低，可回收反复使用，提取时间比水提取时间短，提取的色素杂质含量少，不宜发霉变质，是天然色素提取最常用的一种溶剂。石油醚、氯仿、乙醚、乙酸乙酯等有机溶剂不能与水混溶，属于亲油性溶剂，主要用于提取植物中的油溶性色素成分。但油溶性溶剂选择性强，易挥发，价格贵，对设备要求高，提取时间长，因此具有一定的局限性。

**121**

#### 4. 溶剂浸提法分类

溶剂浸提法根据不同的操作方式，又可分为浸渍法、煎煮法和回流法等。浸渍法是指在一定温度下将植物资源直接分散于所用的溶剂中，使天然色素浸出，这种方法浸出率较低。煎煮法主要适用于水提取法，是将植物资源直接分散于水中，进行高温煎煮，使天然色素溶解而提取，是我国最早使用的传统浸出方法。回流提取法适用于挥发性有机溶剂提取，将植物资源置于含有机溶剂的浸出器中，加热蒸馏提取液，挥发性溶剂馏出后又被冷凝，重复流回浸出器中浸提植物，周而复始，直至有效成分回流提取完全。

#### 5. 溶剂浸提法影响因素

从植物提取的天然色素组成成分复杂，为了得到较高的提取率，提取时不仅需选择合适的提取溶剂和提取方法，还需考虑各种影响提取效果的因素，如原料的干燥程度、粉碎度、溶剂浓度、提取温度、时间、次数等。一般来说，植物原料越干燥，则其细胞的吸水（溶剂）力越大，对提取液的吸收就越快，提取速度也越快。新鲜的植物原料进行适当地干燥，有助于改善提取效果。植物原料提取时还需要经过粉碎处理，粉碎得越细，比表面积越大，色素浸出速度就越快，但也不宜过细，一般颗粒大小在 40 目左右较为合适。提取温度、时间、提取次数也是提取工艺优化时的主要影响因素，升高温度，分子渗透、溶解、扩散加快，色素溶出速率快；延长提取时间和增加提取次数，则可使色素溶出量增大。

### 二、辅助提取法

#### （一）超声波提取法

超声波提取法是利用超声波产生高速、强烈的空化效应和搅拌作用。富含能量的超声波作用于提取体系内，可以破坏植物细胞，扰乱物料表面溶剂层，增加溶剂穿透力，促进提取溶剂的扩散，促进植物原料毛细管系统中生物活性成分的释放；加剧物料颗粒之间的碰撞，引起介质温度升高，加速有效成分的溶出，增加提取的传质速率；缩短提取时间，提高提取率。

超声波提取具有低温节能、快速省时、效率高等优点，在植物色素提取中的应用越来越受到关注。超声波提取也存在一定的局限性，如溶剂受热不均匀，搅动强力导致提取液较浑浊，不易过滤；噪声污染大，提取物有效成分可能产生变性、损失等。

采用超声波提取时，需要考虑溶剂的种类和浓度、料液比、超声时间、超声功率和温度等因素。例如，以乙醇为溶剂从虎杖中提取大黄，采用超声辅助提取的最佳工艺为：在乙醇浓度为70%、液料比为 1：14（g/mL）、超声功率为 400W、超声时间为 8min 的条件下，大黄素的得率达到 0.72%。

#### （二）微波提取法

微波辅助提取法是在传统溶剂提取基础上发展起来的一种可以实现瞬时穿透加热的新型萃取技术。是利用提取溶剂微波吸收能力相对较差，微波辐射高频电磁波能穿透萃取介质，到达物料细胞内部，植物细胞组织会产生快速的、不规则的分子间运动，这种运动可以使物质内部发生摩擦并产生热能，促使细胞壁和组织破裂，细胞内色素成分溶解在萃取剂中，从而加快提取速度，有效地提高产物的得率。微波提取法具有萃取效率高、提取完全、溶剂用量少、省时节能、污染小等优点而越来越多地应用于天然色素的提取技术开发中。

采用微波辅助提取工艺时，需要考虑溶剂的种类和浓度、料液比、微波时间、微波功率等因素。例如，以红巧梅干花为原料，采取微波辅助方式提取红巧梅色素，最优条件为：以20%乙醇—水溶液作为提取剂，料液比1：20（g/mL），微波火力60%，提取时间30s。与常规有机溶剂提取法对比，微波辅助提取法耗时更短，提取效果较高。

### （三）酶法提取

酶法提取是利用生物酶的催化特性，在植物提取中，生物酶（果胶酶、纤维素酶、复合酶等）作用于植物原料的细胞壁和细胞间质，分解其中的纤维素、半纤维素和果胶等物质，引起细胞壁及细胞间质结构发生局部疏松、膨胀、崩溃等变化，从而增大细胞内部的色素成分向提取介质扩散的传质面积，减小传质阻力，促进天然色素的溶出，进而提高色素的提取率。与传统提取工艺相比，酶法提取具有高效、专一、反应条件温和、节能环保的特点。但是生物酶价格昂贵，加工成本较高，还需进一步研究与完善。

以银杏叶中黄酮类物质提取为例，添加纤维素酶进行辅助提取，当酶用量为0.3mg/mL，酶解温度为45℃，溶液pH为4.0，酶解时间为2h时，银杏叶中总黄酮的得率最高，较之对照组总黄酮得率提高了45.83%。

### （四）高压脉冲电场法

在天然色素提取过程中，提取率在很大程度上取决于生物材料的破壁状态。高压脉冲电场（PEF）是一种新型破壁技术，机理是当生物样品处于高强度电场的两个电极之间，以持续时间为几纳秒到几毫秒的重复脉冲形式施加电压，可在瞬间使生物体细胞的细胞壁和细胞膜电位混乱，改变其通透性，甚至可击穿细胞壁和细胞膜，使其发生不可逆破坏，从而有利于细胞内的色素溶出。高压脉冲电场法具有传递快速均匀、处理时间短、能耗低、可连续性操作等优点，并且低温处理可在最大程度上保留色素成分的颜色和特性。高压脉冲电场法提取的效果与原料种类、细胞大小有关，还与提取温度、介质pH、电导率和黏度等有关。例如，高压脉冲电场辅助乙醇提取栀子黄色素，当脉冲电场强度20kV/cm、脉冲数8、料液比为1：15、乙醇浓度60%时，一次提取率可达93.2%，提取效果优于水浸法、微波辅助提取法。具有省时、高效、低能耗等特点。

### （五）亚临界水提取法

亚临界水提取法是以亚临界水为提取剂从植物中提取色素。其原理是在一定压力范围内，温度介于沸点（100℃）和临界点（374℃）之间的水可有效降低水的表面张力和黏性，使亚临界水具有类似有机溶剂的极性，从而高效提取织物中的色素成分。该方法具有提取效率高、提取效果好、安全无毒、无污染等特点。

例如，采用亚临界水提取工艺从黑枸杞中提取花青素。当提取温度为120℃，提取时间为18min，提取压力为9MPa，料液比为1：30（g/mL）时，得到总花青素含量为6862.4mg/kg。提取效率高于微波法，与传统回流法相当，但提取时间短、效果好、无污染。

### （六）超临界流体提取法

超临界流体提取法是利用超临界流体的特殊溶解性来提取植物原料中的色素成分。通过调节压力和温度，可以改变超临界流体的密度，增强流体对色素的溶解能力，有利于色素的提出，并可通过减压、升温等操作实现萃取剂与提取物的分离。最常用的超临界流体萃取材料是 $CO_2$，在 $CO_2$ 作为超临界流体萃取剂的系统中，添加碳氢化合物（如乙醇或甲醇）和天然油等作为共溶剂，将增加 $CO_2$ 对不同溶质的亲和力，从而提高对天然色素的提取率。该方法具有萃取速度快、选择性好、低温下可进行、对环境无危害等优点，克服了传统萃取方法中存在的问题。但也存在设备工作压力大、设备要求高等不足。

采用超临界 $CO_2$ 流体萃取法提取姜黄素，当原料粒度 1.0mm，萃取压力为 35MPa，萃取温度 40℃，萃取时间 3h，$CO_2$ 流量 30L/h，共溶剂（95%乙醇）用量 1mL/g，姜黄素提取量达到 14.317mg/g。

### 三、发酵提取法

植物靛蓝是从蓼蓝、菘蓝、马蓝、木蓝等蓝草提取得到的，但蓝草本身不含靛蓝，而是以配糖体的形式存在的靛质。蓝草中的靛质以吲哚苷（靛苷）类物质的形成存在，是吲哚酚的葡萄糖苷；菘蓝中含有的大青素 B（菘蓝苷），是吲哚酚与果糖酮酸所形成的酯。将采集的蓝草叶子浸于水中发酵，靛质从蓝草细胞中溶出来，如图 4-11 所示。微生物在适宜的温度、pH 等条件下大量繁殖，发酵分泌出糖化酶，吲哚酚配糖体在碱性发酵液中会被糖化酶或碱剂分解，游离出吲哚酚，水解出的葡萄糖进一步分解为乳酸，加强糖化酶活力，催化水解苷键，生成更多的吲哚酚，如图 4-12 所示。

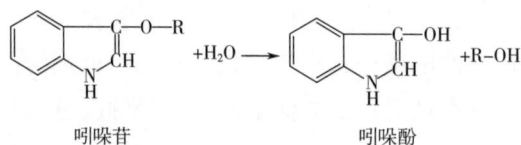

图 4-11　蓝草在水中的发酵反应

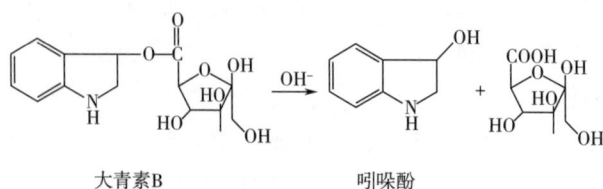

图 4-12　大青素 B 在碱性溶液中的发酵反应

加入石灰等碱性物质，使浸渍液呈碱性。吲哚酚在碱性环境下会发生烯醇—酮互变异构，进而生成吲哚酮。两分子的吲哚酮可在碱性条件下发生氧化缩合反应生成不溶于水的悬浮状靛蓝（图 4-13），缓慢下沉。水中的氢氧化钙与发酵产生的二氧化碳气体作用生成的碳酸钙沉淀，能吸附悬浮状的靛蓝，加速其下沉。待靛蓝沉淀完毕，倾去上部清液，得到浆状的靛蓝。将沉淀煮沸，并加酸中和碱质，滤洗数次，压滤、烘干即得到干燥的靛蓝。

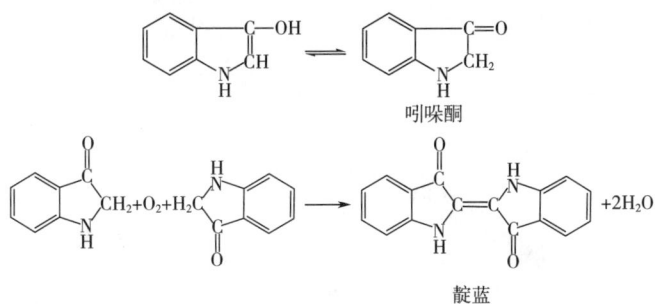

图 4-13　吲哚酮生成靛蓝的反应

在古代采用蓝草染色时，一般将蓝草鲜叶搓揉浸出靛质，取发酵完成后的还没有被氧化的黄绿色浸出液，直接浸入织物或纤维进行染色。此时，浸出液中的吲哚酚上染到纤维内部，取出在空气中氧化，直接在纤维上形成靛蓝。

# 第四节　天然染料染色

## 一、天然染料染色原理和方法

天然染料是从天然动植物体中提取的色素，从不同原料中提取的天然染料结构各异，品种繁多，对各种纤维的染色能力也各不相同。总结常用天然染料的染色原理和方法，进行分析说明。

### （一）天然染料染色原理

从天然染料的结构可以看出，大多数天然染料的分子结构简单，不含线形共平面结构，因此对纤维的亲和力较小。大多数天然染料分子上含有多个羟基，带弱的负电性，在一定 pH 条件下可以通过弱的范德瓦耳斯力、氢键和静电引力直接上染蛋白质纤维、锦纶等带有正电荷的纤维，也可以上染经过阳离子化改性的纤维素纤维。研究表明，芡实壳天然染料上染真丝的动力学，叶绿素铜钠盐上染羊毛织物的动力学，栀子黄上染阳离子改性棉织物的动力学，茜草色素、石榴皮色素和高粱红色素等上染锦纶的动力学均符合准二级动力学模型。图 4-14 为茜草色素上染锦纶织物的准二级动力学拟合结果。说明影响吸附作用的主要因素是化学键的形成，吸附过程主要是化学吸附，也存在一定的物理吸附。

紫胶色素在锦纶上的染色热力学研究表明，Langmuir 型和 Redlich-Peterson 型均能很好地拟合紫胶在锦纶上的吸附模型。酸性条件下紫胶与锦纶可以发生定位吸附。此外，紫胶色素分子结构中还含有较多的羟基，可以与锦纶上的氨基发生氢键作用，同时，锦纶大分子链和紫胶之间也存在范德瓦耳斯力作用，具有非定位吸附作用。图 4-15 为 90℃ 时紫胶色素上染锦纶的热力学吸附模型。

**125**

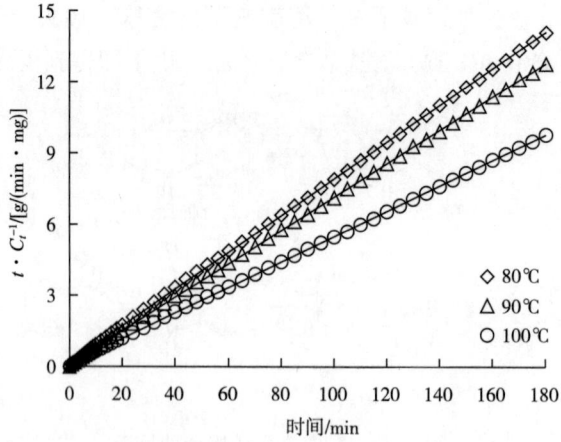

图 4-14　茜草色素上染锦纶 6 的准二级动力学拟合曲线

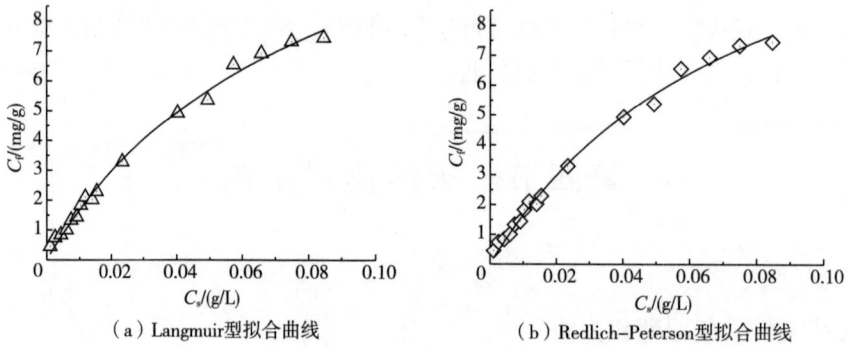

（a）Langmuir型拟合曲线　　　　（b）Redlich-Peterson型拟合曲线

图 4-15　紫胶在锦纶上的吸附等温线拟合

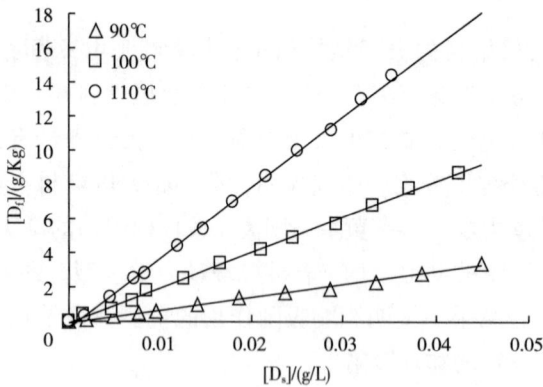

图 4-16　大黄素对 PET 纤维吸附等温线

一些具有蒽醌结构的天然染料，染料相对分子质量较小，并具有很多羟基，与分散染料的分子结构非常相似，如大黄素、茜素等，可以对聚酯纤维进行染色。试验表明，PET、PTT、PLA 三种纤维对大黄素的吸附等温线都是线性的，均属于 Nernst 分配型，分配系数是常数，类似聚酯纤维对分散染料的吸附性质，染色属于分配机理，主要依靠范德瓦耳斯力上染。图 4-16 为大黄素上染 PET 纤维的热力学吸附模型，表 4-1 为热力学参数。

表 4-1　大黄素上染 PET 纤维的热力学数据

| 温度/℃ | 分配系数 $K$/（L/kg） | $-\Delta\mu^0$/（kJ/mol） | $\Delta S$/［J/（mol·K）］ | $\Delta H$/（kJ/mol） |
|---|---|---|---|---|
| 90 | 72.07 | 12.91 | | |
| 100 | 203.82 | 16.49 | 0.307 | 98.361 |
| 110 | 396.41 | 19.05 | | |

总体而言，直接染色时天然染料对纤维的亲和力比合成染料低得多。例如，90℃时，紫胶色素上染锦纶的亲和力为 14.81kJ/mol，木樨草素上染羊毛纤维的亲和力为 14.86kJ/mol，而合成的酸性染料上染蚕丝、羊毛的标准亲和力要大得多。因此，天然染料对纤维直接染色时，上染率较低，较难得到深浓的颜色，同时染料的利用率很低。

为了提升天然染料对纤维的染色性能，结合大部分天然染料分子结构中含有多元酚羟基、羰基，可以提供给电子对，与过渡金属元素络合形成配位结构的配位基，所以大部分天然染料可以采用金属离子媒染，通过配位键的形成提高与纤维的作用力。染色过程中，纤维和染料分子中带孤对电子的取代基与金属离子的空轨道之间形成的配位键络合结构（图 4-17），把染料分子与纤维结合在一起。

媒染处理可以提高天然染料的上染率和得色量。经过媒染后的纤维，首先金属离子与纤维发生配位作用，染色时，金属离子带正电荷，具有吸附天然染料的静电引力，同时也可与染料形成配位键结合，促进染料对纤维的上染。

采用金属离子媒染时，金属离子与天然染料之间形成配位键结合，必然会改变天然染料分子发色体系的电子跃迁能级间隔，并影响天然染料发色体系中 π 电子云的分布，从而导致染色织物的颜色发生变化。天然染料与金属离子络合前后颜色的变化情况主要取决于金属离子与天然染料分子中配位基的性质和位置。同一种染料在不同媒染剂的作用下，能够得到不同的颜色，对于色谱不全的天然染料来说有其重要意义，可以充分利用，扩大色谱范围。表 4-2为茜草色素染色真丝织物采用不同金属离子后媒染后的颜色特征值。

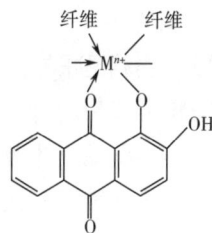

图 4-17　纤维和染料形成的
配位键络合结构

表 4-2　不同媒染剂对茜草色素染色真丝织物颜色特征值的影响

| 媒染剂 | $L^*$ | $a^*$ | $b^*$ | $C^*$ | $h$ | $\lambda_{max}$ | $K/S$ 值 | 布样颜色 |
|---|---|---|---|---|---|---|---|---|
| 无 | 61.96 | 7.74 | 34.30 | 35.16 | 77.28 | 400 | 4.24 | |
| 硫酸铝 | 46.15 | 29.85 | 16.14 | 33.94 | 28.40 | 505 | 5.57 | |
| 硫酸铝钾 | 45.08 | 29.55 | 15.38 | 33.28 | 27.39 | 505 | 5.88 | |
| 硫酸钾 | 59.75 | 7.09 | 18.06 | 19.45 | 68.55 | 400 | 3.34 | |
| 硫酸铜 | 36.70 | 21.44 | 2.08 | 21.55 | 5.55 | 525 | 6.91 | |

| 媒染剂 | $L^*$ | $a^*$ | $b^*$ | $C^*$ | $h$ | $\lambda_{max}$ | $K/S$ 值 | 布样颜色 |
|---|---|---|---|---|---|---|---|---|
| 硫酸亚铁 | 30.68 | 6.37 | −2.60 | 6.91 | 337.38 | 525 | 7.54 | |
| 磷酸二氢钙 | 61.66 | 8.33 | 24.76 | 20.86 | 69.32 | 400 | 2.76 | |

注 染色：茜草色素5%（owf），pH=4，95℃，60min；后媒：媒染剂5%（owf），pH=5，50℃，40min。

采用金属媒染剂媒染处理后，可以增强天然染料与纤维之间的结合力，提高染色牢度。此外，配位作用可以提高天然染料的化学稳定性，使染色织物的耐光照色牢度等得到提高。

除了金属离子以外，鞣质类化合物如单宁、栲胶等，除了作为天然染料染色外，也常被作为天然媒染剂使用。当采用鞣质处理织物时，鞣质被纤维吸附，会在纤维上引入羟基和羧基，如果同时采用金属离子进行处理，鞣质可以通过与金属离子配位或形成金属盐的形式吸收金属离子，无论是直接由金属离子本身，还是以鞣质与金属的络合物形式都能提高染料对纤维的亲和力。由于棉织物本身带弱的负电性，对天然染料的亲和力较弱，这种处理方式对提高天然染料上染棉织物十分有意义。

### （二）天然染料染色方法

#### 1. 直接染色法

直接染色法就是采用天然染料直接对纤维进行染色，而不经过媒染工序。对纤维直接性大的天然染料可以采用直接染色法进行染色，主要是天然染料在酸性条件下对蛋白质纤维的染色。此外，小檗碱（生物碱）等带有弱阳离子性的天然染料可以通过静电引力作用对带有负电性的纤维素纤维等直接染色。一些具有蒽醌结构天然染料类似于合成分散染料，在一定条件下可以直接上染疏水性的合成纤维，也可以采用直接染色法染色。由于天然染料对各类纤维的直接性较低，一般直接染色法只能获得较浅的颜色织物，并且色牢度较差。

#### 2. 媒染染色方法

根据金属媒染剂媒染和染色加工的顺序不同，媒染工艺方法分为三种：预媒染法、后媒染法和同浴媒染法。

（1）预媒染法。预媒染法也称先媒后染法，是指染色前纤维（织物）先在媒染浴中浸渍媒染，使媒染剂中的金属离子先被纤维吸附，形成配位键结合，然后再用天然染料进行染色的方法。由于预媒染后金属离子先吸附在纤维上，可以增加纤维上天然染料上染的位置，并通过配位键与金属离子结合，从而可以提高天然染料的上染率。采用预媒染法染色时，最终产品的颜色可以通过染料的用量得到调节，比较容易控制，仿色比较方便。值得注意的是，由于染料与金属离子发生配位后颜色会发生变化，因此，纤维的颜色不仅与染色工艺有关，还与预媒染的工艺有关，也与金属离子和天然染料的配位能力有关。

（2）后媒染法。后媒染法又称先染后媒法，是指先用天然染料对纤维进行染色，然后再用媒染剂进行处理的染色方法。后媒染法对于提高天然染料的上染率没有太大的帮助，当天然染料直接染色的上染率较高时，可采用此方法。后媒染时，已经上染到纤维上的天然染料可通过与金属离子配位，形成染料与染料之间的络合结合，或者染料—金属离子—纤维三者之间的配位结合，提高染料与纤维的结合力，有效提升染色织物的色牢度。同时，后媒染法染色织物的透染性、匀染性比较好。采用后媒染法的染色织物，最终产品的色泽要在媒染处理后才能判断，并且通过后期的工序较难发生改变，颜色的控制比较麻烦。

（3）同浴媒染法。同浴媒染法是指将金属离子直接加到染浴中，在同一染浴中处理纤维，同时达到染色与媒染的方法。该方法的优点是工艺流程短，但由于染料与媒染剂同存于染液中，染料和金属离子在染浴中就会发生配位而相互结合，将使天然染料的溶解度大大下降，有可能产生染料配合物的沉淀，而导致上染率低和染色不匀的问题；此外，由于上染与配位同时进行，染料在纤维内的扩散往往不够充分，可能存在表面染色的现象，在染浓色时，产品的耐摩擦色牢度较差。因此，使用该方法时要特别注意染料溶解度的问题。

### 3. 还原染色法

还原染色法专门用于具有靛族结构天然染料的染色方法。从蓝草植物中提取并经氧化的植物靛蓝粉末或靛泥在染色时需要经过一个还原、上染和氧化的过程，反应过程如图 4-18 所示。植物靛蓝本身不溶于水，需先经还原成隐色体（靛白），溶解于水中，再上染到纤维上，然后经氧化在纤维上恢复为不溶性的靛蓝本身，失去水溶性，形成色淀附着在纤维上，达到染色的目的。

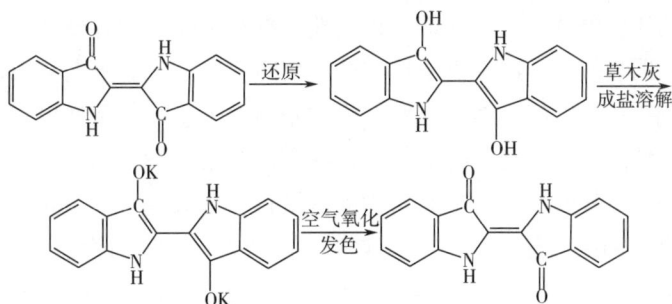

图 4-18　靛蓝还原染色法

目前，植物靛蓝还原染色的工艺主要在于还原方法的不同。主要有发酵还原法和还原剂还原法。

染色时，将棉等纤维素纤维或织物浸入已还原好的染液，就可进行染色。染色时为了使染液保持还原溶解状态，在染色过程中应保持染液的碱性和还原剂过量。否则会使染色产品产生浮色，从而影响染色牢度，并使色泽晦暗。由于靛染的隐色体相对分子质量很小，对纤维的亲和力不高，因此染色时温度可以维持在室温，冬天可以稍加温。为了提高染色牢度，可以采取低浓度染液、多次染色的方法。如果染色时一次浓度很高，染料的隐色体不能被纤维一次吸尽，就会在织物上产生大量浮色。染料氧化后在纤维表面形成很多固体微粒，很容易经摩擦而脱落。用低浓度染液染色时，每经过一次浸染和氧化过程，染料可以比较充分地上染纤维，并在纤维内部固着，因此能得到较高的牢度。一般浅色需要重复染色 2~3 次，而深色则需要进行 8~9 次甚至 10 多次。视织物的厚薄，每次染色十几分钟至数小时；氧化时

**129**

间每次十几分钟。为了加快染色速度，也可以采用氧化剂直接进行氧化。

### 二、天然染料对蛋白质纤维的染色

羊毛、蚕丝等蛋白质纤维的大分子链上含有氨基和羧基，具有两性性质，在染色时，纤维表面所带电荷随溶液的 pH 而变化。pH 小于等电点时呈正电性；大于等电点时为负电性。一些分子中带有羧基等阴离子基团的天然染料，如大黄酸、胭脂红酸，可以电离为负离子，在弱酸性条件下，能够与蛋白质纤维形成离子健而上染；而小檗碱等带正电荷的天然染料，在中性或碱性条件下，也可与蛋白质纤维形成离子键而结合。此外，大多数的天然染料分子中均含有较多的酚羟基，一方面带弱的负电性，在酸性条件下与纤维存在一定的静电引力，体现出酸性条件下上染率高的趋势；另一方面羟基具有与纤维分子中的氨基、羟基或羧基形成氢键结合的能力，同时染料分子还能通过范德瓦耳斯力与纤维相结合。综上所述，天然染料对蛋白质纤维的染色存在多种作用力共同作用的情况。因此，天然染料对羊毛、蚕丝等蛋白质纤维的染色应用最为广泛。相对而言，染色牢度也比较好。

天然染料对蛋白质纤维染色时，一般采用酸性条件染色。染浴 pH、染色温度等对染色效果有较大的影响。如图 4-19 所示，采用碧根果壳色素对蚕丝织物染色时，pH 对染色织物的 $K/S$ 值有较大的影响，pH 处于 3~4 时为最佳，在酸性条件下染色织物的得色量较大，也就是在蚕丝纤维的等电点以下的酸性条件下蚕丝纤维带正电性，有利于吸附含有羟基等负电性基团的染料分子，因此，得色量明显较大，这说明染料与纤维之间存在一定的静电引力。由于天然染料结构种类较多，而不同结构种类的天然染料对纤维的染色性能、工艺条件也有较大的不同，不能一概而论。在采用天然染料染色时，需要进行必要的工艺因素试验，以获得最佳的工艺条件。

图 4-20 显示，采用紫胶色素对羊毛织物进行染色，紫胶色素质量浓度为 4%（owf），染浴 pH=3.6，随着染色温度的提高，染色织物 $K/S$ 值增大，染色的最佳温度为 95℃。

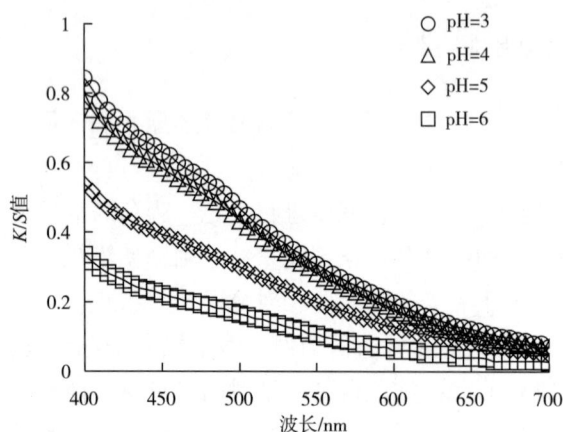

图 4-19  pH 对碧根果壳色素上染蚕丝织物的影响（染色温度 95℃，时间 40min）

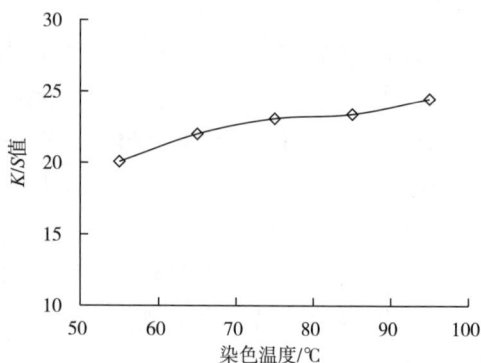

图 4-20  染色温度对紫胶色素上染羊毛织物的影响

如果采用金属离子媒染时，在蛋白质剩基上含有羟基、氨基等带有孤对电子的供电子基团，同时天然染料分子中也带有很多羟基或羧基，它们可以与金属离子中的空轨道形成配位键，因此，绝大部分天然染料对蛋白质纤维的染色均可采用媒染的方法，提高染料的上染率、染色牢度以及颜色的多样性。表4-3显示金属离子预媒染对一些天然染料染色的影响。可见，预媒染能够提高天然染料上染蚕丝或羊毛织物的表观色深（$K/S$值）以及染色后的色牢度，常规染色还是需要进行媒染处理。

**表4-3 金属离子预媒染对天然染料染色性能的影响**

| 天然染料/纤维 | 染色方法 | $K/S$值 | 耐皂洗色牢度/级 | | | 耐光色牢度/级 |
|---|---|---|---|---|---|---|
| | | | 变色 | 毛或丝沾色 | 棉沾色 | |
| 紫胶色素/羊毛（4%，owf） | 直接染色 | 24.74 | 3 | 4 | 4 | 3 |
| | 铝媒预染（4%，owf） | 26.60 | 4~5 | 4~5 | 4~5 | 4 |
| | 铁媒预染（4%，owf） | 29.01 | 4 | 4~5 | 4~5 | 4 |
| 茜草色素/蚕丝（3%，owf） | 直接染色 | 2.68 | 3 | 4 | 4 | 2 |
| | 铝预媒染（3%，owf） | 6.58 | 4 | 4~5 | 4~5 | 3 |
| | 铁预媒染（3%，owf） | 10.97 | 4 | 4~5 | 4~5 | 4 |

由于天然染料种类较多，不同种类天然染料对蛋白质纤维的染色工艺又有较大的不同，下面以茜草色素对蛋白质纤维的染色工艺为例加以说明。

预媒染法和后媒染法的媒染工艺基本一致。

媒染工艺：

按浴比1：30在染缸中加入所需的水量，加入匀染剂、媒染剂溶液，调节染浴pH=4~5，经润湿的织物40℃入染，以1℃/min的速度升温到60℃，媒染40min，按2℃/min的速度降温到50℃，出缸。

媒染浴处方：

媒染剂（owf）/%       $y$（一般在2~8，根据需要调节）

匀染剂/（g/L）      1

酸剂调节pH       4~5

浴比       1：30

染色工艺：

按浴比1：30在染缸中加入所需的水量，加入匀染剂、天然染料溶液，调节染浴pH=3~4，经润湿的蚕丝织物30℃入染，以1℃/min的速度升温到95℃，染色40min，按3℃/min的速度降温到50℃，出缸。皂洗（中性洗涤剂1g/L，80℃，20min），热水洗、冷水洗，脱水，烘干。

染浴处方：

天然染料（owf）/%       $x$（根据需要调节）

匀染剂/（g/L）      1

酸剂调节pH       3~4

浴比　　　　　　　　　　　　　1∶30

### 三、天然染料对纤维素纤维的染色

纤维素纤维是由葡萄糖双糖以 1，4-苷键连接而成的大分子，具有线性结构，分子中含有醇羟基，一般不含可以电离的基团，因此，不能与天然染料形成离子键的结合，主要通过范德瓦耳斯力和氢键与天然染料结合。而天然染料分子中虽然还含有可形成氢键的基团，但相对分子质量一般较小，与纤维的范德瓦耳斯力作用较弱。因此，直接染色时，天然染料对纤维素纤维的亲和力小于蛋白质纤维，上染百分率很低。表 4-4 中所列几种天然染料在纯棉织物上直接染色的得色量均较低。

表 4-4　几种天然染料在纯棉织物上直接染色的 $K/S$ 值

| 染料种类 | 红花黄色素 | 板栗壳色素 | 石榴皮色素 | 茜草色素 |
|---|---|---|---|---|
| $K/S$ 值 | 0.33 | 0.61 | 0.91 | 0.75 |

注　染料用量 6%（owf），平平加 O 1g/L，90℃，50min

在媒染染色时，纤维素纤维上的葡萄糖剩基的醇羟基也可以与金属离子形成配位结构，媒染有利于天然染料与纤维素纤维通过配位键结合而上染。但纤维素纤维与金属离子的络合能力比蛋白质纤维要弱，因此，无论是采用直接染色还是媒染染色，大多数天然染料在纤维素上的得色量都低于蛋白质纤维。

为了提高天然染料对纤维素纤维染色的得色量，人们还研究采用生态阳离子改性剂，如壳聚糖阳离子改性剂，对纤维素纤维进行阳离子化改性，在纤维素纤维大分子上接入阳离子性基团，使天然染料可以通过静电引力吸附到纤维的表面而上染，显著提高上染率。在阳离子改性的基础上，进一步进行媒染处理，可以提高染色织物的色牢度。媒染方法也分为预媒染、后媒染和同浴媒染方法。表 4-5 显示，阳离子改性后能提高天然染料上染棉纤维的得色量，进一步媒染对提升染色织物的表观色深和色牢度有很大的作用。

表 4-5　硫酸亚铁媒染对天然染料染色阳离子改性棉织物的影响

| 天然染料 | 染色方法 | $K/S$ 值 | 耐皂洗色牢度/级 | | | 耐光色牢度/级 |
|---|---|---|---|---|---|---|
| | | | 变色 | 毛或丝沾色 | 棉沾色 | |
| 板栗壳色素 | 改性/染色 | 2.83 | 4-5 | 4-5 | 4 | 2-3 |
| | 改性/预媒染/染色 | 5.72 | 4-5 | 4-5 | 4 | 4 |
| | 改性/染色/后媒染 | 3.07 | 4-5 | 4-5 | 4-5 | 3 |
| 茜草色素 | 改性/染色 | 3.63 | 4-5 | 4-5 | 2 | 3 |
| | 改性/预媒染/染色 | 6.78 | 4-5 | 4-5 | 4-5 | 4 |
| | 改性/染色/后媒染 | 3.79 | 4-5 | 4-5 | 4 | 4 |

注　媒染：硫酸亚铁 4%（owf），60℃，30 min；染色：染料 6%（owf），平平加 O 1g/L，90℃，50min。

植物靛蓝作为天然还原染料，是纤维素纤维的传统天然染料。广泛用于我国传统蓝印花布、扎染、蜡染产品的染色加工，目前，已被开发用于大规模生产牛仔面料、针织面料的染色加工中。植物靛蓝在碱性条件下经还原转变为隐色体而溶于水中，隐色体上染纤维，然后在纤维上被氧化恢复为不溶性的靛蓝而固着在纤维内部。植物靛蓝的染色加工过程中，对靛蓝的还原是重要的步骤，主要有传统的发酵还原法和还原剂还原法。

（1）发酵还原法。发酵还原法是采用酵母还原靛蓝，所用的酵母可从茜素、菘蓝、地黄根等中获得，也可以从酒糟中提取。酵母在发酵时会产生氢气，将靛蓝还原成隐色体。还原液中还可以加入米糠和蜜糖等培养剂，它们在酵母的作用下被分解，同时放出氢气，促进靛蓝的还原。由于还原过程中会放出酸性物质，因此需要加碱中和，常用的碱剂有石灰、纯碱、碳酸钾等。碱剂还有促进隐色体溶解的作用。发酵还原法需要的时间较长，一般需要几天才能完成，还原完成后，获得的隐色体溶液可连用数月。该方法一般适用于小规模的染色加工。

还原工艺举例：按比例取水，加入还原缸中，加热到60℃。搅拌下加入纯碱及糖浆，然后将靛蓝、石灰依次加入，温度保持到75℃左右。搅动发酵2~3日。如果液体变成黄绿色，说明发酵完成。还原液处方如下：

| | |
|---|---|
| 植物靛蓝/kg | 60 |
| 糠皮/kg | 60 |
| 糖浆/kg | 18 |
| 茜草根/kg | 12 |
| 纯碱/kg | 50 |
| 石灰/kg | 2 |
| 水/L | 18000 |

（2）还原剂还原法。还原剂还原法是指直接采用还原剂对靛蓝进行还原处理。具有反应速率快、时间短、反应比较彻底的优点，主要用于大规模工业化生产。还原方法用得最多的是烧碱保险粉法。但由于使用了很多化学试剂，对生产环境会产生一定的影响。为了减少生产过程对环境的影响，生态还原方法成为研究的热点，如采用葡萄糖还原法、电化学还原法等。

葡萄糖还原工艺采用干缸还原法，取天然靛蓝，加入规定量的分散剂木质素磺酸钠化成的分散液，然后加入水和 NaOH 溶解。将还原液温度升到50℃，加入葡萄糖溶解，保温还原15 min 左右，溶液呈黄绿色为止。还原液处方如下（g/L）：

| | |
|---|---|
| 植物靛蓝 | 10 |
| 葡萄糖 | 50 |
| 烧碱 | 10 |
| 分散剂 | 2 |

植物靛蓝棉织物染色工艺：

按照浴比1∶40配制靛蓝隐色体溶液，加入元明粉，搅拌均匀，经过润湿的纯棉织物放入隐色体溶液中，保持染色温度35℃，浸染时间20min，然后取出，在空气中氧化15min，此过程重复3次，然后进行水洗—皂洗—水洗—烘干。

皂洗工艺:皂粉 1.5g/L,纯碱 1.5g/L,浴比 1:40,温度 95℃,时间 10min。

### 四、天然染料对其他纤维的染色

一些具有醌类结构的天然染料已被用于聚酯纤维等合成纤维的染色,染色性能和染色工艺与分散染料基本一致。其中,温度和 pH 对颜色深度有较大的影响。从图 4-21 可以看出,采用大黄酚和大黄素对聚酯(PET)纤维染色时,温度对染色织物的 $K/S$ 值有较大的影响,这是由于聚酯需要在较高温度下通过分子链段的剧烈运动,产生较大较多的空穴,才能使染料上染纤维。高温高压染色的得色量远远高于常压染色。高温高压条件下,大黄素、大黄酚可以直接上染 PET 纤维。

从图 4-22 可知,pH 对染色结果也有很大的影响。染色最佳 pH 在 5 左右,这一点与分散染料染色基本一致。这是由于大黄酚分子中的酚羟基在碱性条件下会电离产生负电荷,染料的水溶性大大提高,从而使其对疏水性聚酯纤维的亲和力大大下降。

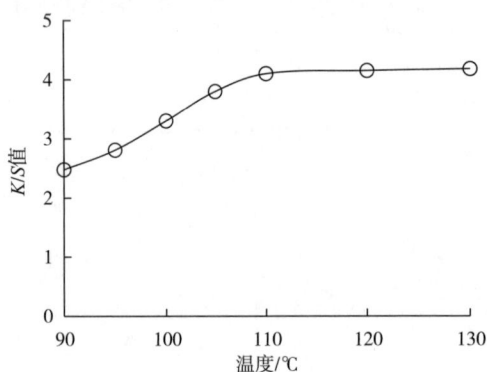

图 4-21 反应温度对大黄酚上染 PET 纤维得色量的影响

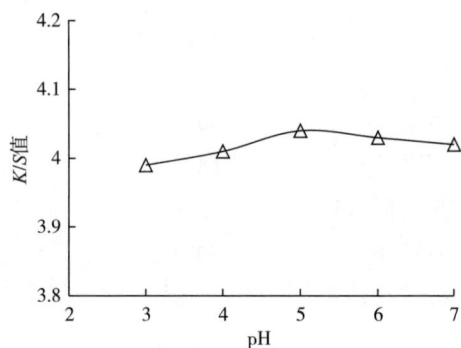

图 4-22 pH 对大黄酚上染 PET 纤维得色量的影响

研究表明,媒染对天然染料上染聚酯纤维的性能没有太大的影响,这可能是由于聚酯纤维本身不能与金属离子形成配位,并且聚酯纤维结构比较紧密,影响到纤维内部染料与金属离子的配位结合。

(1)天然染料对聚酯纤维的染色工艺。按浴比 1:20 在染缸中加入所需的水量,加入高温匀染剂、天然染料溶液,调节染浴 pH=5~6,经润湿的织物 40℃入染,以 2℃/min 的速度升温到 110℃,染色 50min,按 3℃/min 的速度降温到 50℃,出缸。皂洗(中性洗涤剂 1g/L,80℃,20min),热水洗、冷水洗,脱水,烘干。

染浴处方:

| | |
|---|---|
| 天然染料(owf)/% | $x$(根据需要调节) |
| 高温分散匀染剂/(g/L) | 2 |
| 调节 pH | 5~6 |
| 浴比 | 1:20 |

（2）天然染料对锦纶的同浴媒染染色工艺。天然染料对锦纶的染色性能有点类似于蛋白质纤维的染色，一般可以在酸性条件下进行，虽然锦纶上的氨基数量比蚕丝纤维要少，但也能通过静电引力、配位键、氢键和范德瓦耳斯力使天然染料上染。一般可以采用预媒染或同浴媒染工艺进行染色。

按浴比1∶30在染缸中加入所需的水量，加入分散剂、天然染料溶液、媒染剂溶液，调节染浴pH=4左右，经润湿的锦纶织物30℃入染，以1℃/min的速度升温到95℃，染色50min，按3℃/min的速度降温到50℃，出缸。皂洗（中性洗涤剂1g/L，80℃，20min），热水洗、冷水洗、脱水、烘干。

染浴处方：

| | |
|---|---|
| 天然染料（owf）/% | $x$（根据需要调节） |
| 媒染剂（owf）/% | $y$（一般在2~8，根据需要调节） |
| 分散剂/（g/L） | 2 |
| 调节pH | 4左右 |
| 浴比 | 1∶30 |

# 第五节 天然染料印花

纺织品印花是指将染料施加于织物特定区域以获得想要花型图案的一种加工方式。由于天然染料的溶解性较低、对纤维的亲和力较低，并且一般天然染料对纤维的着色都需要通过媒染来提高染色牢度，导致天然染料印花不能像合成染料一样获得满意的印花效果，所以，天然染料的纺织品印花加工的产业化生产还处于小规模试验阶段。

## 一、天然染料印花方法

为了获得轮廓清晰的图案，印花需要通过印花色浆将染料传递到织物上去。因此，印花色浆的组成成为天然染料染色技术开发的关键。色浆主要由原糊、染料溶液和吸湿助溶剂等组成。对于天然染料印花而言，还存在媒染剂的添加问题，也就是媒染处理在哪一个工序进行。天然染料染色分为预媒染、后媒染和同浴媒染三种工艺。相应地，天然染料印花也可分为三种工序：预媒印花、后媒印花和同浆印花。

### 1. 预媒印花

预媒印花是指需要印花的织物先用媒染剂进行媒染，烘干后再用天然染料色浆进行印花，在蒸化过程中，天然染料从色浆中转移到织物上，并与织物上的金属离子发生配位，加上氢键和范德瓦耳斯力等作用力固着在纤维上形成花纹图案。该方法的不足之处是织物在印花前需要进行媒染、烘干等工序，加工流程较长，同时，留白部分也要进行媒染，造成白地不白和媒染剂浪费。

**2. 后媒印花**

后媒印花是指织物直接采用天然染料色浆进行印花，经过蒸化工序后，在后处理水洗工序加入媒染剂进行媒染处理，金属离子在纤维内部扩散，与织物上的染料进行配位键结合。这种方法的不足是也是整匹布都要经过媒染处理，同样存在白地不白的问题。另外，由于天然染料对纤维的亲和力较低，得色量较低，在洗涤和媒染过程中可能会有较多的天然染料从织物上脱落到洗涤液和媒染液中，并出现沾色问题。

**3. 同浆印花**

同浆印花是指将天然染料和媒染剂同时加入色浆中，对织物进行印花。该工艺的优点是不用单独进行媒染处理，也不会在留白处留有媒染剂，保持留白处的白度；而不足之处是天然染料和媒染剂将在色浆中发生配位反应，溶解度下降，产生不溶性沉淀，一方面影响色浆的流变性，从而影响印透性和轮廓清晰度；另一方面，由于染料与媒染剂形成的不溶性沉淀颗粒较大，不利于向纤维内部扩散，影响染料向纤维内部的转移，导致得色量下降。

单从获得花纹图案的角度出发，人们还利用天然染料与金属离子络合后会产生颜色较大变化的现象，开发新的印花方式。例如，在织物上印制含有不同金属媒染剂的色浆图案，然后再用天然染料进行染色；或者织物先采用天然染料直接染色，然后在织物上印制含有不同金属媒染剂的色浆图案，根据不同金属媒染剂与天然染料络合后得到不同的颜色，在织物上体现出不同颜色的图案。例如，采用茜草色素进行染色，然后分别印制含有铝离子和铁离子的色浆，就可获得具有不同颜色的花纹图案，印制铝离子的图案呈红色，印制铁离子的图案呈紫色。但是采用这种方法应该注意到地色也同时被染上了颜色，只有找到同时满足地色和花型颜色的染料才可以采用这种方法，对颜色的选择性较低。

## 二、天然染料印花工艺

由于天然染料对纤维素纤维类纺织品的直接性较低，一般得色量较低，目前较少采用天然染料对纤维素纤维织物进行印花加工。羊毛、蚕丝等蛋白质纤维在一定条件下具有正电性，可以与天然染料通过静电引力作用而结合，印花时具有较好的给色量，可进行印花加工。

### （一）工艺流程

预媒染→印花→烘干→后处理

由于天然染料对纤维的直接性较低，一般需要预媒后再进行印花，以提高印花后的得色量。如果所选择的天然染料对纤维的亲和力较大，也可以不进行预媒染，直接进行印花。

### （二）印花色浆的制备

**1. 印花色浆配方（g）**

| | |
|---|---|
| 天然染料 | $x$ |
| 原糊 | 600 |
| 吸湿剂 | 50 |
| 助溶剂 | 15 |
| 酸剂 | 30 |

水　　　　　　　　　　$y$

总计　　　　　　　　　1000

**2. 印花色浆的调制**

印花色浆由天然染料、吸湿剂、助溶剂等与原糊组成。

（1）天然染料。天然染料一般在水中的溶解性较差。由于印花色浆中水的用量只有色浆的 20%～25%，用于溶解染料的水比染色时要少得多，天然染料较难完全溶解，因此在溶解时需要适当添加助溶剂，也可以添加一定量的分散剂，并将染液通过研磨设备进行研磨，经一定目数的滤网过滤后再加入原糊中。由于天然染料对纤维的直接性较低，印花色浆中天然染料的用量不宜过多。在印花前还需要试验不同天然染料在某种织物上印花时的最大用量。染料用量过大会造成表面浮色的增多，导致后道水洗过程中白地沾污以及印花织物色牢度的下降。

（2）原糊。印花原糊的作用是防止印花时染液渗化，保持轮廓清晰度，将色浆中的染料和助剂传递到织物上，与纤维发生结合；印花原糊对色浆中的化学药剂应具有良好的稳定性，不与染料发生作用，对纤维有一定的黏附力并易于从织物上洗去。相容性是衡量原糊与染料、助剂能否相互配伍的一项指标，它与印制效果关系极为密切。在选用天然染料印花适合的糊料时首先要考虑的就是糊料与染料、媒染剂和其他助剂的相容性要良好。在糊料中加入天然染料后不能产生沉淀，也不能严重影响原糊的流变性，特别是要考虑金属离子对糊料性能的影响。在选择同媒方法印花时，还要考虑染料对金属离子的稳定性问题。

目前纺织品合成染料印花加工使用的糊料中，瓜尔豆胶是从豆科植物瓜尔豆中提取的一种高纯化多糖，就分子结构来说，它是一种非离子多糖，属半乳甘露聚糖，是目前已知的水溶性最好的天然高分子化合物之一，具有较好的相容性，可用于天然染料的印花。合成龙胶通常是指羟乙基化植物胶，多是采用环氧乙烷或氯乙醇对植物胶进行羟乙基化而制得，溶解性好，具有良好的流变性，耐酸性好，与金属离子相容性好等，因此可用于天然染料的印花。海藻酸钠是含有羧酸盐的多糖类化合物，主要是从褐藻中浸制得到的，由它制得的色浆印透性、印花均匀性以及吸湿性都良好，且给色量较高，在织物上形成的浆膜柔软、坚牢，虽经烘焙也易于洗除。但海藻酸钠糊料对金属离子的稳定性差，加入 $Al^{3+}$、$Cu^{2+}$、$Fe^{3+}$ 后立刻形成凝胶，因此不适合用于含有金属媒染剂的色浆的制备。

（3）助剂。印花过程中天然染料需要通过印花色浆传递到织物上去，与纤维发生结合，因此需要足够量的水分作为传递的介质。常在印花色浆中加入稀释剂以提高汽蒸时印花织物的水分含量。尿素是最常用的稀释剂，在印花中能够起到助溶和吸湿的作用，有利于印花织物的蒸化效果，但是在蒸化过程中尿素会受热分解产生氨，对蛋白质纤维的强度有一定的影响，同时，尿素分解后产生的含氮化合物易引起水体污染。甘油和吡咯烷酮羧酸钠被研究用于代替尿素作为天然染料印花色浆的吸湿剂，得到较好的印花效果。甘油是一种中性的吸湿剂，不会使织物强力损失，在 20℃及相对湿度为 80%条件下放置 48h，保湿率约为 40%；吡咯烷酮羧酸钠是一种极好的保湿因子，在 29℃及相对湿度为 81%条件下放置 72h，吸湿率可达到 85%。有研究表明，将吡咯烷酮羧酸钠应用于羊毛织物的印花中，可以得到较好的印花效果。

硫酸铵在印花中可以起到释酸剂的作用，还能够起稳定色浆的缓冲作用，但能引起印花织物色光变暗，而且有泛黄现象。柠檬酸是一种安全无毒的有机羧酸，且价格低廉，也被用于天然染料印花色浆的酸剂。

**（三）印花操作**

由于天然染料溶解性差，色素中还含有一定量的植物胶等杂质，印制到一定量后容易出现堵网现象，因此天然染料印花不适合进行大规模、快速的印花加工。天然染料对羊毛、蚕丝织物的印花可以采用手工刮印、小电车等加工方式进行小批量生产。

**（四）汽蒸**

印花织物经烘干后进行蒸化。蒸汽在织物上冷凝，使织物温度升高、纤维和糊料溶胀、天然染料溶解，通过水分作为介质传递到纤维内部与纤维结合。对于蚕丝织物而言，汽蒸可采用圆筒蒸箱星形架挂绸卷蒸，控制蒸箱内蒸汽压力为88kPa左右，汽蒸时间30~40min。

由于印花织物的印花效果与汽蒸箱内的湿度密切相关，需要在汽蒸时具有较高的湿度和水分，有利于染料在汽蒸过程中充分传递，但又不能产生渗化和搭色。如有需要，可以在织物进蒸箱前从背面喷雾给湿来提高织物上的湿度，也可以增加色浆中稀释剂的用量。

**（五）后处理**

印花织物的后处理主要是洗除织物上的糊料、助剂以及未与纤维结合的染料，以提高织物的手感、染色牢度、鲜艳度。对于天然染料印花而言，为了提高染色牢度，还可在后处理阶段进行后媒染处理。这就出现了先进行水洗去除糊料，还是先进行媒染处理的问题。先媒染后水洗有利于提高色牢度，减少水洗时染料的沾色，但媒染时有可能媒染剂会与糊料发生配位，形成难溶性物质，不利于糊料的去除；先水洗后媒染，则没有媒染的天然染料与纤维的结合力较弱，水洗时会有较多的染料掉色，使得色量较低，并产生白地沾色。因此，具体工艺还需要根据天然染料的种类及其与纤维的结合力来具体制订。

# 第六节　天然染料染色印花技术的研究进展

随着人们环保意识的加强以及对自身健康的日益重视，生态纺织品加工技术和产品受到人们普遍的欢迎。天然染料印染产品的开发成为纺织领域绿色生产的一个亮点，有关天然染料及其印染加工技术的研究主要包括以下几方面：

（1）新型天然染料的开发。除了靛蓝、茜草色素、苏木色素、栀子色素、姜黄色素、紫胶色素等常用的天然染料以外，从不同的植物资源中提取天然色素，分析其稳定性和染色性能，优化染色工艺，从而优选能用于纺织品染色的天然染料的种类，拓宽植物染料染色的色域，开发新的天然染料种类并研究其在纺织品上的染色性能。例如，从红藤植物、核桃青皮、植物荆芥、漆大姑、牛耳大黄叶、橡子等植物体中提取天然色素，用于纺织品的染色。为了实现可持续发展，从废弃农产品资源中提取天然染料用于纺织品染色的研究也引起了人们的重视。如芡实壳、板栗壳、莲蓬壳、山竹壳、荞麦壳、黑豆皮等被用于提取天然染料用于纺织品染色。

（2）不同纤维纺织品的天然染料染色技术开发。随着天然染料对纺织品染色研究的深入，以及天然染料在生态性、功能性方面的优势不断显现，除了针对棉、麻、丝、毛等天然纤维纺织品染色技术的研究以外，天然染料对化学纤维的染色技术也成为研究的热点。天然染料对 Lyocell 纤维、壳聚糖纤维、铜氨纤维、海藻酸纤维等生物质再生纤维织物染色的研究十分活跃，对锦纶、涤纶、聚乳酸纤维的染色研究也已引起重视。

（3）天然染料对纺织品印花工艺技术的开发。随着天然染料在纺织品染色加工中应用研究深入，人们也开始重视天然染料对纺织品印花的加工技术开发。目前，天然染料用于蚕丝织物、羊毛织物的印花较多，对棉织物的印花也有报道。

（4）提升天然染料染色牢度的方法研究。相关研究主要包括生态金属离子媒染剂的选择，以及天然媒染剂的开发，替代有害金属媒染剂，提升生态安全性。

（5）天然染料染色织物功能性的开发。植物提取物中除了天然色素以外，还含有大量的活性成分，具有抗氧化、抑菌、杀虫等功效。例如，樟树叶提取色素染色毛织物有明显的防蛀效果，石榴皮色素染色莱赛尔织物显示出良好的抗菌性能，荆芥色素染色蚕丝织物具有优良的抗紫外线性能。因此，人们在研究天然植物染料染色技术的同时，也注重开发染色织物的功能性，以期开发自然色彩和特殊功能并存的生态纺织产品。

## 参考文献

[1]房宽竣,王建庆.染料应用手册 [M].2 版.北京:中国纺织出版社,2016.

[2]何瑾馨.染料化学 [M].2 版.北京:中国纺织出版社,2016.

[3]陈荣圻.天然染料及其染色(续)[J].染整技术,2016,38(5):46-52.

[4]梁琼芳,唐小闲,汤泉,等.微波辅助提取红巧梅色素及其稳定性[J].食品工业,2021,3(42):176-180.

[5]王莹,王华,王姐姐,等.超声波辅助提取虎杖中的大黄素[J].湖南农业科学,2019(11):87-89,93.

[6]韦汉昌,韦群兰,何建华.高压脉冲电场提取栀子黄色素的研究[J].食品工业科技,2011,8(32):141-146.

[7]邓丽娟,洪霞,钱滢文,等.亚临界水提取工艺从黑枸杞中提取花青素[J].食品研究于开发,2018,12(39):14-19.

[8]张伟,张焕新,施帅.银杏叶中黄酮类物质的酶法提取研究[J].食品研究于开发,2014,7(35):48-51.

[9]王嘉伟.天然染料对聚酯纤维染色性能的研究[D].苏州:苏州大学,2009.

[10]殷珉扬,曾科,高梅,等.紫胶色素对锦纶纤维的染色热力学研究[J].纺织学报,2014,11(35):74-78.

[11]张驰.茜草色素对真丝织物的染色和印花工艺研究[D].苏州:苏州大学,2020.

[12]王媛.天然染料在羊毛织物上染色印花性能研究[D].苏州:苏州大学,2016.

[13]张欣.天然染料应用于棉织物染色的技术研究[D].苏州:苏州大学,2019.

[14]柴雪健.基于中国传统色彩的天然染料真丝印花工艺研究[D].苏州:苏州大学,2018.

[15]王祥荣.天然染料的应用现状及研究进展[J].纺织导报,2021(9):24-29.

# 第五章　涂料印染加工技术

## 第一节　涂料印染技术概述

### 一、定义及历史背景

涂料印染主要指着色剂通过黏合剂附着在织物表面形成一层涂层的染色工艺，达到给织物上色目的。涂料印染包括涂料印花和涂料染色两大应用领域。涂料印花主要指通过套色技术在织物底材上印制不同颜色花纹或图案，而涂料染色主要指用浸染或扎染方式改变织物颜色。涂料印染液体一般由着色剂、黏合剂、助剂和介质组成。简单来讲，涂料印染基本原理与涂料油漆工艺相似，就是把着色剂和黏合剂均匀混合后，通过染色工艺或印花工艺涂布在基材表面来改变基材颜色。

古人主要用天然矿物或植物染色，早在春秋战国时期人们就已经用天然矿物赭石制作红色赭衣，使用朱砂（硫化汞）印染麻布、丝制品供达官贵族使用。有研究显示，赭石或朱砂使用前经过精细研磨工艺，当时工艺已经相当精细。天然颜色粉末通过混入天然高分子黏合剂，如动物或植物胶、蛋白、干性油等，制备成印染浆料染色。而在西方的罗马帝国时期，就有记录显示皇帝和富裕的人穿着用天然物质染色的衣服参加各种聚会活动。在埃及图坦卡蒙国王墓中发现用茜草中提取的色素进行染色纤维。天然染料可分为三类，从植物中获得的天然染料（如靛蓝），从动物中获得的天然染料（如胭脂虫红）和从矿物中获得的天然染料（如赭石）等（图5-1）。

图 5-1　天然矿物赭石和茜草

现代合成色素（颜料和染料）发展起始于 19 世纪，第一次工业革命为颜料制造与贸易带来了许多新的机遇与可能。由于市场对耐候性好、颜色更持久的颜料需求，欧洲各国科学家积极尝试各种新型着色物质开发，今天统称颜料。无机颜料首先被发现，钴蓝在 1802 年被发现后，科学家先后发现氧化钴可以与铝、磷、锡、锌等金属结合产生不同色相，不同颜色的人工合成钴蓝颜料被大量开发出来。由于合成色素纯度高，颜色纯正，着色力高，深受市场欢迎，合成色素被大量生产和推广，并迅速取代天然染料市场。与天然色素相比，合成色素更适合于纤维着色。19 世纪欧洲纺织业蓬勃发展极大地促进了合成颜料的开发。

涂料印花和染色技术发展是与现代颜料合成发展分不开的。真正具有商业价值的颜料在 20 世纪才出现。德国 HOECHSE 公司于 1920 年发明并开始大规模生产汉莎黄系列产品。这一人工合成颜料具有优良的耐晒性、明亮色调，是今天的柠檬黄系列。同一时期，一种简单易行提高二氧化钛（钛白粉）纯度的方法被发现。二氧化钛无毒、色调强、遮盖力高的特点使它迅速在多种应用领域得到推广，钛白粉成为最成功商品化的颜料。酞青蓝是蓝色系 20 世纪最重要的发现，酞青蓝被英国化学公司于 1936 年成功商品化。大量高性能颜料的发现和商品化奠定了今天涂料印染发展的技术基础。

在颜料粉的基础上，美国国际化学公司于 1937 年开发出 Aridye 色浆系统，制成油包水乳化浆料，并成功用于印花工艺，织物各项性能、手感、色泽都比以前有了极大的提升。20 世纪 60 年代随着欧洲环保意识的崛起，德国拜耳公司发明以水为载体的水包油乳液，取代之前以有机溶剂型为主的油包水乳化糊，用于涂料印花生产，开始了水性涂料印染新纪元。

在合成颜料发展的同时，20 世纪 50 年代石油化工的发展为下游化工产品提供了大量廉价化工原料，催生出高分子聚合物产业。大量高分子活性助剂、高分子聚合物、高分子黏合剂被开发出来，有效地促进了整个涂料印染行业的发展。高分子化学、颜料改性与合成、涂料印花、涂料染色等多项印染技术都是在这个时期取得发展和突破，如涂料浸染、涂料轧染、涂料印花染色及近代的喷墨涂料、喷墨印花等工艺。

我国早在 20 世纪 60 年代开始研究高分子黏合剂。由于当时石油化工技术的滞后，我国在 80 年代才开始生产涂料印染用黏合剂。北京东方化工厂率先生产出一系列丙烯酸酯黏合剂，获得极大成功。进入 90 年代，我国通过引进和自行开发，水性树脂、水性乳液聚合物逐渐取代传统溶剂型产品，水性环保产品成为市场主体。我国目前已具备大规模生产各种高分子树脂、黏合剂、各种主要功能助剂的能力。新材料及新工艺的出现也在不断改变涂料印染行业，未来将向更加环保、高效和个性化方向发展。

从 2000 年开始，数码印染技术得到了飞速发展，数码印花逐渐成为热门领域。数码印染技术是在现代电子技术、精密机械加工技术、纳米材料技术和精细化工技术基础上发展起来的一门综合应用领域。涂料印花从接触型的直接印花发展到非接触型的数码印花工艺，这些新技术实现了小批次、多品种生产，满足了当今服装市场个性化、时尚化需求，在世界各国得到快速发展。

## 二、涂料印染技术路线和工艺流程

印染技术和加工工艺历史久远。考古学家发现，纺织染色的证据可以追溯到新石器时代。

自有文字记录以来，中国最早的诗歌总集《诗经》就记录服装与纺织品的颜色，"绿兮衣兮，绿衣黄里"（《邶风·绿衣》），"青青子衿"《郑风·子衿》，"载玄载黄"（《豳风·七月》），可以说达到了众彩纷纭的地步。春秋战国时期以蓝草最为常用，《荀子》一书中提到了"青，取之于蓝而青于蓝"的论断，《汉书·食货志》说贵族们"衣必文采"。在此期间画绘敷彩的衣裳十分普遍，印染工艺出现了敷彩、版印等工艺。敷彩是在织物或衣裳上用调制的颜（染）料循花纹涂绘。在之后的秦汉时期，政府开始设立专管练染机构，从出土的纺织物来看，可以辨识的颜色有 30 余种。明代时期皇家设立"蓝靛所"专为政府官员服务，民间也开办私家染房，苏州地区就有染工匠几千人（《明万历实录》三百六十一）（图 5-2）。这些都充分反映出当时已有相当完善高超的配色、漂染、套染及媒染技术。

图 5-2  古代印染示意图

涂料印染是黏合剂与颜料着色剂混合并通过染色或印花工序给织物上色并形成图案的过程。涂料染色和涂料印花两者主要区别在于施工工艺不同。涂料染色是将着色剂（颜料）和黏合剂混合制成分散体系，通过浸染或扎染将着色剂均匀地黏结在纤维或织物表面从而获得颜色的过程。由于颜料颗粒不溶于水或有机溶剂，颜料无法以分子形式渗透到纤维分子之间，只是依靠高分子黏合剂把颜料颗粒附着在织物或纤维表面，聚合物黏合剂的物化性能将决定最终涂料染色产品的耐水洗性、耐磨性以及手感性能等。

涂料印花是将不同颜色颜料与黏合剂混合后通过机械设备，如涂料印花机或数码印花机印制在织物上，从而获得各种颜色花纹图案。现代纺织涂料印花技术始于 1937 年美国的 Aridye 系统技术，该技术第一次引入乳液印花浆料的概念，在印刷完成后，水和石油溶剂都相继挥发，留在织物上的图案色浆透明、手感柔软、牢度适中等。在此基础上，20 世纪 60～70 年代出现更加安全和环保的水性乳液印花浆，新型合成增稠剂的引进，使少水印花技术成为可能。通过不断技术改造和生产设备升级，水性印花显示出优良的上染率和高效生产率，如今全水性乳液印花浆在世界涂料印花工业中被广泛使用。涂料印花属于清洁生产工艺，属于无水或少水印花工艺，特别是随着水性黏合剂和数码印花技术的出现，涂料印花对环境的影响越来越小，而且对印刷织物的限制也小多了，通过工艺参数调整可以达到最好的色光和手感，极大满足了市场需求。

涂料染色用着色剂和黏合剂与涂料印花非常相似，也是将高分子黏合剂、色浆和各种助剂混合在一起，通过浸轧工艺，使织物均匀带液，经过预烘，水分挥发，涂料中高分子黏合剂附着在织物纤维表面上，再经过高温烘焙，黏合剂大分子交联成网状结构，在织物上形成坚固耐磨的树脂薄膜，从而将颜料粒子固着在织物表面。涂料染色用颜料色浆要求颗粒小，粒径均匀分布。黏合剂则要求黏度低、手感柔软、固着性良好、耐洗涤、耐摩擦牢度好等特点。

涂料印染具有工艺简单、流程短、操作成本低、色域广、色彩饱满、无须水洗、正品率高、节能省电等优势，在全球印染行业中占有重要地位。20 世纪 90 年代涂料印花产品已经占全球纺织品份额一半以上，特别在发达国家，涂料印花市场占比更高，美国高达 80%。我国从原来的 20% 逐渐上升到 35%。涂料印染被广泛应用于纯棉织物、合成纤维及混纺织物上。随着更多新技术、新材料使用，涂料印染织物耐摩擦色牢度有了大幅度提升，手感近似于活性染料印花。涂料印染在未来日常生活中将起到更为重要作用。

# 第二节　涂料组成

涂料印染材料成分主要有黏合剂、着色剂、交联剂、增稠剂及其他助剂等。涂料印染与传统印染工艺有着本质区别，是完全不同概念和方法。传统染料可以溶解在水里，染料分子与纤维分子发生特有的化学反应，染料被纤维吸附固定在纤维表面上，无须任何黏合剂即可完成印染过程。而颜料是不溶于水的细小固体颗粒，颜料分子对纤维或织物分子没有任何亲和力，需要依靠黏合剂将颗粒状的颜料固定在织物上。因此涂料成分必须含有黏合剂，颜料颗粒需分散成纳米或亚微米颗粒后才可使用。本章第二节对堵料印染材料组分进行详细描述。

## 一、黏合剂种类及性能

### （一）黏合剂种类

乳液黏合剂化学组成可以分为几个大类：丙烯酸酯共聚物、醋酸乙烯酯共聚物、水性聚氨酯共聚物、聚丙烯酸酯改性共聚物等。为了增加涂料印染产品的耐摩擦牢度，最新开发的黏合剂多以反应型为主，合成乳液黏合剂时一般加入少量自交联单体，在一定烘培温度下引发交联反应。

涂料印染过程中黏合剂把颜料颗粒固定在织物表面，从而达到给织物上色的目的。织物的手感、耐老化性、颜色鲜艳度、耐水洗牢度、耐揉搓牢度、透明性、光滑度及织物气味等都与黏合剂性能有关。黏合剂发展经过了几个阶段，早期为非交联型黏合剂，后来发展出外交联型和自交联黏合剂。20 世纪 70 年代多以非交联型黏合剂为主，如蛋白类天然黏合剂或橡胶浆等，线性分子不能相互交联，织物手感硬、色牢度较差、给色量低，现在基本退出市场。

外交联黏合剂主要指在高分子链上含有多个可发生交联的基团，如羟基（—OH）、羧基（—COO—）、酰胺基（—CONH—）、氨基（—NH₂）等。这些基团可以与另外一个分子上的基团发生链接反应形成网络，增加胶黏牢度，提高手感。

自交联型黏合剂是分子链中含有使分子链可以发生自身交联的基团和同时可以参与共聚的双键基团。如羟甲基（—CH₂OH）、环氧基（ —HC—CH₂ ），同时还具备一个可参与共聚的羟甲基丙烯酰胺（ H₂C=C—C—NH—CH₂—OH ）或甲基丙烯酸环氧丙酯（ H₂C=C—C—O—CH₂—HC—CH₂ ）在与其他单体共聚时打开双键参与反应。在加热条件下，羟甲基可以发生脱水缩合反应，形成网状结构（图 5-3）。

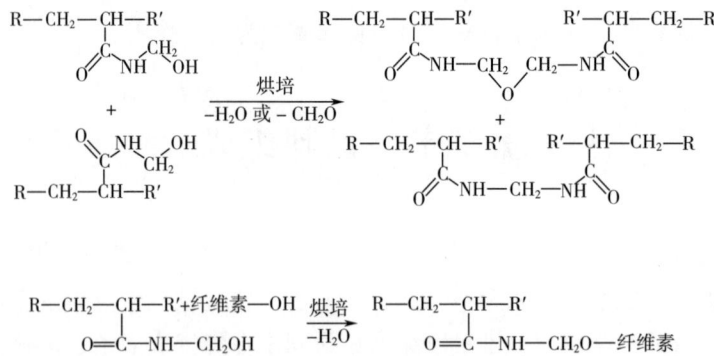

图 5-3　羟甲基丙烯酰胺缩合反应

带有羟基的纤维也可以与羟甲基丙烯酸胺发生脱水缩合反应，形成三维网络连接，增加了涂膜韧性和强度。虽然羟甲基丙烯酰胺交联最为常见，但在聚合过程中产生甲醛，引起环保和健康问题，近年来受到限制。新型无甲醛黏合剂不断被开发出来，一般会采用甲基丙烯酸环氧丙酯或 2-氯-3-羟基丙烯类结构（ —CH=C—CH₂—OH ）基团等，可以有效避免交联反应中释放甲醛分子。环氧基丙烯酸酯可以发生自身交联反应，也可与织物纤维的羟基发生交联反应。2-氯-3-羟基丙烯中的羟甲基在氯原子影响下发生脱水自交联，也可以和纤维中的羟基反应，优点是无甲醛且交联反应温度较低。

聚氨酯类黏合剂是近几十年来最新发展的织物黏合剂，聚氨酯黏合剂分为多异氰酸酯和聚氨酯两大类，聚氨酯分子含有氨基甲酸酯基团（—NHCOO—）或异氰酸酯基（—NCO）

的黏合剂基团，异氰酸酯基团反应活性高，可以与含有活泼氢的织物基材或树脂快速反应，形成三维网络，具有优良的手感柔韧性、涂层耐低温性、高附着力等特点，价格比传统黏合剂略高。

为了提高耐摩擦牢度，制备丙烯酸单体与树脂混合型乳液。聚氨酯树脂，甚至环氧树脂可明显提高黏合剂的耐磨性能，而丙烯酸酯小分子则可以通过变换支链长短调节柔软程度，黏合剂主体成分一般包括丙烯酸酯（MA）、丙烯酸乙酯（EA）、丙烯酸丁酯（BA）、丙烯酸（AA）、环氧树脂等材料，具有耐磨性好、手感柔软、黏合力强、膜层不泛黄、印花中不塞网、无甲醛释放等特点。

**（二）成膜机理**

涂料印花或印染需要在一定条件下进行，黏合剂和颜料都需要均匀分散在同一载体体系里，才可形成一层均匀薄膜涂层，干燥后得到颜色清晰均匀的图案。但是一般高分子聚合物的相对分子质量从几千到百万，黏度非常高，颜料不能均匀分散在黏合剂介质里，体系无法在织物基材表面形成一个均匀薄膜涂层，影响织物最终性能。因此高黏度聚合物需要稀释剂稀释，降低黏度才可使用。稀释剂有溶剂型和水基型两大类。

早期高分子聚合物多用小分子有机溶剂稀释到合适浓度后，加入其他成分如着色剂、分散剂和各种功能助剂等。在涂料印花过程中，有机溶剂挥发，涂层干燥成膜。容易造成大量VOC挥发，污染环境，有机溶剂易燃性也造成极大安全隐患。随后出现水性高分子聚合物，该类高分子树脂结构上搭接上了水溶性基团，如磺酸基、羧基等，但这些高聚物的性能还不能满足要求，特别是当聚合物相对分子质量非常大情况下，一般很难兼顾材料性能和树脂的水溶性。为了兼顾黏合剂物化性能和加工性能，近些年出现的乳液型黏合剂基本满足了涂料印花和印染市场需求。

乳液即不溶于水的树脂或分子与乳化剂（表面活性剂）在水中混合，在高速搅拌下形成乳状液体，不溶于水的聚合物分子被表面活性剂包覆，以小液滴形式存在于水相中，液滴直径可以从几十纳米到几微米，根据要求可选用不同大小和性能的乳液。乳液聚合物的相对分子质量比较高，从几十万到上百万，乳液树脂成膜后力学性能和化学性能都比较优异，品质也比较稳定，适合高速圆网印花机的运行，并可以印刷出清晰图案，符合现代印花技术要求。

在乳液成膜过程中，为了提高膜牢度和耐摩擦性能，工业生产中有时会添加些小分子的交联剂。常见交联剂一般含有至少两个反应基团的化合物（图5-4），可以与织物纤维分子和黏合剂分子上的相关基团反应，从而形成更加致密的三维空间网状薄膜，提高耐磨和水洗性。

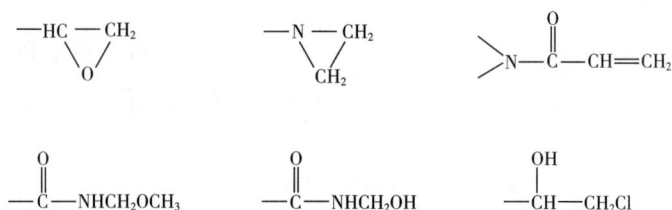

图 5-4　交联剂分子活性基团

乳液型黏合剂成膜过程通常划分为三个阶段。第一阶段，在乳液涂布在纤维基材上，由于室温和表面温度的差距，水分子开始从涂布分散体中蒸发，从而导致聚合物颗粒之间的距离接近，浓度增高，原有的胶体稳定性状态被打破。第二阶段，胶体颗粒聚集排列到一定紧密程度时引起毛细管效应，使水分进一步挥发，引起胶体之间排布形成多面体结构。第三阶段，彼此相近聚合物链通过扩散过程越过粒子间的边界，从而形成黏性涂层。在实际成膜过程中，这三个阶段是连续过程，各个阶段可能同时发生（图5-5）。如果干燥温度过高，导致胶乳分散液的干燥速度变化，有时会导致水和聚合物在干燥膜中的分布不均匀。当聚合物颗粒积聚在胶乳与空气界面过多时，会阻碍水从薄膜主体中继续蒸发，会有表皮形成，但底层还没有完全固化，导致干燥时间延长，影响表面漆膜质量。

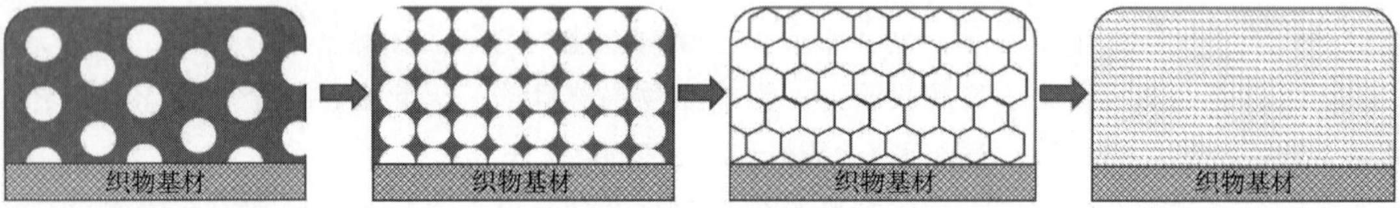

（a）乳胶颗粒分散状态　（b）水分挥发，胶体颗粒聚集　（c）乳胶颗粒彼此越过边界扩散　　（d）涂膜形成

图5-5　乳胶颗粒聚合过程

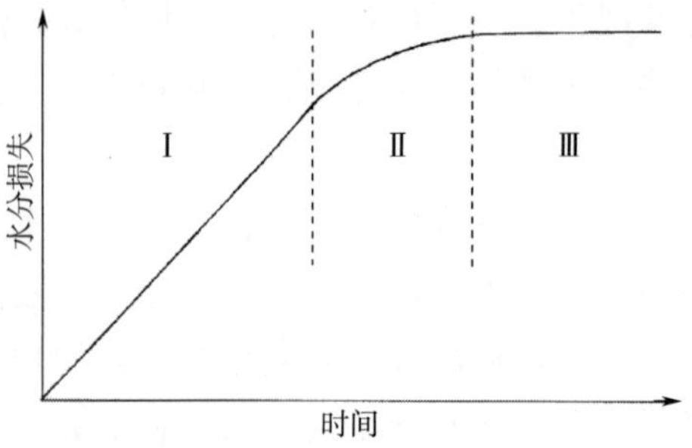

图5-6　乳液聚合过程中失水阶段

水分子在第一阶段快速蒸发，第二和第三阶段继续缓慢挥发（图5-6），形成透明薄膜。聚合物乳液能形成连续透明膜的关键指标为最低温度（MFT），乳液并不能因为水的蒸发而形成连续、均匀的涂膜；即聚合物乳液在某一特定温度下，乳液水分可以继续挥发，但聚合物粒子之间还是离散状态，还不能融为一体，只有在高于某一特定温度条件下，各聚合物粒子中才会通过分子渗透、扩散、变形、聚集形成连续的透明薄膜，这一特定温度一般称为最低成膜温度（MFT）。乳液的MFT是由聚合物粒子内部构造和玻璃化温度决定的，通过测定乳液的最低成膜温度可以判定乳胶涂料的性能及质量。

（三）性能要求

乳液黏合剂对最终织物性能影响很大，一般小颗粒、窄分布、稳定高的乳液对提高生产效率十分重要。黏合剂颗粒小，在涂布或染色后经过热处理，水分蒸发，毛细管压力较大，使乳液颗粒变形力量较强，成膜速度快，成膜密度也高，生产时不易破乳或堵网，成品率高。理想乳液粒径在50~100nm，一般小颗粒乳液更加稳定。

乳液黏合剂稳定性对生产十分重要。如果生产前水分过多挥发会引起乳液体系过早成膜，研究显示，大部分水分挥发发生在第一阶段（图 5-6）。为了防止水分过度挥发，传统方法是在系统中添加各种保湿试剂，如尿素、甘油、乙二醇等。保湿试剂虽可阻止黏合剂过早成膜，但也降低了耐湿摩擦牢度。目前这个问题可以通过在乳液聚合过程中添加其他助剂解决，市场上现有各种功能助剂可供选择。

涂料印染深颜色时没有染料印染效果好，为了印染深色织物，常用方法是添加交联剂小分子。如前所述，小分子交联剂虽然可以提升交联密度，增加颜色深度，但也会增加膜层刚性，造成手感偏硬，影响织物风格。目前解决方法是用高品质聚合物来制备高固含量乳液，再配合手感调节剂使用，成本会稍高些。

可用涂料印染的聚合物乳液种类越来越多，新型高分子材料还在不断地被开发出来，涂料印染用乳液的基本性能要求如下：

（1）具有良好的化学和机械稳定性。

（2）成膜干爽，柔软，不滞手等。

（3）固化后无色透明，黏着力强，膜有弹性，耐磨、耐洗、耐干性优良。

（4）膜层不泛黄，耐老化、耐紫外线照射、耐候性好。

（5）耐褶皱，不发硬、不黏，不吸收有害物质。

（6）有合适反应的最低成膜温度，不粘网，不堵孔，设备易于清洗。

## 二、着色剂种类、性能和加工技术

### （一）染料

着色剂是纺织印染工艺中最重要的化学试剂，纺织纤维印染着色剂分为两大类：染料和颜料。染料是指能使其他物质获得鲜明而牢固色泽的一类有机化合物，大多数染料是人工合成的，也称为合成染料。染料自身有颜色，并能以分子状态使其他物质获得鲜明和牢固色泽。染料一般可以溶解于媒介中（如水、溶剂、油、塑料或高分子等），以单分子形式存在的染料分子与织物纤维分子结合，因此染料的染色能力很强，微量染料足以使整匹布都染上美丽的色彩。

传统织物纤维染色主要以染料为主，一般染料溶解于水，对天然纤维和人造纤维有很大的亲和力。染料具有颜色鲜艳、色域广泛、有活性反应基团等优势。根据染料自身物性和最终用途，染料种类有直接染料、活性染料、还原染料、分散染料、酸性染料等。大多数染料分子都含有水溶性基团（图 5-7），可以溶解在水介质里。有些溶解性差的或不溶于水的染料经过一定的化学处理（如酸化、还原）后，也会溶于水。在印染助剂作用下，染料可以牢牢地附着在各种织物上，广泛用于棉、麻、丝、毛、黏胶纤维、锦纶、维纶等纺织品染色。各种纤维由于本身性质不同，在进行染色时就需要选用相适应的染料，例如，棉纤维分子结构上含有许多亲水性的羟基，易吸湿膨化，并较耐碱，故可选择直接、还原、酸性、活性等染料染色。涤纶疏水性强，分子上极性基团少，高温下不耐碱，一般选择分散染料进行染色。

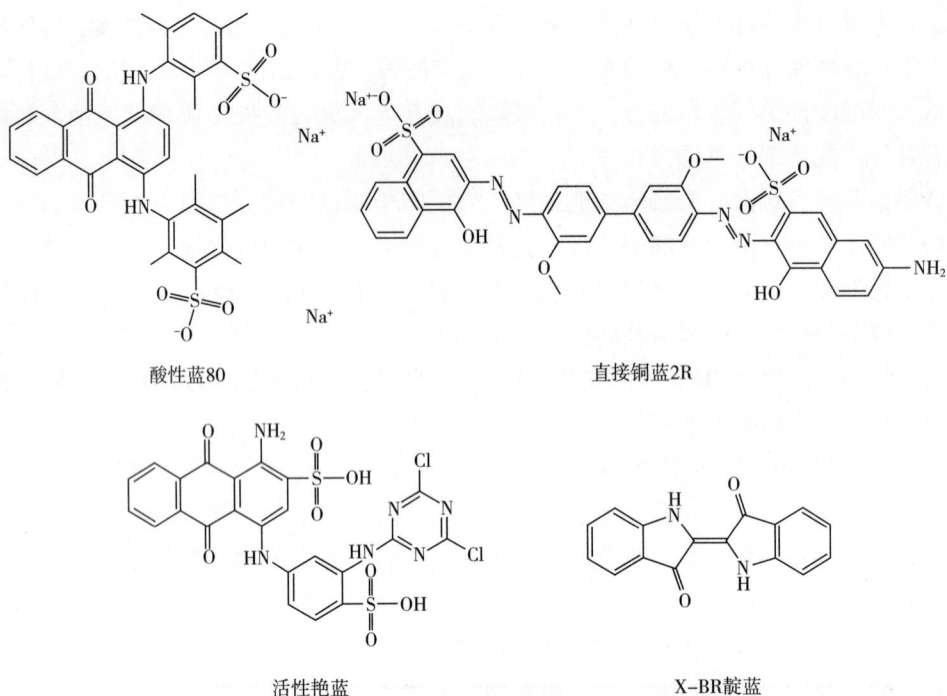

酸性蓝80

直接铜蓝2R

活性艳蓝

X-BR靛蓝

图5-7　典型染料分子结构示意图

染料上色有传统浸染、扎染工艺，也可以与现代数码技术结合起来，例如，数码印花用油墨主要含有分散染料、活性染料、酸性染料等。近几年，以分散染料、酸性染料为着色剂的数码印花技术成为纺织印染的前沿领域，因其工艺流程短、节能节水、适用性强、生产灵活特点受到业界广泛欢迎。

由于染料单分子染色机理，染料分子可以渗透到纤维里面，与纤维表面分子官能基团反应，具有非常高着色力，颜色鲜艳、亮丽、透彻。经过染料着色的纤维手感极佳（图5-8）。但单分子染料分子小，容易受到外在条件影响，例如，在户外或高紫外条件下染料分子结构容易遭到破坏，因此织物会发生褪色、变色，同时酸碱物质、强溶剂也溶解单分子染料，引起掉色等现象，因此在不少领域，染料逐渐被颜料替代。

（二）颜料

不同于染料以单分子形式存在于染色体系里，颜料在着色过程中始终以粒子集团形式存在，颜料粒子粒径 $0.05\mu m \sim 1mm$（染料分子直径 $<0.001\mu m$）。颜料不溶于水或有机溶剂，因此颜料需要研磨到一定粒径大小才可以使用（图5-9）。颜料的物化性能要比染料好得多，如耐化学腐蚀、耐候、耐溶剂、耐紫外等。颜料被广泛用于各种日常生活领域，如建筑涂料、家具油漆、墙纸油墨、包装油墨，包括纺织印花油墨。因为颜料分子不溶解于水或常规有机溶剂，只能通过分散技术制备高浓度颜料色浆方可使用。也正是由于这种特性使得颜料在物体表面具有更加佳性能，如抗风雪阳光、耐雨水、耐热、耐摩擦、耐氧化、耐化学品等。

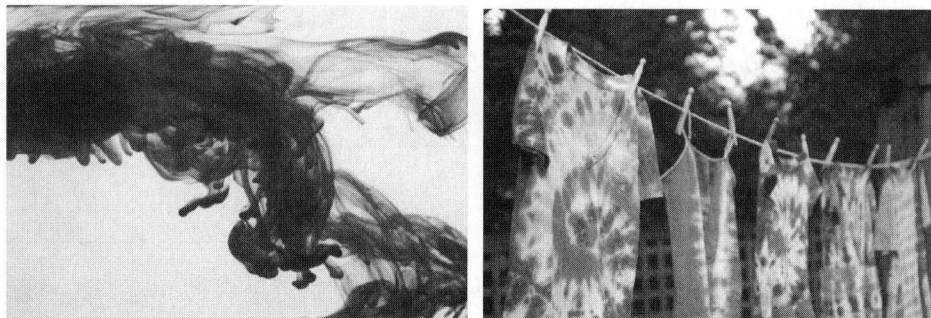

图 5-8　染料染色织物

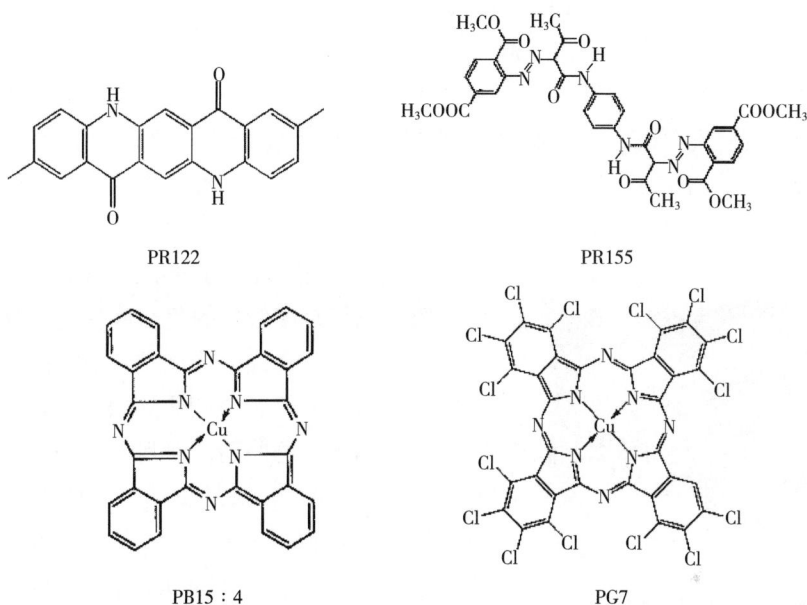

图 5-9　典型颜料分子结构

　　颜料可分成有机和无机两大类。无机颜料一般由有色金属氧化物或一些金属盐类组成，具有耐晒、耐热、耐候、耐溶剂性好等特征，但无机颜料色谱不十分齐全、着色力低、颜色鲜艳度差等。无机颜料可细分为氧化物、铬酸盐、硫酸盐、硅酸盐、硼酸盐、钼酸盐、磷酸盐、钒酸盐、铁氰酸盐、氢氧化物、硫化物、金属系列等。日常生活中常见无机颜料有二氧化钛（钛白粉）、炭黑、氧化铁红、氧化铁黄等。由于无机颜料优异户外耐候性能和价格低廉，多用于建筑建材、家具油漆，塑料、油墨等。

　　纺织涂料印染用颜料多以有机颜料为主，特点是种类繁多、色系齐全、色彩鲜明、着色力强（相对于无机颜料）、毒性小等。有机颜料可按化合物的化学结构分为偶氮颜料、酞菁颜料、蒽醌颜料、靛族颜料、喹吖啶酮颜料、二噁嗪等多环颜料、芳甲烷系颜料等，其中以偶氮类的品种最多。有机颜料的颜色不但与颜料分子本身的发色基团结构有关，还与其分子结晶排列形状等物理形态有关，其结晶形态、颗粒度及颗粒表面性质都会影响颜料的色相、着色力、透明度、流动性及分散实用性等。颜料最终是以颗粒状态存在于被着色物体表面或其中，而染料则主要是以单分子状态固着在纤维内。因此要获得良好颜料应用性能，在考虑其分子结构或发色体系时，还需要根据着色对象和施工方式，对颜料表面进行物理化学改性或加工修饰，所以有机颜料商品后加工变得尤为重要。在描述颜料特性时一般会涉及多个参数，具体描述如下。

### 1. 颜色

颜料对可见光能选择性吸收和散射，可以在自然光条件下呈现黄、红、蓝、绿等颜色。人们眼睛所看到的颜色是颜料反射或散射后的颜色波长，不同光源有不同的辐射能量，在照射到同一颜料时，眼睛会看到不同的颜色。在不同光线下所看到的颜色差异为人为色差。为了解决这个问题，现在工业生产上统一使用标准光源检查色差。国际通用标准中常采用人工日光 D65 作为评定货品颜色的标准光源。

标准光源箱是一种能够模拟多种环境灯光的照明箱（图 5-10），可以用来检测货品的颜色偏差。标准光源箱被广泛用于颜色色差测试、色牢度变色等级以及同色异谱效应的评定等，适用于纺织、印染、服装、印刷、造纸、油漆、塑胶、电子、数码摄影等多个行业。

图 5-10　标准光源箱

色差一般用 LAB 值表示，LAB 代表物体颜色的色度值，也就是该颜色的色空间坐标，任何颜色都有唯一的坐标值。L 代表明暗度（黑白），A 代表红绿色域，B 代表黄蓝色域（图 5-11）。$\Delta E$ 是总色差值，为样品与标样颜色差别，以判定织物颜色是否达到标准样品要求。$\Delta L$ 如果是正值，说明样品比标准板偏亮，如果是负值，说明偏暗。$\Delta A$ 如果是正值，说明样板比标准偏红，如果是负值，说明偏绿。$\Delta B$ 如果是正值，说明样板比标准偏黄，如果是负值，说明偏蓝。

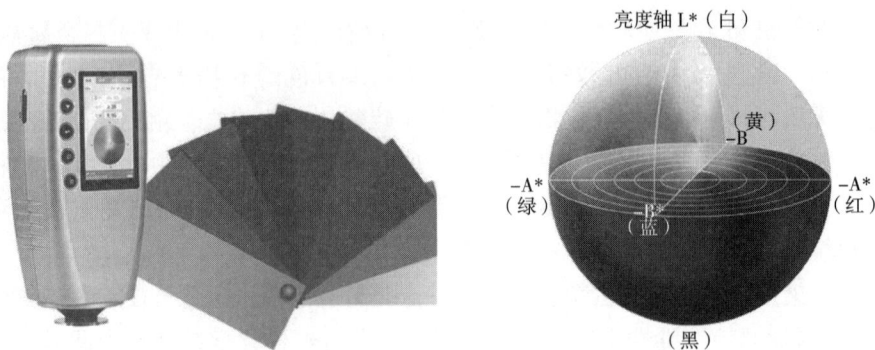

图 5-11　色差仪和 LAB 颜色空间

**2. 着色力**

着色力即颜料与基准颜料充分混合后显示颜色的能力。钛白粉通常被用做基准颜料来衡量彩色颜料对白色着色能力。着色力除了和颜料化学组成有关外，也与颜料粒子的大小和形状有关。有机颜料比无机颜料的着色力强，在化学结构相同情况下，颜料着色力强弱取决于颜料粒子大小、形状、颜料粒子粒度分布和晶型结构。着色力一般随颜料的粒径减小而增强，但超过一定极限后，则着色力随粒径减小而减少。一般着色最佳粒径范围在几百纳米，低于100nm颜料颗粒着色力和遮盖力一般降低，透明度提高。着色力测定方法通常采取与标准样品相比较，用差别比值确定，以百分数表示。可用采用仪器测色方法定量测出。着色力是颜料对光线吸收和散射的结果，着色力主要取决于吸收，颜料的吸收能力越强，其着色力越高，而遮盖力侧重于散射。

**3. 遮盖力**

遮盖力也称覆盖力或被覆力，是指遮盖橡胶底色的能力，也就是着色剂阻止光线穿透制品的能力（着色剂的透明性大小）。例如，家具油漆对基材木料全部覆盖，家具显示全部外部油漆颜色，称为遮盖力强。而仿古家具则既有颜色还可以看到下面的木纹，则遮盖力弱。颜料遮盖力的强弱主要决定于下列因素：

（1）颜料的折射率。折射率越大，遮盖力越强；

（2）吸收光线能力。吸收光线能力越大，遮盖力越强；

（3）颜料结晶度。晶形的遮盖力较强，无定形的遮盖力较弱；

（4）颜料的分散度。分散颗粒分散度越大，遮盖力越强。

同样重量的涂料产品，在相同的施工条件下，遮盖力高的产品可比遮盖力低的产品能涂装更大面积。黑白格板是一般目测遮盖力的常规方法，反射率仪则可更加精确测试遮盖力。图5-12所示为用一种颜料显示出不同遮盖力和透明度。

**4. 耐光性**

在规定光源条件下，颜料能够保持原有性能，不发生褪色、变色或粉化的能力，又称光牢度（或耐光坚牢度）。太阳光谱包含从伽马波到无线电波的波长（图5-13），其中紫外光谱占太阳光总能量的7%左右，未被大气臭氧吸收到达地表的紫外辐射光子能量超过了碳—碳单键的解离能，因此紫外辐射能对颜料中的化学键有破坏作用，引起分子键断裂或变化，造成颜料失色或褪色。无机颜料比有机着色剂更耐光，黑色通常被认为是最耐光的颜料。耐光性测量方法是将样品暴露在光源下一段时间，然后将其与未暴露的样品进行比较，计算出相对值。

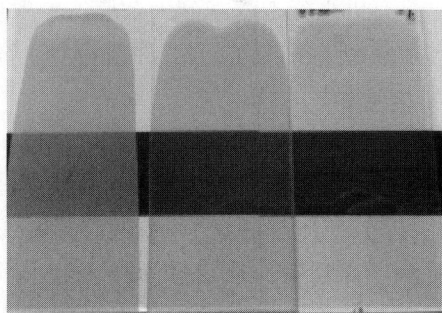

图5-12　黑白格板对比黄色颜料遮盖力和透明度

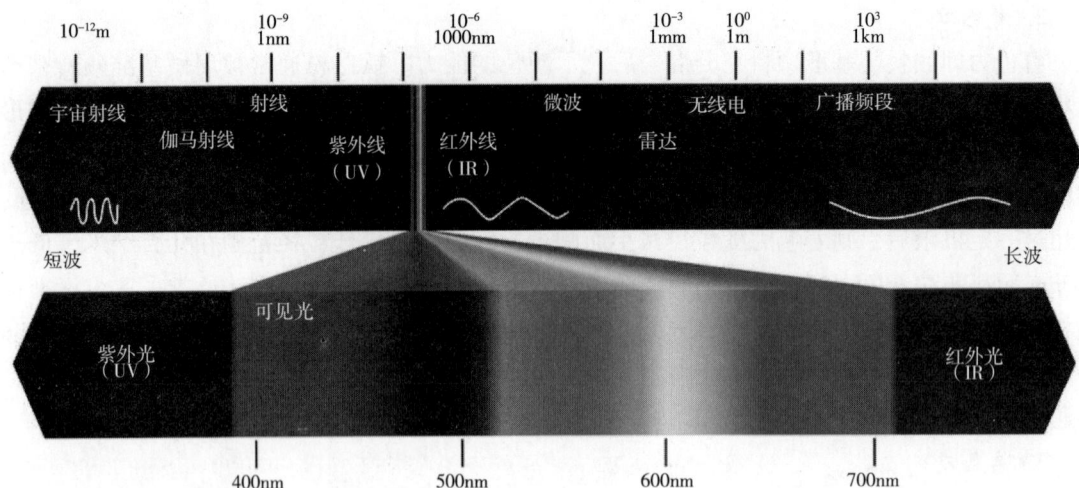

图5-13 太阳光谱波长分布图

**5. 耐候性**

耐候性一般指在天然或人工气候条件下保持其原有性能的能力。颜料耐候性指标可以通过室外暴晒试验或者通过人工大气老化设备模拟野外环境进行测量。室外暴晒试验通常会选择特定的地点作为试验点，如美国佛罗里达试验场。颜料耐候性考虑因素不止光线的影响，还需要温度、湿度及雨、雪、雾、空气中的化学成分影响等。耐候性好坏直接影响颜料的着色力、光泽度、透明度等性能。评判等级一般采用五级制表示，五级最好。

**6. 挥发物**

有机颜料由有机小分子合成而来，在生产提纯过程中要经过水洗等步骤，因此颜料可能含有微量有机小分子或水分子杂质，一般可用升温挥发方法测试。GB/T 5211.3—2020《颜料和体质颜料通用试验方法 第3部分：105℃挥发物的测定》是我国标准测试颜料方法。

**7. 吸油量**

当固体颜料与液体分散介质混合时，如水或有机溶剂，颜料颗粒界面和分散介质之间相接触，颜料表面被介质湿润，这个过程也称为颜料的润湿过程。润湿程度好坏与颜料分子结构、分子间孔隙、空间位阻有关。用最少的油料介质浸润颜料颗粒表面并填满颗粒之间缝隙所需介质量即为吸油值。颜料分子和介质分子指100g颜料形成均匀团块时所需的精制亚麻仁油的克数，以吸油量小为好。吸油量在某种程度上显示出特定颜料的比表面积，比表面积越低，吸油量就越低；反之，颜料颗粒越细，比表面积越大，吸油量越大。

**8. 水溶物**

颜料制造过程中（特别是表面处理工艺）要经过多次水洗烘干步骤，水洗后仍会有少许无机盐或水溶性化合物残留在颜料中，这些残留物会导致颜料吸湿、絮凝沉淀，降低涂料和墨水成品贮存稳定性，影响涂层最终性能，因此标准颜料产品对水溶物都有严格的限定。颜料中水溶性物质一般以占颜料的质量百分数表示，制漆用的颜料通常控制在 1% 以下。GB/T 5211.2—2003《颜料水溶物测定　热萃取法》是我国统一测试标准。

如前面所述，颜料分子主要以聚集颗粒形式存在。颜料在制造过程中首先形成的晶体，称为原始粒子，晶体粒径非常小。多个原始粒子之间以面和面相结合形成的比较紧密团块称为聚集体，一般物理分散技术很难将颜料分散到原始粒子状态。原始粒子和聚集体通过范德瓦耳斯力结合在一起，形成更大的颜料粒状团块。因此，颜料在使用前需要通过研磨方法把大粒径从毫米级别降到微米甚至纳米级别才能使用。颜料粒径大小、分散剂体系、介质载体体系等对颜料附着力、相容性、颜色色相、耐候性能有很大影响。涂料印染用的颜料需要研磨到非常小的颗粒才可使用，这个过程称为颜料色浆制备过程。

**（三）颜料色浆**

颜料分子无亲水基团（图 5-14），需要借助分散助剂才可进入水相。色浆制备过程就是颜料与分散剂混合润湿后，通过输入机械能把大颗粒颜料粒子研磨成小颗粒的过程，最终成品为稳定浓缩颜料浆。根据色浆所使用的介质不同，颜料色浆又分为水性色浆、油性色浆、水油通用色浆等，涂料印染主要以水性颜料色浆为主。

颜料色浆制备是一个十分耗能过程，常规颜料颗粒直径从几百微米到几毫米，颜料需要被分散助剂润湿包覆，通过注入机械能或化学修饰等步骤才可将毫米级颗粒剪切到几十到几百纳米粒径范围。大量研究显示，纳米级颜料颗粒的比表面积非常大，表面能很高，是热力学非稳定系统，容易发生团聚再形成大颗粒。1g 炭黑颜料在不同粒径下的表面积不同，例如，1g 直径 8nm 炭黑颜料可以铺盖 583m² 面积（表 5-1），因此纳米色浆粒子往往需要大量分散剂包覆才可保证其稳定性，这也解释了很多纳米色浆颜料浓度一般比较低的原因。

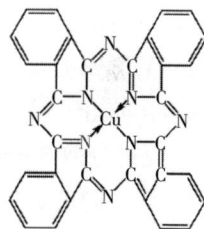

颜料酞青蓝 PB 15：4

图 5-14　酸性染料和颜料结构对比

**表 5-1　炭黑颜料粒径大小与比表面积**

| 颜料 | 粒径大小/nm | 比表面积/（m²/g） | 吸油量/（g/100g） |
| --- | --- | --- | --- |
| 炭黑（哥伦比亚 Raven5000Ultra） | 8 | 583 | 95 |
| 炭黑（哥伦比亚 Raven5000Ultra） | 13 | 560 | 121 |
| 炭黑（哥伦比亚 Raven5000Ultra） | 17 | 180 | 60 |
| 炭黑（哥伦比亚 Raven5000Ultra） | 60 | 30 | 63 |
| 钛白粉（杜邦 Ti-pure R-706） | 260 | | 13 |
| 氧化铁（拜耳 Bayferrox4100） | 100 | | 22 |
| 酞青蓝（巴斯夫 FR7072） | | 62 | 35 |

颜料色浆成分一般包含分散介质、颜料粉、润湿分散剂等。理论上，颜料可以分散到不同介质体系里，如水、有机溶剂、UV 单体，甚至直接分散到液体分散助剂里。涂料印染用

色浆主要以水为介质，水性色浆与水性乳液相溶性好，可用于各种印花和染色工艺中。

　　颜料分散效果的好坏会直接影响涂料印染着色效果、遮盖力、透明度和色度等。分散效果不佳时会发生颜色偏移、浮色、发花、絮凝、沉淀现象，颜料颗粒也会变得不均匀，直接影响最终产品质量。因此分散剂类型以及与不同颜料的匹配性变得十分重要。

### 三、分散剂和增稠剂种类及机理

#### （一）分散剂

　　分散剂/润湿剂是通过降低固体表面能，使固体物料更易被水（或其他介质）浸湿的物质，也称为表面活性剂。因为润湿剂有分散功能，所以也常被叫作润湿分散剂。常见有十二烷基磺酸钠（SDS）、磺化油、肥皂等，也可用大豆卵磷脂。润湿分散剂种类繁多，可分为无机或有机分散剂，而有机分散剂又可分为阴离子、非离子、阳离子、两性离子等，主要用于制备涂料色浆。

**1. 无机分散剂**

　　无机分散剂主要包括小分子的硅酸盐、碳酸盐或聚磷酸盐等几类。无机分散剂由于其带有正电荷或负电荷，无机分子可以有效聚集在颜料分子表面，使颜料表面带有正电或负电，电荷层外又形成电荷层，这样在颜料颗粒不断变小的研磨过程中，两个相邻粒子总是有电荷层相隔离，防止两个颜料粒子再碰撞到一起而变大，从而达到稳定颜料颗粒的目的（图5-15）。无机分散剂分子小，用量少，但也易受其他因素影响，如介质酸碱度变化、体系中的杂质、体系温度变化、设备剪切力变化等。

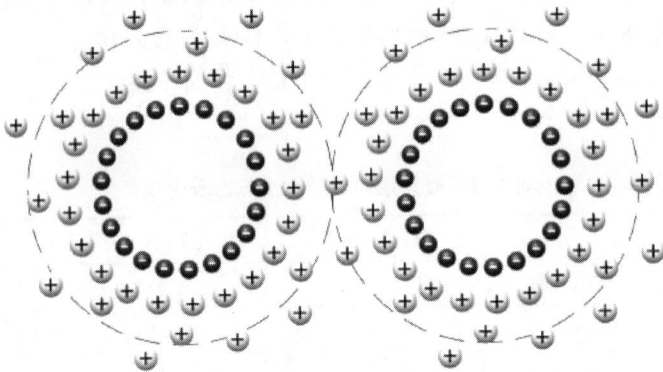

图 5-15　颜料粒子分散双电层理论示意图

**2. 有机小分子分散剂**

　　相对分子质量从几十到几百，一般为单分子结构，具有固定的亲水和亲油基团，可在介质接触表面形成定向排列，与传统的表面活性剂结构相似。锚链基团一端为极性基团，如羧酸、磺酸、硫酸、羟基、酰胺基、醚键、氨基及其盐类等；另一端为疏水基团，也称为疏水基或憎水基，一般为非极性烃链，如8个碳原子以上烃链。根据亲水基团的特性，可分类为离子型（如阳离子与阴离子表面活性剂）、非离子型、两性型、其他类型等。有机小分子分散剂相对分子质量小，单个分子与颜料分子结合力弱，用有机小分子分散的颜料色浆相对稳定性也比较差，特别是与表面极性比较弱的颜料分子作用力小，容易引起颜料分子聚集和絮凝。

**3. 有机高分子分散剂**

与单分子活性剂不同，高分子分散剂含有多个亲水基团和多个疏水基团，相对分子质量一般几千到几十万。在整个高分子链上可含有多个锚链基团、多个结合点，使其不易从颜料分子表面脱落。常见的锚链基团有—OH、—SH、—COOH、—COO—、—NR$_2$、—NR$^{3+}$、PO$_4$$^{2-}$、—SO$_3$H、—SO$_3$—、烷基、芳香基、烷芳基团等。高分子分散剂可以通过多种方式与颜料分子结合，如离子键、共价键、氢键、范德瓦耳斯力等。

溶剂化链段一般与分散介质有良好的相溶性，并可以产生持久且高效的吸附作用。在水性印染体系里，链段含有多个亲水基团，如聚酯、聚乙二醇、聚丙烯酸、聚醚等。吸附层可以起到空间位阻功能，当两个含有吸附层的颜料粒子靠近时会发生空间阻隔现象，高分子链段产生相互排斥作用，从而防止颜料粒子团聚和絮凝沉淀（图5-16）。

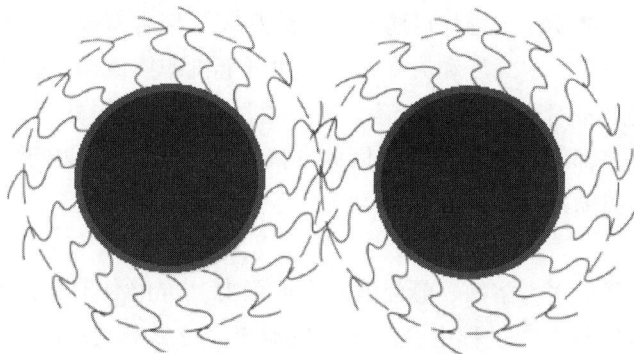

图5-16　颜料粒子空间位阻示意图

我国自上20世纪90年代开始引入水性色浆概念并开始大规模生产。在过去几十年里，随着国家经济的快速发展，色浆已经从建筑涂料扩展到众多应用领域，如纺织、造纸、乳胶、皮革、日化产品等。纺织印染用色浆主要以水性色浆为主，现在全国有上百家大大小小的色浆生产工厂，色浆质量好坏对织物颜色均匀度和鲜艳度有着直接影响。衡量色浆质量标准众多，具体测试方法和标准在本章第四节里描述。

**（二）增稠剂**

增稠剂在涂料印花过程中起到增稠作用。现代印花机速度高，机器的高剪切力通常使油墨黏度下降，可严重影响印花质量和生产效率。因此在涂料印花过程中，当印辊或印网上的胶浆转移到织物上，增稠剂把印花油墨黏度提升到一定黏度同时具有较好的流变性能，使油墨与纤维结合在一起，才能保证印花线条分明，图案清晰，色彩鲜艳均匀。增稠剂的性能决定着最终印花质量的好坏。

增稠剂的增稠机理主要是表面活性剂在水中形成分子胶束，其三维网络状结构限制水分子的自由流动，从而提高的液体黏度。增稠剂具有用量小、增稠明显、使用方便等特点。增

稠剂的种类繁多，主要有以下几类。

（1）无机盐类增稠剂。无机盐类增稠剂以小分子氯化物、磷酸盐、硫酸盐为主。其中最常见的为氯化钠，一般与其他增稠剂复配使用。

（2）无机高分子类增稠剂。这一类增稠剂以硅酸盐为主，如二氧化硅、硅酸镁锂、水辉石、膨润土、水合二氧化硅、蒙脱土等相对分子质量较大的材料。

（3）有机增稠剂。有机增稠剂种类很多，性能优异。大概类别有烷醇酰胺类、脂肪酸类、醚类、酯类等。

（4）有机高分子增稠剂。有机高分子增稠剂是应用最广泛增稠剂之一，有纤维素改性增稠剂、丙烯酸酰胺类、天然胶改性、疏水缔合型等种类。

## 四、其他功能助剂

除了上述颜料色浆和增稠剂外，涂料印染乳液还含有水、黏合乳液和其他功能助剂，涂料印染浆料只有通过各种助剂微调才能满足上机生产的要求。纳米颜料粒子比表面积巨大，是热力学非稳定系统，需要稳定剂才可防止纳米颜料粒子聚合絮凝。另外，颜料色浆与黏合剂混合后的印花糊料需要一定黏度和流变学特性才可上机印染或印花。现代高速印花机械设备，特别是数码印花设备对色浆糊料的流变学性能要求很高，如黏度、流变性、表面张力、酸碱度，甚至导电性等都有很严格要求，因此准确使用各种助剂是生产出优质产品的保障。下面简单介绍常用功能助剂。

### （一）消泡剂

消泡剂主要指能降低水、溶液、悬浮液等表面张力，防止泡沫形成或使原有泡沫减少或消灭的助剂。在涂料色浆生产过程中会产生大量泡沫，可影响到产品质量和降低生产效率，因此在生产过程中通常要把特定量的消泡剂加入其中。消泡剂可分为非硅型、聚醚型、有机硅型和聚醚改性有机硅型等。消泡剂主要用于色浆制备，需要根据不同产品或材料选用相对应消泡剂才能达到最佳效果。

### （二）交联剂

交联剂主要指一类含有活性基团的小分子，其可以加强连接织物分子和黏合剂分子，从而提高涂料的交联密度和耐湿摩擦牢度，但也有增加手感硬度的副作用。

### （三）催化剂

催化剂用于促进乳液聚合形成，加速自交联黏合剂形成大分子，在一定温度下才可发生催化反应，纺织用催化剂有氯化镁和柠檬酸等。

### （四）柔软剂

柔软剂是一类能改变纤维的静、动摩擦系数的化学物质。当改变动摩擦系数和静摩擦系数时，纤维与纤维之间的微细结构易于相互移动，手感触摸有平滑感，二者的综合感觉就是柔软。柔软剂按离子性分为阳离子型、非离子型、阴离子型和两性季铵盐型等几类。有机硅柔软剂是近代开发的新型高分子柔软剂，例如，聚硅氧烷柔软剂可改善纺织品手感，还可以提高耐摩擦牢度等作用。

### （五）保湿剂

为了保持涂料印花油墨中的水分，保证其有合理的流动性，需要添加防止水分挥发的助剂，即保湿剂。印染常用保湿剂为尿素和甘油等。保湿剂主要用于成膜快黏合剂。

还有其他种类繁多的功能助剂，如防渗透剂、防泳移剂等，作用都是为了提高最终产品性能。

# 第三节　涂料印染设备、方法及特点

## 一、涂料印花

直接印花是最广泛使用的印花工艺，即将染料或颜料色浆直接印染到白色或颜色织物上，在织物上形成相应颜色或图案的工艺方法。印花效果可实时显现，质量容易控制。直接印花使用的着色剂一般为活性染料、分散染料、颜料色浆等，根据织物材质不同，印花着色剂种类性质对最终产品表观影响巨大。

活性染料印花基本特点是颜色鲜艳，色谱齐全，有良好的湿处理牢度，生产配置色浆方便，最终产品手感好。大面积鲜艳花型设计，棉、亚麻织物及混纺织物印花多采用活性印花工艺。

分散染料主要用于热升华印花工艺。分散染料首先印制在化纤织物基材上，再经过一道高温发色工序显色，最终产品不但颜色鲜艳而且各项耐水洗耐磨指标都非常优异。分散染料工艺一般局限于各种化纤织物，对棉、麻、丝绸或混纺织物效果不佳。

为了能在任何织物都可印花，人们发明了涂料印花工艺。20世纪60年代，随着石油化工和精细化工的发展，各种性能优异的高分子黏合剂被相继开发出来并应用到纺织印染行业，涂料染色技术也取得了相应发展，先后出现连续染色（扎染）、涂料浸染（匹染及成衣染色），近代又出现适合时尚和市场所需的涂料染色印花一步固色法工艺（即涂料染色—烘干—印花—焙烘）和涂料染色一步法工艺（即染色烘干后的织物经树脂、防水、拒水、阻燃、涂层加工后等步骤），极大地丰富了涂料染色印花工艺和技术。

除了传统的直接印花工艺外，20世纪还出现一种非接触式的印花工艺，就是数码印花技术，对传统印染行业是一场大的技术革命。与传统印花方式相比，数码印花省去了复杂的制版过程，取而代之的是在计算机上设计花型，然后直接在织物上进行喷墨印花。喷墨头与织物之间有一定空间，两者没有接触，故称为非接触式印花工艺。

喷墨印花油墨组成可分为染料型和颜料型两大类。染料型油墨相容性好，复配容易，色系丰富，颜色鲜艳，饱和度高。但染料型油墨一般耐水性不佳，耐候性差。而颜料型油墨则显现出优异的耐候性、耐水洗性、耐化学腐蚀性能等。

### （一）涂料印花优缺点

#### 1. 优点

涂料印花与染料印花机理完全不同，涂料印花在很多应用领域显示出独到优势，具体如下。

（1）颜料对任何纤维都没有亲和力，所以不存在上染过程，颜料与黏合剂结合才可以对织物基材上色，因此适用于各种纤维，包括染料无法染色的玻璃纤维、金属纤维等，且特别适用于多组分纤维纺织品印染。

（2）由于没有亲和力，颜料在拼色时不存在竞染和配伍等问题，涂料印花易于拼色，重现性好，便于从小样放大样和颜色控制。

（3）可以选用不同发色体系的着色物质，例如，可以选择染料和颜料共混显色，或有机与无机颜料同时使用。涂料印染不但色谱齐全，而且可以获得其他方法无法得到的颜色和效果，如金银色、珠光和闪光色等特殊印染效果，也容易得到耐光、耐候和耐化学品作用的品种。

（4）涂料印花工艺和设备相对简单，生产效率高，节能节水，污水排放少，加工流程短，可极大降低生产成本。常用工艺为印染→烘干→焙烘→水洗。某些工艺只需印染和烘干两步，大部分工艺无须水洗，有些产品需经过焙烘步骤。

**2. 缺点**

当然涂料印花也不是全能工艺，与染料印花相比还存在一些不足之处，主要表现在以下几个方面。

（1）只能对纤维表面着色，色牢度弱，透染性差。其耐水洗和耐摩擦色牢度只能依靠黏合剂来保持，一般来讲，耐水洗和耐摩擦色牢度相对其他工艺略差。

（2）涂料以细小颗粒固着在纺织品上，织物成品的鲜艳度与颜料粒子大小和粒径分布有关，通常颜料的鲜艳度和发色强度比染料弱，无机类的涂料比有机类的差。

（3）黏合剂树脂依靠助剂分散在水里形成乳液，与色浆混合变成染液浆料。一般乳液浆料稳定性较差，容易出现凝聚和破乳等现象。在印染过程中有时还会发生堵塞网眼和粘滚筒等问题，颜料颗粒在烘干时易发生泳移，引起颜色不均等现象。

（4）黏合剂树脂在纤维上形成薄膜，使纺织品手感变硬。同时涂料发色强度低，且对光有一定的遮盖性，会影响织物的鲜艳度，特别在印染深颜色织物时有一定困难。

**（二）涂料印花设备和方法**

涂料印花设备发展得非常快，从早期的滚筒印花机、圆网印花机到近代的数码印花机。对应于每种印花工艺，设备对涂料印花浆（油墨）的要求也不同，如着色剂种类（颜料或染料）、浆料黏度、着色剂含量、表面张力等。这些性能只能通过添加其他类型助剂才可实现，也只有最佳配比的浆料才能与印花设备形成完美结合，才可制备出达到市场要求的纺织印花产品。

**1. 滚筒印花**

滚筒印花基本原理是用刻有凹形花纹的铜制滚筒在织物上印花的工艺方法。花筒（滚筒）先由给浆辊传送印花浆料，刮浆刀刮除筒面的多余浆料，当织物通过该花筒与承压辊的轧点时，花纹凹槽内的浆料即可传递到织物上。多只花筒组合一起就可获得不同颜色花纹，常用的滚筒印花机一般为 4、6、8 套色，最多为 12 套色。滚筒印花适合大批量生产，生产速度快，但劳动强度也大，操作技能要求高，一般不适合轻薄织物的印花。

**2. 圆网印花**

荷兰斯托克公司 1963 年首创圆网印花技术。圆网印花机由进布、印花、烘干、出布装置组成。印花机械组成有印花橡胶导带、圆网驱动装置、圆网和印花刮刀架、对花装置、橡胶导带水洗和刮水装置以及印花织物粘贴和给浆泵系统（图 5-17）。圆网印花机根据圆网排列的方式不同，可分为卧式圆网印花机、放射式圆网印花机及立式圆网印花机。

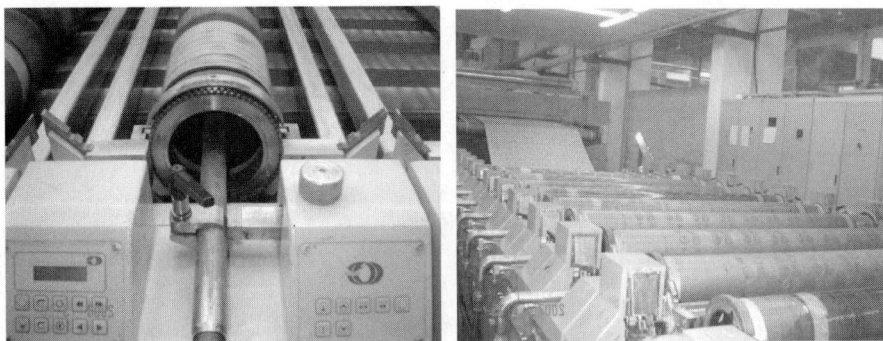

图 5-17　圆网印花机

圆网印花机的圆网通常由金属镍制成，圆网上有孔洞组成的花纹。圆网安装在印花机两侧的机架上。色浆刮刀安装在圆网内的刮刀架上，浆料经给浆泵通过刮刀刀架进入圆网中。印花时，被印织物随循环运行的导带前进，导带为无缝环状橡胶导带。当导带运行到机头附近处，由上浆装置涂上一层贴布浆或热塑性贴布树脂，通过进布装置使织物紧紧粘贴在导带上而不致松动。圆网在织物上方固定位置上旋转，印花色浆经刮浆刀的挤压作用而透过圆网孔洞印到织物上。织物印花以后，进入烘干机，导带经机下循环运行，在机下进行水洗并经刮刀刮除水滴，再重复上述印花过程。

圆网印花的优点是印花速度快，自动化程度高，镍网轻巧装卸方便，圆网对花、加浆也容易操作，劳动强度低，产量高，套色数限制小。由于加工是在无张力下进行的，也适宜印制易变形的织物和宽幅织物，无须衬布。但圆网印花不易印制出云纹、精细的线条等精细图案。

自 20 世纪 60 年代开始推广应用以来，圆网印花发展迅速，占全部织物印花近 60%，一般多用于棉、涤/棉产品印花。圆网印花技术应用范围还有很大扩展空间，完全适用于针织物、丝绸织物及各类仿真织物印花。

**3. 平网印花**

平网印花机是磁棒平网印花机的简称。平网印花机是纺织印染行业特别是毛巾（含浴巾、沙滩巾、装饰巾、毛巾挂毯等）制造企业的重要生产设备（图 5-18）。首先在导带的预定位置用乳白胶粘贴白色毛巾坯，然后电动机拖动导带，当导带上的毛巾对准印花平网的位置停稳后，平网网框下压贴紧毛巾，网框内放置的细圆磁性钢棒在输送带下方的磁场控制器驱动下往复滚动，将平网内放置的颜料透过镂空的图案印染到毛巾上。第一个颜色的图案印完后，网框抬起，导带将毛巾送到下一个网框位置停稳，开始第二个颜色图案的印花，依次套色印染直到彩色毛巾印制完成。每条毛巾印染完成后，随即送到隧道式蒸汽烘房内烘干，然后绞边、整理、质检、包装，直至入库出厂。

平网印花机以其花回大、制版方便、适印制大型图案、对花精度高、花型清晰，既适用于轻、薄织物（如丝绸类），又适合厚、重织物（如毛毯、毛巾被类）而得到广泛应用。平网印花有多种方式，即手工平板、半自动平板或全自动平板三种。平网印花工作效率相对较低，但操作方便，适合小批量多品种的高档织物的印花，如丝、棉、化纤机织物和针织物印花等。平网印花工艺中，如何实现把织物均匀平整地粘贴于印花台板或者导带上，直接影响着印花效果的好坏和生产效率的高低。

图 5-18　平网印花机

#### 4. 转移印花

转移印花根据其转印方式可分为热转移印花和冷转移印花。热转移指先将要印制的图案花型印在转印纸上，在加热和加压条件下将转印纸上图案转移到涤纶布的印花过程，而冷转移印花指将印有活性染料图案的印花纸，在一定压力下将印花图案转移到浸轧过碱液的棉布上，然后冷堆固色的印花过程。

热转移印花工艺相对成熟，在转印发生之前，全部染料都在转印纸的印膜中，转印纸图案面与织物重叠，经过高温（220~230℃）热压 20~60s，分散染料从转印纸中升华变成气态并在转印纸和织物纤维之间形成浓度扩散，当织物达到转印温度时，纤维表面开始吸附染料，达到饱和值。转移过程完成后，部分染料残余迁移到纸内部，残留染料量取决于染料蒸汽压、染料对转印纸的亲和力和印花膜厚度等。经过转移印花后织物无须水洗处理，即可获得色彩鲜艳、层次分明、花形精致的效果。

活性染料冷转移印花过程是用溶解性好、固色速率快和水解稳定好的活性染料把印花图案印在离型纸上，烘干后打卷；再将棉织物浸轧碱液，然后与纸对齐，通过均匀轧辊，织物上多带碱液使转移纸上染料溶解。在一定压力下，由于染料对织物亲和力大于对纸的亲和力，染料转移到织物上。然后把纸、布分离并分开打卷，在堆置过程中，染料逐步完成在织物纤维上的吸附、扩散、固色过程。堆置结束后，织物需水洗，去除杂质，并将织物洗到中性。

**5. 数码印花**

运用各种数字化手段将扫描图案、相片或数字化图案输入计算机，经过计算机分色印花处理，由 RIP 软件控制喷印头将染料（活性、分散、酸性或纳米级颜料）直接喷印在织物或介质上，通过后处理步骤，在纺织面料上获得高精度印花图案的工艺。本书第六章将详细介绍数码印花工艺。

**（三）涂料印花配方**

现代涂料直接印花必须解决色艳度、手感及牢度三大难题，才有可能应用到各种纤维织物上。涂料印花配方主要含有颜料色浆、黏合剂、助剂和水几个部分。印花浆起到给织物上色功能，助剂用于调节涂料油墨印刷性能，而黏合剂把颜料附着在织物表面，黏合剂用量及质量直接影响最终织物的手感和色牢度。现代新型印花浆用的黏合剂多为自交联型，适用范围宽、玻璃化温度低，$T_g$ 值可以是 $-3℃$、$-6℃$、$-15℃$、$-31℃$ 等。

针对高品质涂料印花要求，一般采用多组分的黏合剂，适量调整不同组分既能调节手感、促进不同黏合剂自交联增加牢度，又能改善印花色浆的流变性能，从而得到综合特性俱佳的印花浆。这种印花浆在涂料直接印花时，可以较好地满足各种织物对手感、色鲜艳度和牢度要求。

为了适应印制条件变化，不同印染工艺和设备对配方要求不同，但其基本印花油墨成分基本相似，都含有着色剂、黏合剂、增稠剂，典型配方和作用见表 5-2。

**表 5-2 直接印花浆料配方**

| 成分 | 份数（重量） | 备注 |
|------|------------|------|
| 黏合剂 | 150~300 | 高分子聚合物，黏合作用 |
| 乳化剂 | $X$ | 表面活性剂，油水乳化作用 |
| 涂料 | 1~50 | 颜料色浆，着色作用 |
| 尿素 | 50 | 保湿剂，降低水挥发速度 |
| 水 | $Y$ | 稀释剂，调流流动性 |
| 合计 | 1000 | — |

**二、涂料染色**

发达国家自 20 世纪 60 年代开始大范围使用涂料染色技术，我国在 80 年代开始引进涂料染色技术，目前已经成为主要印染技术方法之一。研究显示，涂料染色可节能 39.5%，减少用水 90.8%，节约蒸汽 64.3%、助剂 50.5%、烧碱 10%、盐 100%、染色涂料 28.2%。涂料染色优势总结如下。

（1）可以与各种织物纤维复合，更适合纤维素纤维，如棉、麻、胶黏纤维、羊毛、蚕丝等。对合成纤维，涤纶、锦纶也同样适用。

（2）染色设备简单、工艺流程短、能耗低、加工缺陷少。

（3）颜色直观，不存在发色过程，配色容易，容易修理色差。

（4）色谱齐全，任何颜料基本都可以用。

（5）不易掉色，耐光性好。

（6）工艺简单，废水废气排放少，耗能少。

需要指出的是，涂料染色也存在不足之处，例如，耐摩擦牢度、耐水洗牢度不如染料染色，印染深色时效果不如染料明显，手感偏硬，剩余染液比较难再利用，某些化学单体毒性较大等。这些缺点使涂料染色应用受到一定限制。但近些年来新型黏合剂和新型助剂的开发和应用，极大地改善了以上不足。

## （一）涂料染色工艺

涂料染色有轧染、卷染、浸染等形式。在工业生产中浅色或中等颜色深度使用轧染，多为单涂层染色，很难做到深色染色，成衣染色多用浸染。常规染色步骤有浸轧染液、烘干、焙烘、后处理等。

针对涂料染色缺陷，一系列新涂料染色技术不断被开发出来，如涂料浸染技术、染色印花一步法工艺、染色整理一步法工艺，提高了染色效率。新型助剂的使用也大大提高了染色深度和质量，例如，新型增深技术可使纤维带阳离子，带有阴离子色浆与纤维结合程度更紧密，提高了染色深度，比传统方法提高涂料使用率20%~30%；新型耐湿摩擦牢度提高剂可替代一部分传统黏合剂，做到涂料染色、固着和柔软一步完成，改善了手感和粘辊等问题。新工艺目的是提高染色织物最终质量，其基本原理与前面所述基本一致。

涂料染色首先是在连续轧染中得到应用。轧染的染液一般包括涂料、黏合剂、交联剂、渗透剂、柔软剂等，属于连续式生产，产量高，易于控制，适合大批量生产。一般流程为：浸轧染液→烘干→焙烘。烘干时温度不宜过高，否则影响织物的匀染性，焙烘温度一般为130~170℃。轧染的难点主要在于染色时黏合剂易粘轧辊和导辊，染深色时耐摩擦牢度和手感不理想，限制了其广泛应用。阳离子改性技术的出现进一步优化了涂料连续轧染，纤维先浸轧改性剂再浸轧染液，可获得较好的效果。但由于阳离子改性均匀性的问题，易造成染色不均。

涂料浸染染液组成与轧染基本相似，工艺一般为：纤维阳离子改性→染色→固色→水洗。浸染存在的主要问题是颜色控制和修色困难，染色不均和耐摩擦牢度低，尤其是深色品种的耐湿摩擦牢度弱。此外，改性后纤维与涂料之间由于静电引力，虽提高了上染率，但也使得颜料颗粒向纱线内部的扩散变得困难。

目前涂料染色研究向纤维改性、涂料精细化、高效环保黏合剂方向发展。纤维改性包括物理改性和化学改性，例如，等离子织物表面处理技术、阳离子处理技术，超声辅助染色等技术都可提高织物上染率和均匀性。同时涂料也趋向于纳米化，超细颜料不断被开发出来。与普通涂料相比，超细涂料染色$K/S$值较高，色彩鲜艳度和手感都有提高，印花织物不用黏合剂也有都一定色牢度。

## （二）涂料染色配方

涂料染色用染色液需具有良好的耐光性、耐热性、耐化学和耐溶剂稳定性。涂料染色粒子一般为亚纳米级颜料颗粒，在 0.2~2μm，具备适宜的相对密度。根据染色织物和工艺要求不同，需要添加一些助剂增加上染效果，如交联剂、增深剂、吸附剂、吸湿剂、柔软剂、防泳移剂等。典型配方见表 5-3。

表 5-3　涂料染色浆料配方

| 成分 | 份数（重量） | 备注 |
| --- | --- | --- |
| 涂料色浆 | 5~10 | 颜料色浆，着色剂 |
| 黏合剂 | 10~15 | 高分子聚合物乳液 |
| 交联剂 EH | 2~5 | 增加附着力 |
| 柔软剂 | 10 | 提高手感 |
| 防泳移剂 | 2~8 | 防止烘干过程中颜色迁移 |

# 第四节　测试方法

涂料印染用染色液主要成分有色浆、黏合剂和助剂，色浆和黏合剂质量好坏直接影响织物涂层最终质量。色浆颜料粒径大小、稳定性影响织物的颜色、生产效率和最终产品合格率。乳液好坏直接影响织物附着力、手感、涂层的抗摩擦性能。因此，高效准确地了解各种成分检测原理和方法十分重要。同时涂层和织物基材复合后的性能鉴别和测试对最终产品质量有着非常意义。

## 一、原材料稳定性及性能测试方法

### （一）色浆的质量稳定性

通过对生产工艺和配方严格管控，才可确保色浆批次之间的固体份、细度、黏度、着色力、展色性、耐光耐候性的一致性。不同批次之间色浆用色差 $\Delta E$ 值和 LAB 值表述，一般色差值需小于 1.0。水性色浆贮存稳定性要求是室温 25℃下存放一年无明显的分层、结块、返粗、沉淀等问题，且着色力、展色性及其他物化性能没有明显降低。加速老化试验可以通过反复热储和冷冻来实现，结合开罐效果评估和测配色软件评定。

### （二）涂料乳液的测试方法

涂料印染乳液种类比较多，目前市场多以聚氨酯系列为主，其他类型在实际应用中相对较少。聚合物主要检测黏度、表观黏度、颗粒度等因素。

#### 1. 乳液电解质稳定性

乳液的液滴结构对电解质一般比较敏感，低敏感乳液对加工过程中遇到的盐类更稳定，因此对此进行测试尤其必要。一般可以少量添加 NaCl 或 CaCl$_2$，观察其是否破乳来判断稳定性。

### 2. 最低成膜温度（MFT）

乳液成膜与不成膜之间有一个明显温度界限，即 MFT 值。在成膜过程中，水分子的不断挥发会使乳胶颗粒靠近，直至接触成膜。$T_g$ 值越低，膜越软，气温越高，聚物颗粒越软，而硬粒子在某些条件下会受挤压变形，影响成膜质量。

### 3. 乳液粒径分布

乳液粒度和粒径分布是非常重要的指标。一般粒子越小，光泽越好。由大颗粒液滴构成的乳液叫单分散乳液，由多种大小不同颗粒液滴构成的乳液称为多分散性乳液。一般多分散性乳液具有更高的致密度。常用检测方法有电镜法、超离心法、光衍射法、皂液滴定法等。

### 4. 乳液外观

在比色管中观察乳液颜色形貌是否絮凝、分层、透明度等。粒径不同可以形成不同颜色，如发蓝、发红、发黄、发灰等，粒径小于 100nm 一般呈现蓝光。

### 5. 固体含量测定

乳液大部分以水为载体，固含量即为高分子树脂含量，固含量以百分数表示。

### 6. pH

乳液酸碱度对最终涂料染色剂稳定性有影响，需用 pH 仪测试。

### 7. 乳液黏度

聚合物乳液为非牛顿流体，只能用旋转黏度仪测试其黏度。

其他乳液测试包括机械稳定性、储存热稳定性、冻融稳定性、助剂相溶性等，在此不一一赘述。

## 二、涂料墨水的检测方法和标准

### （一）色浆着色强度（着色力）

色浆的着色强度是一个重要指标，它反映色浆的色浓度、展色性能及颜料分散体絮凝情况。按颜色以达到国际标准深度（ISD）的 1/25 所需颜料浆的份数来衡量，数值越小着色力越高。数值代表需要加入白色基础漆的色浆克数。

### （二）色浆颜料含量

颜料含量一般仅作参考。色浆的着色力与颜料含量并不一定呈正比关系。相同的颜料含量，其细度不同着色力也有很大差异。为保证色浆着色力的稳定，色浆颜料含量是在一定范围内的变化值。

### （三）色浆颜料细度

颜料细度是反映色浆着色力、分散效果及储存稳定性的一个重要指标。对于同一颜料色浆来说，粒径越小，比表面积越大，遮盖力也随之增大，着色力也越高。颜料细度或粒径大小可通过激光粒径测试仪来测试，测试结果以粒度分布数据表、分布曲线、比表面积、D10、D50、D90 等方式显示。

### （四）色浆耐光性、耐候性

色浆的耐光性和耐候性的测试是在户外曝晒条件下进行的，但实际户外曝晒时间太长。

一般色浆性能检测大多是通过仪器设备模拟测试。测试耐光性常规步骤：用丙烯酸乳胶漆做成 1/3ISD 和 1/25ISD 标准色样来进行曝晒，采用氙灯光源（1000W）曝晒 72h，使用 1~8 级蓝羊毛尺与标准色样同时曝晒，根据色差来评级，1 级为最差，8 级为最好。

### （五）色浆相容性

常用指研法评定色浆相容性。取白漆 100g，加入 2~3g 待试色浆，充分搅匀后，涂布在被涂物表面，待快要凝结时，用手指研磨涂膜表层部分，待漆膜干透后，观察用手指研磨过和未经研磨过的地方是否有色差，如差别较大，则色浆与所测试涂料的相容性不好，以此色浆调出的涂料易产生浮色现象。如颜色相同，一般不会产生浮色现象。

### （六）色浆耐化学性

水性色浆的耐化学介质性主要指耐酸、耐碱性和耐化学迁移性。耐化学性能基本上取决于颜料本身，耐酸性和耐碱性主要依据 DIN 16524 标准，将色浆烘干（105℃）分别置于 1% 的硫酸和 2.5% 的氢氧化钠溶液中 24h 后取出，洗涤后观察渗色和颜色的变化，依据 5 级标准来评定，达到 5 级表明耐酸、耐碱性优异，1 级表明耐酸、耐碱性极差。

### （七）色浆其他理化参数

（1）密度。单位为克/立方厘米（GB/T 21473—2008）。

（2）黏度。反映色浆储存稳定性的重要指标，稳定色浆黏度变化小。

（3）pH。测定水性色浆体系的酸碱度，一般在 7~10。

（4）细度和光泽。反映色浆的分散效果和储存稳定性的一个直观指标。一般细度越小，光泽就越高，分散效果和储存稳定性就越好。

## 三、涂料染色织物的检测方法

虽然涂料印染织物与传统染料印染织物有一定相似性，但还是存在很多差别，因此除了常规织物检测项目外，涂料印染还有与涂层性能相关的检测方法，在此将重点介绍与涂料印染相关的检测。

### （一）涂层织物厚度试验方法

将涂层织物样品置于厚度试验仪上，压脚在垂直方向对试验样品施加压力，测得接触样品表面与基准板表面之间的垂直距离即为厚度值（FZ/T 01003—1991）。

### （二）涂层织物涂层厚度试验方法

涂层厚度的测定与涂层织物厚度测定不同。涂层厚度测定织物中的涂层厚度及均匀程度。涂层厚度不仅影响织物的透湿性、耐磨性、弹性，还与涂层剂消耗成本有关，影响最终价格。测定涂层厚度工具有切片器、砧板和显微镜。对于无色或功能涂层需要先用碘染色，切片后用显微镜观察涂层厚度（FZ/T 01006—2008）。

### （三）涂层织物黏结强度试验方法

黏附强度是涂层与基材织物之间或层压织物多层材料之间的黏合力，是涂层织物基本物理指标之一。黏附力不高，涂层容易脱落，耐磨性差，产品不达标。测定黏附力一般使用剥离法，即测定涂层膜从基布上剥离时所需要的负荷，所以又称剥离强度（FZ/T 01010—2012）。

**（四）涂层织物耐磨性试验方法**

衡量织物涂层的耐穿耐用性能。测试仪器为平磨仪，在一定压力下，对织物样品进行摩擦（FZ/T 01151—2019）。

**（五）涂层织物撕破强力试验方法**

撕破强力试验分为舌形法和落锤法，舌形法适用于测定撕裂方向有规律涂层织物，落锤法适用各种涂层织物（GB/T 3917—2009）。

**（六）涂层织物光加速老化试验方法**

以人工方式模拟和强化光照、温度、湿度等老化因素，测试涂层织物的老化过程，一般以氙灯为光源，查看变质系数评定老化程度（GB/T 75002—2014）。

**（七）涂层织物耐沾污性测定方法**

耐污性测定是在平磨仪上测定，对比标准载污介质，对涂层织物的涂层面进行摩擦，然后评定沾污等级（GB/T 30159.1—2013）。

**（八）涂层织物拒油性测定方法**

测定涂层耐油滴润湿性能，一般用含氟整理处理织物表面，测试其表面张力，一共为8个等级，织物表面不润湿为最高拒油等级（FZ/T 14021—2021）。

**（九）涂层织物抗粘连性测定方法**

测定涂层表面之间或涂层表面与基布表面之间粘连性，即把涂层织物叠合在一起，加热后一段时间分开，观察其粘连程度（FZ/T 01063—2008）。

**（十）涂层织物耐非水液体性能测定方法**

涂层膜中可能含有某些增塑剂或助剂导致涂膜发硬、发脆，甚至卷曲，有些涂层碰到有机溶剂可能会被溶解变形，因此需要对涂层进行耐非水液体性能测试。测定方法是将被测试涂层织物浸入非水液体里，在室温下一段时间取出评价级。非水液体一般包括四氯乙烯、汽油、丙酮、甲苯、乙醚、乙酸乙酯、甲醇等（FZ/T 01065—2008）。

涂层织物表征测试方法众多，还有涂层织物抗渗水性试验方法（静水压试验）（FZ/T 01004—2008）；涂层织物定幅拉伸强力测试方法（FZ/T 75004—2014）；涂层织物在无张力下尺寸变化测试（FZ/T 75005—2018）；涂层织物耐低温性能试验方法（FZ/T 01007—2008）；涂层织物热空气加速老化试验方法（FZ/T 01008—2008）；涂层织物遮光性能试验方法（FZ/T 01009—2008）；纺织品防水性能淋雨渗透性试验方法（FZ/T 01038—1994）；涂层织物抗扭曲弯挠性能的测定（FZ/T 01052—1998）；涂层织物缝孔撕破强度试验方法（FZ/T 75008—2018）；涂层织物加速老化试验方法（FZ/T 75002—2014）等。

# 第五节　涂料染色技术扩展及未来应用领域

## 一、涂料数码印花技术

数码印花技术在近几十年里发展迅速，特别是数码喷墨印花技术摒除了传统印花中描稿、制片、制网和雕刻工序，各种花型设计可通过计算机直接在织物上用喷墨打印方式体现出来，具有快捷灵活、多品种个性化、交期短、节能环保等优势。与传统印花行业存在的"三高一低"现象（高消耗、高污染、高排放和低附加值）相比，数码印花则是"三低一高"。数码印花按需喷墨，可极大地节省印花浆用量，是传统印花的40%，产生废水量为传统印花的7%。与传统工艺产生30%的浮色量相比，数码只有5%，极大地减少了环境污染。数码印花是业内普遍看好的印花新技术，是未来的印花发展方向之一。

目前，涂料印花在传统印花市场中占据52%左右，而数码涂料印花只占有整个数码印花市场的2%，基本上处于刚刚启动阶段。2019年世界纺织品数码印染市场是22亿美元，预计在2027年到达88亿美元。在数码印花市场中，以分散染料热升华技术为基础的热转印是目前市场主流（表5-4）。其操作程序包括计算机按照预先设计好的图案打印到转印纸上，带有图案的转印纸与面料贴合，将转印纸加热升温到220℃并热压10~20s，图案通过热升华原理即可从纸上转移到面料上。过程非常简短，不需要水洗，属于无水印染工艺。因为计算机打印精度非常高，图案表达细腻，层次感非常强烈，花型异常饱满，而且又因为无版印刷，完全排除其他印刷方式所带来的套色不准或塞版的弊病。

表5-4 传统印花和数码印花市场对比

| 传统印花市场/% | | 数码印花市场/% | |
| --- | --- | --- | --- |
| 涂料印花 | 52 | 涂料数码印花 | 2 |
| 活性印花 | 28 | 活性数码印花 | 28 |
| 转印印花 | 3 | 热转印 | 52 |
| 分散印花 | 14 | 分散直喷 | 8 |
| 酸性印花 | 3 | 酸性数码印花 | 10 |

虽然分散染料热升华技术优点众多，但在印花过程中也产生了转印废纸，造成了一定的环境污染，因此数码印花直喷技术应运而生。直喷技术就是不通过转印纸，直接把含有分散染料或酸性、活性染料的油墨喷印在织物上，达到上色的目的（表5-5）。因为各种染料对织物基材有不同的结合原理，针对不同织物材料需要选用不同的染料才可达到最佳效果。

表5-5 数码喷墨墨水种类及应用

| 类型 | 特点 | 着色机理 | 着色效果 | 后处理工艺 |
| --- | --- | --- | --- | --- |
| 分散墨水 | 热转印工艺，主要针对涤纶面料 | 分子升华，依靠亲油性机理附着在纤维分子上 | 颜色明亮，耐水洗和耐摩擦性能优异，耐晒性好 | 高温升华，200℃，10~30s |
| 活性墨水 | 主要用于真丝、棉织物、亚麻、无油脂面料 | 依靠共价键附着在织物纤维分子上 | 颜色明亮，耐水洗和耐摩擦性能优异，耐晒性弱 | 汽蒸90~120℃，8~30min，水洗，干燥 |

续表

| 类型 | 特点 | 着色机理 | 着色效果 | 后处理工艺 |
|---|---|---|---|---|
| 酸性墨水 | 适合丝绸、羊毛、尼龙、皮革 | 依靠静电引力或氢键引力与织物纤维分子结合 | 颜色明亮,耐水洗和耐摩擦性能好,耐晒性可接受 | 汽蒸 20~120℃,20~60min,水洗,干燥 |
| 涂料墨水 | 适合所有面料,印花后高温烘焙成型,无需水洗 | 着色剂依靠黏合剂附着的织物上,无共价键 | 耐水洗和耐摩擦性能可接受,耐晒性能优异 | 烘烤 160~180℃,30~90s |

基于涂料印花技术的涂料喷墨墨水可适用在任何基材上,涂料喷墨含有黏合剂树脂、纳米颜料颗粒、消泡剂、保湿剂、流平和润湿等助剂。通过计算机控制,墨水涂布在织物基材表面,经过干燥成膜,最终形成图案。涂料数码印花技术适用面料非常广泛,如鞋材、窗帘、装饰布、墙纸、沙发布、服装、家纺产品等。生产工艺易控制,干燥后即可为成品,无须汽蒸水洗的步骤,可以完全实现无水印花,达到零排放。

涂料数码印花用的油墨含有可成膜树脂和颜料粒子。因为颜料为非水溶性,需要研磨到平均粒径 50~200nm 才可使用,颜料粒子在介质中形成稳定的悬浮体,不能发生絮凝或沉淀。像常规喷墨一样,涂料数码印花油墨需要保持非常低的表面张力和黏度,因此对黏合剂树脂组成和物化性能要求非常高。目前市场上只有极少数黏合剂树脂达到要求。涂料数码喷墨印花优点总结如下。

(1) 适用性广,可以直接打印在各种基材上。

(2) 无须汽蒸水洗,没有水污染,只需经过高温烘焙固色,颜料粒子就可以固着在织物表面上。

(3) 工艺简单,高温固化,即可得打印产品。

(4) 耐候性好,不易褪色。

虽然涂料数码印染织物没有染料印染织物颜色鲜艳,但其便利性、环境友好特点使该技术受到世界各国极大关注。涂料数码印染将取代一部分染料印染市场,是未来的发展方向。

和其他数码印花工艺一样,涂料数码印花需要借助数码打印机完成印花过程。平板印花机、椭圆数码印刷机、导带式数码印花机都可以打印涂料数码印花油墨。纺织印花用喷墨打印设备发展快速,打印速度从最初每分钟几米到今天上百米高速,喷墨打印喷头的精度也从60dpi 到 1200dpi。目前高精度喷头主要被国外厂家垄断,如理光、京瓷、爱普生、精工等,与打印配套的油墨颜色也从 4 色到 6 色或 12 色不等(图 5-19)。织物布面一般经过预处理,如在打印前先用透明或白色底浆处理以增加附着力和突显打印效果。某些厂家为了获得更好的黏合力,在布面预处理液中加入少量黏合剂树脂,以增加色牢度。涂料数码印花工艺一般为印前半成品→喷墨打印→高温烘焙→柔软→成品。总体来讲,工艺相对简单,但需要考虑细节多,对不同织物需要特殊工艺条件才可达到最佳效果。

图 5-19　纺织印染用高速数码喷墨打印机

## 二、涂层阻隔织物原理及制备

与涂料印染概念相似，涂层织物一般指织物基材与涂层材料相结合，最终赋予织物基材某种特殊功能。织物一般起到基材骨架作用，涂层提供功能性。织物基材可以是机织物、针织物、非织布或天然纤维等，而涂层可以是各种聚合物或高分子材料。涂层功能有拒水、防风、隔热、防磁、防化学、防细菌侵害等作用。涂层的物化性能赋予基材织物新的功能。人们日常生活常见的人造革、仿真皮、鹿皮绒、沙发革，甚至墙纸、书籍装潢都属于织物涂层应用领域。因为涂层不但可以改变外观，还具有屏蔽阻隔作用。将织物纺织品的柔软、舒适特性和涂层功能结合在一起，赋予传统织物更加广泛的应用领域，从日常衣食住行到众多工业和军事应用领域，具有无限发展空间。

织物涂层分为几大类别：非橡胶涂层、橡胶涂层、其他涂层及层压织物。非橡胶涂层织物主要指涂层为聚乙烯、聚氨酯和其他高分子化合物；另外还有聚氯乙烯类涂层，主要以工业应用为主。织物涂层涉及几个工业领域，上游有纺织业、化工原料业、涂层设备制造业等，中游则有涂层工业、服装鞋帽箱包制造业，下游是物流批发零售业。因此了解织物涂层制备对开发市场所需要产品非常重要。

### （一）涂层材料

涂层材料一般包括高分子聚合物、助剂、稀释剂组成。选择不同材料、配比、施工工艺条件变化都将影响最终产品的各种物化性能。各种材料功能及应用简介如下。

与涂料印染相似，高分子树脂在织物涂层中起到黏合剂作用，常见有聚乙烯、聚氯乙烯、聚氨酯、聚丙烯酸酯、聚有机硅氧烷、橡胶乳液、水分散型聚酯乳液等可成膜材料。20世纪60年代业界主要以聚氯乙烯为通用塑料，主要特点是价格低廉，性能优良，用途广泛，而且上游化工原料充足，易于加工等。以聚氯乙烯制备的织物涂层产品遍布人们的日常生活中，如各种人造革、鞋类、地板、墙纸、薄膜类等。聚氨酯类高分子树脂市场化比较晚，具有极好的物化性能。聚氨酯涂料可以制备溶剂型或水基型涂料，在今天环保的压力下，水性聚氨酯涂层材料受到世界各国的极大重视，聚氨酯涂层具有耐溶剂、户外性能优异、柔软、拉伸好、低温性能优异等特点。聚丙烯酸酯主要以丙烯酸酯单体聚合而成，该类树脂被广泛用于服装面料领域和黏合剂领域，涂层性能可以根据不同要求调节，非常方便，主要特点是柔软、耐干洗、耐磨、耐皂洗、耐老化等。聚丙烯酸酯涂层在薄膜涂层和增稠剂方面具有很大优势，在价格上比有机硅和聚氨酯有优势。有机硅类涂层具有很高的热稳定性和化学稳定性，还有拒水功能、手感滑爽等特点。有机硅类一般价格比较高，主要用于高端织物涂层应用。橡胶乳液涂层具有良好的物理性能，耐化学药品和优良的耐候性，因其良好的密封性能被广泛用于密封应用，如安全气囊、防化服装等。水分散性聚酯具有广泛的发展前景，因其无溶剂、低成本、成膜性能好等特点越来越受业界欢迎。

## （二）涂层填料

织物涂层多以功能粒子为主，除了高分子聚合物能够赋予织物多种物化性能外，在实际应用中也可添加其他功能粒子来增强织物的性能。军用帐篷布对阻燃有明确要求，在涂层中添加三氧化二锑、有机磷系、卤素等阻燃材料可以满足军用帐篷布的阻燃要求。添加纳米银、静电驻极粒子可以制备医用口罩或抗疫保护服等。添加玻璃微珠反光材料可以制备用于公共交通的反光服装。

## （三）涂层工艺

### 1. 直接涂层

直接涂层是指高分子聚合物涂液在不依靠介质的情况下直接涂布在基材织物上。用于直接涂布的机器设备种类繁多。该工艺主要应用于薄型服装面料，如人造革、防水布、地板革等。

### 2. 转移涂层

该工艺将涂层先涂布在片状载体上（离型纸或钢带），使之形成一个均匀薄膜，然后在薄膜上涂布黏合剂，再与织物贴合，经过烘干和固化后，原载体剥离，涂层膜就会转移到织物基材上。转移涂层产品大部分是人造革，用于制鞋、服装、箱包等产业。

### 3. 凝固涂层

凝固涂层属于湿法涂布工艺，特点是在凝固浴中生成多孔膜，然后经过烘箱干燥成膜，属于高端涂层织物产品。凝固涂层一般选用一种溶剂溶解高分子树脂，浸入水中，有机溶剂与水互溶发生置换，降低了溶解性，促使高分子凝固成膜。凝固涂层主要用于制备人造鹿皮和光面革产品。

### 4. 层压织物

层压织物就是把薄片材料叠加黏合在一起，经过热压加工成型。层压织物可以把具有不同功能的膜叠加在一起，集多功能于一身。层压方法多种多样，产品广泛用于防化安全、劳动保护、消防安全领域。

## 三、其他工业用涂层织物应用

织物涂层应用非常广泛。服装防水透湿是一大类别，包括各种民用产品，雨伞、运动服装、帐篷鞋帽、运用服装等。防水透湿织物一般含有微孔，准许水蒸气分子进出，但可以阻隔大颗粒水滴进入，从而达到即可蒸发皮肤汗液，调节体温，又可防止外部雨雪渗入，聚四氟乙烯膜层压织物为此类的典型代表。在工程服装保护领域，涂层织物也被广泛应用，如热防护服、防寒服、化学防护服、核生化防护服、电磁波辐射防护服、医用卫生用防疫服、阻隔病毒防护服等。工程应用领域，如汽车内饰、气囊、野外帐篷、遮盖布、各种充气材料、避光窗帘、家具装饰等都会用到织物涂层技术。随着新材料越来越多地被开发出来，新的应用也不断被开发和发现，在 21 世纪里我们拭目以待！

## 参考文献

[1]廖江波,任春光,杨小明. 先秦两汉石染矿物颜料及其染色考[J]. 广西民族大学学报,2016,22(3):50-54.

[2]张朝阳. 植物印染在服装设计上的应用研究 [J]. 染整技术,2019,41(1):14-16.

[3]Susan C. Druding. Dye History from 2600 BC to the 20th Century[R]. 1982. http://www. straw. com/sig/dyehist. html.

[4]H. Frölich. Neues allgemeines [J/OL]. Journal der Chemie, Band 2. Archived from the original on 2018-02-10. http://annales. ensmp. fr/articles/1803-1804-1/71-75. pdf.

[5]Cobalt blue[DB/OL]. Wikipedia. https://en. wikipedia. org/wiki/Cobalt_blue.

[6]陶子斌. 特种丙烯酸酯生产与应用[J]. 精细与专用化工品,2004,12(7):20-21.

[7]古代印染技术[N/OL]. http://www. 360doc. com/content/12/0706/11/137012_222585574. shtml.

[8]Natural dye[N/OL]. Wikipedia. https://en. wikipedia. org/wiki/Natural_dye#Origins.

[9]潘志花. 谈中国古代的技术标准[J]. 齐鲁学刊,2003,117(6):140-144.

[10]Schwindt W,Faulhaber G. The Development of Pigment Printing Over the Last 50 Years [J]. Coloring Technology. 1984,14(1):166-175.

[11]杨超. 涂料印花黏合剂类型及其成膜机理[J]. 轻纺工业与技术. 2011,40(4):110-111.

[12]宋新远. 涂料印染与节能减排[J]. 印染,2013,12:44-47.

[13]Ashish K. Sen. Coated textiles-principle and applications[M]. CRC Press. 2008.

[14]李绍雄,刘益军. 聚氨酯胶粘剂[M]. 北京:化学工业出版社,1998.

[15]何文诗,曾显华. 聚氨酯改性丙烯酸树脂的制备及其在涂料印花的应用[J]. 染整技术. 2019,41(12):28-31.

[16]宋心远. 涂料印染与节能减排(三)[J]. 印染,2013,(14):49-51.

[17]Poehlein G W,Vanderhoff J W,Witmeyer R. Drying of latex films[J]. J. Polym. Preprints 1975,(16) 1:268-273.

[18]Vanderhoff J W,Bradford E B,Carrington W K. Transport of water through latex films[J].Polym. Sci. Polym. Symp. 1973,41:155-174.

[19]Film Formation of Latex Binders:What You Need To Know. Mallard Creek Polymers[OL]. 2020-2-26. https://www. mcpolymers. com/library/.

[20]Steward P A,Hearn J,Wilkinson M C. An overview of polymer latex film formation and properties[J].Advances in Colloid and Interface Science. 2000,86:195-267.

[21]Goldschmidt A,Streitberger H J. Basics of Coating Technology-BASF Handbook[M]. Vincentz Network,2003.

[22]Miles I S. Multicomponent Polymer Systems[M]. Longman,1992.

[23]颜料色浆制备之眼里比表面积对比分散剂选择的影响[DB/OL]. http://www. 360doc. com/content /17/1126/15/42315999 _707281660. shtml.

[24]杨志伟. 水性涂料聚电解质类分散剂的研究进展[J]. 涂层与防护,2020,41(1):47-53.

[25]周春隆. 有机颜料润湿、分散剂分散稳定性[J]. 化工进展,1988(4):12-19.

[26]于丽,邢铁玲,关晋平,等.增稠剂种类和应用[J].印染,2017,10:51-55.

[27]凌蓉,陈松,蒲宗耀,等.纺织品数码喷墨印花技术及发展趋势[J].纺织科技进展,2012,3:1-5.

[28]田志荣.涂料数码印花应用技术(一)[J].印染,2017,3:54-57.

[29]滚筒印花机的工作原理及结构功能介绍[N/OL].2015-11-20.http://www.ctanet.cn/Technic/Show_752326572.html.

[30]陈革,杨建.纺织机械概论[M].北京:中国纺织出版社,2011.

[31]郑光洪,蒋学军.印染概论[M].北京:中国纺织出版社,2017.

[32]左凯杰,单巨川,张智深,等.转印印花工艺新进展[J].针织工业,2011,5:37-39.

[33]吴庆元.增深剂在染色产品上的应用[J].染整科技,1995,5:21.

[34]吴庆元,孙慈忠,吴晓燕,等.涂料染纱:一种节能,降水,少污,减排的新型染色工艺[G/R].上海纺织科技与创新论坛,2012:77-84.

[35]郭珊,王春梅.纺织品涂料染色研究进展[J].染整技术,2014,10:93-96.

[36]Man W S,Kan C W,Ng S P. The use of atmospheric pressure plasma treatment on enhancing the pigment application to cotton fabric[J]. Vacuum,2014,99(1):7-11.

[37]张广知,黄小华,迟二燕.低温等离子体改善蚕丝织物涂料染色[J].纺织学报,2012,33(4):83-85.

[38]宋富佳,陈英,徐永华.常压等离子体处理棉织物的涂料染色[J].印染,2010,36(20):6-9.

[39]王潮霞,计文华.改性羊毛织物超细涂料染色性能[J].纺织学报,2006,27(6):75-77.

[40]关晋平,陈国强,于洋,等.真丝织物阳离子改性及其涂料浸染工艺[J].印染,2012,38(4):6-9.

[41]苏苹.棒式超声波退浆技术研究[D].上海:东华大学,2013.

[42]Juan A. Gallego-Juarez,Enrique Riera,Victor Acosta,et al. Ultrasonicsystem for continuous washing of textiles in liquid layers[J]. Ultrasonics Sonochemistry,2010,17:234-238.

[43]Aravin Prince P. Ultrasonic-assisted wet processing[J]. The Indian Textile Journal,2009,5:121-126.

[44]许益.超细涂料的染色与印花[D].青岛:青岛大学,2006.

[45]技术引领下的纺织品印花新态势[J].网印工业,2019(8):7-10.

[46]Malik S K,Savita Kadian,Sushi Kumar. Advance in ink-jet printing technology of textile[J]. Indian Journal of Fiber and Textile research. 2005,March (30):99-133.

[47]卢杰宏,张雅莲.环保涂料墨水的印花工艺新方案[J].丝网印刷,2019(9):25-34.

[48]Global Digital Textile Printing Market[N/OL]. https://www.alliedmarketresearch.com/digital-textile-printing-market.

[49]Tawiah B,Howard E,Asinyo B. The chemistry of inkjet inks for digital textile printing[J]. International Journal of Management,Information Technology and Engineering. 2016,(4)5:61-78.

[50]Tawiah B,Howard E K,Asiyo B K. The Chemistry of Inkjet inks for Digital Textile Printing-Review[J]. International Journal of Management,Information Technology and Engineering. 2016,4(5):61-78.

[51]High quality belt-fed direct-to-textile printer for stretchable fabrics[N/OL]. https://www.mimakibompan.com/products/textile-inks/acid/.

[52]罗瑞林.织物涂层技术[M].北京:中国纺织出版社,2004.

[53]Walter Fung. Coated and laminated textiles [M]. Woodhead publishing limited,2002.

# 第六章 数码印花技术

## 第一节 数码喷墨印花概述

### 一、数码喷墨印花技术发展历程

#### （一）国外喷墨印花技术发展历程

喷墨打印技术成熟于 20 世纪 60~70 年代，最先在办公、印刷等领域得到应用。20 世纪 90 年代，随着计算机技术的快速发展，喷墨打印技术得到广泛的应用，被用于纺织品印花领域。

1987 年国际纺机展上，奥地利 ZIMMER 公司开发的 ChromoJet 系列喷墨印花机，利用计算机控制喷墨及气流喷射来实现织物上印花，这被认为是数码印花技术在纺织行业最早的应用设备。但由于其分辨率较低，主要应用于地毯印花。1995 年米兰纺织机展上，荷兰 STORK 公司推出 Amber 数码印花机，使用活性染料墨水，分辨率为 360~720dpi，速度为 $4.6m^2/h$，达到了当时的领先水平，在欧洲得到了推广应用。而日本 SEIREN 公司生产的 Viscotecs 数码印花机，是世界上第一个实现数码喷墨印花机产业化的机型。1999 年巴黎国际纺机展上，出现日本、瑞士、美国、意大利和我国杭州宏华数码科技公司生产的织物喷墨印花机。该时期的数码印花机采用了先进的按需喷墨技术，是数码喷墨印花技术的一个新的里程碑。但因其价格昂贵、印花速度慢、墨水成本高，当时的数码喷墨印花机多用于花型设计和小样制作。

进入 21 世纪，随着数码印花市场的日趋成熟，性能优异的工业级数码喷墨印花设备越来越多，纺织品数码喷墨印花技术得到了进一步的发展。在 2003 年英国伯明翰国际纺织机械展上，数码印花机的生产厂商迅速增加，印花机的性能大大提高。如意大利 Reggiani 公司的 DReAM 产业化高速数码印花机、荷兰 Stork 公司的 Amethyst 数码喷墨印花机、意大利 MS 公司的 JPK 系列印花机及奥地利 Zimmer 公司的 COLAR-IS 等机型。此类高速数码印花机的速度可达到 $400m^2/h$ 以上，普遍采用 8 色墨水，打印清晰度在 300~800dpi，这些印花机都是专门为纺织品印花而设计制造的印花设备。

从 2010 年后，这项技术快速发展并且不断完善，主要体现在打印速度和打印精度方面。意大利 MS 公司推出 LaRio 型号的 Single-Pass 数码印花设备，幅宽 1.8m，打印速度达到 $8000m^2/h$，堪比传统圆网印花机。施托克公司开发的 PIKE 型数码印花机，印花幅宽 1.85m，带有 6 组全幅宽 43 个富士胶片 Samba 喷头、Archer 墨水准备和输出系统，最高印花速度为 75m/min，印花精度 1200×1200dpi，印花图案快速切换，无缝过渡。

### （二）国内数码印花技术发展历程

我国的数码印花技术起步较晚，20世纪90年代数码喷墨印花技术还处于起步发展阶段，2001~2005年是数码印花技术的进入与认识阶段。真正将数码印花技术成果应用于工业生产的是杭州宏华（ATEXCO）数码科技股份有限公司，该公司从1997年开始研究数码喷墨印花技术，在2000年成功研制出国内第一台数码印花设备，奠定了我国纺织品数码喷墨印花产业化的基础。2011年该公司推出了第四代VEGA高速导带数码喷墨印花机，喷印速度可达180m/h以上。到2021年，该公司的直喷系列产品可以实现变墨点功能，速度达到1000m²/h，喷印精度为1200dpi，其Single Pass机型速度可达到4500m²/h，喷印精度达到1200dpi，可实现与圆网同步印花技术。此外，杭州开源电脑技术有限公司、上海源印数码科技有限公司、黑迈数码科技有限公司、广东希望高科数字技术有限公司等，都有自己特色的印花设备。

随着国内数码印花技术的发展和市场经验的积累，纺织品数码喷墨印花设备的质量和墨水的性能逐年提升，限制数码印花技术发展的印花速度问题已经被解决，目前数码印花速度可以达到上千米每小时。纺织数码喷墨印花设备制造企业逐年增多，由数码印花设备参展中国纺织机械展览会的企业数量可以看出，从2012年的25家增加到2018年的40家，平均2~3年就推出新的设备，在速度、精度、稳定性等方面均有不同程度的提高。

## 二、数码喷墨印花技术概念、原理及分类

### （一）数码喷墨印花的概念

数码喷墨印花是纺织行业近年来新兴的一种高新科学印花技术，它利用扫描仪、数码照相机等输入手段，把需要印花的图案输入计算机中，计算机将图案转化成数字形式，由IRP软件控制喷墨印花系统，墨水经数码喷墨印花设备直接喷射到织物上，形成符合设计要求的印花图案，这种印花技术称为数码喷墨印花（digital ink-jet printing）。喷墨印花是一种非接触印花，印花图案是靠不同颜色的微小墨滴直接在织物表面混合形成的，这与传统印花有本质的不同。

### （二）数码喷墨印花技术分类

数码喷墨印花是基于细小流体分裂成均匀滴液的原理而开发的，该技术的早期理论基础是流体力学。其工作原理是计算机根据电子指令，使墨囊里的墨水通过各个颜色的喷嘴口喷射形成不同颜色的墨滴，再喷射在织物上形成图案，整个图像是由多个细小的色点混合而成。按照喷墨方式的不同，喷墨打印方法可分为连续喷墨技术（continuous ink jet，CIJ）和按需喷墨技术（drop on demand，DOD）。

#### 1. 连续喷墨技术（CIJ）

CIJ喷墨系统中（图6-1），液滴在较高的压力下通过喷嘴喷射出一串液滴，在喷嘴和充电板之间施加电压脉冲，使分裂后的墨滴有选择地带上电荷。当带电墨滴通过偏转电场时就滴落在基质相应的位置上，形成相应的印制图像墨点。而未带电液滴进入墨水收集器以循环利用。此电压可以是固定的（Hertz原理），也可以是可变的（Sweet原理）。连续喷墨型印花机又可以分为偏转阀式连续喷墨印花机、二位连续喷墨印花机和多位偏移式喷墨印花机。这

些喷墨方式具有给墨量大、墨滴稳定均匀的特点，有利于提升色彩深度和饱和度，但墨滴控制系统非常复杂，印花精度太低，墨水回收技术复杂，墨水浪费较大，CIJ 喷墨打印方式已逐渐被纺织品印花市场弃用，市场上喷墨印花机大多采用 DOD 喷墨技术。

### 2. 按需喷墨技术（DOD）

DOD 喷墨印花就是根据图案的需要产生墨滴，系统在施加电脉冲时，通过传感器改变墨腔中墨水的压力，墨水受到挤压从喷嘴喷出形成墨滴，在织物上形成图案。按其喷墨方式可分为压电式、气泡式、电磁阀式等不同的喷墨方式。这些喷墨方式具有不同的特点，对墨水的要求也各不相同。

（1）压电式按需喷墨（piezoelectric ink jet）。在纺织品喷墨印花中应用最多的就是压电式按需喷墨方式。其原理如图 6-2 所示，墨腔的腔体由一个压电元件组成，当该元件受到压电脉冲作用后，压电材料根据喷头结构产生推挤、弯曲或剪切过程。在此过程中，压电射流将电能从脉冲信号转化为机械运动，腔体先膨胀后收缩产生的力使墨水从喷嘴喷出，在织物

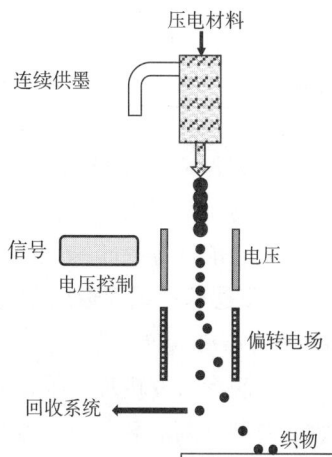

图 6-1　连续喷墨喷头工作原理

上形成图案。电压消失后，压电晶体恢复到原来的正常尺寸，墨水在毛细管的作用下会重新填充腔体，为防止墨水因重力从喷嘴滴落，墨腔中的墨水压力始终保持在略低于大气压力的水平。压电式喷头的作用频率约 14000 次/s，即每秒可以喷出 14000 个墨滴，每个墨滴的体积不超过 150pL（表 6-1）。压电式按需喷墨印花设备的关键部件是压电式喷头，按照压电陶瓷变形的模式，可分为四种类型：挤压模式、弯曲模式、推进模式和剪切模式。

压电式按需喷墨印花机可以使用水性或溶剂型墨水。由于喷出的墨滴体积小，具有的打印分辨率高、打印机寿命长、稳定性高等优点，缺点是其喷头制造成本高。

（2）气泡式按需喷墨（bubble ink jet）。气泡式按需喷墨能够根据输入的电信号瞬间将一个电阻加热到高温（约 350℃）状态，墨水汽化形成气泡，使墨滴从喷嘴喷出，电信

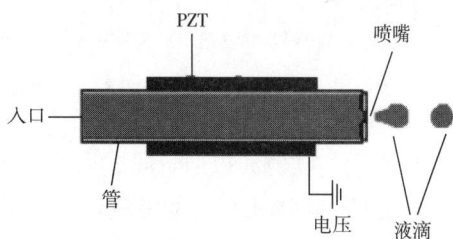

图 6-2　压电喷墨的喷射原理示意图

号撤销后，气泡冷却消失，墨腔重新被墨水充满。它形成的墨滴体积比压电式喷墨方式喷出的墨滴体积稍大，分辨率较低，喷头寿命短，可靠性差，对墨水的热稳定性要求较高，易产生堵头现象，但它的优点是喷头的制造成本低。目前生产气泡式喷墨印花机的厂商有 Canon 等。喷墨方式不同，喷头和墨水的参数也不同（表 6-1）。

表 6-1　压电式和气泡式按需喷墨的参数比较

| 按需喷墨方式 | 喷头作用频率 / (次/s) | 墨滴体积/ (pL/m) | 墨水性能 | | |
|---|---|---|---|---|---|
| | | | 黏度/ (mPa·s) | 表面张力/ (mN/m) | 固体颗粒最大粒径/μm |
| 压电式 | 14000 | 150 | 8~12 | >32 | ≤1.0 |
| 气泡式 | 10000 | 150~200 | 1.5 | >35 | <0.2 |

（3）电磁阀式按需喷墨（solenoid valve ink jet）。电磁阀式按需喷墨是利用电磁阀控制墨水在空气中的流动，由气流将墨滴喷射在基质上形成图案。由于精度很低，主要用于一些广告牌、旗帜、地毯等的印刷，这种喷墨方式的应用越来越少。

### （三）喷墨印花墨滴形成过程

#### 1. 墨滴形成机理

关于墨滴形成的机理，早在 1987~1988 年，IBM 和 Hewlett-Packard 就开始研究，利用大量的数学模型预测液滴形成的方式。由于流体喷射的速度很快，研究学者们采用高速摄像机对墨滴形成的运行轨迹进行观测，形成如图 6-3 所示的墨滴轨迹图，准确地反映出墨滴喷射的过程。研究表明，虽然每个喷头在喷墨系统和喷嘴设计之间有很大的区别，但典型的 DOD 单驱动波形液滴形成过程主要为由墨滴从喷嘴喷出，经过伸展、颈缩、断裂后收缩反冲，达到平衡形成稳定墨滴，具体可以概括为以下几个阶段。

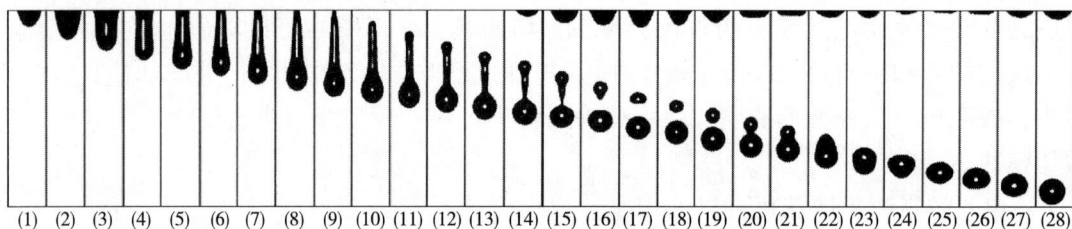

(1) (2) (3) (4) (5) (6) (7) (8) (9) (10) (11) (12) (13) (14) (15) (16) (17) (18) (19) (20) (21) (22) (23) (24) (25) (26) (27) (28)

图 6-3　典型的 DOD 墨滴形成过程

（1）墨滴的喷射和拉伸阶段。当喷头产生的压力波施加到喷嘴内的墨水时，墨水被加速挤出。开始时，喷嘴出口处的液滴弯月面形状为抛物线形，紧接着液滴弯月面迅速向外延伸形成一个具有圆形头部的液体柱。随着喷嘴出口处的内部压力下降，液柱的流速开始降低，液柱头部和喷嘴处流体的速度差使液柱开始拉伸。当喷嘴出口的压力低于液柱内部的压力时，喷嘴流出的墨量减小，液柱头部和出口处液体的速度差导致液体开始拉伸，喷嘴处的液体速度持续下降，直到没有液体流出，甚至可能部分液体被吸回喷嘴。此时液柱的体积保持不变，但受惯性作用继续延伸。

（2）墨滴颈缩并从喷嘴分离的过程。在液柱拉伸的过程中，液体尾部发生颈缩，靠近喷嘴地方的液柱半径最小，并且不断变薄。液柱的头部由于表面张力作用变成球状，形成一个从喷嘴一直延伸到液柱头的系带。液柱的尾部半径越来越小，最后发生断裂离开喷嘴，断裂后形成一个前端为圆形，尾端为细长型的系带。

（3）系带的回缩及卫星点的形成。分离后的系带因具有一定的速度而快速下落。墨滴尾部的曲率半径很小，尾部的内部压力大于头部，液体被挤向头部。由于液柱两端的不对称，引起头部和尾部发生不同的行为。头部的速度几乎是恒定的，液柱尾部发生反冲作用，产生回缩现象。这种反冲作用使系带头部和尾部断裂成两部分，一个主墨滴和一个自由的不对称液柱，小液柱因表面张力作用收缩成一个较小的卫星液滴（图6-3中第15s，16s时），也有可能继续断裂成2个或者多个小液滴。

系带在二次断裂的过程中形成卫星墨滴，如果断裂后的系带直接收缩成球形而没有发生二次断裂，那么在墨滴喷射过程中不会出现卫星墨滴，这种情况是理想的喷墨打印过程。卫星墨滴的形成取决于许多因素，如系带的长度、系带的收缩速度和系带从喷嘴断裂的时间等。因此和这些因素有关的参数都会影响卫星墨滴的形成，如喷射的波形、电压幅值、液体的黏度和表面张力值等。

（4）主墨滴与卫星墨滴发生合并。由于卫星液滴和主墨滴的大小和速度不同，二者受到周围空气的阻力不同。如果主墨滴的速度大于卫星墨滴的速度，这种情况下二者不会发生合并。相反，如果卫星墨滴的速度大于主墨滴，则卫星墨滴追上主墨滴并发生合并。如果二者的距离足够近，主墨滴后面的低压区域能将卫星墨滴吸向主墨滴并发生合并。

（5）墨滴的振荡和平衡。当卫星墨滴和主墨滴合并后，墨滴中多余的表面自由能就会转化为液体内部的动能，多余的能量在墨滴的动能和表面自由能之间转换，墨滴形态出现上下振荡（图6-3中24~27s）。随着振荡的发生，墨滴形态逐渐达到平衡。与此同时，墨腔内的墨水因受到喷头压力波衰减振荡波的影响，被挤出喷嘴后又吸回墨腔内。在大多数情况下，衰减振荡波太小而不能形成墨滴，所以它的振幅越来越小，直到被墨腔内墨水的黏性耗散能消耗而消失。

**2. 墨滴形成的影响因素**

墨滴大小、形状、速度及飞行方向等对喷墨打印的质量影响很大，而这些墨滴参数会因墨水的特性、喷头的结构及喷射条件等因素的改变而发生改变。

（1）墨水的特性。对于任何给定的喷墨技术，影响喷墨打印性能的重要因素之一便是墨水特性，尤其是黏度、表面张力及密度等物化特性。墨水的黏度会在喷嘴处引起黏性损失，因此需要从压力脉冲中获得足够的能量来产生具有一定速度的墨滴，黏度会影响墨点的大小和速度；墨水的表面张力是引起墨流颈缩并推动墨滴从喷嘴断裂的必要前提，是影响初始墨滴形状和卫星液滴形成的关键因素；墨水密度影响驱动电压的波形和振幅，进而影响墨滴参数的大小，随着墨水密度的增加，喷射液滴的系带变长，卫星液滴的数量增加，喷射过程的稳定性降低。

（2）喷射参数。液滴的形成与喷孔尺寸、喷嘴的性能、驱动电压、脉冲宽度和波形也有很大的关系。喷嘴口的尺寸、形状及喷嘴表面的亲疏水性决定墨滴的大小、速度、喷射的方向等。通常墨滴的尺寸与喷嘴尺寸相当，较小的喷嘴产生较小的墨滴，但较小的喷嘴尺寸会增加表面张力和黏性力，需要更高的电压和更长的脉冲时间保证墨滴离开喷嘴。另外，当喷嘴直径较小时，液滴喷射后会出现的系带变短，墨滴从喷嘴脱离的时间随着喷嘴直径的增大而增加，较大直径的喷嘴可以提高墨滴的稳定性。大多数喷头的喷嘴直径在 $20\sim50\mu m$，产生的墨滴体积为 $10\sim60pL$。但具有高精度打印的喷头，通常产生的液滴尺寸非常小，喷嘴直径在 $20\sim30\mu m$，墨滴体积在 $5\sim5pL$；喷嘴壁的材质和墨水之间的润湿性能及喷嘴板的亲疏水性会影响墨滴的喷射方向。

对于特定的墨水，喷头的电压存在一个合适的范围，电压太高，墨滴因动能不足无法从喷嘴喷出；电压太高，墨滴动能过高，卫星墨滴的速度小于主墨滴速度，从而产生卫星墨滴。此外，不同的波形对应的墨滴喷射过程也完全不同，主要表现在墨滴断裂时间及主液滴和卫星液滴的合并情况两方面。

总之，墨滴喷射过程中很难简单地用一个条件来定义墨水的可喷射性，它是喷射参数和墨水性能综合作用的结果。如墨滴系带长度随喷嘴直径的减小而减小，随着电压幅值的增加而增加，采用大直径喷嘴可以提高液滴的稳定性；增加墨水的黏度可以减小墨滴从喷嘴断裂的时间，这有利于液滴的稳定。但是，黏性效应在喷嘴处造成的黏性损失越大，就需要更多的压力脉冲能量，才能产生具有一定速度的墨滴。

## 三、数码喷墨印花技术特点、存在问题及发展趋势

### （一）数码喷墨印花技术的特点

数码喷墨印花技术大大加快了传统纺织品印花产业的变革进程，为生产高品质、高附加值的印花纺织品提供了技术手段。同时，按需喷印大幅度降低了生产过程的消耗与污染。纺织数码喷墨印花技术与传统印花在许多方面都存在不同，见表6-2。

表6-2　数码喷墨印花技术与传统印花技术相比较

| 数码喷墨印花 | 传统印花 |
| --- | --- |
| 无须考虑图案类型和套色数，可任意选择图案 | 图案设计需要考虑印花套数及花回大小 |
| 无须制版，直接印制图案 | 需制版、制网和调浆等工艺 |
| 无须对花，实现各色花型完美过渡 | 需考虑分线、排版顺序等 |
| 印花精度高 | 印花精度一般 |
| 生产灵活，快速反应，小批量 | 灵活性有限 |
| 生产过程用水少，无废浆，减少污水排 | 用水较多，废浆多 |
| 渗透性稍差 | 渗透性较好 |
| 生产成本较高 | 生产成本较低 |

目前，在高端纺织品印花领域，数码喷墨印花对传统丝网印花形成了明显的替代趋势，其优势主要体现在以下几个方面。

#### 1. 印花精细度高，花色丰富

与传统圆网印花、平网及滚筒印花等相比，数码喷墨印花不受印花花型、印花套数及花回的限制，对于颜色渐变、云纹等高精度及色彩层次丰富的图案印制清晰度高，提高了印花

纺织品图案的色彩展现力和逼真度。目前较为先进的平网及圆网印花机的网版精度在250~300dpi，而数码印花通过调节喷射条件，最高可实现2400dpi的清晰度，相比之下，数码印花的精细度优势明显。

**2. 加工和交货周期短**

由于数码喷墨印花生产省去了传统印花生产过程中分色描稿、制片、制网及仿色等工序，缩短了生产时间，简化了整个印花工艺流程。传统工艺打样时间为1周作用，而喷墨印花打样时间不会超过1天，这不但提高了打样速度，而且降低了打样成本。

**3. 加工灵活性高**

数码喷墨印花生产加工过程全部实现数字化，生产批量不受限制，可以小批量制作，也可以大批量生产，可快速满足市场变化需求。此外，由于数字化技术的应用，可以对图案和颜色的选择和设计做到随时调整。

**4. 印制幅面不受限制**

目前工业数码印花设备的喷印幅宽可达3~4m，且长度不受限制。大大突破了传统工艺印刷幅面的局限。

**5. 节能减排**

数码喷墨印花中墨水的使用由计算机"按需分配"，可大幅降低废墨的产生。对比传统丝网印花，数码印花使用的助剂少，水洗环节使用的水量大大减少，减少了在印制过程中因网板清洗所造成废水的产出。实现了低能耗、低污染和低噪声的生产工艺。与传统丝网印花相比，数码喷墨印花墨水用量节约20%~40%、用水量节40%~60%、用电量节约50%，且对环境的污染程度仅为传统丝网印花的1/25。

纺织品数码喷墨印花的这些优点，从根本上革新了人们关于传统纺织品的生产和经营观念，解决了纺织印花生产的环境污染问题，将传统的纺织工业和现代技术紧密结合起来，提高了纺织品印花技术水平，是21世纪纺织工业实现革命的关键技术之一，符合新时代我国印染产业的要求。

**（二）数码喷墨印花存在的问题**

近几年，我国数码喷墨印花在工艺、技术、设备及耗材等方面不断进步。如在降低加工成本方面取得显著的成绩（表6-3），织物打印质量有所提升，墨水渗色和疏松织物产品的正反色等技术难题也得以改善；丝绸、棉、化纤、毛等各类产品的工艺技术参数进一步优化；用于数码喷墨印花上浆的专用浆料和设备，以及专用蒸化、水洗设备得到开发并推广应用；各生产厂家墨水的通用性更强，墨水储存稳定性更好，国产喷头实现从"无"到"有"的转变，生产装备水平进一步提升，与电子、信息技术进一步融合发展。

表6-3 2017~2020年数码印花与传统印花加工费变化　　单位：元/m

| | 加工方式 | 2017年 | 2018年 | 2019年 | 2020年 |
|---|---|---|---|---|---|
| 1 | 直喷数码印花 | 18~20 | 15~16 | 12~14 | 10~12 |
| | 传统网印 | 2~4 | 2~4 | 2~4 | 2~4 |

| | 加工方式 | 2017 年 | 2018 年 | 2019 年 | 2020 年 |
|---|---|---|---|---|---|
| 2 | 数码转印 | 7~8 | 5~6 | 3.5~4 | 3~4 |
| | 传统凹版印花 | 1.8~2.5 | 1.5~2.5 | 1.5~2 | 1.5~2 |

但目前还存在以下一些问题：

**1. 墨水**

与传统粉状染料相比，数码喷墨印花墨水仍存在着价格偏高、各墨水生产厂家的墨水相互通用性差、墨水储存稳定性差等问题。导致目前数码喷墨印花成本较高，同时在一定程度上也影响数码喷墨印花产品的质量。

**2. 调色**

色彩管理中的调色是数码喷墨印花的重要环节，数码喷墨印花通过计算机控制输出色彩，但计算机显示屏上反映的色彩与喷印的色彩模式不一样，从而需要一个调色过程。调色过程必须根据染料特性、喷印精度、织物类别等设定不同的工艺参数，参数设定不好，就会使喷印的颜色产生很大差别。

**3. 其他问题**

由于数码喷墨印花工艺技术的发展快，专业技术人才短缺，打印质量存在一些不稳定因素，数码印花设备及喷头的耐用性还有待提高，墨水应用中色料的色光和色牢度问题，应用软件的普及问题等。

**（三）数码喷墨印花的发展趋势**

目前，数码喷墨印花是我国重点扶持发展的产业之一，能满足印染行业环保低碳可持续发展的要求。同时，顺应了纺织品市场由大批量生产模式向个性化、定制化、时尚化、快速反应转化的发展趋势，为生产高品质和高附加值的印花产品提供了技术支持。对我国印花产业升级、提升国际竞争力及节能减排做出了重要贡献。

随着数码技术的发展，印花设备生产商的数量迅速增加，墨水品质不断提高，都为喷墨印花技术的发展奠定了良好的基础。纺织数码印花产业主要集中于欧洲、北美洲、亚太地区和拉丁美洲等区域。欧洲的纺织数码印花技术始终走在全球数码印花产业的前列，是全球最大的数码印花产品需求与生产地，其数码印花技术已逐渐普及。目前，亚太地区的印花体量最大，约占全球印花总量的70%以上，其中以中国和印度这两个人口大国为主，但数码印花量占其印花总量的比例较低，2010~2020 年，该比例从 0.4%增长至 6.3%左右，亚太地区将成为全球数码印花最为重要的市场之一。

数码喷墨印花技术是一项系统工程，它是由喷墨打印技术演变而来。由于织物和纸张之间的不同，将其应用在织物上面，使喷墨印花技术在纺织品中应用还有很大的发展进步空间，因此在数码印花设备、墨水、打印喷头、配套设备及工艺稳定性等方面都还值得进一步研究和开发。

# 第二节　纺织品数码喷墨印花系统

## 一、纺织品数码喷墨印花设备

### （一）纺织品数码喷墨印花设备的构成

纺织品喷墨印花打印机是从办公用喷墨打印机的基础上发展起来的，但具有自身的特点，相比常规办公打印机，除了正常的组成系统外，还需要具备相应的配套设备，纺织品喷墨印花机主要包括供墨系统、喷头、织物放卷机及织物输送机构和烘干机构等。

**1. 供墨系统**

数码喷墨打印机要满足生产需要，供墨系统在连续性、密封性及气泡过滤性等方面都需要具备很好的稳定性。如果供墨系统的连续性不好，就会引起供墨不足，导致打印过程中的断墨，在很大程度上影响图像的质量；如果供墨系统的管路密闭性不好，墨水在打印和放置过程中，墨水中的水分及低沸点溶剂易挥发，导致墨水的黏度和表面张力等物化参数发生变化，影响墨水在数码设备上的打印稳定性；高速数码印花机因生产速度高，需墨量大，供墨系统一般采用集中方式供墨，具有过滤和消泡功能，能避免喷头堵塞和喷印问题；有些机型还采用墨路压力调节剂探测技术，保证生产过程中喷头的最佳状态；为降低生产过程中墨水的消耗量，很多设备还采用墨水回收装置，将喷头清洗过程的部分墨水回流到主墨仓进行回收，据统计，采用此装置可以节省10%～15%的墨水耗量。

**2. 喷头**

喷头是喷墨印花机的核心部件，它决定印花织物的图案质量、图案精细度、印花速度、喷墨印花机的价格及印花成本等。目前市场上应用较多的喷头生产厂商有爱普生（Epson）、理光（Ricoh）、京瓷（Kyocera）、富士（Fujifilm Dimatix）、柯尼卡（Konica）、松下（Panasonic）和精工（Seiko）等。

为了保证打印图案色彩的丰富性和准确度，一个喷头往往包含数个子喷嘴，不同喷头的墨滴大小、喷射速度、物理精度都不一样，反应到打印质量、打印精度、细腻度及色彩表现都不同。评价喷头的参数包括单位面积的喷孔数量、驱动频率、分辨率和最小喷墨量，喷墨量通常用皮升（pL）表示，现有喷头一个喷孔一次喷墨量一般为3.5～80pL。单位面积喷孔数量越多，喷孔的喷墨量越少，印制的图案越精细，但印花速度就越慢。墨滴越小，打印精度越高，更高的点火频率意味着每秒可喷射更多的墨滴。现今大多数喷墨印花设备采用第三代工业喷头，具备防撞、防刮及自动清洗功能，喷射频率高，喷嘴数量多，印花宽度大。

近几年，喷头的高精、高频、千级孔数、可变点、内循环及多喷头拼接技术的发展，带动了数码喷墨印花设备向速度更快、精度更高和稳定性更好的方向发展。为了高速印花的需要，可以通过增加喷头的喷嘴数、加大打印宽度、提高喷嘴的喷射频率等途径来实现；也可采用墨滴可变技术，扩大墨滴体积的可调节范围，提高印花效果的精细度；在喷头表面喷涂特殊的涂层，提高喷头工作的可靠性，延长喷头的使用寿命，降低喷墨印花的生产成本等，都是目前喷头发展的方向。

**3. 专用的辅助装置**

数码喷墨印花辅助系统一般由织物放卷机构、织物输送机构、贴布机构等构成。织物输送装置将待印织物输送至喷墨打印机构打印，为了保证印花的精度，采用伺服电动机控制织物的传送速度，与打印速度相互配合完成打印。为了保证良好的贴布效果，使图案准确地打印到指定的位置上，目前数码印花机普遍采用具有开幅及对中张力控制的专用进步装置。随着印花速度的不断提升，印花导带的长度不断加长。长导带有利于提高贴布的平直度，同时可以保证导带清洗后适时干燥。

**4. 其他配套设备**

（1）前处理设备。针对数码印花专门开发配套的上浆设备，可以同时满足针织物和机织物，上浆后织物变形小，不产生纬斜。这种方式的缺点是织物的正反面都施加了预处理液，预处理液用量较高，特别是厚重织物。也可以采用单面圆网印涂的方式，只在织物正面印涂，比较节省预处理成本。

（2）汽蒸设备。小批量加工一般采用圆形或者星型挂布的汽蒸箱常压汽蒸，但这种汽蒸方式容易产生挂布的钩洞和设备顶部滴水现象，影响产品质量。采用连续式蒸箱能取得较好的效果。

（3）烘干设备。数码印花打印完成后，应及时将布样烘干，否则容易造成面料的搭色和发色不匀。因此需要配置大容量在线烘箱，最好是松式烘干，以保证打印图案的精细度，同时烘干速度要与打印速度相匹配。

**（二）纺织品数码喷墨印花机的分类**

**1. 按喷头移动方式分类**

喷墨印花机的喷印方式按喷头的移动方式可以分为扫描喷印方式和Single-pass喷印方式。

（1）扫描方式喷印时，喷头横向移动将墨水喷印到静止的织物上，随后导带带动织物向前移动一定距离，然后导带停止，喷头再次进行横向扫描喷印，如此往复。这种喷印方式的喷印速度较低，可以通过增加喷头的数量提高印花速度。如杭州宏华数码科技股份有限公司的VEGA-3180DT高速数码印花机选用了32只京瓷喷头，印花速度达到530m²/h（2pass，600×1200dpi）。

（2）Single-pass是喷头不动的喷印方式，可以使数码喷墨印花机的印花速度达到传统圆网印花机的速度。Single-pass数码印花机的喷头从几百只到数百只，打印的时候喷头横向固定排列，并按所需墨水颜色数确定纵向排列，喷印时织物随导带连续向前移动。意大利MS LaRio印花机（图6-4）是全球首台Single-

图6-4　意大利MS LaRio高速喷墨印花机

pass 超高速数码印花机，MS LaRio 印花机喷头墨滴大小为 $4\sim72pL$，速度高达 $75m^2/min$。此外，还有施托克的 PIKE Single-pass 数码印花机、柯尼卡美能达 NASSENGERSP-Single pass 数码印花机及杭州宏华的 Single-pass 系列数码印花机（图 6-5）。

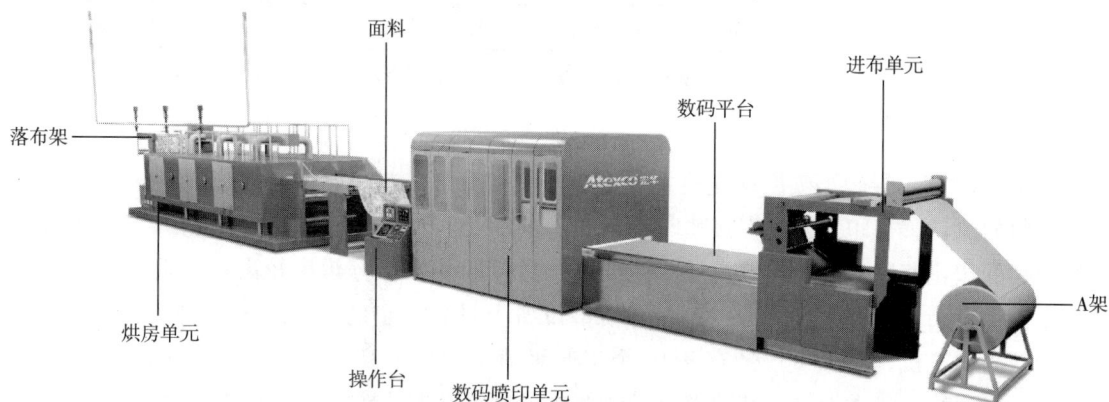

图 6-5　杭州宏华 Single pass 系列数码印花机

### 2. 按市场应用分类

按市场应用分类可以分为导带型、导辊型、平板型及椭圆型等几种主要打印机型。

（1）导带型。导带型数码喷墨印花机可以用活性染料墨水、涂料墨水和分散染料墨水喷印各种织物。宏华 VEGA3180s（图 6-6）工业级数码印花机非常适用于纯棉细平布数码印花，具有可变墨点功能，喷头高度可调，最大喷印速度为 $300m^2/h$，打印精度最高达 1200dpi。部分导带型数码印花机设备及性能见表 6-4。

图 6-6　杭州宏华 VEGA3180s 系列直喷数码印花机

表 6-4　导带型数码喷墨印花设备部分机型

| 生产商 | 型号 | 喷头 | 颜色通道 | 墨水 | 印花速度/（m²/h） | 印花精度/dpi |
|---|---|---|---|---|---|---|
| 杭州宏华数码 | VEGA3180s | 8 只京瓷喷头 | 8 色 | 活性染料 | 660/1Pass | 600×600 |
| 意大利 MS 公司 | MS JP7 | 16 只京瓷喷头 | 8 色 | 活性染料 | 190/2Pass | 600×600 |
| 杭州开源有限公司 | Rainbow-7210 | 32 只星光喷头 | 8 色 | 活性染料 | 200/2Pass | 600×400 |
| 广东希望高科 | HF01-K32 | 32 只京瓷喷头 | 8 色 | 活性染料 | 277/2Pass | 600×600 |
| 日本 Mimaki | Tiger-1800B | 16 只京瓷喷头 | 8 色 | 活性染料 | 160/1Pass | 600×600 |
| 黑迈数码科技公司 | T-Press | 16 只柯美 1024i | 8 色 | 活性染料 | 45/4Pass | 360×360 |

| 生产商 | 型号 | 喷头 | 颜色通道 | 墨水 | 印花速度/（m²/h） | 印花精度/dpi |
|---|---|---|---|---|---|---|
| 日本爱普生 | Monno Lisa Evo Tre32 | 32 只 TFP 喷头 | 8 色 | 活性/酸性染料 | 402/2Pass | 600×600 |

注　"Pass"表示数码印花机打印中画面成型需要打印的次数（单面积的掩盖次数），Pass 数越高打印速度越慢，精度就越高。

（2）导辊型。导辊型喷墨印花机主要用于升华型分散染料墨水的喷墨印花，多数是用于分散染料的热转移打印，也可直接喷印不易变形的织物，如直接喷印涤纶织物。导辊喷墨印花机的喷墨印花速度总体比导带机低，但纸质介质打印的图像分辨率较高。导辊喷墨印花多选用爱普生喷头，爱普生（图 6-7）在导轨型设备上具有一定的优势。杭州宏华 Model 系列热转印数码印花机（图 6-8）带有 8/16 个工业级喷头，搭配高浓度快干墨水 4 色/6 色，稳定性高，速度快，渗透性好。其他部分导轨型数码喷墨设备及性能见表 6-5。

表 6-5　导轨型数码喷墨印花设备部分机型

| 生产商 | 型号 | 喷头 | 颜色通道 | 墨水 | 印花速度/（m²/h） | 印花精度/dpi |
|---|---|---|---|---|---|---|
| 杭州宏华数码 | Model | 16 只京瓷喷头 | 6 色 | 分散染料 | 300/2 Pass | 1200×600 |
| Durst 公司 | Alpha 180TR | Durst Quadro S 喷头 | 8 色 | 分散染料 | 200/1 Pass | 800×600 |
| 爱普生有限公司 | SureColor F9480 | 2 只 TFP 微压电喷头 | 4 色 | 分散染料 | 108/1Pass | 360×720 |
| 韩国 DGI 公司 | HSFT-Ⅲ | 4 只京瓷喷头 | 4 色 | 分散染料 | 85/2 Pass | 540×720 |
| 上海印豪数码 | INTEX T1800 | 4 只京瓷喷头 | 4 色 | 分散染料 | 127/2 Pass | 604×300 |
| 希望高科 | 极光 G1-M | 8 或 12 只 Epson S3200 喷头 | 4/6 色 | 分散染料 | 736/1Pass | 500×500 |

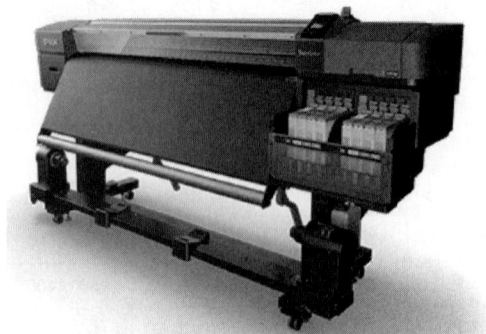

图 6-7　爱普生 Epson SureColor F9480 大幅面彩色喷墨打印机

图 6-8　杭州宏华 Model 型喷墨印花机

（3）平板型及椭圆型。平板型喷墨印花机主要用于裁片及成衣的喷墨印花，特别是针织 T 恤的喷墨印花较多。其中大型平板机一般有十几个工位，可以同时打印十几件，可以是不同的花型，也可以实现单件生产，适用于加工量较大的个性化加工，以及小批量生产加工。小平板数码印花机一般有一个或者两个工位，适用于T 恤个性化打印，适用于加工量比较少的个性化加工、打样等应用。康丽 Avalanche

图 6-9　康丽 Avalanche HD6
平台成衣直喷数码印花机

HD6 平台成衣直喷数码印花机（图 6-9）可显著降低墨水的消耗，从而大幅降低每次打印的成本，包括 6 个颜色通道（CMYK 四色、红色、绿色）加上白色，可以获得更广泛的色域和改进的专色匹配。平板型数码喷墨印花机部分机型见表 6-6。

表 6-6　平板型数码喷墨印花设备部分机型

| 生产商 | 型号 | 喷头 | 颜色通道 | 墨水 | 印花速度/（件/h） | 印花精度/dpi |
|---|---|---|---|---|---|---|
| 康丽数码 | Avalanche HD6 | 富士北极星 35pl | 6 色 | 涂料 | 85 | 600×400 |
| 日本兄弟 | GTX | 兄弟 1680 头 | 5 色 | 涂料 | 30 | 600×300 |
| 爱普生公司 | SureColor F3080 | 爱普生 TFP 微压电喷头 | 4 色 | 涂料 | 105 | 1200×1200 |
| 杭州宏华有限公司 | Tjet+椭圆机 | 星光 1024 喷头 | 4 色 | 涂料 | 400 | 600×200 |
| 黑迈数码有限公司 | TS-Jet DIY | 2 爱普生 DX5 喷头 | 6 色 | 涂料 | 17 | 720×1440 |

传统的椭圆机主要用于大批量服装裁片的印花加工，可以实现烫金、静电植绒、发泡、拔印等特种印花。近两年发展的"椭圆机+数码印花"的组合印花方式（图 6-10），是在传统的椭圆机上加入一组数码打印单元，用数码喷印替代多套色丝网刮印，节省工位，同时保留了原有机器的特种印花功能，实现传统丝网印花和数码打印的完美结合。

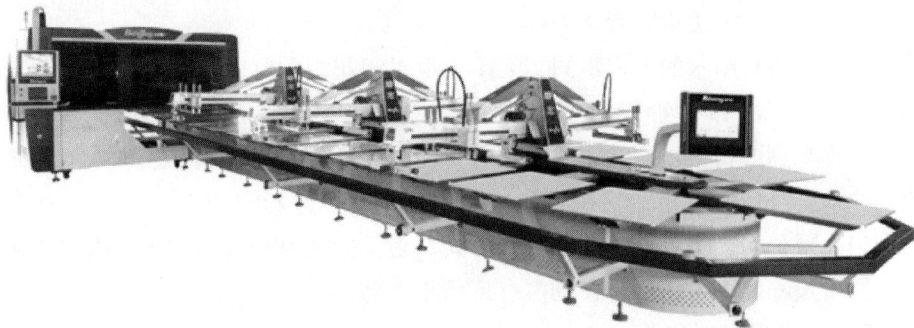

图 6-10　碧宏 DailyJet 4060 椭圆+数码印花机

（4）其他新型数码印花机。平/圆网+数码喷墨印花的创新发展是中国对数码喷墨印花领域的新贡献。这种打印方式同时结合传统网印和数码喷墨印花的优点，或单独运行或相互配合。用传统筛网印制粗线条或者均匀的大面积块状图案，节省数码印花的墨水，尤其使深浓色的得色比较充分。而数码喷墨部分用于打印色彩层次丰富或精细度较高的图案，提升了打印速度。二者的结合使高效率地生产高品质、低成本的产品成为可能。实现了印花效果及较低成本的结合。相关设备有威龙 LWY 圆网数码印花机、LWP 平网数码印花机及杭州宏华的平网/圆网+数码印花机。

双面数码喷墨印花技术可生产出双面同花同色（或异色）的印花面料，使印花产品更加个性化和多样化，借助于数码喷墨印花产品"翻丝"。对于一些特殊织物和需求的产品，双面印花可以补充反面印花的鲜艳度，弥补数码印花墨水渗透力不强的问题。

### （三）数码喷墨印花设备发展趋势

近年来，随着数码印花技术不断发展，平均 2~3 年就推出新的设备，纺织数码喷墨印花设备制造企业逐年增多，在速度、精度、稳定性等方面均有不同程度的提高。喷头的需求量仍然很大，国内积极开展相关研究。随着喷头的高精、高频、千级孔数、可变点、内循环及多喷头拼接技术的发展，带动了数码喷墨印花设备向速度更快、精度更高和稳定性更好的方向发展。中国对喷头的需求量较大，仅纺织品数码喷墨印花领域，每年对喷头的需求量有 6 万~7 万个，基本上从国外几家主要品牌商进口。国内有几家企业开展了喷头研究，研究成果引起了行业内的广泛关注。

设备商通过高性能喷头的选择、组合及排列，使数码喷墨印花机的速度不断提高，由每小时几平方米、几十平方米发展到几百、几千平方米，不断满足不同印花生产需求。速度提高的同时对机电控制、喷头工作状态、墨水质量、高速数据处理、机器保养维护等供应体系的要求也越来越高。其中以 Single pass 为代表的高速喷墨印花机，是目前数码印花机最快的一类设备，实际生产速度根据花型调整，一般在 20~50m/min，超过平网印花机的速度。

## 二、数码喷墨印花墨水

数码喷墨印花技术来源于纸张印刷，但又与之不同，纺织品数码喷墨印花所用的墨水要求更高，它是喷墨印花生产过程中的主要耗材，在生产总成本中所占比例最大，因此喷墨印花墨水是喷墨印花发展的关键因素之一。

不同的喷印设备对墨水的要求不同，大多数喷墨印花机供应商要求使用专门供应的墨水。目前市场广泛使用四种基本色 CMYK（即青、品红、黄和黑）和 24 种特别色。近年来，中国数码喷墨印花墨水也取得了明显的技术进步，从过去完全依赖进口转变为以自主研发为主，在许多关键技术上已取得一定的突破，如墨水的稳定性、色彩饱和度、与喷头的匹配性等，其中杭州宏华有限公司、上海新威墨水有限公司、台湾永光化学工业公司都推出自己的数码印花墨水，因质量稳定、价格低，市场占有率已相当高。

### （一）喷墨印花墨水的分类

纺织品喷墨印花墨水按照溶剂可分为水性墨水（简称墨水）和溶剂性墨水（简称油墨）。

油性墨水使用有机溶剂，毒性较高，生态环保性差。水性墨水以水为溶剂，符合当今提倡的清洁生产要求，也符合纺织品印花的基本要求。因此，目前数码喷墨印花常用的是水性墨水，水性墨水按照色素可以分为染料型墨水和颜料型墨水。

**1. 染料型喷墨印花墨水**

染料墨水的优点是色谱齐全、着色鲜艳、稳定性好、不易堵塞喷头、打印质量好。染料墨水在使用过程中，染料是以分子状态扩散进入纤维内部，因此具有很强的色彩表现力，喷墨印花图案更加细腻、逼真，这是染料墨水的一个非常重要的优势。染料墨水中的染料为传统印花用的染料，可分为活性染料、酸性染料以及分散染料墨水。

（1）活性染料墨水。活性染料墨水适用于多种类型的织物喷墨印花，如棉、麻、粘胶等纤维素纤维织物和真丝、羊毛等蛋白质纤维织物。活性染料溶解度好、性能稳定、颜色鲜艳、色谱齐全。活性染料墨水因其染料结构中含有反应性基团，与织物以共价键的形式形成牢固的共价键，因此印花织物具有优良的耐摩擦色牢度、耐水洗色牢度和耐皂洗色牢度等。

（2）酸性染料墨水。酸性染料墨水适用于羊毛、真丝等蛋白质纤维织物的喷墨印花。在酸性染料墨水的配制过程中，染料分子通过氢键或范德瓦耳斯力的作用发生聚集，一定的聚集虽然有利于提高印花织物的耐日光色牢度，但是大量的染料分子聚集在一起会形成尺寸过大的分子聚集体，对墨水的理化性能造成影响，不利于喷墨印花的要求。

（3）分散染料墨水。分散染料墨水广泛应用于涤纶、锦纶、醋酯纤维等合成纤维的染色和印花。由于分散染料的非水溶性，用于配制喷墨印花墨水时，需要将染料研磨成细小的颗粒，使染料颗粒粒径小于200nm，并稳定分散在水中。因此，分散染料的超细化加工和在水中的均匀稳定分散是制备分散染料墨水的关键。

**2. 颜料型喷墨印花墨水**

颜料墨水与染料墨水最大的不同是颜料为非水溶性的且与纤维没有亲和力，必须借助黏合剂的作用以颗粒状态固定于纤维上，因此颜料墨水不受纤维限制，几乎适用于所有织物的印花。颜料墨水无须前、后处理过程便可直接印花，印花后的织物具有优良的耐光色牢度和耐水洗色牢度，但是，颜料墨水色谱不全、得色强度低、色泽不鲜艳、稳定性低，在水中容易聚集在一起，打印过程中容易出现堵塞喷头现象，因此颜料墨水开发的技术难度较大，颜料颗粒大小及分散稳定性对喷嘴堵塞、墨水流变性和稳定性影响特别大，但由于其通用性和环保性好，因此市场前景广阔。

**（二）墨水组成**

喷墨印花墨水一般由着色剂（染料或颜料）、溶剂（水或有机溶剂）及添加剂（如杀菌剂、分散剂、表面活性剂、pH调节剂、保湿剂、黏合剂等）组成。添加剂可以改善墨水的性能，获得更好的印制效果。目前尚未有普遍适用或完全固定的标准墨水配方，但最终都需要满足墨水使用的总体技术要求。主要组分如下：

**1. 色素**

墨水中色素是赋予喷墨印花墨水颜色的化学物质，其质量的好坏和选择，直接影响喷墨印花的质量。用于染料墨水的色素主要有酸性染料、活性染料和分散染料。理论上所有的纺织品染色和印花用染料都可以用来配制墨水，但实际上需要满足许多特定的条件，否则墨水在存储、应用的过程中会出现诸多问题。因数码喷墨印花低给液的特点，染料的溶解度是首要考虑的因素，同时还要达到足够的浓度、较高的固色率及优异的色牢度，才能满足花型配色所需的颜色深度及应用性能。

（1）活性染料。活性染料含有与纤维分子发生反应的活性基团，在染色时活性基团与纤维分子形成共价键结合，使染料上染纤维，因此具有良好的耐洗和耐摩擦色牢度。染料母体中含有磺酸基和羧酸基等水溶性基团，使染料具有水溶性。良好的水溶性、较高的色牢度及较广的应用范围是活性染料被应用到喷墨印花中的主要原因。

在数码喷墨印花发展初期，活性染料墨水普遍采用乙烯砜型结构染料，该类染料因化学性质不稳定，容易发生水解而呈酸性，对喷头造成腐蚀。目前活性染料墨水大多采用一氯均三嗪结构染料，该类染料活性较低，稳定性高，色泽艳丽，更加适合用于喷墨印花墨水中。喷墨印花墨水对染料的纯度要求很高，活性染料需要经过脱盐处理。因为商品级活性染料中含有大量元明粉杂质，严重影响染料的溶解性，残存的金属离子在喷嘴内部会逐渐堆积形成颗粒，容易堵塞喷头。目前活性染料脱盐主要采用纳滤法和重结晶法。

可用于制备喷墨印花墨水的活性染料品种有：C.I. 活性黄 2、3、6、12、18、42、168、175 等；C.I. 活性橙 2、5、12、13、20、35 等；C.I. 活性红 3、4、7、12、13、24、29、33、45 等；C.I. 活性蓝 2、3、5、7、13、15、25、39、46 等；C.I. 活性黑 1、3、8、10、12、13 等；C.I. 活性绿 5、8、19。常用的品种为 C.I. 活性黄 95、C.I. 活性红 218 和 226、C.I. 活性蓝 15 和 49、C.I. 活性黑 39。

（2）酸性染料。酸性染料结构中含有磺酸基、羧酸基和羟基等可溶性基团，溶解性好，色泽鲜艳，主要用于锦纶、羊毛和蚕丝等织物的喷墨印花。可用于喷墨印花墨水的酸性染料有：C.I. 酸性黑 2、7、24、26、52、110、118、131 等；C.I. 酸性红 1、35、114、133、143、145、254、266、274 等；C.I. 酸性蓝 9、29、62、102、117、181、220 等、C.I. 酸性黄 90、19、49、61、79、141、169 等。酸性染料在配制喷墨印花墨水前也必须进行脱盐等纯化加工，防止染料结晶析出，提高喷墨印花墨水的稳定性。

（3）分散染料。分散染料的分子结构比较小，分子中不含水溶性集团，水溶性很差，构主要是氨基偶氮衍生物及氨基蒽醌衍生物。分散染料的分子结构比较小，分子中不含水溶性基团，在水中主要以微小颗粒呈分散状态存在，因此在配制分散染料墨水时，需要将染料、分散剂、溶剂和去离子水混合研磨成细小的颗粒。色浆粒径控制是分散染料墨水制备的关键性技术，颗粒太大，容易堵塞喷嘴，如果颗粒太小，又容易聚集成大颗粒，也不适用于喷墨印花，因此有机溶剂和分散剂的选择是保证染料颗粒稳定分散的重要部分。用于喷墨印花的分散染料结构主要是氨基偶氮衍生物及氨基蒽醌衍生物，常用的品种有 C.I. 分散黄 7、54、64、71、100 等；C.I. 分散红 50、60、65、146、239 等；C.I. 分散紫 27；C.I. 分散蓝 26、35、55、56、81、1、91、366 等。

**2. 保湿剂**

保湿剂主要起到保湿、防止喷头堵塞、提高着色剂的溶解度和墨水的稳定性作用。在墨水中添加一定量的保湿剂可以有效抑制墨水中水分的挥发，提高墨水的喷射流畅性。一般用量为墨水重量的 10%~30%。常用的保湿剂为多元醇、多元醇醚或多糖，如乙二醇、丙二醇、丙三醇、二甘醇、硫二甘醇、乙二醇丁醚、N-甲基吡咯烷酮等。

### 3. pH 调节剂

pH 调节剂是用来调节和稳定墨水的 pH。为了防止墨水对金属喷头的腐蚀，要求墨水必须保持中性或弱碱性。在活性染料墨水中加入 pH 调节剂，缓冲溶液可以吸收质子从而防止活性染料水解反应，提高墨水的储存稳定性。一般用于墨水中 pH 调节剂的有柠檬酸、磷酸二氢钠、醋酸和三乙醇胺等。可以单独使用也可以几种物质混合使用。

### 4. 表面活性剂

在纺织品印花墨水中加入表面活性剂，主要用于调节墨水的表面张力，使其适应喷墨印花机喷头喷射墨滴的要求，同时能起到润湿、渗透、分散和增溶的作用，提高染料溶液的稳定性。主要是甘醇类、萘磺酸物质及聚氧乙烯类表面活性剂等，如 Tween80、聚甲基硅氧烷、Surfynol 465/485/420 等。

### 5. 抗菌剂

纺织品喷墨印花墨水是在喷墨印花机的墨道中流动，往往在墨水的储存过程中会发生霉变，加入抗菌剂是为了防止霉菌的产生，从而有效地防止堵塞墨道和喷头，延长喷头的使用时间。常用的有苯甲酸钠、山梨酸、水杨酸等。

### 6. 墨水配方案例

纺织品喷墨印花墨水因喷头的喷射系统、墨水种类及织物工艺的不同而不同。几种常见水溶性墨水配方的组成如下。

（1）活性染料墨水的主要组成（%）。

| | |
|---|---|
| 活性染料 | 2~15 |
| 表面活性剂（保湿剂） | 15~45 |
| 杀菌剂 | 0.1~0.5 |
| pH 缓冲剂 | 0.1~0.5 |
| 去离子水 | 82.8~39 |

（2）酸性染料墨水的主要组成（%）。

| | |
|---|---|
| 酸性染料 | 7 |
| 表面活性剂 | 0.5 |
| 杀菌剂 | 0.1 |
| 二甘醇 | 10 |
| 丙三醇 | 10 |
| 去离子水 | 72.4 |

（3）分散染料墨水的主要组成（%）。

| | |
|---|---|
| 分散染料分散液 | 35 |
| 硫二甘醇 | 19 |

| 二甘醇 | 11 |
| 异丙醇 | 5 |
| 水 | 40 |

### (三) 纺织品喷墨印花墨水的主要性能指标

墨水的性能不仅决定了印花产品的效果，也决定了喷嘴喷出液滴的形状和印花系统的稳定性。喷墨印花的墨水性能有严格的物理和化学指标，以适合特定的喷墨印花系统，获得良好的图像质量和色泽鲜艳度。用于纺织品喷墨印花墨水因喷头的喷射系统不同而异，但是所有墨水配方必须满足一定的技术要求，主要有以下理化及应用性能（表6-7）。

表6-7　喷墨印花墨水需要满足的理化及应用性能

| 理化性能 | 应用性能 |
| --- | --- |
| 黏度 | 喷头适应性 |
| 表面张力 | 液滴稳定性 |
| pH | 储存稳定性 |
| 电导率 | 得色量 |
| 比重 | 色泽鲜艳度 |
| 染料纯度 | 色牢度 |
| 干燥时间 | 对织物的适用性 |
| 染料溶解性和相容性 | 安全性 |

#### 1. 黏度

黏度是影响墨滴喷射流畅性的重要因素，墨水黏度不能太大，否则无法在细小的墨水管道和复杂的墨囊中顺畅流动，增加流动的阻力而影响打印流畅性，此外，黏度太大，在墨滴断裂时容易出现拉丝现象，喷射速度降低；但黏度也不能太低，当黏度太低时，管路中的微负压作用会使墨水回流到管道系统，墨水无法正常喷射，会导致喷头漏墨现象，喷射过程中墨滴易破裂，而且墨滴滴到织物上渗化现象明显，影响打印效果。

墨水中的表面活性剂、保湿剂及染料浓度等都会影响墨水的黏度，总的来说，黏度是获得良好喷射性能的一个重要因素，它影响喷墨打印液滴系带的拉伸和断裂性能，进而影响墨滴的大小和速度，不合适的墨滴速度和大小会降低打印图案的质量。不同的喷头对墨水的黏度要求不同，通常在 $2 \sim 10\text{mPa} \cdot \text{s}$。

#### 2. 表面张力

表面张力对墨滴形成和印制质量的影响极为明显。墨水的表面张力大小会影响墨水对管路和喷头的润湿，决定液滴的形成，最终也影响液滴对织物的润湿、铺展和渗透。在墨滴形成期间，需要考虑墨水表面张力与喷嘴的表面性能，喷嘴处墨水因表面张力形成的弯月面是墨水喷射的动力并决定后续墨滴飞行的质量；墨滴喷出后，当墨滴从喷嘴喷出，表面张力的连续作用使墨滴在喷嘴口处发生颈缩；当墨滴在气相区域中飞行时，墨滴在表面张力作用下，其表面自由能尽可能趋向于最小，从而使墨滴收缩成近似于球形；当墨滴喷射到织物上，表面张力会影响墨滴与织物的润湿和铺展，进而影响图案的清晰度。

表面张力太大，喷嘴表面不易被润湿，墨水不易形成微小的墨滴，墨滴分裂会出现较长的断裂长度，影响打印质量；如果表面张力太低，液滴稳定性差，容易发生喷溅不良现象，影响图案质量。通常因打印设备的不同，对墨水的表面张力要求不同，对 CIJ 印花机来说，推荐的表面张力范围为 20~30mN/m，而对于 DOD 喷墨印花机，通常在 30~50mN/m。

**3. pH**

墨水的 pH 要合适，如果酸性太高容易腐蚀喷头和墨水管道，是喷头使用寿命的重要参数。对于活性染料墨水，合适的 pH 还有益于抑制染料的水解沉淀，提升墨水的储存稳定性。因此，一般墨水都为弱碱性，控制在 7~9。

**4. 电导率**

电导率是物体传导电流的能力，其数值等于溶液中各离子电导率之和。在连续喷墨印花设备中，墨水微滴是依靠带电电荷产生偏转的，墨水必须具有带电荷导电的能力。按需喷墨墨水对墨水的电导率没有具体的要求，但它可以间接反映墨水中盐类和染料离子的多少。若墨水含盐量过高（>0.5%），墨水中盐类物质（特别是氯化钠）易在喷头通道中结晶导致喷头堵塞。另外，长期高含量盐类墨水极易腐蚀喷头和损坏墨盒。一般要求商品化的墨水电导率值应小于 1000μS/cm。

**5. 粒径**

对于分散染料墨水或涂料墨水来说，墨水中染料的粒径是一项重要的指标。因为喷头喷嘴的直径较小，一般在 20~50μm，墨水中大而不规则的颗粒会导致喷头堵塞。染料粒径一般要控制在 200nm，保证墨水不堵塞喷头。

**6. 墨水的稳定性**

墨水的稳定性包括化学性能的稳定、染料颗粒的分散稳定性、在高低温条件下储存的稳定性、色光的稳定性等。

除了上述的一些基本指标外，数码喷墨印花墨水还需具有一些技术性指标，如染料纯度、安全性、热稳定性、上染率及染色牢度等。

### 三、数码喷墨印花软件及色彩管理

#### （一）喷墨印花图案计算机处理

与传统印花根据花稿或色块来决定颜色数不同，数码印花工艺借鉴了印刷行业中成熟的 CMYK（C：青色，M：品红色，Y：黄色，K：黑色）分色和合成技术。通过不同的 CMYK 色彩比例的组合来得到各种花型或连续色调图像所需的颜色。因此，在调色过程中，数码印花不能像传统印花那样采用色块逐色对颜色进行调整，而必须对色稿的 CMYK 在计算机上进行全部或局部调色。理论上所有图案都可以用作喷墨印花的图稿，但是要获得良好的喷墨印花效果，印花图案需要经过一定的处理。目前，大部分的调色人员都采用 Photoshop 软件中的曲线、可选颜色等色彩调整工具对花稿进行调色，最终获得清晰度高、动态密度大、色彩饱和度以及图像颗粒细腻的印花图稿。

## （二）色域

色域是指某种表色模式能表达的颜色数量所构成的颜色区域。在各种色彩模式中，Lab色域空间最大，它包含了 RGB、CMYK 模式中的所有颜色。计算机显示器在 RGB 色彩空间内运行，喷墨打印机通过染料生成颜色，使用的是 CMYK 色彩空间。色彩空间的色域，从大到小的顺序依次是：Lab、RGB、CMYK。对于常见的设备来说，计算机显示器的色域最大，其次是数码相机、扫描仪和印刷机，印刷设备的色域大于办公室打印设备。同一图像在不同色彩模式中，其色彩可能会有一定的偏差。因此，需要使用色彩管理软件进行调色。

除了喷墨印花软件，墨水的色彩组合也影响着喷墨印花图案的色域。数字喷墨印花机按所使用的墨水颜色数目来分，有 4 色、6 色、8 色甚至 10 色之分。喷墨印花机所使用的墨水颜色越多，从理论上可印制的颜色范围即色域也越大。目前市场上高端的喷墨印花机以 8 色为主。常见的墨水组合方式是青（cyan）、品红（magenta）、黄（yellow）、黑（black）、橙（orange）、宝蓝（blue）、大红（red）、灰（grey）8 种颜色。该组合的特点是喷墨印花色域较大，印花图案色彩艳丽。一般墨水的颜色纯度即饱和度越高，色域越大。

## （三）喷墨印花 RIP 软件

图形图像处理技术是喷墨印花技术的核心。图像处理技术的优劣决定了图像数据的准确性，直接影响数码喷墨印花机喷印图像的质量，也对喷印速度有一定的影响。图像在 PC 机上以 RGB 颜色模型储存，数码喷墨印花机接收的图像数据为包含 CMYK 四色的点阵信息。图像处理技术是将 RGB 颜色模型图文信息转换成所需的页面点阵信息，是喷墨印花的前期数据处理技术。为了满足使用者的需求，许多公司都开发了自己的图像处理技术，如惠普公司的图像分层技术，Epson 的精细图像半色调调整技术。

目前，对印花图像的处理主要使用 RIP（raster image processor，光栅图像处理器）软件，如 Wasatch、Textuleprint 等，它是一种解释器，用来将页面描述语言所描述的信息转换为可供输出的数据信息，将其输出到指定的设备上。在喷墨印花打印过程中，RIP 软件将打印图案信息转换成喷墨印花机能够识别的点阵信息，然后控制印花机将图像以点阵的方式打印在织物上。RIP 软件是纺织品数码印花中影响印花质量的关键要素之一，它起着控制色彩、调节墨量、控制输出墨点大小的重要作用，进而会影响印花精度、颜色和印花速度等。性能好的 RIP 软件能够提高图像的转换速度，保证图像色彩还原的精度。适用于纺织品喷墨印花RIP 软件，必须具有分色功能、花回重复功能、花型图案收缩功能、墨水出墨量控制、ICC曲线导入功能、色域显示功能及专色替换功能等。

## （四）色彩管理及 ICC 曲线

所谓色彩管理，是指运用软件和硬件结合的方法，在生产系统中自动统一地管理和调整颜色，其目的是协调不同设备之间色彩空间的差异，转换文档中的 RGB 或 CMYK 值，使不同设备显示的颜色尽可能一致。

纺织品数码喷墨印花的色彩由计算机控制喷头墨水喷墨量，计算机显示器色彩是 RGB 模式，数码喷墨印花色彩是 CMYK 模式，两种不同模式下的颜色管理系统使计算机图案色彩与喷墨印花机打印的色彩有区别。要实现计算机控制喷印的墨水颜色精确地复制到织物上，颜色管理系统 CMS（color management system）的调整、计算机与喷墨印花机色彩空间的正确转换很关键，否则会造成数码喷墨印花产品颜色较大差异，这也是颜色管理系统的首要目标。一般情况下，应用色彩管理软件（CMS）来修改色彩数据，试图通过对各个彩色印花机的校准，获得与原先设计相匹配的色泽。在喷墨印花生产中实施色彩管理可以保证生产系统的稳定性和一致性。

RIP 软件的功能是将数字图案真实地再现到织物上，主要是通过嵌入 ICC 特性曲线来实现。一个好的 RIP 软件必须要有一条优秀的 ICC 曲线与之配伍。ICC 特性曲线文件是用来纠正色彩偏差的一个小程序，通常以".icm"或".icc"为扩展名，因此称为 ICC 色彩管理曲线。ICC 特性曲线文件为色彩管理系统提供将某一台设备自己能够产生的色域转换到与设备无关的色彩空间中所需的必要信息。一般 RIP 软件厂家在自己的软件中都预置了一些 ICC 特性曲线文件，并由 ICM 色彩管理模块对其进行色彩管理。标准的 ICC 曲线，可以极大地表现出色彩鲜艳度、锐利度，色彩更加饱满。不同厂家的墨水，必须使用专门制订的 ICC 曲线，色彩表现才能达到极致。ICC 曲线和墨水、织物、机器板卡、喷头类型、驱动都有关。可以根据自己的需求制作 ICC 曲线。但值得注意的是，在做好色彩管理，还要与设备中的其他参数项对应，如打印模式中的分辨率、墨水通道、墨滴大小、打印喷头的速度等。做好色彩管理后，随意修改这些参数，也会改变输出的色彩效果。

# 第三节　数码喷墨印花工艺

## 一、数码喷墨印花基本流程

喷墨印花工艺流程主要分为面料前处理、喷墨打印和打印后处理三个部分，具体需要经过以下几步：

花样图形的样稿设计→数码设备图像输入→印花图形颜色处理→织物打印前的工艺处理→数码喷墨打印→数码喷墨打印后的汽蒸或焙烘→织物固色、水洗及烘干→成品印花布

### （一）印花图案设计

理论上所有图案都可以用作喷墨印花的图稿，因为喷墨印花技术不受花回、套数和色彩的限制。但数码印花的印花图案设计要考虑数码印花的特殊性，应具有较高的清晰度（分辨率）、优异的色彩饱和度、较大的动态密度。此外还应根据数码印花设备、墨水和织物面料风格进行调整。

### （二）喷墨印花对织物的要求

喷墨印花织物对喷墨印花质量的影响也很大，一般而言需要满足以下要求：

（1）布面平整光洁。数码印花半制品必须经过烧毛前处理，同时要求织物平整，无绒毛、线头、线结、污渍等。

（2）具有良好的抱水性能。织物需经过退浆、精练和漂白处理。如果是棉织物，经过丝光整理后还可以使织物具有更好的光泽。

（3）良好的白度。白度对喷墨印花图案的鲜艳度有非常重要的影响。

（4）合适的织物组织结构。喷墨印花图案打印在不同纱线支数、密度和组织结构的织物上，印花效果差别很大。因此应当根据喷墨印花图案的特点，选择相匹配的织物组织结构，以充分发挥喷墨印花技术的色彩表现力。

### （三）喷墨印花织物预处理

由于喷墨印花墨水指标的要求，染料与纤维结合所需要的化学助剂无法直接添加在墨水中。另外，墨水的黏度较低，直接打印到织物上容易发生渗化，导致花型的轮廓清晰度降低。因此，为了实现印花产品的色彩鲜艳度、色牢度和保持印花清晰度等质量指标要求，必须对织物进行预处理。不同的墨水和不同的纤维对预处理助剂和工艺的要求不同，通过前处理，面料表面平整光滑，可以提升印花的精细程度。前处理也可减少布面的褶皱和毛边，减少喷头擦伤。还可以加入一些助剂，提升面料的发色效果和得色率。常用的预处理剂有以下几种。

（1）尿素。尿素起到吸湿和助溶的作用，能促进纤维膨化，有利于染料充分渗透到纤维内部，提高印花墨水的渗透性和织物颜色的深度。尿素的用量要严格控制。用量太低，织物得色量低，甚至产生白芯现象；增加尿素用量，墨水的渗透性会明显升高，织物的颜色深度和固色率也会渐增加；但用量过高，尿素的过度吸湿作用，导致染料产生水解及花型渗化，还会使部分染料移向纤维内部，渗透在织物反面，导致织物的颜色深浅不一。

（2）固色剂。在预处理液中加入碱剂和酸剂（也称固色剂），可以提供活性染料墨水和酸性染料墨水与纤维反应的条件，能加速染料墨水和纺织纤维在汽蒸时的固色率，并使印制的织物具有很好的颜色深度。碱剂是活性染料与纤维发生化学反应的主要助剂，使染料与纤维以共价键结合，从而将染料固着在织物上，保证墨水的固色率及织物的色深度。碱剂的选择主要考虑对活性染料的反应性和预处理液的稳定性，常用的是小苏打，在汽蒸发色过程中能部分形成纯碱，纯碱和小苏打组成较稳定的 pH 缓冲体系，不会因 pH 太低而造成染料固色率太低，也不会因 pH 太高而造成染料严重水解。一旦染料严重水解或固色率太低都会造成浮色太多，容易引起沾色的现象，增加水洗和皂洗的难度，而且色泽萎暗不鲜艳。酸性染料常用的酸剂为酒石酸铵。释酸剂的作用是促进活性染料发色时与纤维上的羟基生成共价键，以获得较高的色牢度。

（3）防渗化剂。防渗化剂（也称糊料）的主要作用是其在织物表面形成一层薄膜，堵塞织物中毛细管，可抑制墨水沿织物的经纬向渗化，同时还可防止烘干或汽蒸时染料发生泳移，提高印花的轮廓清晰度。适合数码喷墨印花的糊料为中等黏度的海藻酸钠、聚丙烯酸类的增稠剂及其他合成增稠剂，棉织物更多选择的是海藻酸钠，丝绸织物更多选择羟甲基纤维素 CMC、瓜耳豆胶等。

（4）其他。元明粉或氯化钠作为中性电解质在印花中起促染作用，增强染料的直接性和反应性，从而提高织物的 $K/S$ 值。防染盐 S 作为一种弱氧化剂可以防止染料在碱性条件下汽蒸时受到还原性物质的影响而引起色变或消色，起到保护染料的作用。预处理液中可加入消泡剂，防止预处理过程中气泡产生的不良印花现象。

## （四）后处理

喷墨印花后处理主要包括汽蒸、水洗及拉幅烘干等工艺。印花后处理与成品质量关系密切，影响织物的色彩、光泽、手感、色牢度等质量指标。数码喷墨印花后的织物经过后处理工序，使染料或颜料固色，并去除预处理时的浆料及染料的浮色，使产品达到使用要求。

不同性质的墨水印花后处理工艺不同。涂料墨水印花织物的后处理高温焙烘即可，分散染料墨水印花织物的后处理可以经过高温焙烘、高温高压汽蒸或高温热压转移，然后还原清洗。活性染料墨水印花织物后处理较复杂，先汽蒸固色，然后进过充分的水洗。酸性染料墨水印花织物后处理，首先要汽蒸固色，然后水洗去除浮色、浆料、pH 稳定剂等杂质，为提高色牢度，还需固色处理。

## 二、活性染料数码喷墨印花工艺

活性染料主要用于棉麻纤维织物、羊毛、真丝、锦纶等印花。以纯棉织物为例，其主要工艺流程为：

织物前处理→织物上浆预处理→烘干→数码喷墨印花→烘干→汽蒸→水洗→皂洗→水洗→烘干

### （一）前处理半制品品质要求

优质的前处理半制品是保证数码印花质量的必要条件。棉织物需要进行退浆、煮练、漂白等前处理，去除织造过程的浆料等杂质，使棉织物具有合适的吸附能力、白度、光洁度、布面 pH 等，以便于后续印花工艺的正常进行。

### （二）棉织物的预处理

活性染料喷墨印花织物预处理工作液主要由碱、尿素、增稠剂、抗还原剂和消泡剂等组成。配制预处理工作液时，先将增稠剂用去离子水溶解配成原糊，其他组分也要先用去离子水溶解，然后按照比例配制成溶液。配好的溶液过滤后作为工作液对织物进行浸轧（轧液率70%~80%），然后烘干。增稠剂、尿素和碳酸钠的用量取决于织物类型和固色方法。不同品牌的墨水及不同织物对应的前处理配方都略有不同，需要针对性地优化才能达到最好的喷墨效果。Ciba 公司曾经优化了适用于意大利 Reggiani 公司 DReAM 喷墨印花机的活性染料墨水 Cibacron RAC 的织物预处理配方：

（1）棉织物预处理配方（g/L）。

| | |
|---|---|
| 增稠剂 CIBAFLUID® C | 200 |
| 氯化钠 | 100 |
| 尿素 | 100 |
| 碳酸钠 | 40 |
| LYOPRINT® RG | 20 |

（2）黏胶纤维织物预处理配方（g/L）。

| | |
|---|---|
| 增稠剂 100g/L ALCOPRINT® RD-HT | 300 |

| 元明粉 | 100 |
| 尿素 | 200 |
| 碳酸钠 | 40 |
| 防染盐 LYOPRINT® RG | 20 |

（3）真丝织物预处理配方（g/L）。

| 增稠剂 CIBAFLUID® | 150~300 |
| 尿素 | 150~100 |
| 碳酸氢钠 | 10~25 |
| 防染盐 LYOPRINT® RG | 10 |
| 消泡剂 LYOPRINT® AIR 1：1 | 10 |

### （三）喷墨印花

一般喷墨印花打印的最佳环境温度为 20~22℃，湿度≥60%。一方面，控制环境温度，墨水的黏度变化不大，有利于墨水喷射的稳定性；另一方面，在此湿度下，喷头上的墨水不易因打印机停机等原因发生干结，而且经过预处理的织物在这个湿度下保持良好的打印清晰度和渗透度。

### （四）汽蒸

喷墨印花织物预处理时有碱剂，焙烘固色会导致织物黄变，且黄变后很难恢复白度，因此宜采用汽蒸固色工艺。对棉织物来说，连续汽蒸工艺条件为温度 102~105℃，时间 12~15min。圆筒蒸化机由于是密闭状态，汽蒸温度 102~105℃，时间 25~30min。对黏胶织物来说在 102~105℃条件下汽蒸 7~10min 即可。真丝织物采用活性染料墨水进行数码印花时温度可设置小于 100℃，汽蒸 15min。实际生产时，无论是连续蒸化机还是圆筒蒸化机都必须预热，在达到工艺条件之后才可以蒸化，防止产生水滴疵点的疵品布。

活性染料喷墨印花过程中的蒸化发色环节是整个印花过程中关键的一环，稍有不当，就不能得到理想的颜色。因为蒸化发色是一个化学反应过程，此过程受温度、湿度、压强、酸碱度、分子结合消耗的能量、反应时间等诸多因素影响，过程中任何一个因素发生变化都会改变化学反应，导致最终的发色效果异常。这也是控制活性染料喷墨印花色彩重现性差的重要环节。

### （五）皂洗

由于数码喷墨印花按需给墨，与传统印花相比，水洗工序相应减少。活性染料印花固色率一般在 65%~90%，未固色的水解染料、墨水中的各种助剂、预处理时浆料等杂质，需要水洗去除。活性染料喷墨印花织物的水洗工艺取决于织物类型和所用的水洗设备。对棉和黏胶纤维织物来说，其水洗工艺为：

冷水洗（5min）→皂洗（2g/L 皂洗剂，98℃×5min）→沸水漂洗（3min）→温水洗（40~50℃）→冷水洗→烘干

对蚕丝织物来说，其水洗工艺为：

冷水洗（5min）→皂洗（2g/L 皂洗剂，40~80℃）→漂洗（80℃×3min）→温水洗（40~50℃）→冷水洗→烘干

### 三、酸性染料数码喷墨印花工艺

酸性染料墨水的印花工艺流程与活性染料墨水相同。织物在进行印花之前也需要进行预处理，打印后也需要相应的汽蒸固色和水洗流程。

织物前处理→织物上浆预处理→烘干→数码喷墨印花→烘干→汽蒸→水洗→皂洗→水洗→烘干

#### （一）预处理溶液

与活性染料不同的是，酸性染料墨水喷墨印花的预处理液主要由增稠剂、尿素和释酸剂组成。酸性染料喷墨印花织物的预处理一般采用浸轧法，带液率控制在 70%～80%。织物的纤维品种不同，预处理液的配方也不同；墨水品种不同，所使用的织物预处理液组成也不同。这是因为不同的酸性染料上染纤维所需的条件不同。使用 Ciba 公司的 Lanaset SI 酸性染料墨水喷墨印花，不同织物预处理液如下：

（1）真丝的预处理液组成（g/L）。

| | |
|---|---|
| 尿素 | 20～50 |
| 增稠剂 IRGAPADOL® MP | 200～300 |
| CIBATEX AB55 | 5～10 |
| IRGAPADOL® PN NEW | 5～10 |

（2）锦纶/羊毛的预处理液组成（g/L）。

| | |
|---|---|
| 尿素 | 20～80 |
| IRGAPADOL® MP | 200～300 |
| 25%酒石酸铵 | 10～20 |
| IRGAPADOL® PN NEW | 5～10 |

#### （二）固色条件

喷墨印花后织物的固色工艺根据纤维不同而应有所区别，真丝和羊毛织物在 102℃汽蒸 20～30min，聚酰胺纤维织物于 102℃汽蒸 30～45min。

#### （三）水洗

固色后，喷墨印花织物的水洗工艺依据不同的纤维也有所不同，真丝和羊毛的水洗工艺为：

冷水洗（5min）→皂洗（2g/L 皂洗剂，30℃×5min）→皂洗（2g/L 皂洗剂，40℃×5min）→皂洗（2g/L皂洗剂，50℃×5min）→温水洗（40～50℃）→冷水洗→烘干

聚酰胺纤维织物的水洗工艺为：

冷水洗（5min，pH 9.5～10）→皂洗（2g/L 皂洗剂，30℃，pH 9.5～10）→皂洗（2g/L 皂洗剂，40℃，pH 9.5～10）→皂洗（2g/L 皂洗剂，50℃，pH 9.5～10）→热水洗→冷水洗→烘干

### 四、分散染料数码喷墨印花工艺

分散染料的分子结构比较小，水溶性很差，在水中主要以微小颗粒呈分散状态存在，是一种非离子染料。制备分散染料墨水时，需将分散染料、分散剂、有机助溶剂和水等混合，

在研磨机中将染料研磨至一定粒径，制成分散染料分散液，再加入水配制成墨水。分散染料在墨水中必须具有良好的分散稳定性，在使用和储存过程中不发生分层、沉淀等变质现象。分散染料墨水的喷墨印花工艺有热转移印花和直喷式印花两种。

## （一）分散染料热转移印花

分散染料墨水热转移印花是先将印花图案打印在转移纸上，然后通过热压使染料升华，将图案从纸上转移到涤纶织物上。最早在纺织品上进行批量数码印花的就是数码转移纸印花，分散染料热转移印花工艺的研究很成熟，其工艺流程为：转印纸印制图案，再将转移纸与涤纶织物一起于210℃热压或热轧处理30s即可。

这种方法的优点是印花工艺简单，印花完成后无须蒸化和水洗等工序，生产中没有废水生成，解决了传统印花的环保问题。因纸张平整光洁便于喷印，印出的花型精致清晰，图案鲜艳饱满。但是，缺点是仅对升华型分散染料比较成熟，只能用于涤纶面料。染料是以气态升华转印到面料上，印花渗透性不足，手感比较干涩。由于热转移喷墨印花对热转印纸的要求较高，且转印纸会引起环境污染问题，因此近几年关于热转移喷墨印花的研究也主要集中在对转印纸的改性上。

## （二）分散染料墨水直喷式印花

分散染料墨水直喷式印花工艺与活性染料一样，将墨水直接喷印到涤纶织物上，该工艺省却了大量的转印纸，因此备受人们关注。但为了得到较高清晰度的印花产品，直喷式印花工艺需要对织物进行预处理。预处理的目的主要是降低墨水在涤纶织物表面的扩散和渗化作用，提高打印图案的轮廓清晰度。常见的预处理方法有上浆处理、等离子体改性和阳离子改性等。在实际应用中还存在颜色深度不够，清晰度达不到要求等问题。Huntsman公司推荐的涤纶织物墨水直喷式印花的预处理液组成（g/kg）如下：

黏度调节剂 ALCOPRINT® PDN　　　　　　　　　　10~50

脱泡剂 LYOPRINT® AIR　　　　　　　　　　　　　10

增稠剂 ALCOPRINT® DT-CS　　　　　　　　　　　10~50

CIBAFAST® P　　　　　　　　　　　　　　　　　50

分散染料墨水直喷式印花工艺流程如下：

织物浸轧（轧液率60%~80%）→烘干（温度<100℃）→喷墨印花（分散染料墨水）→固色→水洗→烘干

织物喷墨印花后，可以在180℃过热蒸汽中汽蒸8min或在180~200℃热处理6~8min完成染料的固色。固色后的织物按照如下工艺进行水洗：

冷水淋洗→皂洗（40℃，1g/L皂洗剂）→还原清洗（50℃，1~2g/L保险粉，1~2g/L烧碱）→热水洗（50~70℃）→冷水淋洗

## 参考文献

[1]房宽峻.数码喷墨印花技术[M].北京:中国纺织出版社,2008.

[2]房宽峻,付少海,张霞,等.数字喷墨印花技术及其进展[J].印染,2004,30(24):48-51.

[3]纪柏林,王碧桂,毛志平.纺织染整领域支撑低碳排放的关键技术[J].纺织学报,2022,43(1):113-121.

[4]黄德朝.纺织品数码喷墨印花技术与应用研究[J].针织工业,2019(2):45-48.

[5]董淑秀,贾斌.纺织数码喷墨印花发展趋势[J].染整技术,2020,42(4):17-18.

[6]力雪梅,孙以泽.数码喷墨印花技术的研究现状以及发展趋势[J].印染助剂,2020,37(2):20-23.

[7]付少海,张丽平,谭莹田,等.纺织品数字喷墨印花喷头及整体设备的研究进展[J].纺织导报,2014(11):35-38.

[8]蔡再生,董伟伟,李凯,等.2018中国国际纺织机械展览会暨ITMA亚洲展览会针织印花机械述评[J].针织工业,2018(11):42-51.

[9]王振宁,唐正宁.液体表面张力和黏度对压电喷射液滴形成过程影响的数值模拟[J].包装工程,2010,31(13):32-35.

[10]Tang Z Y,Fang K J,Song Y W,et al. Jetting performance of polyethylene glycol and reactive dye solutions[J]. Polymers,2019,11(4):739.

[11]Wang R Q,Fang K J,Ren Y F,et al. Jetting performance of two lactam compounds in reactive dye solution[J]. Journal of Molecular Liquids,2019,294:111668.

[12]丁思佳,林琳,陈志华.中国纺织品数码喷墨印花发展报告[J].染整技术,2019(4110):1-7,11.

[13]Dawson T L.纺织品喷墨印花(一):墨滴形成和喷射原理及纺织品喷墨印花的发展[J].印染,2005,31(1):46-48.

[14]Dong H M,Carr W W,Morris J F. Visualization of drop-on-demand inkjet:drop formation and deposition[J].Review of Scientific Instruments,2006,77(8):085101.

[15]Carr WW,Morris J F. Textile ink jet:drop formation and surface interaction[J]. International Conference on Digital Printing Technologies,2003,7:7-8.

[16]Wang X,Carr W W,Bucknall D G,et al. Drop-on-demand drop formation of colloidal suspensions[J].International Journal of Multiphase Flow,2012,38(1):17-26.

[17]Tuladhar T R,Mackley M R. Filament stretching rheometry and break-up behaviour of low viscosity polymer solutions and inkjet fluids[J]. Journal of Non-Newtonian Fluid Mechanics,2008,148(1-3):97-108.

[18]智伟,杜换福,郑振荣.数码喷墨印花墨水的研究进展[J].天津纺织科技,2019(4):54-57.

[19]孟庆涛.2016中国国际纺织机械展览会暨ITMA亚洲展览会针织印花机械述评[J].针织工业,2016(12):40-46.

[20]崔洪月,章佳杰,郭阳,等.第19届上海国际纺织工业展览会针织印花机械述评[J].针织工业,2019(12):33-39.

[21]付少海,关玉,吴敏,等.纺织品喷墨印花设备的研究现状及其发展趋势[J].纺织导报,2012(11):52-54.

[22]宋亚伟,房宽峻,张建波,等.喷墨技术及其在纺织品印花中的应用进展[J].纺织学报,2015,36(8):165-172.

[23]郭文登,莫杨,黄益,等.真丝绸数码印花活性染料墨水性能测试与评估[J].丝绸,2018,55(9):6-11.

[24]王建明,徐谷仓.对我国发展数码喷墨印花的看法与建议(三)[J].纺织导报,2015(6):98-100.

[25]智伟,杜换福,郑振荣.数码喷墨印花墨水的研究进展[J].天津纺织科技,2019(4):52-54.

[26]陈剑.走出数码印花色彩管理的迷局(二)[J].丝网印刷,2020(3):24-28.

[27]活性染料喷墨印花墨水的配制及其应用工艺研究[D].上海:东华大学,2009.

[28]Zhang L Y,Fang K,Zhou H. Interaction of reactive-dye chromophores and DEG on ink-jet printing performance

[J]. Molecules,2020,25(11):2507.

[29] Zhang X Y,Fang K J,Zhou H,et al. Enhancing inkjet image quality through controlling the interaction of complex dye and diol molecules[J]. Journal of Molecular Liquids,2020,132(15):113481.

[30] 陈妮,李练. 浅谈丝绸的数码印花色彩管理[J]. 数字印刷,2017(9):40-42.

[31] 房宽峻. 数字喷墨印花技术(一)[J]. 印染,2006,32(18):44-48.

[32] 房宽峻. 数字喷墨印花技术(二)[J]. 印染,2006,32(22):41-44.

[33] 房宽峻. 数字喷墨印花技术(三)[J]. 印染,2006.32(20):40-43.

[34] 房宽峻. 数字喷墨印花技术(四)[J]. 印染,2006,32(21):44-46.

[35] 房宽峻. 数字喷墨印花技术(五)[J]. 印染,2006,32(22):41-44.

[36] 房宽峻. 数字喷墨印花技术(七)[J]. 印染,2006,32(24):45-47.

[37] 房宽峻. 数字喷墨印花技术(八)[J]. 印染,2007,33(1):41-44.

[38] 房宽峻. 数字喷墨印花技术(九)[J]. 印染,2007(2):43-46.

[39] 黄德朝. 活性染料数码喷墨印花技术[J]. 印染,2019,45(5):31-34.

[40] Hou A Q,Yang H,Zang H J,et al. Novel reactive dyes with intramolecular color matching combination containing different chromophores[J]. Dyes and Pigment. 2018,159:576-583.

[41] Wang L,Yan K L,Hu C Y. A one-step inkjet printing technology with reactive dye ink and cationic compound ink for cotton fabrics[J]. Carbohydrate Polymers,2018,197:490-497.

[42] 黄德朝. 纺织品数码喷墨印花技术与应用研究[J]. 针织工业,2019(2):45-48.

[43] 付少海,关玉,吴敏,等. 纺织品喷墨印花墨水的研究进展[J]. 纺织导报,2012(4):34-37.

# 第七章 印染废弃物处理技术

## 第一节 印染废弃物处理概述

　　传统印染属于高污染、高耗能行业，其发展初期进入门槛低、行业集中度低，中低端产能普遍过剩，环境污染及能耗问题较为严重。近年来，国家愈加重视生态环境保护，对印染行业的环保监管进一步趋严，印染企业的运行标准和环保要求越来越高，先后颁布了《国家危险废物名录》《纺织染整工业水污染物排放标准》《印染企业环境守法导则》等一系列规范和标准，推动印染行业转型升级。同时，国家也通过产业政策的制定和调控，继续引导和推动印染行业的健康有序发展。"十三五"期间，印染行业绿色发展取得了显著成就，清洁生产水平大幅提高，节能环保技术装备的研发和推广力度持续加大。连续式机织物成套印染装备的自动化水平不断提高，低能耗气流染色机、气液染色机以及低浴比溢流染色机成为主流间歇式染色设备，资源综合利用取得突破。印染废水分质处理、膜法水处理等废水资源化技术在行业内得到推广应用，印染废水热能回收、定形机尾气热能回收等热能回收技术得到普遍应用，绿色制造体系逐步形成，绿色设计理念在纺织行业内获得广泛认可，头部企业尤其是品牌企业发挥了示范带动作用，全生命周期绿色管理正在加速融入纺织产业链体系。

　　在 2021 年颁布的《纺织行业"十四五"绿色发展指导意见》中，印染行业绿色发展规划明确指出，"十四五"时期，在世界经历百年未有之大变局和我国构建"双循环"新发展格局背景下，在国家碳达峰、碳中和目标导向下，纺织行业推动绿色低碳循环发展、促进行业全面绿色转型将成为大势所趋和重要之策。规划要求，"十四五"印染行业绿色发展主要目标是：

　　(1) 资源利用水平明显提升。水资源消耗量持续下降，单位工业增加值水耗较 2020 年降低 10%，印染行业水重复利用率提高到 45% 以上。

　　(2) 清洁生产水平持续提高。先进适用清洁生产技术基本普及，主要污染物排放总量持续减少，排放强度大幅下降，废气得到有效治理。

　　(3) 绿色制造体系更加完善。全面推行生命周期绿色管理，全力打造一批绿色工厂、绿色园区和绿色供应链示范企业，推出更多绿色纺织产品。将绿色纤维标志与认证体系建设 纳入产品绿色设计中，鼓励龙头企业绿色采购，打通更多绿色产品销售渠道，引导绿色消费。

### 一、印染废弃物来源、分类与特点

#### (一) 印染废弃物的来源

印染废弃物主要有固体废弃物、废气和废水。对于印染行业来说，固体废弃物主要来源于印染加工的纺织品边角料、废品及印染污泥，其中印染污泥是其产生的主要固废。印染污泥的产生是由于印染废水都必须经过预处理达到入管要求，再经污水处理厂集中处理并达标后再排放。这些污水在经过初级预处理以及污水厂的深度净化处理之时会产生大量的污泥。这些污泥由于来自于印染废水，所以其不但含水率高而且体积比较大。更严重的是，污泥中还浓集了各种有毒有害物质。如果不能安全有效处置，会对土壤和水质造成二次污染。

印染废气主要来源于纺织品前处理以及功能性后整理工序（如使用定形机、焙烘机、烧毛机、磨毛机等处理织物过程）。在热定形时，纺织品上的各种染料助剂、涂层助剂都会以气体形式释放，这些气体主要是甲醛、多苯类、芳香烃类等有机气体。涤纶分散染料的热熔染色工艺中，高温导致一些小分子的染料升华为废气排放出来。棉织物的免烫、阻燃整理都要经过烘焙环节，由于添加了一些化学助剂，烘焙时会出现甲醛等醛类气体和氨气释放的现象。另外，在纺织品涂层过程中，往往伴随着溶剂的挥发。

纺织印染废水由于其色度高、成分复杂、排放量大、难生物降解等特点，给环境保护和资源再生利用带来了巨大压力。印染废水是对棉、麻、丝、毛等天然纤维以及合成纤维纺织品进行一系列化学加工过程中所产生的工业废水。印染行业废水的排放量很大，在工业废水排放量中的占比大。印染废水来源于对纺织品前处理、染色、印花、后整理等加工过程中所产生的废液，这些废液中含有染料、化学助剂、浆料油剂、重金属离子等，以及随工艺流失的纤维原料本身的夹带物，如纤维杂质、毛制品杂质等。这些废水如果不经处理直接排放，将造成严重危害。

## （二）印染废水的分类

印染各工序中排出的废水主要有八大类，其水质特点差异较大。

### 1. 退浆废水

退浆是用化学药剂将织物上所带的浆料退除（被水解或酶分解为水溶性分解物），同时也除掉纤维本身的部分杂质。退浆废水是有机废水，呈淡黄色，含有浆料分解物、纤维屑、酶等，废水呈碱性，pH 为 12 左右，$COD_{Cr}$ 和 $BOD_5$ 的量约占印染废水的 45% 左右。当采用 PVA 或 CMC 化学浆料时，废水的 $BOD_5$ 下降，但 $COD_{Cr}$ 很高，废水更难处理。PVA 浆料是造成印染废水处理效果不好的主要原因之一。

### 2. 煮练废水

煮练是用烧碱和表面活性剂等的水溶液，在高温（120℃）和碱性（pH = 10 ~ 13）条件下，对棉织物进行煮练，去除纤维所含的油脂、蜡质、果胶等杂质，以保证漂白和染整的加工质量。煮练废水水量大，水温高，呈深褐色和强碱性（含碱浓度约为 0.3%）。煮练废水中含有纤维素、果酸、蜡质、油脂、碱、表面活性剂、含氮化合物等物质，其 $BOD_5$ 和 $COD_{Cr}$ 值较高（每升达数千毫克），污染物浓度高。

### 3. 漂白废水

漂白工艺一般是用次氯酸钠、双氧水、亚氯酸钠等氧化剂去除纤维表面和内部的杂质。漂白废水的特点是水量大、污染程度较轻，$BOD_5$ 和 $COD_{Cr}$ 均较低，属较清洁废水，可直接排放或处理后循环再用。

**4. 丝光废水**

丝光是将织物在氢氧化钠浓溶液中进行处理，以提高纤维的张力强度，增加纤维的表面光泽，降低织物的潜在收缩率，提高织物对染料的亲和力。丝光废水碱性较强（含 NaOH 3%～5%），多数印染厂通过蒸发浓缩回收 NaOH，所以丝光废水一般很少排出，但经过多次重复使用后最终排出的废水仍呈强碱性，$BOD_5$ 和 $COD_{Cr}$ 均较高。

**5. 染色废水**

染色废水的主要污染物是染料和助剂。由于不同的纤维原料和产品需要使用不同的染料、助剂和染色方法，加上各种染料的上色率不同，染液和浓度不同，使染色废水水质变化很大。染色废水一般呈强碱性，水量较大，水质中含浆料、染料、助剂、表面活性剂等，废水色度可高达几千倍，$COD_{Cr}$ 较 $BOD_5$ 高得多，$COD_{Cr}$ 一般为 300～700mg/L，$BOD_5/COD_{Cr}$ 一般小于0.2，可生化性较差。

**6. 印花废水**

印花废水主要来自配色调浆、印花滚筒、印花筛网的冲洗废水，以及印花后处理时的皂洗、水洗废水。由于印花色浆中的浆料量比染料量多几到几十倍，故印花废水中除染料、助剂外，还含有大量浆料，$BOD_5$ 和 $COD_{cr}$ 都较高。印花废水量较大，污染物浓度较高，当印花滚筒镀筒时使用重铬酸钾，滚筒剥铬时有三氧化铬产生，这些含铬的废水毒剂要单独处理。

**7. 整理废水**

整理废水中含有纤维屑、树脂、油剂、浆料、表面活性剂、甲醛等残余物。但整理废水数量较少，对全厂混合废水的水质水量影响也较小。

**8. 碱减量废水**

该类废水由涤纶仿真丝碱减量工序产生，主要含涤纶水解物对苯二甲酸、乙醇等，其中对苯二甲酸含量高达 75%。碱减量废水不仅 pH 较高（一般 pH>12），而且有机物浓度高，$COD_{Cr}$ 可高达 90g/L，高分子有机物及部分染料很难被生物降解。此种废水属高浓度难降解有机废水。

**（三）印染废水的特点**

（1）水量大、有机污染物含量高、色度深、碱性和 pH 变化大、水质变化剧烈。因化纤织物的发展和印染后整理技术的进步，使 PVA 浆料、新型助剂等难以生化降解的有机物大量进入印染废水中，增加了处理难度。

（2）由于不同染料、不同助剂、不同织物的染整要求，所以废水中的 pH、$COD_{Cr}$、$BOD_5$、颜色等也各不相同，但其共同的特点是 $BOD_5/COD_{Cr}$ 值均很低，一般为 0.2 左右，可生化性差，因此需要采取措施，使 $BOD_5/COD_{Cr}$ 值提高至 0.3 左右或更高些，以利于进行生化处理。

（3）印染废水中的碱减量废水，pH>12，因此必须进行预处理，把碱回收，并投加酸降低 pH，经预处理达到一定要求后，再进入调节池，与其他工序的印染废水一起进行处理。

（4）色度高。有的可高达 4000 倍以上。所以印染废水处理的重要任务之一就是进行脱色处理，需要选用高效脱色菌、高效脱色混凝剂和有利于脱色的处理工艺。

（5）PVA 浆料和新型助剂的使用，使难生化降解的有机物在废水中含量大量增加。特别是 PVA 浆料造成的 $COD_{Cr}$ 含量占印染废水总 $COD_{Cr}$ 的比例相当大，而水处理用的普通微生物对这部分 $COD_{Cr}$ 很难降解。

### 二、印染废弃物处理现状

近年来，随着国家对环境保护的要求日益严格，纺织印染企业对废弃物治理愈发重视。尤其对印染废水，一般由企业进行初级处理，达到进管要求后，采用"统一收集、统一纳管和统一处理"的治污模式，全面配套废水集中预处理等相关设施。增强对印染废水的深度处理水平和能力，提高废水的回用率。从世界范围来说，日本、美国、以色列等国的中水回用技术相对较成熟。我国印染行业废水回用率较低，仅 10% 左右，主要原因有以下几点：

（1）中水回用技术多处于小试或中试阶段，在实际工程应用中较少，水的回用率较低，一般不足 50%，主要用于对水质要求不高的工序。

（2）中水回用是在对印染废水处理达标的前提下进行的，而在实际运行中很难严格达到排放标准，尤其在盐度和硬度方面。

（3）在实际的中水回用过程中，回用水中的有机污染物和无机盐的长时间积累会对生产及废水处理带来一系列问题。

（4）中水回用系统前期投入较多，而收益时间较长，这对一些中小型企业是个很大的挑战。总体上，我国的中水回用技术起步较晚，废水回用率较低，但近几年发展较快，且起点较高。未来仍需不断提高印染废弃物的处理水平和效率，支持、引导和推广高水平、低成本的废弃物治理技术，推进纺织印染产业绿色发展。

# 第二节　印染废水处理与回用技术

### 一、物理处理法

物理法是指在不发生化学反应时，通过蒸发、沉淀、过滤、吸附、分离等，去除废水中的悬浮物及各种有机、无机污染物。主要有吸附法、絮凝法等。

#### （一）吸附法

吸附法是将多孔吸附剂加入废水中，通过物理或化学吸附作用，将废水中的一种或数种组分吸附于表面，从而分离和去除污染物，该法具有操作简便、成本低等优点。吸附剂应具备微孔多、比表面积大等特征。目前吸附剂的种类繁多，应用的主要吸附剂为活性炭、粉煤灰、活性黏土及污泥生物炭等。另外，一些来源丰富的生物聚合物，如壳聚糖、海藻酸钠，因其大分子上含有丰富的活性基团（羟基、羧基和氨基等），使这些天然大分子也具有很好的吸附效果。从植物废料，如花生壳、甘蔗渣、核桃壳、板栗壳和玉米秸秆等植物废料中开发吸附剂，既可以减少污染物排放，也可以实现废料再利用。

Mercante 等用还原石墨烯（rGO）涂覆聚甲基丙烯酸甲酯（PMMA）纳米纤维膜，制备 PMMA-rGO 复合材料，用于吸附亚甲蓝染液。试验发现，亚甲蓝脱色率在 60min 内可以达到 92%。周玲等通过使用聚合氯化铝（PAC）作为絮凝剂，活性炭作为吸附剂处理印染废水，该法可以有效降低印染废水出水 $COD_{Cr}$，而且污泥可循环重复利用，能降低水处理成本。

### （二）絮凝法

絮凝法是印染废水处理中常用也是非常重要的处理方法。通过向水中加入絮凝剂，絮凝剂与废水结合，使水中难以沉淀的颗粒互相聚合而形成胶体，然后与水体中的杂质结合形成更大的絮凝体。絮凝体具有强大吸附力，不仅能吸附悬浮物，还能吸附部分细菌和溶解性物质。絮凝体通过吸附，体积增大而下沉，从而使污染物从水相中脱离。目前印染废水处理的絮凝剂主要是铁盐、铝盐、无机高分子等絮凝剂。絮凝法具有出水水质好、工艺运行稳定可靠、经济实用、操作简便等优点。

郁有涛采用在活化硅酸钠中加入氯化铝和氯化锌制备出的新型絮凝剂——聚合硅酸铝锌（PSAZ）应用于印染废水的处理研究。试验结果表明，在 pH = 6~8 条件下，熟化时间 3~4 天，还能够保持量好的脱色效果和 COD 的去除效果。PSAZ 不仅集合了传统絮凝剂的优点，而且克服了传统絮凝剂的缺点，是一种无毒高效的无机高分子絮凝剂。

## 二、化学处理法

化学法是指在废水处理过程中通过发生化学反应，将有机物或杂质去除，常用的有氧化法、电化学法等。

### （一）氧化法

#### 1. 芬顿（Fenton）氧化法

芬顿（Fenton）技术是一种可以将难降解有毒有害有机物彻底降解成水、二氧化碳的方法，是高级氧化法中研究和应用最为广泛的一种。传统 Fenton 技术常使用亚铁离子（$Fe^{2+}$）作为催化剂，催化双氧水产生羟基自由基（·OH），从而达到降解目的。

与 Fenton 技术有关的研究非常多，而且已经有了较为显著的效果。研究证明，Fenton 技术可以降解酚类、抗生素类、染料类、表面活性剂、农药等多种难降解有机物。传统 Fenton 技术由于使用亚铁盐，并且需要在极低的酸性条件下（pH = 2~3）才能有较好的降解效果，因此容易产生铁污泥和酸的二次污染，这些环境污染问题仍亟需解决，因此类 Fenton 技术引起了广泛关注。所谓类 Fenton 技术，是指在 Fenton 反应过程中，通过光、声、电等手段，使反应中起主要作用的·OH 有效利用率提高，从而加快反应速率，减少亚铁盐和 $H_2O_2$ 的投入。Bandala 通过光-Fenton 法降解表面活性剂废水，与无光时相比，表面活性剂降解率增加了 17%。Malakootiana 等通过电-Fenton 法去除酸性红 18，结果发现，在最佳反应条件下，染料的最大去除率可达 99.9%±0.2%，并且在实际应用中，染料的去除率仍然可达 90.5%±1.7%。

另外，一些含铁氧化物，如 $Fe_2O_3$、$Fe_3O_4$ 等经常用来代替亚铁盐，作为非均相 Fenton 反应的催化剂，这些非均相催化剂一般可通过物理方法分离出来，并且可重复使用，不但解决传统 Fenton 技术带来的一些环境污染问题，还可以降低成本。Jiang 等通过简单的水热法制备了 $Fe_2O_3$/膨胀珍珠岩（$Fe_2O_3$/EP）复合材料，将其作为 Fenton 反应的催化剂降解罗丹明 B，当处于最佳反应条件下，反应 90min 时，罗丹明 B 的降解率可达 99%，COD 的去除率可达 62%。$Fe_3O_4$ 由于同时存在 $Fe^{2+}$ 和 $Fe^{3+}$，因此在 Fenton 技术中应用更为广泛。而且，经研究发现，$Fe_3O_4$ 作为 Fenton 反应的催化剂时，无须调节反应体系的 pH，也能获得很好的反应效果，可以解决传统 Fenton 反应引起的酸的二次污染问题。Huang 等通过共沉淀法制备了 $Fe_3O_4$ 磁性纳米颗粒，在超声振荡条件下，研究了不同 pH 双氧水溶液体系催化降解双酚 A 的性能，结果表明，当 pH 为 3~9 时，对于双酚 A 都有较好的降解效果。

**2. 臭氧氧化法**

$O_3$ 在高 pH 条件下，形成·OH，分解染料，优点是 $O_3$ 可在气态下使用，不增加废水体积，不产生污泥，但对 COD 去除效果不好，一般通过加入催化剂，促进 $O_3$ 分解来改善。朱亚雄等应用活性炭负载锰镁双金属氧化物催化 $O_3$ 氧化印染废水，在臭氧浓度 35mg/L、时间 35min 条件下，COD 去除率达到 80%。

**3. 光催化氧化法**

光催化氧化是利用半导体作为光催化剂，在紫外光或可见光照射下，激发生成电子—空穴对，催化剂上的溶解氧、水分子等与空穴对作用，产生·OH，氧化污染物。常用光催化剂有 $TiO_2$、ZnO、CdS、$ZrO_2$ 和 $WO_3$ 等。$TiO_2$ 因其具有性能稳定、可重复利用、氧化能力强、无毒和成本低等优点，是常用的光催化剂。但 $TiO_2$ 光催化效率较低，可应用掺杂法提高 $TiO_2$ 光催化效率。周存应用 N 掺杂 $TiO_2$ 负载 PET 织物降解亚甲基蓝废水，降解率为 95%，洗涤 5 次后，降解率仍在 88%。

**（二）电化学法**

电化学法是利用电解作用，将污染物去除或转化为无毒、低毒物质，操作简便、COD 去除高、脱色效果好。阳极氧化技术是在阳极产生·OH，降解污染物。Orts 等在恒电流条件下，将 $Ti/SnO_2$-Sb-Pt 和不锈钢分别作为阳极和阴极，加入电解质 $Na_2SO_4$，降解活性染料，结果表明，此种方法可以达到完全脱色的效果。彭敏等应用硼掺杂金刚石膜（BDD）为阳极、不锈钢板为阴极处理印染废水，90min 时 COD 去除率达到 90%。电—芬顿法是通过 $O_2$ 在阴极还原生成 $H_2O_2$，与 $Fe^{2+}$ 发生 Fenton 反应生成·OH，降解污染物，反应产物 $Fe^{3+}$ 在阴极被还原成 $Fe^{2+}$，实现 $Fe^{2+}$ 再利用。此方法高效，需 $Fe^{2+}$ 浓度小，开发高效催化活性阴极材料是该方法的关键，碳材料化学稳定好、价格低，是常用的阴极材料。杜茂华等研究了十八烷基三甲基氯化铵改性负载铁的碳纤维复合电极降解罗丹明 B，染料去除率达到 96%。

## 三、生物处理法

生物法是利用微生物处理污染物，经过一系列生命活动，将污染物降解或转化为无机物，是一种廉价、环保和经济的方法。生物法可分为好氧法、厌氧法及厌氧好氧组合法。

**（一）好氧法**

好氧法一般采用活性污泥法，主要由曝气池，二沉池等系统组成，利用微生物在有氧的环境下将废水中的污染物分解去除，从而让出水达到排放标准。活性污泥法具有运行维护成本低、运行稳定等优点。印染废水水质水量变化大，可生化性比较差，含有毒有害物质。传统好氧工艺并不能有效处理印染废水，因此寻找高效、成本低的好氧工艺是研究的方向。李刚强研究了厌氧氨氧化影响因素及一体化工艺，在一体化反应器启功成功后，氨氮、总氮去除率分别达到88%和82%，脱氮效果明显。

### （二）厌氧法

厌氧法是在无氧条件下处理废水，最初应用于化粪池中，后期开发出了厌氧接触法和分布消化法等。厌氧法不仅降低废水的COD，提高废水的$BOD_5/COD_{Cr}$，而且产泥量少，减少污泥处理量，因此被广泛用于高浓度COD和低$BOD_5/COD_{Cr}$的污水处理。目前常用的厌氧工艺有水解酸化、UASB、EGSB、IC等。而印染废水水质水量变化大，且生化性差，尤其是废水里面含有定型机油污、TPA、新型助剂等难生物降解、有毒有害的物质，普通传统的厌氧工艺不能有效快速彻底地处理印染废水中这些物质，不能保证出水水质稳定，因此寻找耐冲击负荷强、耐毒害作用强、处理效率高、出水水质稳定的厌氧工艺是主要的研究方向。

Yang等通过循环厌氧反应器处理纺织废水，其化学需氧量去除率可达62.7%，色度去除率达73.5%。Parmar等使用葡萄球菌对活性蓝染料进行生物降解，在最佳pH、反应温度、碳源浓度等条件下，24h内染料脱色率可达97%。

在实际处理应用中，通常是厌氧法与好氧法两者相结合使用。古航坤等应用厌氧—缺氧/好氧交替SBR法对印染废水进行了处理，研究表明，单一厌氧法处理，或缺氧/好氧法处理，出水不满足GB 4287—2012，采用厌氧—缺氧/好氧交替SBR法后，出水满足国标限值。

## 四、膜处理技术

印染废水的膜处理技术主要有微滤技术、超滤技术、纳滤技术、反渗透技术及双膜组合技术等几种类型。膜介质的材料主要有两种，分别是有机材料和无机材料。膜分离技术是近些年快速发展的新型分离技术，操作步骤简单，过程易于控制，在印染废水处理中具有广泛的应用前景。

### （一）微滤、超滤技术

膜材料孔径的大小是影响膜分离技术运用属性的主要因素。微滤是指截取直径在$0.01\sim20\mu m$的颗粒，超滤的直径相对来更小，为$5\sim100nm$。微滤、超滤的主要作用就是筛选去除印染废水的大分子物质。在我国，这项技术也是最先被应用于印染废水处理领域中的。

### （二）纳滤技术

通常情况下，纳滤能过滤的颗粒直径大约1nm，同时，其还可以对相对分子质量处于200~2000的小分子以及无机盐进行分离，这使纳滤技术在印染废水的处理中被应用的范围更加广泛。对弱酸性和碱性印染废水进行试验，其在试验过程中都运用纳滤技术进行印刷废水的处理。试验数据表明，通过纳滤技术处理之后的印刷废水，其弱酸性与碱性废水中COD的处理率为80%与95%。而同样运用纳滤技术进行处理，染料去除率高达99.1%，而且印染废水可再次被回收循环使用。

### （三）反渗透技术

反渗透的原理就是利用膜两边的压差作为动力。反渗透技术主要应用于超滤、纳滤后的污水。因为反渗透可以进行更深度地处理，还可以做到回收利用，使色度去除效率大大增加，废水回收率大大提高。对进行反渗透技术处理后的染色废水进行化学成分分析后发现，印染废水运用该项技术进行处理之后，可以达到国家所规定的废水排放标准。但这项技术也存在一些缺陷。例如，膜在工作的过程中易发生堵塞，且对于膜的清洗工作比较复杂，导致膜的工作寿命缩短。

### （四）双膜组合技术

双膜组合，顾名思义就是将两种不同的膜技术组合起来，共同进行印染废水的处理。这种工艺主要应用于对印染废水的深层次处理和回收利用方面。先用微滤或超滤的方式进行预处理，而后再利用反渗透膜作为更深层次的处理方式，借此来缓解膜污染，从而使膜的工作寿命得到提升；同时，对纳滤技术与反渗透技术进行结合应用，能够更加有效地回收印染废水中的有用物质，并且对高盐度、难降解的有机染料废水进行合理的处理。所以，双膜技术也是我国印染废水处理方面一项比较重要的技术。

## 五、其他新型处理技术

### （一）磁分离技术

磁分离处理技术是将印染废水进行磁场处理，对水中污染物质进行分离的新型废水处理技术。这种处理技术具有处理能力强、速度快的特点，在工业废水处理领域得到广泛应用。磁分离技术受废水处理的温度影响较小，对其他方法不易处理的细小悬浮物和浓度较低的废水处理具有较好的效果，高梯度磁分离设备废水处理速度通常能够达到一般过滤设备的 20 倍以上。磁分离处理设备体积较小，建设周期短，运行费用相对较低，比较适合中小型企业废水处理使用。

### （二）微纳米气泡处理技术

半径小于 $50\mu m$ 的微小气泡称为微纳米气泡。相较于普通气泡，微纳米气泡拥有存在时间长、气液传质率高、界面电位高、能自发产生羟基自由基等特点，具有一些独特的化学特性，近年来引起广泛关注，并开始应用于医疗、生物、环境治理等领域。张旭芳等采用微纳米气泡工艺处理实际退浆废水，发现碱法退浆废水 COD 去除率为 45%左右，酶法退浆废水COD 去除率为 35%左右，微纳米气泡能降解浆料分子，提高退浆废水的可生化性。

### （三）电子束处理技术

电子束处理技术的基本原理是电子枪产生的电子在高压电场下被加速，形成了定向的电子束流，水分子接受电子束能量后，激发或电离产生大量的羟基自由基、水合电子、氢原子核等高活性自由基。这些自由基具有很强的氧化还原作用：一方面，自由基可以降解废水中的大量难降解的有机污染物；另一方面，自由基还可以与废水中的细菌病毒等病原体的 DNA或 RNA 结构发生碱基对破坏、断链等反应，从而起到杀灭微生物的作用。电子束治污技术处理工业废水可以在一个过程中同时起到降解有机物和消毒灭菌的作用。近几年来越来越多的研究人员探索利用电子束与其他技术协同处理印染废水，其效果也非常明显。如电子束与絮凝法相结合去除几种不同类型的染料（分散性染料和可溶性染料），电子束与吸附法相结合处理含有重金属离子的废水等。几种常用印染废水处理技术的优缺点及处理效果对比见表 7-1。

表 7-1　常用印染废水处理技术比较

| 处理方法 | 优点 | 缺点 | 进水水质 $COD_{Cr}$/（mg/L） | 出水水质 $COD_{Cr}$/（mg/L） |
|---|---|---|---|---|
| 吸附法 | 投资少，成本低，适于低浓度印染废水 | 易受温度、吸附时间、pH 等影响，吸附材料再生性差 | 80 | <40 |
| 混凝法 | 投资少，占地少，操作简单 | 对可溶性染料的脱色效率低，运行费用高，泥渣量多且脱水困难 | 85 | <40 |
| 臭氧氧化法 | 设备简单紧凑，占地少，容易实现自动化控制 | 处理成本高，不适宜大流量废水的处理，不适合大规模推广使用 | 240 | <60 |
| 生物处理法 | 投资少，对有机物的降解效率高 | 对色度处理效果差 | 150 | <35 |
| 膜处理技术 | 操作简单，过程易于控制 | 成本较高 | 115 | <40 |

## 六、中水回用

印染废水中水回用处理是在废水达到排放标准的基础上进行的深度处理，即对 $COD_{Cr}$ 为 100mg/L 左右、色度为 70 度左右时的废水进行深度处理，使之达到可重复使用的标准。对印染废水中水回用技术而言，重点在于对 COD、色度和盐度的去除效果。使用物化法、生化法、化学法以及几种工艺结合的方法处理后的废水主要用于工业上的冷却用水、洗涤用水、工艺与产品用水等，或作为企业绿化用水、厂区地面或路面冲洗用水、企业内厕所冲洗用水等。但经以上方法处理后的废水也存在水质波动较大的缺陷，如要满足在印染各道工序回用的水质，必须达到色度指标，要求回用水的色度不能影响到染色物的色相。印染生产对回用水质要求较高，色度 20 度以上对染色有明显影响，15 度有可觉察的影响，10 度以下基本无影响，5 度以下可做漂白产品。印染生产的回用水其他指标要求：悬浮物含量在 10~15mg/L，$COD_{Cr}$ 在 20~30mg/L，水中电解质的电导率在 250~300μS/cm²。

# 第三节　废旧纺织品的回收方法

纺织行业是全球规模最大、历史最悠久的行业之一，整个价值链为至少 3 亿人提供了工作机会，在世界经济中占据着重要的地位。近年来，随社会的发展和消费模式的转变，人们对于纺织品数量的需求猛增，而且根据 2022 年的统计，纺织品的穿着时间下降了 40%，由此造成了产能的浪费与废旧纺织品数量的增加。但是大量的废弃纺织品缺乏有效的回收方式，例如，欧盟消费者每年丢弃纺织品约 $5.8×10^6t$，人均为 11.3kg；美国每年回收消费后纺织品大约 38 亿磅，但接近 85% 的纺织废料没有得到回收利用；在中国每年有 2600 万吨纺织废料在垃圾厂被填埋或焚烧，回收再利用率不足 1%，无法得到合理利用的废旧纺织品会造成严重的社会和经济问题。

对废旧纺织品进行高效利用，符合绿色经济和可持续的社会发展观，还能够显著延长合成纤维的生命周期。废旧纺织品按照制备原料的不同分为废旧天然纤维纺织品和废旧合成纤维纺织品，其中废旧合成纤维纺织品占废旧纺织品的 70%，并且化学性质稳定，在自然环境中难以降解。废旧纺织品常用的回收方法主要是能量法、物理法以及化学法，能量法是将废旧纺织品的能量通过热能的方式得到回收。例如，合成纤维中的聚酰胺 6 纤维，热值较高，约为 32MJ/kg，与矿物煤的热值相当，焚烧得到的热能可以生产电力和蒸汽；天然纤维中的棉纤维生产电能的成本仅为 0.006 欧元/（kW·h），远低于石油和木质材料的发电成本。虽然优于土地填埋的处理方式，但是废旧纺织品的成分往往比较复杂，除了在印染加工中添加的化学品外，往往还涉及包含合成纤维的多组分混纺，在燃烧过程中能够释放 CO、二噁英等有毒气体，造成环境的二次污染，因此，该法只适合于成分复杂并遭到严重污染的低价值废旧纺织品。物理法和化学法都是高效的回收方式，引起了国内外研究人员的极大兴趣，物理法和化学法替代传统焚烧和填埋的应用研究蓬勃发展起来。

## 一、物理法

物理法是指不破坏纺织品的分子结构，通过粉碎、熔融、复合、溶解等方式将废旧纺织品加工成不同物理形态的新产品的回收方法，具有操作简便、成本低廉的优点。

### （一）机械加工

废旧纺织品大致可分为三类，第一类是织造前或织造过程中产生的纤维、纱线、织物废料等消费前纺织废料；第二类是穿着和使用后的消费后纺织废料；第三类是工业用品纺织废料。第一类纺织废料的杂质较少，被称为清洁废料，经机械加工能够用于后道工序的生产。Wanassi 等使用纺纱过程中产生的废棉与原棉纤维混合生产出低成本纱线，研究切割长度、通道数等因素对回收棉纤维质量的影响，选用最高质量的回收棉纤维与原棉纤维按照 50/50 的比例混纺得到再生纱线，再生纱线具有与原棉纱线相近的物理和力学性能，但成本与原棉纱线相比至少降低 33.5%。

而对于消费后的纺织废料，成分较为复杂，不仅含有印染加工过程中的染料和助剂，穿着过程中还容易发生磨损和污染，需要机械开松才能重新梳理成纤维。但在机械开松过程中纤维受到的物理损伤较大，容易造成力学性能的下降，并且得到的回收纤维较短，不适合重新纺纱，可与合成纤维进行混纺，得到质量较好的混纺纱线。对于这类纺织废料，制成粉末再利用比较有优势。粉末材料具有比表面积大、应用领域较宽等优点，对于原料的选择性较低，适用范围广，无须考虑废旧纺织品残留的染料与助剂。

Gan 等通过研磨废旧红色棉织物得到不同粒度的有色棉粉末，将有色粉末、去离子水、黏合剂 Oxirez F-28、软化剂 Texsoft D40、增稠剂海藻酸钠混合搅拌得到浆料。如图 7-1 所示，通过丝网印花得到印花织物。不同粒度粉末的 $K/S$ 值和 $L^*a^*b^*$ 随粒度变化而变化，粒度越小，粉末的颜色越亮。而印花织物的 $K/S$ 值和 $L^*a^*b^*$ 值随粒度的变化极小，粉末粒度 $5\mu m$ 的红色棉粉印花织物的耐摩擦牢度和色牢度最好，均为 4~5 级。该研究为有色纺织废料的回收提供了较好的研究基础。Tang 等通过机械研磨的方法制备了白色和有色的多孔羊毛粉体，与羊毛纤维相比具有较大的比表面积以及较强的气体吸附能力。将粉体作为功能着色剂涂层改性涤纶织物，改性的涤纶织物不仅具有鲜艳的颜色，而且对氨气和甲醛具有较好的吸附能力以及循环性能，拓宽了废旧有色羊毛纺织品的应用领域。Zhang 等开发了一种基于真丝的黏合剂喷射技术兼容的 3D 打印配方，研究了粉末的粒度、形状、流动能量、压缩性与流动性和印刷适性之间的关系，得到一种使用聚乙烯醇为黏合剂、$5\mu m$ 细丝粉的优化粉末配方。该配方制品能够打印出分辨率高达 $200\mu m$ 的精细结构，其打印的配件压缩模数达到 3MPa，与部分陶瓷打印制品相当，并引入戊二醛交联来提高打印制品的稳定性，提升打印制品在生物医学领域应用的潜力，也为废旧蚕丝的回收提供一种新的解决方法。

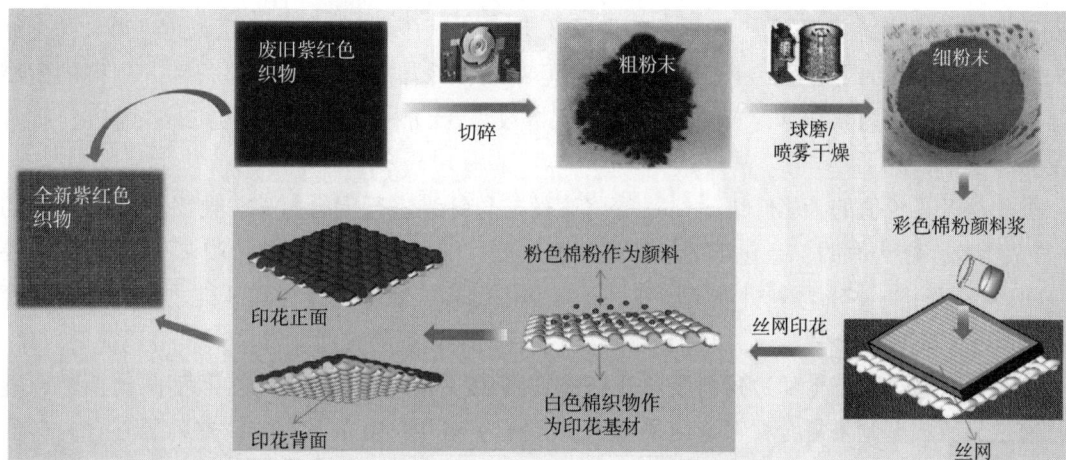

图 7-1　有色棉粉制备的印花织物流程图

## （二）熔融回收

熔融回收是指首先将废旧织物进行粉碎、除杂、清洗、干燥后，通过高温熔融制备切片或直接制造原料，是化石原料制备的聚合物纤维的常用回收方式，但是该方法主要适用于不经过印染加工的单一组分纺织废料，染料、金属拉链、纽扣等组分会对熔融再生造成严重的影响。

赵克军以聚酰胺 6 废丝为原料，通过熔融和团结的物理方法将废丝加工成再生切片，再与纯聚酰胺 6 切片按照一定比例混合进行纺丝，由熔融造粒所制得的再生纤维的丝条相对分子质量下降，并由于废丝来源不同需要选择适宜的纺丝工艺才能制备出符合质量要求的再生纤维，而废丝团结制备的再生纤维的强力与伸长略有降低，但仍满足聚酰胺 6 质量标准的要求。赵杰采用螺杆挤出机将聚酰胺6废丝经切割粉碎、碾压粉碎、振动过筛，再经三区温度的螺杆挤出机熔融成熔体，三区温度分别为270~275℃、275~280℃、280~285℃，经水下切粒得到再生切片，解决企业生产资料的浪费，实现了资源的循环利用。但是熔融回收也存在光氧化、空气氧化、老化等缺陷，制备的再生纤维的质量较差，一般只能降级使用。

**（三）复合材料**

纺织纤维具有良好的物理与力学性能，尽管经过使用后品质有所降低，但与其他材料组合后能够得到性能提升的复合材料，具有成本低廉、易于加工、绿色环保、应用领域广等优点，目前已经有不少成功的案例。

棉纤维是优质的纤维素纤维，可以用作复合增强材料。Albert 等使用聚丙烯作为基质，使用纺织工业生产过程中的副产品短棉染色纤维作为增强相。短棉纤维的长度不仅无法纺丝，还会影响增强材料在基质中的分散程度，先通过刀片磨机将短棉纤维切割成1mm的平均长度，在强力熔体混合器中将短棉纤维、聚丙烯、偶联剂 MAPP 进行混合，造粒干燥后得到增强材料。发现偶联复合材料的质量低于预期，可能是染料阻碍了偶联剂与棉纤维上的—OH形成交联，偶联复合材料显示出与低含量玻璃纤维增强聚丙烯材料相似的拉伸程度。Lv 等采用质量分数10%的废棉纤维、废弃聚氨酯、3%偶氮二甲酰胺和15%磷酸铵通过共混—热压得到废纤维/聚氨酯阻燃保温板，优化后的最佳工艺为热压压力7MPa，热压温度180℃，废纤维长度20mm，混合温度175~180℃，热压时间8min，冷却时间2h，在此条件下制得的阻燃保温板的导热系数为0.06W/(m·K)，极限氧指数为35.82%，抗拉强度为2.642MPa，抗弯强度为5.314MPa。

蚕丝是极具价值的天然纤维。Song 等将废丝与竹纤维进行混合打浆，制备不同混合比的丝/竹杂化纸，结果表明，杂化纸的拉伸程度和延展性随蚕丝含量的增加而上升，因为纤维素的—OH 和蚕丝的—NH$_2$ 两种极性基团有利于氢键的结合，氢键的存在和纤维之间的交缠使两种纤维具有一定的黏合程度，并且加入环氧试剂后，杂化纸的性能能够进一步得到提升。Rajkumar 等将织造过程产生的边角料废丝开松成纤维后，与羊毛和聚丙烯按照不同比例进行混合，通过热压成型制备复合材料，结果显示，比例为35/15/50的丝/羊毛/聚丙烯复合材料的拉伸强度、弯曲强度和冲击强度分别为30.21MPa、19.88MPa 和0.713J，并且复合材料的导热系数随蚕丝、羊毛含量的上升而下降。

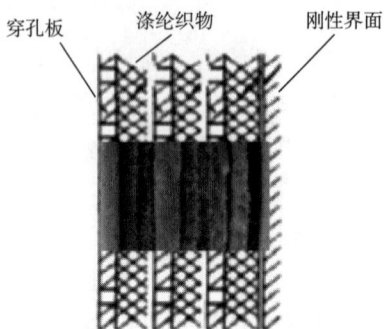

图7-2 三层复合材料的结构图

Lv 等通过共混和热加工制备出一种吸声复合材料，在165℃将10mm长的聚酯纤维与熔融的聚氨酯混合5min，通过热压法制备出聚酯纤维增强聚氨酯复合材料，再对增强复合材料进行穿孔，增加孔径、气腔深度和穿孔率，然后与多层废旧涤纶织物结合得到单层结构复合材料，将三个不同吸声系数的单层结构复合材料物理黏合成吸声带较宽的三层结构复合材料，如图7-2所示为三层复合材料的结构图，发现其具有一定的厚度，在厚度方向上存在纤维，具备较好的层间力学性能。

渔网通常由坚固耐用的聚酰胺材料制成，废弃的渔网可以回收用于许多产品，例如纺织品、衣服、鞋类和配饰。Teeranai 等把渔网中回收的再生聚酰胺纤维添加到聚合物水泥砂浆中作为加固材料，提高了水泥砂浆的力学性能，可用于修复轻度腐蚀的钢筋混凝土梁。纤维有助于通过裂缝传递应力，并通过将单个宽裂缝转变为许多小裂缝来分散应力，经修复后的钢筋混凝土梁开裂率降低，使用再生纤维促进了海洋废物的利用。Dissanayake 等使用切割混纺废料聚酰胺/氨纶和聚氨酯开发新型隔热复合材料，隔热材料成分按照聚酰胺混纺/聚氨酯/聚酰胺混纺的顺序夹层三层，通过压缩成型制备隔热板，当组分重量比为 60：40（聚酰胺混纺/聚氨酯）时表现出最佳的隔热性能，隔热板的热导率为 0.0953W/（m·K），为后工业废物危机提供真正可持续的解决方案。

### （四）溶解再沉淀

溶解再沉淀技术常用于混纺纺织品的分离回收。使用机械外力将废旧纺织品粉碎成较小的尺寸，利用纺织品不同组分的溶解特性，选用适合的良溶剂将某一组分溶解，使其能够与其他组分分离，再加入不良溶剂使其沉淀完成回收。DuPont 公司使用脂肪族羧酸水溶液分离聚酰胺 6 和聚酰胺 66 的混合物，溶剂会溶解聚酰胺 6 使其与聚酰胺 66 分离，再加入不良溶剂水使溶解的聚酰胺 6 沉淀。Kartalis 等对聚酰胺 6/66 的混合物分别使用 125℃的二甲基亚砜和甲酸进行溶解过滤得到聚酰胺 6 和聚酰胺 66 滤液，再添加甲乙酮得到两种组分的颗粒完成分离回收。Raju 等使用混合溶剂苯酚/甲苯（45：55）作为溶解聚酰胺 6 的良溶剂，二甲苯或甲苯为不良溶剂来沉淀出聚酰胺 6。Papaspyrides 等发现高温的二甲基亚砜/甲乙酮作为良溶剂/不良溶剂体系来对聚酰胺 6 进行溶解再沉淀回收具有较好的效果。物理溶解对废旧纺织品的力学性能没有特别要求，但是纺织品的染料和污染物等杂质会对溶解效果产生一定的影响，在溶解之前对废旧纺织品进行脱色是必要的处理程序。

## 二、化学法

物理法虽然工艺简单，但再生产品因为加工过程的影响导致性能有所下降，一般只能降级使用，重复次数有限，不能从根本上解决问题。化学法，即通过高温高压或化学试剂的作用改变废旧纺织品的分子结构，例如，棉纤维制备再生纤维素，羊毛水解得到角蛋白，聚酰胺 6 解聚得到己内酰胺单体等，从根本上实现废旧纺织品的循环利用，符合可持续发展的经济性原则，具有较好的环境与经济效益，是一种比较彻底的回收方式。

### （一）纤维素纤维的化学回收

纤维素是由葡萄糖组成的大分子多糖，是植物细胞壁的主要组成部分，被广泛用于纺织、造纸、化工等领域。棉的纤维素含量高达 95%，具有良好的透气性以及一定的强度和耐磨性，是纺织工业中使用量最大的天然纤维。

棉浆粕是制备再生纤维素纤维的主要原料之一，而制备棉浆粕的关键是纤维素的溶解，常用 $N$-甲基氧化吗啉（NMMO）/水、LiCl/DMAC（二甲基乙酰胺）、NaOH/尿素和 LiOH/尿素的碱/脲体系、亚临界水等，这些体系具有较高的溶解度，可以打破氢键来溶解纤维素。杨璐等使用 LiCl/DMAC 体系来溶解棉纤维，通过预先加热的 DMAC 活化棉纤维，得到最佳溶解条件：LiCl 质量分数为 9%，棉纤维与溶剂质量比为 1：100，温度为 140℃，高温时间为 2.0h。刘岩等使用不同质量分数 NMMO 溶液，发现使用质量分数为 87% 的 NMMO 溶液，棉纤维将直接溶解在溶剂中。离子液体和低共熔溶剂作为新型的绿色溶剂，在特定的条件下可以溶解棉纤维，并且能够循环使用，具有良好的化学稳定性和热稳定性。Jiang 等使用离子液体［BMIM］Cl 来溶解棉短绒纸浆，结果表明，当试验温度超过 80℃时，棉的晶体结构被破坏并转变为无定形结构，这意味着纤维素完全溶解在［BMIM］Cl 中。邓小楠等使用氯化胆碱/草酸、氯化胆碱/乙酸的低共熔溶剂来溶解棉纤维，加入丙酮和乙醇洗涤溶液得到再生棉纤维。

目前，废旧棉纺织品制备再生纤维素纤维已经取得一些成果。唐山三友集团和赛得利（中国）均已实现了废旧棉再生黏胶纤维的批量化生产。奥地利兰精（Lenzing）集团使用 NMMO 溶液制备废棉再生浆粕，再与常规的 Lyocell 木浆混合成功地纺制出再生 Lyocell 纤维。东华大学/齐鲁工业大学采用蒸煮制浆法，以废旧棉纺织品为原料纺制出干态断裂强度为 2.7 cN/dtex 的再生 Lyocell 纤维。但通过化学法生产再生纤维的产业化过程中还存在一些问题，例如，针对废旧棉纺织品进行包括废旧棉高效脱色除杂与保护纤维素结构、纤维结构梯度磨浆解离、短流程清洁制浆技术、废旧棉再生浆粕制备高品质纺丝液及清洁纺丝技术等关键技术的开发。

废旧棉织品还能加工成其他高附加价值的产品。Sharma 等表明，棉花废料的成分与其他木质纤维素原料相似，通过减少木质素成分使其具有用于生物乙醇生产的潜力。棉花废料还可以通过各种处理加工成工业产品，如动物饲料和垫料、土壤改良剂和营养生长基质，还具备作为碳源生产酶的潜在应用。Gholamzad 等采用生物发酵技术从废旧棉织物中成功提取出生物乙醇。Chen 等使用 MgO 作为模板，以棉花废料制备出比表面积达到 $1139m^2/g$ 的活性炭，具有作为吸附材料的极大潜力。此外，将废棉织物通过酸解或氧化制备出能够充当增强材料的纤维素纳米晶也成为研究热点之一。

## （二）蛋白质纤维的化学回收

丝绸被称为"纤维皇后"，具有很好的服用效果，可提取出具有良好生物相容性的蚕丝蛋白，在生物医用领域具有极高的应用潜力。从蚕丝中提取蚕丝蛋白一般分为三步：脱胶/漂白、溶解、透析。第一步，使用化学试剂或高温高压去除蚕丝上的丝胶，对于有色废旧蚕丝需进行剥色处理，否则会影响后续蚕丝蛋白的提取；第二步，使用溶剂来溶解脱胶后的蚕丝，常用的溶剂为溴化锂溶液、盐—醇溶液、离子液体等，Liu 等将脱胶后的废旧蚕丝溶解在氯化钙（$CaCl_2$）水溶液中，发现溶解后的丝素蛋白的分子构象以 β 折叠为主；第三步，溶解后的蚕丝经透析去除溶液中的无机盐离子得到再生丝素溶液，可用于制备组织支架、生物材料、凝胶等功能材料。

角蛋白是羊毛的主要成分，占羊毛总物质的 95%，在肥料、生物材料、皮革、吸收剂等诸多领域具有广泛应用。目前对于提取角蛋白的方法已经进行诸多研究，如还原、氧化、亚硫酸分解、碱性水解、过热水处理和离子液体萃取等。Wang 等使用 ChCl-OA（氯化胆碱/草酸）的低共熔溶剂提取羊毛角蛋白，在溶解过程中，羊毛大分子之间的二硫键和晶体发生破坏，结果表明，当羊毛与低共熔溶剂的重量比为 5%，在 110~125℃ 下浸入 ChCl-OA（1：2，摩尔比）溶剂中 2h，羊毛的溶解度最高。不同的提取方法会得到不同相对分子质量的角蛋白。例如，还原法得到带有巯基的可溶性角蛋白，能够作为毛织物防毡缩的功能整理剂；而氧化法得到的角蛋白相对分子质量较低，渗透性较好，能够改性制成复鞣填充材料或铬鞣助鞣剂使用。需要根据应用方向来选择提取羊毛角蛋白的方法。

### （三）合成纤维的化学回收

#### 1. 聚酯产品的回收

合成纤维的化学回收是指聚合物材料发生解聚反应，生成相对分子质量相对较低的产物，分离纯化后得到相应的单体或附加值较高的化工原料，是具有环境效益和社会效益的最佳回收途径之一。聚酯纤维由于其优良的特性成为使用量最大的合成纤维，目前国内外的研究方向主要集中在水解法和醇解法，除此之外还存在一些新兴的降解方法。

图 7-3 所示为聚酯水解的机理图。水解法分为酸性、碱性、中性水解法三种，即使用酸解催化或高温高压的条件下将聚酯降解为对苯二甲酸（TPA）和乙二醇（EG）。酸性水解法使用 $H_2SO_4$、HF 等无机酸或超强酸作为水解的催化剂，在常温常压下即可得到纯度大于 99% 的 TPA，反应时间随酸浓度的降低而延长；碱性水解法通常分为两步，首先在浓度为 4%~20% 的 NaOH 或 KOH 中聚酯被水解为对苯二甲酸盐和 EG，加热回收 EG 后，加入一定量的 $H_2SO_4$ 中和得到纯度较高的 TPA；中性水解法不使用酸碱催化剂，以水或水蒸气对聚酯进行降解，一般在高温高压的条件下进行，聚酯与水或水蒸气反应生成 TPA 和 EG，是一种环境友好的降解方法。酸性水解法使用大量液体强酸容易腐蚀设备，使用固体超强酸也会在循环使用的过程中丧失催化活性。酸性和碱性水解后的废液也需进行处理，以免造成二次污染，中性水解法存在条件苛刻、产物纯度较低等缺点。由于上述这些缺点，短期内无法将水解法进行产业化生产。

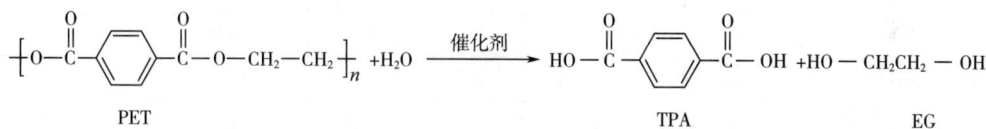

图 7-3 聚酯水解的机理图

图 7-4 所示为聚酯二元醇解的机理图。醇解法是聚酯在甲醇、乙醇、EG、二甘醇等的作用下发生酯交换反应，得到相应的单体酯和相应的醇，其中乙二醇醇解法取得了显著的成果。Ghaemy 等使用金属醋酸盐作为催化剂，通过 EG 对聚酯纤维进行解聚反应，研究反应时间、EG 用量、催化剂种类及其浓度对醇解产物对苯二甲酸乙二醇酯（BHET）产率的影响，结果表明，在反应温度 198℃、反应时间 10h、聚酯/EG 摩尔比 1：9.5 的条件下 BHET 的转化率最大，并发现 $Zn^{2+}$ 的催化活性比 $Mn^{2+}$、$Co^{2+}$、$Pb^{2+}$ 强。在聚酯的乙二醇醇解反应中，催化剂对 BHET 产率具有极大的影响。表 7-2 所示为聚酯乙二醇醇解的催化剂种类。金属醋酸盐是乙二醇醇解反应的高效催化剂，但是此类催化剂具不可生物降解性和一定的毒性。López-Fonseca 等考察了碳酸钠、碳酸氢钠、硫酸钠和硫酸钾作为替代金属醋酸盐的催化剂，结果表明，碳酸钠和碳酸氢钠的催化效果与金属醋酸盐极为接近。Wang 等使用尿素及其低共熔溶剂催化聚酯瓶片的醇解反应，得到较高的 BHET 选择性和聚酯转化率。目前，杜邦公司、日本帝人、浙江佳人集团均具有乙二醇醇解聚酯的工业化技术，但还存在聚酯混纺织物的不适用、解聚副产物难以利用等问题。

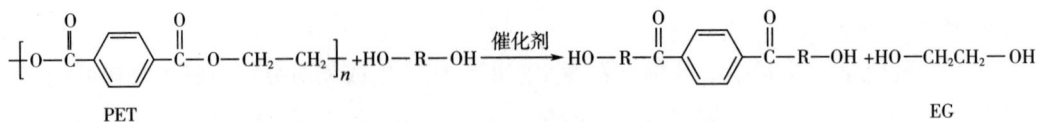

图 7-4　聚酯二元醇醇解的机理图

表 7-2　聚酯乙二醇醇解催化剂种类

| 催化剂 | 溶剂 | 温度/℃ | 压力/MPa | 时间/min | 聚酯转化率/% | BHET 选择性/% |
|---|---|---|---|---|---|---|
| Urea/ZnCl$_2$ DES | EG | 170 | 0.1 | 30 | 100 | 82.80 |
| Urea/ZnAc$_2$·2H$_2$O DES | EG | 170 | 0.1 | 30 | 100 | 81.14 |
| Urea/MnAc$_2$·4H$_2$O DES | EG | 170 | 0.1 | 30 | 100 | 80.05 |
| Urea | EG | 170 | 0.1 | 210 | 100 | 68.9 |
| ZnCl$_2$ | EG | 170 | 0.1 | 120 | 100 | 71.39 |
| ZnAc$_2$·2H$_2$O | EG | 170 | 0.1 | 140 | 100 | 70.06 |
| MnAc$_2$·4H$_2$O | EG | 170 | 0.1 | 140 | 100 | 71.39 |
| SO$_4$/ZnO-TiO$_2$ | EG | 180 | 0.1 | 180 | 100 | 72 |
| γ-Fe$_2$O$_3$ | EG | 255 | >0.1 | 80 | — | >80 |
| ZnAc$_2$ | EG | 197 | 0.1 | 90 | 98.66 | — |
| MnAc$_2$ | EG | 190 | 0.1 | 120 | 99.96 | — |
| ［Bmim］［H$_2$PO$_4$］ | EG | 175 | 0.1 | 480 | 6.9 | — |
| ［Bmim］［HSO$_4$］ | EG | 170 | 0.1 | 480 | 0.5 | — |
| ［3a-C$_3$P（C$_4$）$_3$］［Gly］ | EG | 180 | 0.1 | 480 | 100 | — |
| ［3a-C$_3$P（C$_4$）$_3$］［Ala］ | EG | 180 | 0.1 | 480 | 100 | — |
| ［Bmim］Cl | EG | 180 | 0.1 | 480 | 44.7 | — |
| ［Bmim］Br | EG | 180 | 0.1 | 480 | 98.7 | — |
| ［Bmim］［FeCl$_4$］ | EG | 178 | 0.1 | 240 | 100 | 59.2 |
| ［Deim］［Zn（OAc）$_3$］ | EG | 180 | 0.1 | 90 | 100 | 67.10 |
| ［Deim］［Cu（OAc）$_3$］ | EG | 180 | 0.1 | 120 | 100 | 58.64 |
| ［Deim］［Mn（OAc）$_3$］ | EG | 180 | 0.1 | 225 | 100 | 51.30 |

续表

| 催化剂 | 溶剂 | 温度/℃ | 压力/MPa | 时间/min | 聚酯转化率/% | BHET 选择性/% |
|---|---|---|---|---|---|---|
| ［Deim］［Co（OAc）$_3$］ | EG | 180 | 0.1 | 150 | 100 | 56.65 |
| ［Deim］［Ni（OAc）$_3$］ | EG | 180 | 0.1 | 105 | 100 | 54.13 |
| Urea | EG | 180 | 0.1 | 150 | 100 | 73.05 |
| | 超临界 EG | 450 | 15.3 | 30 | 100 | — |
| | 超临界甲醇 | 300 | 14.7 | 30 | 接近 100 | — |
| ZIF-8 | EG | 195 | 0.1 | 30 | 100 | 72.6 |
| Acetamide/ZnCl$_2$@ ZIF-8 | EG | 195 | 0.1 | 25 | 100 | 83.2 |

废旧聚酯纺织品还有新型的化学处理方式。于晓颖使用废弃聚酯纺织品为原料，ZnCl 为活化剂，通过高温热解得到比表面积 1037.6m$^2$/g 的活性炭，对亚甲基橙有良好的吸附性，35℃的最大吸附量为 248.1mg/g。毛德彬开发了一种仿生酶靶向催化技术，能够在温和的条件下降解聚酯纺织品，同时实现含有聚酯组分的混纺织物的分离回收，具有良好的应用潜力。

**2. 聚酰胺类产品的回收**

聚酰胺类产品在合成纤维中的使用量仅次于聚酯纤维，具有较好的耐热性、耐磨性及机械加工性，提高聚酰胺材料的利用价值的主要回收方法是化学回收。根据反应介质不同，聚酰胺类材料的化学回收方法主要分为热裂解法、氨解法、水解法、醇解法、超临界法等，而对聚酰胺纺织品的研究主要集中在热裂解法、水解法以及氨解法。

废旧聚酰胺地毯的回收已经成为一个越来越重要的问题。Duch 等报道聚酰胺 6/66 纤维在高温高压下以及过量的氨存在下被解聚形成单体混合物。Bockhorn 等研究了聚酰胺 6 以及聚酰胺 6/聚丙烯（PA6/PP）混纺地毯的热解聚行为，对比了无催化剂及酸、碱催化剂对 $\varepsilon$-己内酰胺单体产率的影响。KOH/NaOH（2∶3）的催化效果最好，产率为 98.4%，这是因为碱性催化降解通过阴离子链机制进行，所以与非催化和酸催化反应相比具有更高的反应速率。Bryson 对聚酰胺 6 和 66 地毯的催化解聚进行了研究，通过热重分析（TGA）确定碱作为水解催化剂适合聚酰胺 6 和 66 的解聚，与不加催化剂相比，能够使反应温度降低 100℃。Shukla 等介绍了聚酰胺 6 废纤维溶解在不同浓度的甲酸、盐酸和硫酸溶液中，然后在回流下加热溶液不同时间而解聚的结果。在甲酸水解聚酰胺 6 的情况下，即使反应 20h 也无法完全降解成单体氨基己酸，而适宜浓度的盐酸和硫酸可以将聚酰胺 6 纤维废料几乎完全解聚成高纯度的氨基己酸。

## 三、回收标准

### （一）回收体系的建设

当今许多废旧纺织品的回收技术以及产品检验、评价、管理等都缺乏相关的技术规范和标准引领。标准化是实现专业化、规模化、产业化的前提，通过制定一系列废旧纺织品的回收标准，有助于从原料阶段就开始具有合理的分类以及质量把控，有助于提高回收效率，达到节能减排的根本目的。

2007 年，为促进资源回收，规范再生资源回收行业的发展，商务部等六部委出台了《再生资源回收管理办法》，并在第二十七条中列举了适用的六种再生资源，但并没有将废旧纺织品列入其中。2011 年国务院办公厅公布的关于废旧商品回收的相关文件《建立完整的先进的废旧商品回收体系的意见》中，第四条中列出的 10 种废旧商品中，也没有涉及废旧纺织品回收。但在 2011 年发改委出台的《"十二五"资源综合利用指导意见》提出，在"十一五"期间，资源综合利用取得了积极进展，其中废旧纺织品再生利用技术中试成功；还将废旧纺织品列入再生资源回收利用范围；并首次提出：建立废旧纺织品回收体系，初步形成回收、分类、加工、利用的产业链，建设废旧纺织品综合利用工程，开展废旧纺织品综合利用试点示范，建设一批废旧商品回收体系示范城市，迈开了推动废旧纺织品回收的步伐。

2012 年，国务院发布《"十二五"国家战略性新兴产业发展规划》，提出重点发展以先进技术支撑的废旧商品回收体系，废旧纺织品资源化利用。

2013 年，国务院出台了《循环经济发展战略及近期行动计划》，明确提出构建"循环性纺织工业体系"及详尽的指导内容，并提出未来两年纺织行业的发展要求及规划，具体内容如图 7-5 所示。

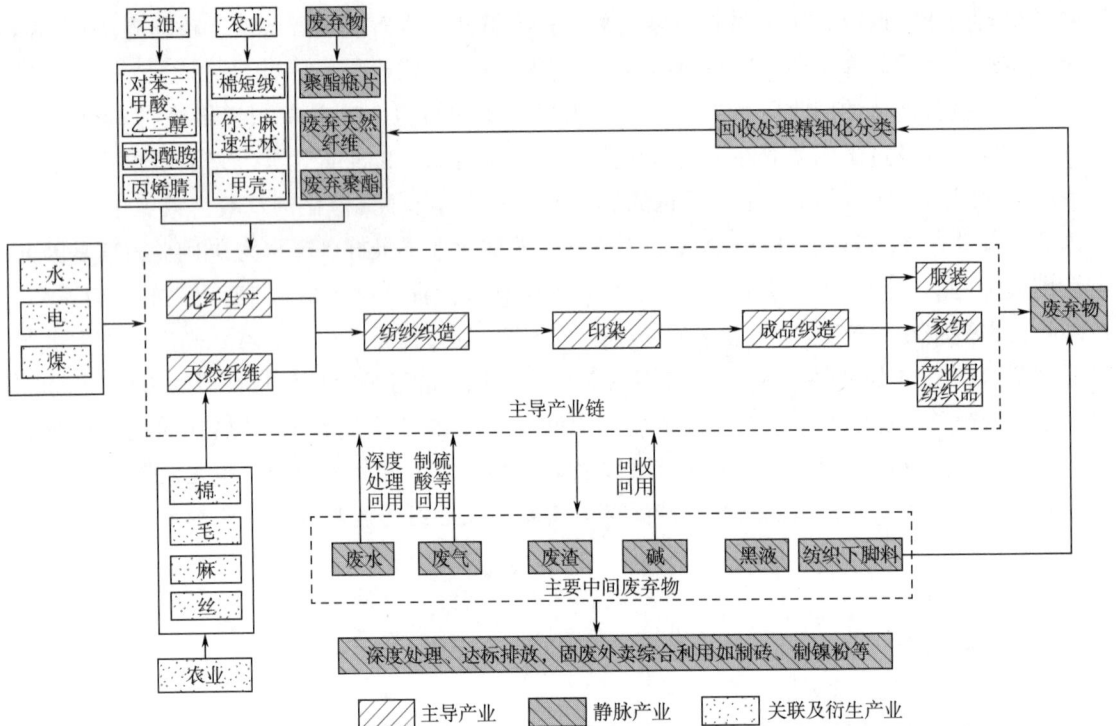

图 7-5 构建"循环性纺织工业体系"流程图

2015 年，商务部出台《再生资源回收体系建设中长期规划（2015—2020 年）》，指出了当前再生资源回收建设工作所面临的各种问题，提出了相关应对措施，并明确提出积极研究废旧纺织品等品种的回收管理制度。同年，国务院发布的《关于加快推进生态文明建设的意见》中第 12 条提出"发展循环经济，鼓励纺织品等废旧物品回收利用"。

2016~2017 年，国务院发布《"十三五"生态环境保护规划》《"十三五"节能减排综合工作方案》，都对废旧纺织品的处理提出加快建设废旧纺织品等资源化利用和无害化处理系统。

2019 年 2 月，全国产品回收利用基础与管理标准化技术委员会提出并归口的《废旧纺织品再生利用技术规范》（计划号：20154038-T-469）等 3 项国家标准形成征求意见稿，征求各有关单位及专家审阅及提出修改意见。

2022 年 4 月，国家发改委、商务部、工业和信息化部联合印发《关于加快推进废旧纺织品循环利用的实施意见》，提出要加强纺织工业循环利用废旧纺织品，推动废旧纺织品再生产品在建筑材料、汽车内外饰、农业、环境治理等领域的应用。

**（二）国内外废旧纺织品回收标准概况**

表 7-3 所示为国内外废旧纺织品标准的概况。纺织服装全球回收标准（The Global Recycle Standard，GRS）和回收声明标准（Recycled Claim Standard，RCS）是目前国际上通行的纺织品回收标准。GRS 于 2008 年由管制联盟（简称 CU）创立，经过不断地更新和完善，演变为现行的 2019 年发布的 GRS4.1 版本；RCS 于 2013 年由 Textile Exchange 与户外工作协会的材料可追溯工作组合作发行。2017 经修订后的 RCS2.0 版本已取代原版本。GRS 和 RCS 都对纺织品回收的材料及供应链做出了明确要求，与此同时，GRS 还提出了在回收过程中对社会管理、环境保护、化学品管理的其他要求。

DB41/T 1442—2017《再利用纺织产品》于 2017 年由河南省质量技术监督局发布，我国首个关于再利用纺织产品的标准正式出台，规定了再利用纺织产品的术语和定义、产品分类、要求、试验方法、检验规则、标识、包装和贮运等技术要求；SZDB/Z 326—2018《废旧织物回收及综合利用规范》于 2018 年 10 月由深圳市市场和质量监督管理委员会通过深市质〔2018〕486 号文件正式发布，对废旧织物回收、暂存、分拣、贮存、清洗消毒、再生利用、处理处置等各环节进行规范管理，覆盖废旧织物回收利用的全过程。

FZ/T 54046—2020《循环再利用涤纶取向丝》等行业标准大部分内容是对再生涤纶丝的质量要求规定；而 FZ/T 07002—2018《废旧纺织品再加工短纤维》由中国纺织工业联合会提出，内容包括不同种类废旧纺织品通过物理法加工得到的再生纤维的质量要求规定。由此可见，中国的纺织行业标准主要规定了再生产品的质量要求，而没有涉及具体的技术路线或者回收流程的质量要求。废旧纺织品的团体标准基本包括整个回收再利用流程的相关规定，从原料的处理到技术路线到再生产品的质量要求，是中国废旧纺织品回收再利用标准中最丰富的一个层次，对中国废旧纺织品的标准化建设起到了积极的促进作用。

GB/T 32749—2016《再加工纤维基本安全技术要求》是中国第一个与废旧纺织品概念相

关的国家标准。该标准规定了再加工纤维的术语和定义、基本安全技术要求、检验、判定规则和标识等，适用于生产、加工及销售的再加工纤维。

GB/T 38923—2020《废旧纺织品分类与代码》、GB/T 38926—2020《废旧纺织品回收技术规范》是在2020年6月由国家市场监督管理总局（国家标准化管理委员会）批准发布。GB/T 38923—2020规定了废旧纺织品的分类等级方法、编码规则和代码结构、分类和代码、分级和质量要求、试验方法和检验规则，适用于包括医疗废物在内的危险废物的废旧纺织品的收集、分拣、加工和再利用等过程。GB/T 38926—2020规定了废旧纺织品回收的总体要求、收集、分拣、贮存、运输和环境保护要求，适用于包括医疗废物在内的危险废物的废旧纺织品的收集、检验、运输和贮藏，为废旧纺织品的回收提供了可靠的技术参考。GB/T 39026—2020由中国化学纤维工业协会起草，内容主要包括通过甲醇醇解法识别循环再利用涤纶的方法。GB/T 39781—2021规定了废旧纺织品再生利用的总体要求、前处理、再生利用和环境保护要求，但是不包含具体的回收技术路线。由以上标准可以看出，与废旧纺织品回收的国家标准数量较少，毋庸置疑，纺织行业需要更完善的国家政策和更严谨的标准来督促废旧纺织品严格及高效的回收。

表7-3 国内外废旧纺织品标准的概况

| 类别 | 回收标准 |
|---|---|
| 地方标准 | DB41/T 1442—2017《再利用纺织产品》 |
| | SZDB/Z 326—2018《废旧织物回收及综合利用规范》 |
| 行业标准 | FZ/T 54048—2020《循环再利用涤纶牵伸丝》 |
| | FZ/T 54047—2020《循环再利用涤纶低弹丝》 |
| | FZ/T 54046—2020《循环再利用涤纶取向丝》 |
| | FZ/T 07002—2018《废旧纺织品再加工短纤维》 |
| | FZ/T 54127—2020《循环再利用涤纶单丝》 |
| | FZ/T 54048—2020《循环再利用涤纶牵伸丝》 |
| | FZ/T 54047—2020《循环再利用涤纶低弹丝》 |
| | FZ/T 54046—2020《循环再利用涤纶预取向丝》 |
| 团体标准 | T/HBAS 001—2019《再生聚酯纤维生产技术规程》 |
| | T/ZZB 0499—2018《化学法循环再利用涤纶低弹丝》 |
| | T/CCFA 00005—2016《循环再利用聚酯（PET）纤维鉴别方法》 |
| | T/ZZB 0913—2018《纤维级化学法循环再利用聚酯切片（PET）》 |
| | T/CCFA 00006—2016《循环再利用化学纤维（涤纶）行业绿色采购规范》 |
| | T/SACE 003—2019《生活垃圾分类体系建设居民废旧纺织品回收利用规范》 |
| | T/CRRA 9903—2020《再生碳纤维短切丝》 |
| | T/CACE 013—2019《二手服装消毒工艺规范》 |
| | T/CACE 014—2019《再生棉纱线（环锭纺）》 |

续表

| 类别 | 回收标准 |
|---|---|
| 团体标准 | T/CACE 015—2019《再生棉纱线（气流纺）》 |
| | T/CSCA 110051—2020《再生有色涤纶短纤维》 |
| | T/CACE 012—2019《废旧纺织品回收利用规范》 |
| | T/CRRA 9901—2020《废碳纤维复合材料编码规则》 |
| | T/CACE 016—2019《再生涤棉混纺纱线（气流纺）》 |
| | T/CRRA9902—2020《废碳纤维复合材料裂解再生技术规范》 |
| | T/CCTA 30401—2020《精梳循环再利用聚酯（PET）本色纱线》 |
| 国家标准 | GB/T 38923—2020《废旧纺织品分类与代码》 |
| | GB/T 38926—2020《废旧纺织品回收技术规范》 |
| | GB/T 32479—2016《再加工纤维基本安全技术要求》 |
| | GB/T 39781—2021《废旧纺织品再生利用技术规范》 |
| | GB/T 39026—2020《循环再利用聚酯（PET）纤维鉴别方法》 |
| 国际标准 | 《回收声明标准》（Recycled Claim Standard，RCS） |
| | 《纺织服装全球回收标准》（The Global RecycleStandard，GRS） |

# 参考文献

[1]季英英,王晨龙.印染固废处置利用方法浅探[J].资源节约与环保,2015（7）:56.

[2]Akhtar M F,Ashraf M,Javeed A. Toxicity appraisal of untreated dyeing industry wastewater based on chemical characterization and short term bioassays[J]. Bulletin of Environmental Contamination and Toxicology,2016,96(4):502-507.

[3]Punzi M,Anbalagan A,Borner R A. Degradation of a textile azo dye using biological treatment followed by photofenton oxidation:evaluation of toxicity and microbial community structure[J]. Chemical Engineering Journal,2015,270:290-299.

[4]郭莉,刘薇,金一和.印染废水处理过程及排放水对草履虫遗传毒性评价[J].生态毒理学报,2013,8(6):903-908.

[5]汤琳,袁峻峰,陈德辉.十二烷基苯磺酸钠对于几种藻类的毒性试验[J].上海师范大学学报(自然科学版),2000(2):70-74.

[6]Liwarska B E,Miksch K,Malachowska J A. Acute toxicity and genotoxicity of five selected anionic and nonionic surfactants[J]. Chemosphere,2005,58(9):1249-1253.

[7]王宪,李文权.洗涤剂中的十二烷基苯磺酸钠对海洋藻类生长的影响[J].海洋学报,1996(3):128-132.

[8]黄兴华,杜崇鑫,谢冰,等.印染工业废水的中水回用技术研究进展综述[J].净水技术,2015,34(5):16-20.

[9]王方东,李晓春,毕研刚.中水回用技术的研究与应用[J].中国资源综合利用,2006,25(2):17-18.

[10]许艳,俞林波,赵洪启.中水回用现状分析及展望[J].环境科技,2009,22:84-86.

[11]魏娟,江煜,张军良.柠檬酸改性膨润土对苯酚吸附性能研究[J].广州化工,2020,48(19):51-56.

**221**

[12] 薛诚,刘东方,李松荣. 壳聚糖的改性及其对亚甲基蓝废水吸附性能研究[J]. 水处理技术,2020,46(12): 25-29.

[13] 周林,杨瑛,郑文轩. 棉秆基活性炭对印染废水中常见有机污染物的吸附效果[J]. 印染,2019,45(16): 20-26.

[14] 黄言秋,方芳,张静. 改性花生壳吸附剂对阴离子染料的吸附作用[J]. 净水技术,2019,38(2):69-76.

[15] Mercante L A,Facure M H M,Locilento D A. Solution blow spun PMMA nanofibers wrapped with reduced graphene oxide as an efficient dye adsorbent[J]. New Journal of Chemistry,2017,41(17):9087-9094.

[16] 周玲,张燕南,吴昊. 活性炭深度处理印染废水的研究[J]. 山东化工,2018,9(47):172-173.

[17] 郁有涛. 聚硅酸铝锌复合絮凝剂的研制及应用研究[D]. 淄博:山东理工大学,2014.

[18] Huang R,Fang Z,Fang X. Ultrasonic Fenton-like catalytic degradation of bisphenol A by ferroferric oxide (Fe$_3$O$_4$) nanoparticles prepared from steel pickling waste liquor[J]. Journal of Colloid and Interface Science,2014, 436:258-266.

[19] Huang R,Fang Z,Yan X. Heterogeneous sono-Fenton catalytic degradation of bisphenol A by Fe$_3$O$_4$ magnetic nanoparticles under neutral condition[J]. Chemical Engineering Journal,2012,197:242-249.

[20] Hang H,Lu M,Chen J. Catalytic decomposition of hydrogen peroxide and 2-chlorophenol with iron oxides[J]. Water Research,2001,35(9):2291-2299.

[21] Gupta A,Garg A. Degradation of ciprofloxacin using Fenton's oxidation:Effect of operating parameters,identification of oxidized by-products and toxicity assessment[J]. Chemosphere,2018,193:1181-1188.

[22] 叶林静,关卫省,卢勋. 改性纳米 Fe$_3$O$_4$ 去除水溶液中四环素的研究[J]. 安全与环境学报,2014,14(1): 202-207.

[23] 金晓玲. 头孢类抗生素超声/芬顿降解过程产物鉴定及生物毒性分析[D]. 保定:河北大学,2018.

[24] 田凯. 不同 AOP 方法处理水中三种抗生素的研究[D]. 咸阳:西北农林科技大学,2018.

[25] 黄昱. 电 Fenton 法预处理青霉素废水的研究[D]. 长沙:湖南大学,2007.

[26] Soon A N,Hameed B H. Heterogeneous catalytic treatment of synthetic dyes in aqueous media using Fenton and photo-assisted Fenton process[J]. Desalination,2011,269(1-3):1-16.

[27] 王晓丹,雷永林,霍冀川. PI/ZnO-UV/类 Fenton 光催化降解甲基橙废水[J]. 人工晶体学报,2016,45 (10):2459-2466.

[28] 尤克非,石健,张彦. 超声波—Fenton 法协同降解含表面活性剂 SDS 弱酸艳红染料废水的研究[J]. 广东化工,2014,41(1):98-99.

[29] 李娜,何瑜,葛伊丽. 新型类 Fenton 催化剂的制备及其在亚甲基蓝降解中的应用[J]. 湖北大学学报(自然科学版),2017,39(1):8-11.

[30] Mendez D J,Sanchez P M,Rivera U J. Advanced oxidation of the surfactant SDBS by means of hydroxyl and sulphate radicals[J]. Chemical Engineering Journal,2010,163(3):300-306.

[31] Bandala E R,Pelaez M A,Salgado M J. Degradation of sodium dodecyl sulphate in water using solar driven Fenton-like advanced oxidation processes[J]. Journal of Hazardous Materials,2008,151(2-3):578-584.

[32] Malakootian M,Moridi A. Efficiency of electro-Fenton process in removing acid red 18 dye from aqueous solution [J]. Process Safety and Environmental Protection,2017,111:138-147.

[33] Jiang L,Wang J,Wu X. A stable Fe$_2$O$_3$/expanded perlite composite catalyst for degradation of rhodamine B in heterogeneous photo-fenton system[J]. Water Air and Soil Pollution,2017,228(12):463.

[34] Kong S, Watts R J, Choi J. Treatment of petroleum-contaminated soils using ironmineral catalyzed hydrogen peroxide[J]. Chemosphere, 1998, 37(8):1473-1482.

[35] 朱亚雄, 李之鹏, 王维业. MnO$_2$-MgO/AC 催化剂对印染废水的臭氧催化氧化深度处理[J]. 水处理技术, 2017, 43(11):121-123.

[36] 周存, 李叶燃, 马悦. 二氧化钛负载聚酯织物的制备及其光催化性能[J]. 纺织学报, 2018, 39(11):91-95.

[37] Orts F. Electrochemical treatment of real textile wastewater: trichromy procion HEXL(R)[J]. Journal of Electroanalytical Chemistry, 2018, 808:387-394.

[38] 彭敏, 彭羽. BDD 电极电化学氧化处理印染废水[J]. 印染助剂, 2021, 38(1):58-60.

[39] 杜茂华, 李皓芯, 任婧. 改性阴极生物电芬顿系统降解罗丹明 B[J]. 中国环境科学, 2021, 41(4):1681-1688.

[40] 李刚强. 厌氧氨氧化影响因素及一体化研究[D]. 新乡:河南师范大学, 2013.

[41] Yang B, Xu H, Yang S. Treatment of industrial dyeing wastewater with a pilot-scale strengthened circulation anaerobic reactor[J]. Bioresource technology, 2018, 264:154-162.

[42] Parmar N D, Shukla S R. Biodegradation of anthraquinone based dye using an isolated strain staphylococcus hominis subsp. hominis DSM 20328[J]. Environmental Progress & Sustainable Energy, 2018, 37(1):203-214.

[43] 古航坤, 黄斌, 罗赵青. 厌氧与缺氧/好氧交替式 SBR 处理印染废水[J]. 工业水处理, 2021, 41(1):83-87.

[44] 田立平, 鞠玲, 王晓波. 微纳米气泡制备技术及应用研究[J]. 能源与环境, 2020(4):69-73.

[45] 刘畅, 唐玉朝, 王品之. 微纳米气泡在治理水体污染方面的应用研究[J]. 安徽建筑大学学报, 2020, 28(3):42-46.

[46] 张旭芳, 王开苗, 李育博, 等. 微纳米气泡处理印染退浆废水[J]. 染整技术, 2021, 43(2):41-43.

[47] 李爱民, 常向真. 漂染中水回用的探讨[J]. 针织工业, 2008(7):62-65.

[48] Kasavan S, Yusoff S, Guan N C, et al. Global trends of textile waste research from 2005 to 2020 using bibliometric analysis[J]. Environmental Science and Pollution Research, 2021, 28(33):44780-44794.

[49] Mishra P K, Izrayeel A M D, Mahur B K, et al. A comprehensive review on textile waste valorization techniques and their applications[J]. Environmental Science and Pollution Research, 2022(29):65926-65977.

[50] Piribauer B, Bartl A. Textile recycling processes, state of the art and current developments: Amini review[J]. Waste Management & Research, 2019, 37(2):112-119.

[51] Wojnowska-Baryła I, Bernat K, Zaborowska M. Strategies of recovery and organic recycling used in textile waste management[J]. International Journal of Environmental Research and Public Health, 2022, 19(10):5859.

[52] 杨星, 李轻舟, 吴敏, 等. 欧盟纺织产业链上的绿色循环及废旧纺织品处理关键问题[J]. 纺织学报, 2022, 43(1):106-112.

[53] 魏丹毅, 王邃, 张振民, 等. 废旧尼龙制品的循环利用[J]. 广东化工, 2008, 35(2):58-61.

[54] Nunes L J R, Godina R, Matias J C O, et al. Economic and environmental benefits of using textile waste for the production of thermal energy[J]. Journal of Cleaner Production, 2018, 171:1353-1360.

[55] 陈加敏, 孟家光, 薛涛. 废旧纺织品的回收再利用[J]. 纺织科技进展, 2016, 38(9):10-13

[56] 陈遊芳. 物理法再利用废旧纺织品典型企业研究:以广德天运新技术股份有限公司为例[J]. 再生资源与循环经济, 2016, 9(4):36-38.

[57] 刘伟昆. 废旧涤纶、涤/棉纺织品化学回收工艺技术研究[D]. 北京:北京服装学院, 2012.

［58］王静,杜剑侠.可持续发展理念下废旧纺织品回收再利用方法比较分析［J］.纺织科技进展,2021,7(5):11-14,39.

［59］Rani S,Jamal Z. Recycling of textiles waste for environmental protection［J］. Int. J. Home Sci,2018,4(1):164-168.

［60］Koszewska M. Circular economy—Challenges for the textile and clothing industry［J］. Autex Research Journal,2018,18(4):337-347.

［61］Sull D,Turconi S. Fast fashion lessons［J］. Business Strategy Review,2008,19(2):4-11.

［62］Wanassi B,Azzouz B,Hassen M B. Value-added waste cotton yarn:optimization of recycling process and spinning of reclaimed fibers［J］. Industrial Crops and Products,2016,87:27-32.

［63］Flinčec Grgac S,Tarbuk A,Dekanić T,et al. The chitosan implementation into cotton and polyester/cotton blend fabrics［J］. Materials,2020,13(7):1616.

［64］Tang W,Tang B,Bai W,et al. Porous,colorful and gas-adsorption powder from wool waste for textile functionalization［J］. Journal of Cleaner Production,2022,366:132805.

［65］Gan L,Xiao Z,Zhang J,et al. Coloured powder from coloured textile waste for fabric printing application［J］.Cellulose,2021,28(2):1179-1189.

［66］Zhang J,Allardyce B J,Rajkhowa R,et al. 3D printing of silk powder by Binder Jetting technique［J］.Additive Manufacturing,2021,38:101820.

［67］刘红阳.废旧 PET/PC 塑料回收与化学再生利用现状［J］.橡塑资源利用,2005(6):23-27.

［68］赵克军.锦纶6废丝的回收和纺丝应用［J］.广东化纤技术通讯,1991(2):25-27.

［69］赵杰.一种锦纶6纺丝废丝的回收工艺［P］.福建:CN104818548A,2015-08-05.

［70］Serra A,Tarrés Q,Llop M,et al. Recycling dyed cotton textile byproduct fibers as polypropylene reinforcement［J］. Textile Research Journal,2019,89(11):2113-2125.

［71］Lihua L,Yingjie L I U,Congtan L I,et al. Properties of waste fiber/polyurethane flame retardant insulation board ［J］. Textile and Apparel,2019,29(2):152-161.

［72］SONG R,INO H,KIMURA T. Mechanical property of silk/bamboo composite paper for effective utilization of waste silk［J］. Journal of Textile Engineering,2009,55(3):85-90.

［73］TASDEMIR M,KOCAK D,USTA I,et al. Properties of recycled polycarbonate/waste silk and cotton fiber polymer composites［J］. International Journal of Polymeric Materials & Polymeric Biomaterials,2008,57(8):797-805.

［74］Lv L,Li C,Guo J,et al. Sound absorption properties of three-layer structural composites based on discarded polyester fibers and fabrics［J］. Journal of Fiber Science and Technology,2018,74(3):67-72.

［75］Charter M,Carruthers R,Femmer S J. Products from waste fishing nets accessories,clothing,footwear,home ware,recreation［J］. Circular Ocean,2018,4:1-31.

［76］Wang Y. Fiber and textile waste utilization［J］. Waste and Biomass Valorization,2010,1(1):135-143.

［77］Srimahachota T,Yokota H,Akira Y. Recycled nylon fiber from waste fishing nets as reinforcement in polymer cement mortar for the repair of corroded RC beams［J］. Materials,2020,13(19):4276.

［78］Dissanayake D G K,Weerasinghe D U,Wijesinghe K A P,et al. Developing a compression moulded thermal insulation panel using postindustrial textile waste［J］. Waste Management,2018,79:356-361.

［79］Moran Jr,Edward F,Clarksboro N J. Separation of nylon6 from mixtures with nylon 66［P］. US5280105. 1994-1-18.

[80] Kartalis C N, Poulakis J G, Tsenoglou C J, et al. Pure component recovery from polyamide 6/66 mixtures by selective dissolution and reprecipitation[J]. Journal of Applied Polymer Science, 2002, 86(8): 1924-1930.

[81] Raju K, Yaseen M. Influence of nonsolvents on dissolution characteristics of nylon - 6[J]. Journal of Applied Polymer Science, 1991, 43(8): 1533-1538.

[82] Papaspyrides C D, Kartalis C N. A model study for the recovery of polymides using the dissolution/reprecipitation technique[J]. Polymer Engineering & Science, 2000, 40(4): 979-984.

[83] Lee C K, Cho M S, Kim I H, et al. Preparation and physical properties of the biocomposite, cellulose diacetate/kenaf fiber sized with poly (vinyl alcohol)[J]. Macromolecular Research, 2010, 18(6): 566-570.

[84] Xiong R, Zhang X, Tian D, et al. Comparing microcrystalline with spherical nanocrystalline cellulose from waste cotton fabrics[J]. Cellulose, 2012, 19(4): 1189-1198.

[85] Montoya-Rojo Ú, Álvarez-López C, Gañán-Rojo P. All-cellulose composites prepared by partial dissolving of cellulose fibers from musaceae leaf-sheath waste[J]. Journal of Composite Materials, 2021, 55(22): 3141-3149.

[86] 杨露, 孟家光, 薛涛. 棉纤维在 LiCl/DMAc 溶剂中的溶解工艺研究[J]. 纺织科学与工程学报, 2022, 39(3): 50-55.

[87] 刘岩, 郭建生. 棉纤维在 NMMO 溶液中的溶胀与溶解[J]. 合成纤维, 2016(3): 1-5.

[88] WILKES J S. A short history of ionic liquids-from molten salts to neoteric solvents[J]. Green Chemistry, 2002, 4(2): 73-80.

[89] Jiang G, Huang W, Wang B, et al. The changes of crystalline structure of cellulose during dissolution in 1-butyl-3-methylimidazolium chloride[J]. Cellulose, 2012, 19(3): 679-685.

[90] 邓小楠, 叶泗洪, 白雪, 等. 棉纤维在低共熔溶剂中的溶解与再生性能研究[J]. 安徽农业科学, 2020, 48(24): 178-180.

[91] 陈龙, 周哲, 张军, 等. 废旧棉与涤纶纺织品化学法循环再生利用的研究进展[J]. 纺织学报, 2022, 43(5): 43-48.

[92] Sharma-Shivappa R R, Chen Y. Conversion of cotton wastes to bioenergy and value-added products[J]. Transactions of the ASABE, 2008, 51(6): 2239-2246.

[93] Gholamzad E, Karimi K, Masoomi M. Effective conversion of waste polyester-cotton textile to ethanol and recovery of polyester by alkaline pretreatment[J]. Chemical Engineering Journal, 2014, 253: 40-45.

[94] Chen W, Qian J, Zhang M, et al. Recycle of cotton waste by hard templating with magnesium acetate as MgO precursor[J]. Environmental Science and Pollution Research, 2019, 26(29): 29908-29916.

[95] LIU H, WEI J, ZHENG L J, et al. Extraction and characterization of silk fibroin from waste silk[J]. Advanced Materials Research, 2013, 788(6): 174-177.

[96] Yamauchi K, Khoda A. Novel proteinous microcapsules from wool keratins[J]. Colloids and Surfaces B: Biointerfaces, 1997, 9(1-2): 117-119.

[97] Brown E M, Pandya K, Taylor M M, et al. Comparison of methods for extraction of keratin from waste wool[J]. Agricultural Sciences, 2016, 7(10): 670.

[98] Bhavsar P, Zoccola M, Patrucco A, et al. Comparative study on the effects of superheated water and high temperature alkaline hydrolysis on wool keratin[J]. Textile Research Journal, 2017, 87(14): 1696-1705.

[99] Idris A, Vijayaraghavan R, Rana U A, et al. Dissolution and regeneration of wool keratin in ionic liquids[J]. Green Chemistry, 2014, 16(5): 2857-2864.

[100] Wang D, Tang R C. Dissolution of wool in the choline chloride/oxalic acid deep eutectic solvent[J]. Materials Letters, 2018, 231:217-220.

[101] 王琛, 毛志平. 羊毛角蛋白粗溶液的制备及在毛织物防毡缩整理上的应用[J]. 毛纺科技, 2007(9): 16-19.

[102] 谢亚芬. 废聚酯的循环利用[J]. 化工时刊, 2005, 19(3):56-58.

[103] 杨华光. 金属功能化离子液体催化 PET 聚酯降解反应研究[D]. 哈尔滨: 哈尔滨师范大学, 2013.

[104] Ghaemy M, Mossaddegh K. Depolymerisation of poly (ethylene terephthalate) fibre wastes using ethylene glycol [J]. Polymer Degradation and Stability, 2005, 90(3):570-576.

[105] López-Fonseca R, Duque-Ingunza I, De Rivas B, et al. Chemical recycling of post-consumer PET wastes by glycolysis in the presence of metal salts[J]. Polymer Degradation and Stability, 2010, 95(6):1022-1028.

[106] Wang Q, Yao X, Geng Y, et al. Deep eutectic solvents as highly active catalysts for the fast and mild glycolysis of poly (ethylene terephthalate)(PET)[J]. Green Chemistry, 2015, 17(4):2473-2479.

[107] 于晓颖. 废旧涤纶织物基活性炭的制备, 吸附性能和再生研究[D]. 太原: 太原理工大学, 2019.

[108] Duch M W, Allgeier A M. Deactivation of nitrile hydrogenation catalysts: New mechanistic insight from a nylon recycle process[J]. Applied Catalysis A:General, 2007, 318:190-198.

[109] Bockhorn H, Donner S, Gernsbeck M, et al. Pyrolysis of polyamide 6 under catalytic conditions and its application to reutilization of carpets[J]. Journal of Analytical and Applied Pyrolysis, 2001, 58:79-94.

[110] Bryson L G. Monomer recovery from nylon carpets via reactive extrusion[M]. Georgia Institute of Technology, 2008.

[111] Shukla S R, Harad A M, Mahato D. Depolymerization of nylon 6 waste fibers[J]. Journal of Applied Polymer Science, 2006, 100(1):186-190.

[112] 赵敏华, 杨鹏. 浅谈废旧纺织品回收利用标准化体系建设[J]. 中国纤检, 2018(2):100-102.

[113] 国务院印发《循环经济发展战略及近期行动计划》[J]. 广西节能, 2013(1):3-21.

[114] 陈嘉勋, 周彬, 张秀虹, 等. 中国废旧纺织品回收利用的标准化建设[J]. 印染助剂, 2022, 39(7):1-6.

# 第八章 其他可持续印染加工技术

## 第一节 超临界二氧化碳流体无水染色技术

纺织品的传统染色加工通常是以水作为基本介质的湿态加工，在其整个生产过程中需要消耗大量的水资源，以及多种化学品和配套染色助剂，随后还需要进行一系列的染后处理。其加工流程长，能耗高，需要排放大量有毒有害的有色废水，给生态环境保护带来了严重的挑战和负担。因此，研发和推广生态环保、节能减排、可持续发展的新型染色加工技术显得尤为重要。国内外的大量研究表明，超临界二氧化碳（SCF-CO$_2$）流体可替代或部分替代传统水浴介质，从源头上实现纺织品的绿色、生态化无水染色加工。且该过程中无需添加分散剂、匀染剂、载体、pH调节剂、金属离子螯合剂等染色助剂，染后处理更无需面临酸、碱、氧化还原剂等化学试剂的处理问题。同传统水浴体系染色相比，超临界二氧化碳无水染色技术还可以节能20%或以上，可彻底实现纺织品的清洁、绿色、环保化加工。因而，超临界CO$_2$流体染色技术的研究开发，是对纺织印染行业的一次技术性革命，具有巨大的发展潜力和广阔的市场前景。

### 一、超临界流体的基本概念及其发展状况

#### （一）超临界流体的基本概念

超临界流体（supercritical fluid，SCF）是物质所处温度及压力达到其临界压力（$P_c$）及临界温度（$T_c$）（或临界点，图8-1）及以上的一种非凝缩性的物体新型相态。超临界流体既不同于物质的气体状态，也区别于其对应的液体状态，属于物质的第四态。任何物质都具有自己的临界点，当所处温度及压力条件达到或超过其临界点时，都可成为超临界流体。因而，超临界流体种类繁多。表8-1中的部分常见溶剂介质，如二氧化碳、水、乙烷、乙烯、丙烷、丙烯、甲醇、丙酮、苯、甲苯等，当其所处温度、压力条件达到各自的临界点时，都可以成为超临界流体。其中，二氧化碳（CO$_2$）和水（H$_2$O）是最常用的超临界流体介质。由于CO$_2$介质的临界点低（$P_c$=7.38MPa，$T_c$=31.06℃），容易达到其超临界状态，且对所用设备的要求相对不高。此外，CO$_2$介质的来源广泛，其工业获取成本低，还可实现碳排放的循环利用，且其还有生物相容性好、生态无毒、绿色、安全、环保等诸多优点。因而，超临界CO$_2$介质被用于替代传统有机溶剂，广泛用于萃取、提纯、有机合成、纺织品染色、工业清洗、材料加工等领域的研究及工业化生产实践。而超临界水（H$_2$O）则具有极强的反应活性及氧化能力，可用于难降解有毒有害污染物的处理，以及超临界机组发电等工业领域。

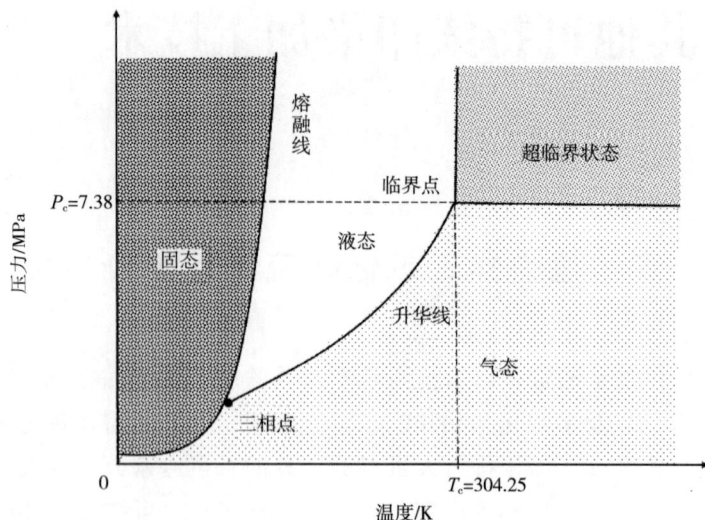

图 8-1　二氧化碳的气—固—液及超临界态相图

表 8-1　部分物质的临界点参数

| 溶剂 | $T_c$/K | $P_c$/MPa |
|---|---|---|
| 二氧化碳 | 304 | 7.38 |
| 乙烷 | 305 | 4.88 |
| 乙烯 | 282 | 5.03 |
| 丙烷 | 370 | 4.24 |
| 丙烯 | 365 | 4.62 |
| 甲醇 | 513 | 8.09 |
| 丙酮 | 508 | 4.70 |
| 苯 | 562 | 4.89 |
| 甲苯 | 592 | 4.11 |
| 氨 | 406 | 11.3 |
| 水 | 647 | 22.0 |
| 乙醚 | 193.6 | 3.68 |
| 甲烷 | −83.0 | 4.60 |
| 异丙醇 | 235.3 | 4.76 |
| 乙醇 | 234.4 | 6.38 |
| 甲乙醚 | 164.7 | 4.40 |

## （二）超临界流体技术的发展概况

从发现物质具有超临界现象开始，到在相关领域中实现应用，超临界流体技术经历了漫长的发展历程。1822 年，查尔斯·卡格尼亚德·德拉图尔（Charles Cagniard de la Tour）在封闭环境中研究声音在不同温度介质中的传播时，首次观察到当液体介质超过某一温度点时，该介质的液相和气相差别消失，产生了一种新型的密度均匀的单一流体，此流体被称为该介质的超临界流体。而当物质所处温压条件超过其临界点时，形成超临界流体的这种现象称为物质的超临界现象。

1850 年，英国女王学院的 Thomas Andrews 博士对 $CO_2$ 的超临界现象进行了研究，并在 1869 年的英国皇家学术会议上发表了关于超临界实验装置和超临界现象论文。该文章报道的 $CO_2$ 的临界温度和临界压力分别是 7.2MPa 和 304.065K，与现在的公认值（7.38MPa 和 304.25K）非常接近。

1879 年，Hanny 和 Hogarth 发现了超临界流体对固体物质具有溶解能力，并测量了部分固体物质在超临界流体中的溶解度，从而为超临界流体的应用提供了理论依据。但之后相当长的一段时间里，这方面的研究进展缓慢。一直到 1955 年，Todd 和 Elgin 首次指出了超临界流体技术对类似于固体物质的溶解特性，实现了超临界流体用于分离的可行性。

1969 年，Zosel 在进行长链醇的制备中发现超临界乙烷（$SC-C_2H_6$）能分离出 α-烯烃，表明超临界流体可作为一种分离剂实现对某些混合物的分离提纯，这为超临界流体萃取技术的研发及应用奠定了基础。

1974 年，Zosel 公开了采用超临界二氧化碳（$SCF-CO_2$）从咖啡豆中提取咖啡因的萃取技术。此后，德国 HAG 公司建立了世界上第一个利用该技术从咖啡豆中获得咖啡因的工厂，从此超临界流体萃取技术走向了实际工业化应用。与此同时，世界上其他国家利用该技术对煤和石油等混合物的萃取也进行了大量的研究，使超临界流体技术的发展进入了一个新阶段。到 20 世纪 70 年代末，超临界流体技术在医药、食品、保健、香料、化学等工业中应用日益广泛，并在多个领域形成了生产规模。在 80~90 年代，作为一种环境友好的工业技术，超临界流体技术开始迅速发展，在国内外受到广泛的重视。其中，欧洲着手建立起大量的超临界流体萃取工厂，每年可实现数万吨固体物料的萃取工作，如在德国不莱梅城建立的咖啡因萃取工厂，英、法等国则相继建立了超临界 $CO_2$ 萃取啤酒花的工厂等。

在 1987~1991 年，德国西北纺织研究中心（DTNW）的 E. Schollmeyer 研究小组从前人的专利文献中得到启发，正式提出了纺织品的超临界 $CO_2$ 流体染色概念。设想采用超临界 $CO_2$ 流体代替水，对纺织品进行无水系统的染色加工，并进行了部分基础研究工作。1992 年，Desimone 首先在 *Science* 报道了采用 $SCF-CO_2$ 为溶剂进行超临界聚合反应，并获得了相对分子质量高达 27 万的聚合物，开创了超临界 $CO_2$ 高分子合成的先河。

随着研究的不断深入，超临界流体萃取技术作为一种新型分离技术为业内外普遍认同。同时超临界流体技术在不同领域中的应用也不断推陈出新，如超临界流体反应技术、干燥技术、水氧化技术、结晶技术、酶催化技术、制膜技术、发电技术等。目前已发展成为涵盖萃取分离、材料制备、化学反应、环境保护等多领域。

我国对超临界流体技术的研究始于 20 世纪 70 年代末。与国外相比，我国对超临界流体技术的研究虽然起步较晚，但发展较为迅猛。经过几十年的发展，目前已经在超临界流体萃取、精馏、沉析、色谱和反应等方面取得较为显著的研究成果，不仅具有较为扎实的基础研究及相关工艺、工程的开发，而且其应用也遍及化工、能源、燃料、轻工、纺织、石油、环保、医药及食品等行业，展现着广阔的发展前景。

### （三）超临界流体的性质

物质的超临界流体是区别于其气体、液体、固体状态的新型相态，其性质通常介于物体的气体和液体相态之间。当物质处于超临界流体、气体和液体状态时，其部分物性参数的比较见表8-2。

表8-2 物质的气体、液体及其超临界态流体的物性参数比较

| 物态 | 密度/（kg/m³） | 动力黏度/（μPa·s） | 扩散性/（mm²/s） |
| --- | --- | --- | --- |
| 气体 | 1 | 10 | 1~10 |
| 超临界流体 | 100~1000 | 50~100 | 0.01~0.1 |
| 液体 | 1000 | 500~1000 | 0.001 |

物质的超临界流体具有其自身独特的性质及特征。通常物质的超临界流体具有可压缩性，但密度比其气体状态时或一般气体物质的要大100倍以上，而类似液体。而在临界点附近时，压力和温度的微小变化都会使其密度发生显著改变，从而可通过对系统温度和压力的简单微调，以实现对流体性质的调控。物质的超临界流体对其适宜溶质的溶解是其重要特性之一。通常而言，在恒定温度条件下，溶质在超临界流体介质中的溶解度随流体密度的增加而增加；由于密度随系统压力升高而增大，故其对溶质的溶解性也随系统压力升高而变大。而在恒定压力条件下，溶质的溶解度将随温度增加而增加。但当系统参数接近超临界点时，流体密度会随系统温度的轻微升高而急剧下降，从而导致溶质的溶解性会随系统温度升高而下降，然后再次升高。

同时，物质的超临界流体黏度及扩散性能介于其气体和液体之间，特别是与其液体相比，具有更低的黏度和更高的扩散能力。物质的超临界流体黏度是其气态的5~10倍，但只有其液体的1/10；而物质的超临界流体扩散性是其气体的1/100，但比其液体状态时提高了10~100倍。因而物质的超临界流体在黏度和扩散性能上更类似于其气体，使得该介质具有较高的运动和扩散速度，以及很强的传质性能和渗透性能等。

此外，超临界流体其他性质，如极化率、介电常数和分子行为等与其气相和液相均有明显差别。通常其介电常数随流体温度、压力的改变而发生变化，从而可改变对一些较大极性物质的溶解特性。在临界点附近，流体的热容量、定压比热、导热系数等相关物性通常也会出现显著变化。

总而言之，物质的超临界流体兼具气、液两相的双重性质特点，既有与气体类似的低黏度和高扩散性，又拥有与液体相近的密度和良好的溶解能力。但又区别于常规气体及液体的特性。同时，物质的超临界流体性质及其物性参数，通常对其所处系统压力和温度的变化十分敏感，特别是在其临界点附近。因而，超临界流体具有的这些独特的物化性质，使其在提取分离、精制、反应、纺织品无水染色等领域得到越来越广泛的研究与应用。

## 二、纺织品的超临界流体无水染色技术及其发展历史

### (一) 超临界 $CO_2$ 流体用于纺织品无水染色的起源

到目前为止，纺织品的超临界流体染色或超临界无水染色，主要指采用处于临界点及以上状态的二氧化碳流体作为染浴介质的染色加工。其最初起源于利用超临界 $CO_2$ 作为介质对聚合物进行功能性化学品或染料的浸渍加工。例如，1986 年，Sand 公开了一种利用超临界或近临界态 $CO_2$ 或 $N_2O$ 作为溶胀剂浸渍处理热塑性聚合物的专利，实现了对聚合物进行香味剂、防虫剂或其他药物的加工处理。1987 年，Beres 等公开了一种在超临界 $CO_2$ 中向聚合物材料注入添加剂的专利，其中被注入的添加剂就包含染料、着色剂、抗氧化剂、柔软剂、紫外线稳定剂等。在上述公开文献的研究基础上，1989 年，德国西北纺织研究中心（DTNW）学者 E. Schollmeyer 等申请了一种利用超临界 $CO_2$ 流体为基本介质对纺织品进行染色加工的专利。该专利证实了含有染料特别是分散染料的超临界 $CO_2$ 流体，或其含极性携带剂的超临界流体及其混合介质，可被用于纺织品免染色助剂的无水染色加工。从此，超临界 $CO_2$ 流体染色技术作为一种全新的革命性技术应运而生。随后 E. Schollmeyer 小组正式提出了超临界流体（supercritical fluid dyeing，SFD）染色概念，也称超临界无水染色（supercritical waterless dyeing）。实际上到目前为止，该 SFD 染色或超临界无水染色多指超临界 $CO_2$ 流体染色（supercritical carbon dioxide fluid dyeing，SCF-$CO_2$ 染色）。

自此，由于超临界 $CO_2$ 流体染色无需传统水为介质，不消化水资源，不产生任何水污染，从源头上解决了纺织品染色加工的污染问题，可彻底实现染色加工的清洁化、绿色化和环保化，属于一种革命性的变革技术，受到了世界各国广泛关注，其相关研究及应用也随后陆续出现。

### (二) 超临界 $CO_2$ 流体无水染色的发展

与传统水浴体系相比，由于超临界无水染色技术从源头上具有显著的生态、绿色、环保等优势，故当其相关专利文献首次公开出现后，就迅速成为各国研究人员的关注热点。其有关设备系统及配套应用技术的发展经历了从实验室试制和研究到初步商业化等不同阶段。

1988～1991 年，E. Schollmeyer 等提出用超临界 $CO_2$ 流体代替水作为溶剂进行纤维制品染色，并研制了一台 400mL 带搅拌装置的经轴染色设备，开展了聚酯纤维的超临界无水染色工作，且随后发表了有关在超临界 $CO_2$ 流体中用分散染料染色涤纶的论文。德国波鸿鲁尔（Bochum Ruhr）大学的 G. M. Schneider 教授在 1989 年采用此新技术进行了实验室规模的聚酯染色。1991 年德国 Jasper 公司与 DTNW 中心合作，制造了首台半工业化规模的静态染色设备，其染色单元容积为 67L，最大容量可染色 4 只筒子纱（每只筒子纱重量约为 2.0kg），或用于松散织物的染色研究。

1995 年初，德国 UHDE Hochdrucktechnik GmbH（伍德）公司在 DTNW 的研究基础上对原来的第一代设备进行了大量改进，推出了具有染色循环、清洗、分离回收系统的 30L 超临界 $CO_2$ 动态染色设备。该设备工作压力高达 30MPa，工作温度高达 150℃，每次可染 3～7kg 涤纶制品，使超临界无水染色技术向前迈出了实质性的进步。随后，来自美国的相关研究单

**231**

位及企业也对超临界 $CO_2$ 无水染色技术进行了研发和应用。例如，2000 年北卡罗来纳州立大学研制了具有商业化规模的涤纶筒子纱 SFD 染色设备，并成功进行了试验。

日本也较早地开展了超临界 $CO_2$ 流体染色技术的探索研究。2001 年，福冈大学成功开发了 40L 超临界流体染色设备；随后，福冈大学、冈山县工业技术设计研究所和丰和株式会社又联合研制了 450L 生产型超临界流体染色设备。2004 年，来自福井大学的相关团队在日本政府支持下，也对超临界流体染色的商业化做了较多推进工作，并先后开发了从小样机到350L 规模不等的染色设备。

2005 年，荷兰代尔夫特（Delft）科技大学研制了一台 100L 的超临界流体经轴染色机。2008 年，在荷兰 Delft 科技大学对超临界 $CO_2$ 经轴染色设备的研究基础上，荷兰 Feyecon 投资成立了 DyeCoo 公司，并专门从事该类设备的商业化制造。其推出的超临界 $CO_2$ 流体经轴染色装置，采用 3 个或以上染缸的并联模式，每缸容量可达 20~200kg，可实现 3 种不同颜色产品的同时加工。其首台设备安装于泰国 Yeh 集团公司，并于 2010 年开始进行商业化生产。2013年，DyeCoo 公司的染色设备在中国台湾的工厂投入生产，进一步推进了该项技术的应用进程。

2001~2002 年，上海东华大学先后开发了小样设备以及容量为 24L 的中试系统。随后有苏州大学、浙江工业大学、广州美晨集团、中国农业科学院麻类研究所、大连工业大学、中国纺科院、成都纺专、青岛即发、江苏丹毛、山东高棉等单位也从事了相关研究和开发，并相继推出了从小样到中试等不同形式的染色系统及装置。

国内研发的相关超临界无水染色系统及装置，主要针对易于开展的散纤维、毛条、筒纱类纺织品形态，以及少量用于经轴、卷染等模式的匹染加工。其中来自苏州大学的无水染色团队及其合作单位从 2003 年开始先后研制出了具有自主知识产权的超临界流体无水染整多功能固定式打样机，以及适用于商业化应用的移动式无水染色打样装备系统及其系列迭代产品，并首次实现了商业化应用。特别是在 2008~2009 年，在国内外首次研制出了具有自主知识产权的第一代超临界 $CO_2$ 流体织物绳状匹染装备系统，如图 8-2 所示。其单一染色单元达 180L，具有程序自动控制的流体冷却、加热、循环、分离回收等系统，可实现对纺织品染色、染后清洗及后整理等。成功实现了超临界流体无水绳状匹染的生产应用示范，并在国内外形成了系列知识产权。

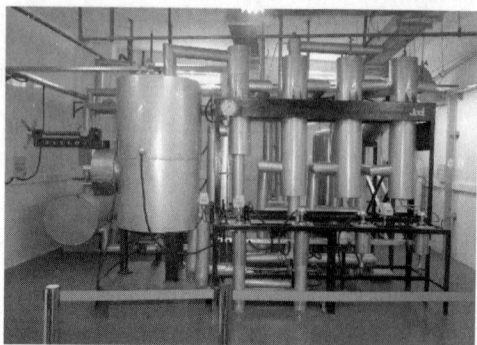

图 8-2  SD-180 型超临界 $CO_2$ 流体绳状织物染色机

此外，在发展超临界无水染色装备以及系统的同时，国内外相关研究人员还在其配套应用关键技术等方面也做了广泛研究。例如，不同种类纤维在超临界 $CO_2$ 流体系统中的可染性，专用染料研发，适用染料的溶解性及其溶解度模型，不同种类纤维及其制品在超临界系统中的染色性能及工艺，以及超临界流体介质对被染纤维结构和性能的影响等。这些配套染色关键技术的开发和研究，为纺织品的超临界 $CO_2$ 流体无水染色技术的实施和应用奠定了基本条件。

### 三、超临界二氧化碳流体无水染色的基本理论及工艺

与传统水浴染色体系一样，超临界 $CO_2$ 无水染色技术的发展及其应用，也离不开其染色体系的基本理论支撑及其理论体系的不断进步。研发和完善超临界流体体系的无水染色理论，可为其工艺的合理制订及应用提供理论指导。然而超临界 $CO_2$ 无水染色技术属于一种新型技术，其染色体系显著区别于传统水浴，到目前为止，其相关的基本理论非常欠缺。其中超临界 $CO_2$ 流体中专用分散染料染疏水性合成纤维的染色体系，特别是专用分散染料—涤纶的超临界染色体系，由于其具有与传统水浴体系中的某些类似上染特征，且其加工应用也最容易进行，故被国内外研究人员首先关注。

超临界 $CO_2$ 无水染色是以处于超临界状态的 $CO_2$ 流体取代传统水浴作为染色介质，从而实现对纺织品的无水化加工。因而，超临界流体无水染色技术其在染色介质、染色体系的基本构成、体系中各组分间的相互作用、体系中染料存在状态及其转移上染行为等基本理论方面，具有不同于传统水浴染色的显著特征。

与传统水浴染色体系中液态水介质相比，处于超临界点以上的超临界 $CO_2$ 流体性质既不同于其液体状态，也区别于其气体状态，属于 $CO_2$ 的第四态。其基本性质介于 $CO_2$ 液体和气态之间，具有像其气体状态时的低黏度、高扩散、高穿透等特性，大大加快了染色体系中染料分子、介质自身等小分子组分的转移、扩散；同时还具有像其液体状态时的溶剂化能力，可以依据相似相容原理对适宜的溶质发生溶解行为。此外，在超临界无水染色体系中，由于超临界 $CO_2$ 流体介质处于均匀的新型相态，没有气—液相边界，故在超临界无水染色系统中介质自身不存在表面张力，且由于其高扩散性，因而有利于介质及其携带的溶解染料向织物、纱线及多孔纤维内部渗透及扩散。同时，在超临界 $CO_2$ 无水染色体系中，通过控制系统压力和温度，可方便地实现将染色系统的流体介质属性"调整"得更像液体或更像气体，从而实现对不同染色加工工艺的需求。

与传统极性水浴介质不同，在超临界无水染色体系中，$CO_2$ 流体属于典型的疏水介质。根据相似相容原理，该染色介质可实现对分子结构小的疏水性分散染料进行良好溶解，而对分子结构复杂、极性高的常用离子型染料或助剂等的溶解能力差。因而，对专用分散染料—涤纶的超临界流体无水染色系统，体系中专用分散染料主要以溶解态的形式存在，且无须分散剂、pH 调节剂等染色助剂。专用分散染料在该流体染色体系中的溶解性、溶解行为可通过具体试验进行测定，也可通过相关模式进行关联和预报，以适应不同染色工艺对专用染料的需要。疏水性的超临界 $CO_2$ 流体介质还可同时实现对疏水性涤纶进行增塑膨化，降低其玻璃化温度，为吸附染料在纤维内相中的扩散提供必要条件，并可有效降低工艺温度。

此外，超临界 $CO_2$ 流体介质与传统水浴介质一样，具备传质、导热等基本特性。因而，超临界 $CO_2$ 流体介质在一定条件下足以取代传统水浴的介质功能，从而达到专用分散染料在涤纶上的吸附上染条件，实现其无水体系的染色加工。但由于超临界 $CO_2$ 流体介质本身的特殊性，其与传统水浴体系在传质及导热性方面存在较多区别。超临界无水染色体系中 $CO_2$ 介

质的导热性远低于水浴介质，但其渗透性好、扩散边界层相对较薄，其传质特性比水浴介质高。

在染色机理方面，专用分散染料—涤纶的超临界流体无水染色体系与传统水浴介质相比，具有某些相似之处。超临界 $CO_2$ 流体中专用分散染料依然主要依靠与涤纶大分子的分子间作用、氢键作用吸附上染，且依然遵循单分子染料上染机理。图 8-3 显示，典型的超临界 $CO_2$ 流体无水染色体系主要由固体粉末染料、被染纤维/织物、$CO_2$ 流体介质组成，其染色主要包括以下阶段。

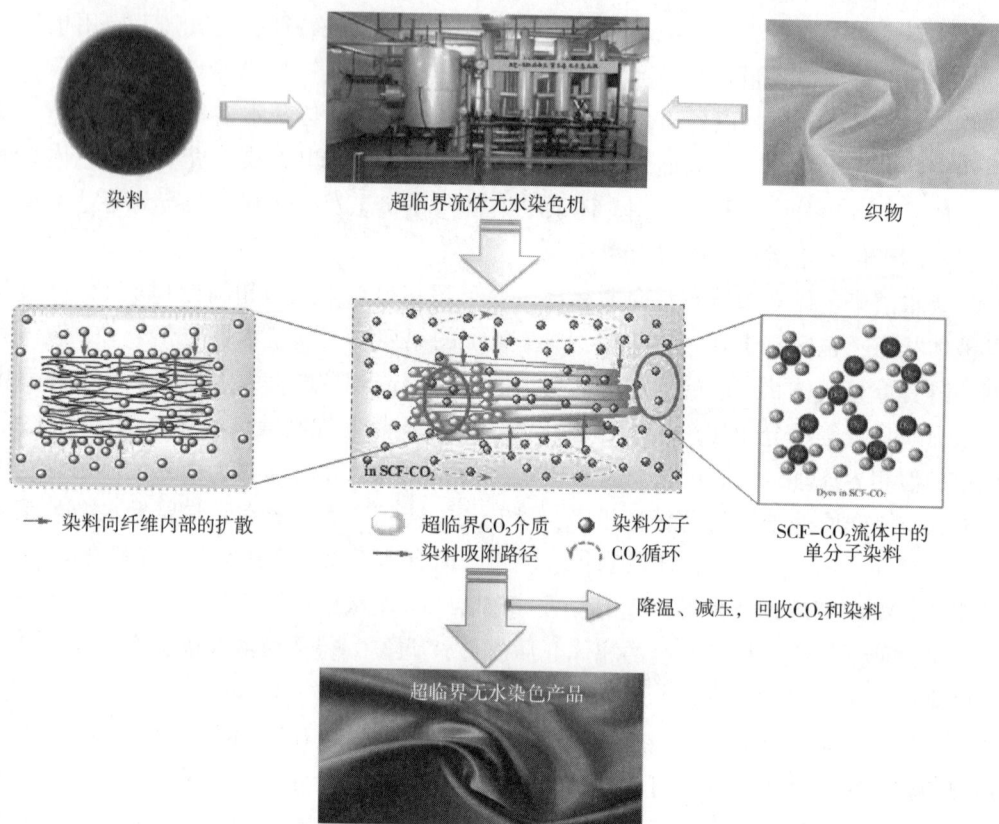

图 8-3　超临界无水染色流程及机理示意图

（1）专用固体分散染料的溶解。专用分散染料通常为化学结构简单、相对分子质量较低、分子极性较弱的疏水性非离子型染料，而超临界无水染色体系中的 $CO_2$ 流体介质也属于典型的非极性介质，因而根据相似相容原理，$CO_2$ 流体介质可通过分子间作用如色散力、诱导力等对专用固体分散染料发生溶剂化效应，从而在该介质体系中将其溶解为单分子染料，为后续染色阶段的开展准备必要条件。

（2）溶解染料的转移。专用固体分散染料在超临界无水染色体系中经溶解形成的溶解态染料，随流体流动从染色体系介质的本体向被染物纤维界面的动力学边界层发生转移。同时转移的溶解染料分子通过自身的热运动，穿过流体介质在固体纤维表面形成扩散边界层，并达到纤维表面，为其吸附上染纤维准备了必要条件。与传统水浴介质相比，超临界无水染色体系中 $CO_2$ 介质的渗透性好，在纤维表面的扩散边界层相对较薄，其传质特性比水浴介质高。

（3）转移染料在纤维表面的吸附。从流体本体介质转移到达纤维表面的专用分散染料分子，在其与涤纶大分子链段间的距离达到分子间有效作用距离，并在克服排斥力等阻力条件下，通过分子间作用、氢键作用等在纤维表面的大分子链段上发生吸附上染。且其在涤纶上的吸附遵循单分子染料的 Nernst 吸附及分配规律。

（4）吸附染料在纤维内相中的扩散及固着。专用分散染料分子通过吸附而不断上染在涤纶表面，从而在纤维表面及其内相中产生了染料浓度差，并在染色体系温度高于涤纶玻璃化温度条件下，通过分子热运动从高浓度的纤维表面向其低浓度的纤维内相发生迁移，直至达到平衡。与传统水浴类似，超临界 $CO_2$ 无水染色体系中专用分散染料在涤纶内相中的扩散遵循自由体积扩散模型。同时，扩散进入涤纶内相中的专用分散染料，在上染过程及其随后的降温等染后处理过程中，可通过分子间作用、氢键作用等方式，在涤纶内部实现固着，并最终完成染色过程。

因而，与传统水浴相比，超临界 $CO_2$ 无水染色体系中专用分散染料在涤纶上的染色基本理论具有部分相似之处，但两种体系又存在较多区别。此外，超临界 $CO_2$ 流体介质对专用分散染料的溶剂化能力受系统条件如温度、压力等更为敏感，特别是在临界点附近。与传统水浴染色体系相比，其染色动力学中扩散活化能相对较低，染色速率相对较高，工艺时间可以明显缩短。同时，超临界 $CO_2$ 无水染色在体系组成、染色工艺、染后处理等方面更为简单，更具有经济、生态环保优势。

典型的超临界 $CO_2$ 流体无水染色工艺曲线如图 8-4 所示。与传统水浴体系的加工类似，其染色工艺流程也包含染前织物、专用（分散）染料及装备系统等准备，然后通过配置的增压系统对染缸增压进气，对染色系统充入定量的 $CO_2$ 介质。再按照预设工艺曲线和参数 [$T_1$（℃），$P_1$（MPa），升温升压速度] 对染色系统进行升温升压。当系统温度及压力达到预设值后 [$T_F$（℃），$P_F$（MPa）]，开启染色循环系统，将专用染料单元中的预溶解染料循环进入染缸，并进行设定时间的保温保压染色 [$T_F$（℃），$P_F$（MPa），$t$（min）]。染色结束后，按工艺曲线及工艺条件 [$T_3$（℃），$P_3$（MPa），降温降压速度] 对系统进行降温，达到目标温度及其他条件后，利用配置的分离回收系统，按预定工艺对染色系统内的介质、残余染料进行分离回收，并对染色品及系统进行流体的在线清洗 [$T_W$（℃），$P_W$（MPa），$t_W$（min）]。流体清洗完成后，进一步回收气体到常压，然后直接开盖出缸。

### 四、超临界二氧化碳流体无水染色技术发展现状

从第一件相关文献公开并发展至今，超临界 $CO_2$ 无水染色技术正朝着工业化应用的方向不断发展。在染色设备及系统方面，荷兰 DyeCoo 公司是第一家从事商业化超临界经轴染色设备（图 8-5）的制造商，并在部分企业中实现了商业化应用。

其首台设备于 2010 年在泰国 Yeh 集团公司安装后，就开展了超临界 $CO_2$ 无水染色的商业化生

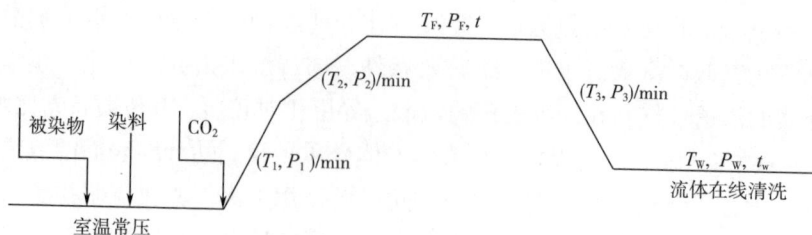

图 8-4　超临界流体无水染色的典型工艺曲线

产。2013 年开始，中国台湾地区的远东新世纪股份有限公司（FENC），以及福懋兴业（FTC）、儒鸿企业股份有限公司（ECLAT）也相继引入该设备，主要用于成衣面料的无水染色生产。

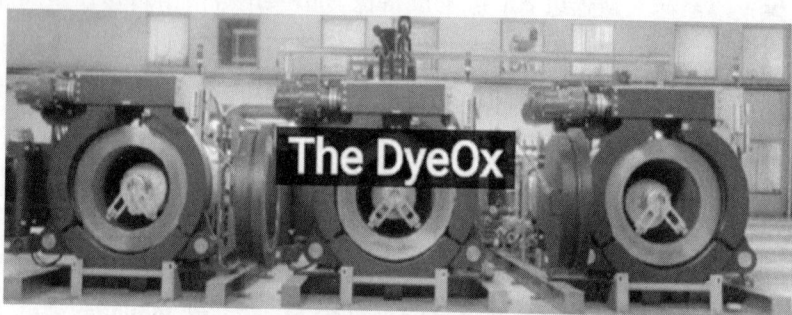

图 8-5　DyeOx 超临界 $CO_2$ 经轴染色设备

2019 年 4 月，越南相关纺织企业与 DyeCoo 公司合作，在胡志明市引入了 3 台 DyeOx4 超临界经轴染色设备（图 8-6），以用于涤纶纺织品的无水生态染色加工。此外，中国、日本、韩国等也相继开展不同模式染色设备的商业化应用工作。

图 8-6　越南引进的 DyeOx4 超临界 $CO_2$ 经轴染色设备

在配套应用关键技术纤维方面，目前超临界无水染色技术主要在化纤中的涤纶等聚酯纤维上已逐渐成熟，并在向商业化应用不断推进。其染色制品的匀染性好，耐洗色牢度、耐干湿摩擦色牢度优良，加工过程中可省去传统水浴中各种染色助剂的使用，以及染后还原清洗、脱水烘干等环节，缩短了工艺流程。目前，国内外已有部分厂家使用超临界无水染色技术实现了批量化生产。如 2012 年，Adidas 与 Yeh 集团合作，采用超临界 $CO_2$ 流体无水染色技术生产了超过

5万件T恤衫，并实现了在男装、女装和童装系列上的应用（图8-7）。同年Nike也与DyeCoo公司合作，推出了第一款超临界流体无水染色的再生聚酯Polo衫。此外，国内如苏州大学无水染色团队及其合作单位等，也早在2011~2012年以及随后推出了相关超临界无水染色产品。

图8-7 超临界流体无水染色系列产品

此外，超临界$CO_2$流体无水染色技术在芳纶、丙纶等常规工艺难染的加工中，也显示出了较好优势（图8-8、图8-9）。而在棉、真丝、羊毛等天然纤维的超临界无水染色方面，由于受相关适用染料的限制，其应用推广略有滞后。其中研发超临界$CO_2$流体系统中天然纤维的专用染料，对实现其商业化应用具有重要意义。

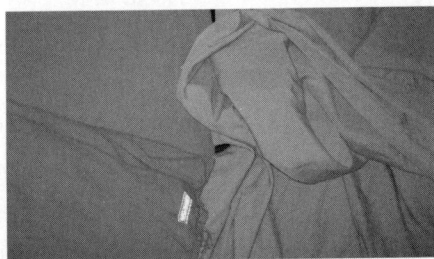

图8-8 超临界流体无水绳状染色春亚纺

图8-9 超临界流体无水染色丙纶样品

超临界$CO_2$流体无水染色技术因其零耗水、零排放、零污染，实现了染色加工的生态环保化，提升了纺织印染行业的可持续发展能力，其环境效益、社会效益、经济效益显著，具有广阔的市场前景。

# 第二节 纳米功能纺织品染整技术

## 一、纳米技术在纺织品功能整理中的应用概述

随着人们生活水平的日益提高，越来越多的消费者在关注纺织品外观性能的同时，对纺

织品的内在功能性表现出了更强烈的追求，希望这些产品不仅具有纺织品原有的特性，还有抗菌防臭、防水防油防污性、抗紫外、抗静电、阻燃、保健性等新的功能。功能纺织面料的开发涉及领域较多，包括现代高科技、精细化工、染整新技术、合成纤维新技术等学科的交叉。

作为21世纪三大产业之一的纳米技术，由于其应用领域的广阔性、附加功能的多样性以及应用方式的便捷性已经引起了世界各国科技界以及产业界的广泛关注，成为当前国际上的前沿研究课题之一。而纺织领域是纳米技术进入寻常百姓生活的桥梁，将为传统纺织品的性能升级提供安全便捷的途径，成为当代开发多功能纺织品的主导方向，支撑着传统的纺织行业向高科技转化，并将在纺织材料领域引起一次划时代的革命。

对织物进行简单的纳米后加工是纳米技术进入纺织领域的初级阶段，采用的也是最常规的浸渍—轧压—焙烘的后整理工艺，称为"涂抹型"，存在不耐水洗、牢度不高、影响手感等问题。此后开始发展在化纤纺丝中加入含纳米功能材料的母粒，也称为"掺和型"，该法能得到永久性的功效，且工艺比较简单，一步成型，比较节能环保。但掺和型工艺仅适合功能化纤的生产，而且批次的量要求比较高，少则几十吨，多则数百吨，存在一定的局限性和风险性。此外，简单的掺和可能影响纺丝，尤其对细旦纤维的纺丝影响更大，且掺和型中大多纳米材料被高聚物包覆在里面，功效不能得到显著发挥。进入21世纪以来，一系列新型纳米功能纺织品的加工技术在不断开发和完善。在织物上实施纳米原位聚合以及在化学纤维聚合阶段实施原位嵌入也是最新的发展趋势。这些技术将在不改变纤维本身特点的前提下赋予织物优异持久的多种功能，成为未来的发展方向。

## 二、常用纳米功能整理材料的制备及应用
### （一）纺织品常用纳米材料的制备方法
纳米材料按照制备原理可以分为物理法和化学法。物理法是通过机械研磨的方法将较大的颗粒粉碎为纳米尺寸。这种方法能耗大、对设备要求高。化学法则是通过化学反应，从原子或分子开始成核、生长或凝聚，最终生长成具有一定尺寸和形状的粒子，这种方法相对简单方便。常见的化学合成法有液相法、气相法和固相法（图8-10），下面对三种方法中几种典型的制备方法进行简单介绍。

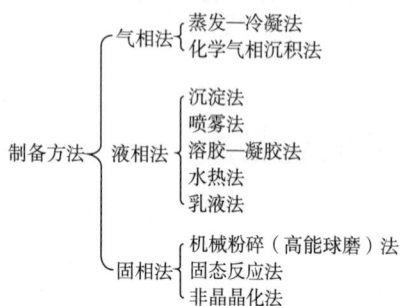
图8-10 纳米材料的制备方法

### 1. 化学气相沉积法
化学气相沉积法是利用挥发性的金属或金属化合物的蒸气，通过化学反应生成所需化合物，在真空或惰性气体保护下快速冷凝，成核生长得到纳米材料的过程。Otten等利用化学气相沉积法制备出晶态硼纳米线。他们在管式炉中放入氧化铝衬底，衬底上放有NiB粉，抽真空后通入5%的B2H6-Ar混合气，然后将管加热到1100℃，保温30min后取出衬底，在烧结的NiB颗粒上可收集到

晶态 B 纳米线。

**2. 沉淀法**

液相沉淀法是在可溶性的盐类溶液中，通过一定的方法让溶液中产生沉淀。例如，向溶液中加入沉淀剂、水解剂，或选用蒸发法、浓缩法使其产生沉淀。整个过程的关键是要控制晶核的生长速度，以便抑制其在成核、生长、沉淀、干燥、煅烧的过程中形成团聚，最终获得纳米级别的颗粒。在氢氧化物、金属氧化物、碳酸盐的制备工艺中，沉淀法是一种非常常用的方法。Xu 等在室温条件下，采用沉淀法，通过调节溶液的 pH，得到了分散性较好、粒径尺寸较小的 ZnO 纳米材料。

**3. 溶胶—凝胶法**

目前应用最为广泛且最为重要的纳米材料的制备方法当属溶胶—凝胶法。溶胶—凝胶法是合成纳米材料的一种湿化学法，主要包括图 8-11 所示的几个步骤，简单来说，就是以金属无机盐或金属醇盐为前驱体，在溶剂中形成一种均匀的溶液并发生反应而生成很小粒子的溶胶，经过陈化而转变成凝胶的过程。转化的凝胶中通常含有大量的液相，需要经过热处理才能生成相应的纳米粒子。

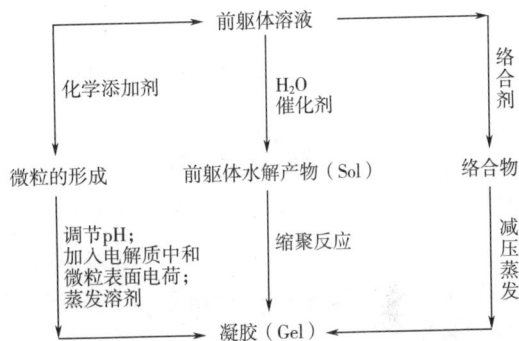

图 8-11　溶胶—凝胶过程中凝胶的形成

采用该方法制备纳米粉体，具有设备要求低、工艺简单的优点，同时在掺杂其他元素对纳米粉体进行改性时，可以实现非常均一的掺杂。Wang 等以乙醇作为反应溶剂，采用溶胶—凝胶的方法，合成了纳米尺寸的 $TiO_2$。试验表明，溶胶—凝胶法合成的 $TiO_2$ 材料可以除去78%的苯酚。

**4. 水热法**

水热法是制备金属化合物的一种重要方法，是在一个密闭容器中通过高温高压的方式使溶液产生对流，以形成饱和状态而析出材料。通过对反应物浓度、pH 和反应温度及时间的调节，可实现纳米材料的可控合成。在此过程中，溶剂一般分为两种：水和有机试剂，如乙醇、聚乙二醇、丙三醇等。以水为溶剂的热液法称为水热法，以有机试剂为溶剂的热液法称为溶剂热法（或醇热法）。但无论是水热法还是溶剂热法，其溶剂具有两种作用：充当压力的媒介剂和化学反应介质。反应过程中，高温高压条件下使反应物在溶剂中处于完全或部分溶解的状态，反应体系达到均相，溶剂中的各种离子或分子充分接触，反应速率大大加快。同时高压环境也会为反应的进行提供动力。并且，在此环境下，溶剂的性质也会发生变化，体系内蒸气压会变高，溶液密度变低，其表面张力也会相应变低，离子积变高。水热法与溶剂热法的不同之处在于有机溶剂的热稳定性好，有些有机溶剂沸点比水高很多，可以使反应温度的范围增大，应用范围提高。这些因素对纳米材料结构的改变提供了有利的条件。Zhao 等以石墨烯氧化物溶液、六水硝酸亚镍和尿素为原料，采用水热法制备了新型多孔石墨烯/氧化亚镍。以氧化亚镍修饰的石墨烯可以形成孔隙丰富（2~5nm）和大比表面积（174.1m²/g）的分级结构。

**5. 乳液法**

微乳法是指在表面活性剂的作用下，将两种互不相溶的溶剂溶解成均匀的乳液，从中析出固相，从而得到分散性较好的材料的过程。在这个过程中，大剂量的溶剂会包裹小剂量的溶剂，从而形成大量微泡，表面活性剂依附在微泡的表面。这些单个的微泡经过成核、生长、聚集、团聚，最后形成球形，整个过程局限在一个小的液滴中，从而避免了颗粒间的进一步团聚，得到单分散性的纳米材料。Simmons 等用两种表面活性剂结合的办法得到了高纵横比的 CdS 纳米棒。乳液法工艺简单易控，设备要求较低，所得粉体的粒径较小且分布均匀，分散性好。但此法制备的超细粒子所消耗的试剂多，成本较高，且制备过程中使用的表面活性剂附着于颗粒表面，难以去除，从而影响样品的纯度。

**6. 固相法**

固相法是通过将固体反应物研磨后混合，在物理机械的作用下发生化学反应，制备纳米颗粒的过程。室温固相合成法合成的纳米材料在尺度和形貌的控制上有一定限制，因此应用范围不是很广。Kudo 等以 $Bi_2O_3$ 和 $WO_3$ 为原料在 1023K 下焙烧 5h 后再在 1073K 下焙烧 24h 制备得到禁带宽度为 2.8eV 的钨酸链。在可见光照射条件下得到的钨酸铋可以催化硝酸银水溶液分解制备氧气。

**（二）常用纳米材料在功能纺织品上的应用及作用机理**

**1. 抗菌纤维及机理**

近年来，在各种功能性纺织品的蓬勃发展中，抗菌制品的发展最快。无机抗菌剂因具有广谱抗菌性、耐热性、持续性和对人体的安全性而备受青睐，而且特别适用于抗菌材料的大批量生产。根据杀菌机理的不同，无机抗菌剂可分为两种。一种是以元素即元素的离子及其官能团的接触性抗菌剂，又称为"子弹式"杀菌，如 Ag、Cu、Zn、As、$Fe^{3+}$、$Cu^{2+}$ 等，其中银系抗菌剂由于安全性高、不易挥发、不易分解、耐热性好、对人体无害且能长效抗菌、防霉而受到重视。据测定，当水中含银离子为 10ppm 时，就能完全杀灭大肠杆菌等繁殖菌，并可保持在长达 90 天内不再有新的菌种繁衍。在日本、美国、韩国均有多家公司生产各类载银抗菌剂，在我国也有近十家载银抗菌剂生产厂。目前，较为成熟且已经实现工业化生产的无机抗菌纤维是以日本开发的含纳米银沸石的合成纤维为代表。虽然载银抗菌剂的生产已经有比较成熟的工艺，但到目前为止，载银抗菌剂的耐候性也就是色变问题尚未完全解决，且无法消除残骸和毒素，另外分散性好且无色变的纳米银的制备还存在许多技术难题。

另一种无机抗菌剂是光催化抗菌剂，典型的有纳米氧化钛、氧化锌、氧化硅等。光催化抗菌剂的特点是半导体物质本身不析出，而是通过半导体效应吸收外界能量后形成微电场，在纤维周围产生大量的负离子和活性氧，这些物质对细菌具有阻灭作用，对环境中其他挥发性异味具有氧化分解作用，因此是一种纯物理抗菌方式。此外，光催化抗菌剂还能够将细菌及其残骸一起杀灭清除，同时还能将细菌分泌的毒素也分解掉。图 8-12 所示为光催化抗菌剂的杀菌示意图。

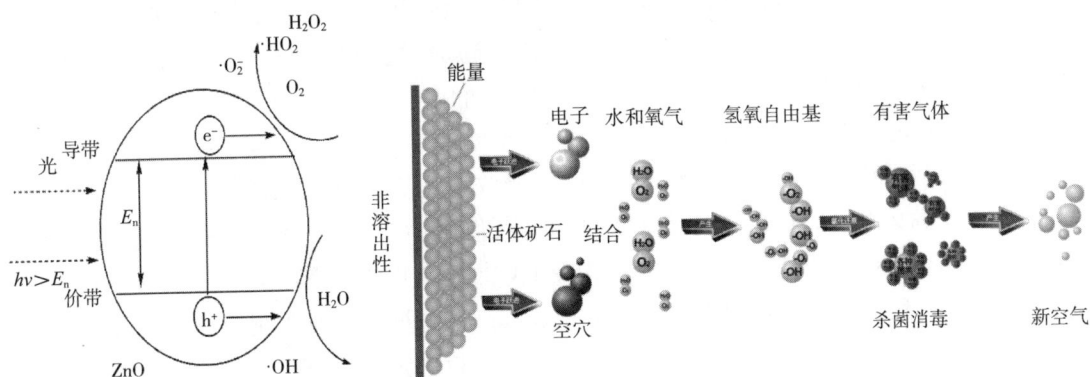

图 8-12 光催化抗菌剂的杀菌示意图

据报道，浓度为 0.01% 的纳米氧化锌能在 5min 内杀死葡萄球菌 98.865%，大肠杆菌 99.93%；纳米氧化钛在金属卤化物灯照射下，$60 \sim 120min$ 内可以彻底杀灭酵母菌、大肠杆菌、乳杆酸细菌。与载银抗菌剂相比，光催化抗菌剂具有即效性好、光吸收性好、分散性好等优点，而且由于纳米氧化钛、氧化锌本身就是白色，不存在载银抗菌剂的色变问题，因此，光催化抗菌剂成为一只前景看好的抗菌剂。由于光催化抗菌剂在无紫外线照射下抗菌效果较差，因此，目前对可见光响应的无机抗菌剂的研究成为热点。吴佳卿等通过掺杂制备的氮掺杂和银掺杂纳米氧化锌在自然光下对细菌和真菌的 24h 杀灭率达 100%，经 50 次洗涤杀菌效果不变，具有极好的抑制和杀灭各类细菌、真菌的能力，且符合环保要求。图 8-13 所示为氮掺杂纳米氧化锌在暗室中对大肠杆菌及金黄葡萄球菌 24h 抑菌效果图。

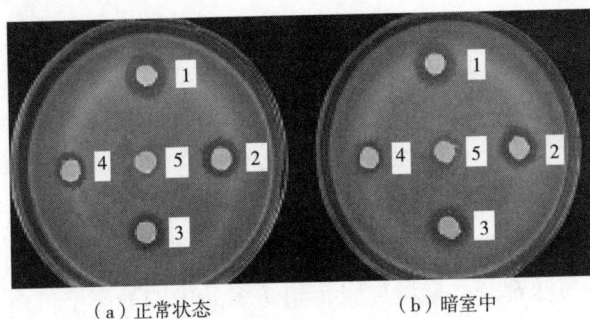

（a）正常状态　　　　　　　　　（b）暗室中

图 8-13 氮掺杂纳米 ZnO 处理棉布及水洗后对大肠杆菌的抑菌圈照片

**2. 抗紫外纤维及机理**

近年来，世界各国大量使用氟利昂等氯氯烷类物质，造成了臭氧层的破坏，使阳光中辐射到地面的短波长紫外线增强，紫外线的防护已经引起全世界的普遍重视。常用的抗紫外添加剂多为有机酚类化合物（水杨酸酯类、二苯甲酮类、苯三唑类和羟基苯基三嗪类等），但是这些物质本身不同程度地存在毒性及刺激性，而且长期使用后容易分解并产生化学性过敏物质。纳米材料特殊的结构和性质决定了它在纺织品抗紫外线领域的地位，许多纳米金属氧化物不仅具有优良的抗紫外线功能，还具有有机紫外吸收剂所不具有的优点，如无味、无毒、无刺激性、稳定性和非迁移性等。另外，某些纳米金属氧化物在抗紫外线的同时还具有抗菌抑菌等多重功效，目前已经逐步取代传统的有机紫外吸收剂，其中应用最广的是纳米 $TiO_2$、$ZnO$、$SiO_2$ 等。据文献报道，30nm 左右的金红石型纳米 $TiO_2$ 对 $280\sim400nm$ 波长的紫外线有较好的屏蔽作用，而 10nm 左右的 $ZnO$ 能较好地吸收 $280\sim300nm$ 波长的紫外线。

多种纳米粉体共同添加对紫外线有更好的屏蔽作用，如 $TiO_2$、$ZnO$、$SiO_2$ 混合，其中前两者只针对 UVA 和 UVB 处吸收，而 $SiO_2$ 则在 UVA 和 UVB 的范围内对紫外线的反射率高达 85%，并在紫外线和可见光范围内出现一个很长的高反射平台。对于制造透明度要求高的产品，可采用 $ZnO$ 和 $TiO_2$（可透可见光），其中 $ZnO$（折射率 $n = 1.9$）优于 $TiO_2$（折射率 $n = 2.6$）。

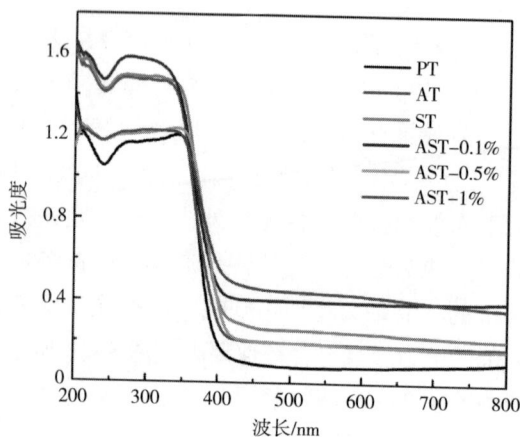

图 8-14　纳米 $TiO_2$ 对紫外光和可见光波段的吸收曲线

PT—纯氧化钛　AT—银掺杂氧化钛　ST—氧化锡掺杂氧化钛　AST—银/氧化锡掺杂氧化钛

关于纳米材料抗紫外机理目前有两种说法：一种是反射机理，另一种是反射加吸收机理。前者认为，纳米金属氧化物材料将紫外线直接反射到环境中，从而减少了紫外线的透过；后者认为，纳米材料抗紫外线是纳米金属氧化物的小尺寸效应和半导体效应的结果。吸收紫外光后进行电子跃迁，产生自由电子和空穴，同时起到抗紫外和抗菌作用。如图 8-14 所示的纳米 $TiO_2$ 对紫外光波段的吸收曲线，证实了吸收作用的存在。具体哪种机理起主导作用，与半导体本身的成分、结构、尺度、形貌等有关，这里就不一一赘述。

### 3. 远红外纤维及机理

远红外纤维是一种通过高效吸收和发射远红外而具有保温、改善微循环系统、促进血液循环等保健功能的新型纺织纤维。传统的提高纺织品保温性的方法都是尽量增加服装和纺织品中的静态空气含量或使用导热系数小的纤维。这样的服装臃肿难看，不能满足人们对服装轻薄化的要求。纳米材料与纤维的良好结合使得轻薄化保温性纺织品成为可能。而且远红外纤维还可作军事用的隐身服装，许多纳米材料都具有吸收和反射远红外线的功能，如碳化锆、氧化锆、氧化铝、氧化镁等。因为纳米材料的尺寸远小于红外及雷达波波长，因此对这种波的透过率比常规材料要强得多，而其巨大的比表面积也使其对红外线和电磁波具有强吸收作用。大连工业大学的魏春艳等以纳米石墨烯与聚乳酸为原料，通过熔融纺丝技术制备生物远红外纤维，将石墨烯质量分数控制在 $0.5\%\sim2.0\%$，有良好的蓄热储能效果。可用于纺织品远红外吸收的陶瓷类纳米材料见表 8-3。

表 8-3 可用于纺织品远红外吸收的陶瓷类纳米材料

| 材料类型 | 材料名称 |
|---|---|
| 氧化物 | MgO，$Al_2O_3$，TiO，$SiO_2$，$Cr_2O_3$，$FeO_3$，$SiO_2$，$MnO_2$，$ZrO_2$，BaO，董青石，莫来石等 |
| 碳化物 | $B_4C$，SiC，TiC，MoC，WC，ZrC，TaC |
| 氮化物 | $B_2N$，AlN，$Si_3N_4$，ZrN，TiN |
| 硅化物 | $TiSi_2$，$MoSi_2$，$WSi_2$ |
| 硼化物 | $B_4C$，$B_2N$，$ZrB_2$，$TiB_2$ |

远红外材料的作用原理是吸收人体和环境的能量，将其转换成 $8\sim16\mu m$ 波长的波，这段波长称为远红外波，远红外线有以下特征：

（1）远红外线具有光线的直进性、屈折性、反射性、穿透性。它的辐射能力很强，可对目标直接加热而不使空间的气体或其他物体升温。

（2）远红外线能被与其波长范围相一致的各种物体所吸收，产生共振效应与温热效应。

（3）远红外线能渗透到人体皮下，然后通过介质传导和血液循环使热量深入细胞组织深处。

（4）远红外线中 $4\sim16\mu m$ 波长带的频率与生物细胞中水分子运动频率相同，极易被吸收，从而由内向外辐射热能活化细蛋白质等生物大分子，使生物体细胞处于最高振动能级。

**4. 抗静电纤维及机理**

涤纶等化纤织物因其挺括、悬垂感好、不易皱、不缩水等特点而广受消费者喜爱，已占据较大市场。但由于化纤织物自身的特点，导电性能差，在穿着过程中会产生静电，且难以逸散，会刺痛身体，并有吸附灰尘及服装缠裹身体的现象，严重影响它的服用舒适性，制约了它向高质量、高档次、高性能方向发展。随着轻薄面料的流行，静电问题日益突出。另外，在产业用纺织品上也大量应用化纤织物，比如传输带主要应用涤纶，其静电产生常常会导致安全事故的发生。传统的有机抗静电处理的缺点是不耐久，经洗涤后效果全无，且在干燥环境中效果不明显，受环境干湿度影响很大，因此，化纤织物的抗静电性研究具有广阔的市场前景。

目前，广泛使用的抗静电剂多以季铵盐类、丙烯酸酯类、咪唑啉等有机物为主要成分配制的整理剂，这一类整理剂短期效果较好，但耐洗性较差，而且在干燥地区，有机抗静电剂的抗静电效果大大下降。由于有机抗静电剂存在对环境湿度依赖性大且抗静电效果持久性差等问题，因此，寻求一种具有优良且耐久抗静电性能的环保的抗静电剂成为研发热点。

纳米技术的兴起为化学纤维抗静电性的研究开辟了新的途径。纳米材料由于特殊的结构使其具有多种独特的效应，广泛应用在陶瓷、光学、电子元器件、催化、纺织领域中。其中某些纳米材料如纳米炭黑、纳米银、纳米镍等金属具有良好的导电性，纳米银粉的导电率比普通银块至少高 20 倍，在化纤制品中加入少量纳米银，就会使静电效应大大降低，还可以改变化纤品的某些性能，并赋予其很强的杀菌能力。这些纳米材料和树脂、黏合剂等结合可以制备出导电性极好的纳米导电浆料，在纺织品上主要作为后整理应用，可大大提高织物的抗静电效果，提高化纤织物的附加值。

目前，随着氧化物—金属复合导电材料以及导电粉材料的超细化和功能化，价格适中、透明、分散性好的纳米导电材料将逐渐满足市场的需求，最具有应用前景的是掺锑氧化锡、氧化锌和氧化钛等具有半导体特性的纳米材料。北京服装学院的郭振福等采用聚醚酯作为载体，将处理过的碳纳米管（CNT）充分分散在其中，制成抗静电母粒。在抗静电母粒中，CNT 含量为 1.0‰时，其体积比电阻可稳定在 $1010\Omega \cdot cm$。将该抗静电母粒与聚酯（PET）切片共混纺丝，可制得抗静电聚酯纤维。对纤维的结构和性能作了初步的分析，结果表明，该抗静电涤纶可纺性好，抗静电性、力学性能及耐水洗性优良。苏州大学的鲁一夫等将带有氨基、羟基等亲水性基团的掺氮碳量子点材料通过传统后整理方式负载到涤纶织物上，以使涤纶织物具有较高亲水性，赋予织物良好的导电和抗静电效果，可将静电电荷泄露出去，并具有柔软的手感，提高服用舒适性和美感，其体积比电阻可达到 $103\Omega \cdot cm$。

**5. 阻燃纤维及机理**

阻燃纤维总体上分为两大类：本征阻燃纤维和改性阻燃纤维。其中，本征阻燃纤维是指不添加阻燃剂，依靠引入苯环或芳杂环而本身就具有阻燃性的阻燃纤维。市面上主要本征阻燃纤维包括间位芳纶、芳砜纶、聚苯硫醚（PPS）纤维、聚酰亚胺纤维、聚酰胺—酰亚胺（Kermal）纤维、聚对亚苯基苯并双噁唑（PBO）纤维、聚苯并咪唑（PBI）纤维、聚芳噁二唑（POD）纤维、三聚氰胺纤维、聚四氟乙烯纤维、酚醛纤维等。其中，间位芳纶、芳砜纶、聚酰亚胺纤维和 PPS 纤维已经在我国实现量产。

目前研究热点主要集中在改性阻燃纤维，改性阻燃纤维是指将阻燃剂用共混或共聚法引入纤维中而获得阻燃性的纤维。根据制造材料的不同主要分为阻燃涤纶、阻燃锦纶、阻燃黏胶纤维、阻燃维纶等。在环境保护意识深入人心的今天，卤系阻燃材料因燃烧时释放出有毒的气体和烟雾，造成二次灾害，人们逐渐倾向于无机阻燃剂的开发和应用。无机阻燃剂主要包括锑系、铝系、磷系、硼系等。其最大优点是低毒、低烟或抑烟、低腐蚀，而且价格低廉。

目前，国内外研究和应用较多的新型无机阻燃剂，主要是氢氧化镁和氢氧化铝及五氧化二锑等，尤以氢氧化镁最为重要。从 20 世纪 80 年代中后期开始，我国多家单位相继进行阻燃剂氢氧化镁及氢氧化铝的工艺研究工作，并用它们逐步取代传统的阻燃剂进行使用，取得了理想的阻燃效果。到 20 世纪末期尤其是用于电器材料、光缆通信材料等特殊用途的纳米级氢氧化镁的开发成功，更是使新型无机阻燃剂独占鳌头。但到目前为止，可用于阻燃纤维的无机纳米材料大多还在研究中，投入应用的几乎没有，主要因为无机阻燃剂在应用时添加量较大，造成纤维制品的手感和透气性下降。超细化、活性化、复合化成为无机阻燃整理剂发展的趋势。

无机纳米阻燃剂作用机理：吸热作用，热容高的阻燃剂在高温下发生相变、脱水等吸热分解作用，降低了纤维材料表面和火焰区温度，减慢热裂解反应的速度，抑制可燃性气体的生成。氢氧化镁属于添加型阻燃剂，受热分解释放出水气，同时吸收了大量的热量，可以降低材料表面的温度，使聚合物降解的速度放慢，随之小分子可燃物质的产生也减小。Mg(OH)$_2$的阻燃和抑烟机理主要是由于以下几方面作用：

（1）受热分解释放出结晶水，同时吸收大量的热量，从而抑制聚合物材料温度升高，延缓其热分解并降低燃烧速度；

（2）分解产生的稳定的 MgO 覆盖于可燃物表面，起到一定的隔热作用；

（3）分解时产生大量的水蒸气降低了气相燃烧区中可燃物的浓度；

（4）水蒸气不参与增强 CO 释放的水汽反应。

### 三、纳米功能纺织品加工技术

纳米功能纺织品开发可以在纤维制品加工过程的任何阶段进行，加工方法因目的不同而有所差异。总的来说，主要有以下两种：即在聚合、纺丝阶段混合功能性纳米粒子的"掺和型"和在织物染色整理阶段吸附、固着或原位生长纳米粒子的"后加工型"。掺和型工艺能得到永久性的效果，且工艺比较简单，一步成型，比较节能环保。目前比较成熟的如英国 Courtaulds 公司研制的抗菌腈纶；美国杜邦公司把他们生产的特殊聚酯纤维 Coolmax 和 Therm-olite 与镀银纤维 X-static，以混纤交织等方式相结合，开发具有防菌和抗静电性能的全新织物；上海石化腈纶事业部和合成纤维研究所成功开发了一种新型防螨腈纶；江苏纳盾科技有限公司与四川东材科技有限公司共同开发的抗菌阻燃涤纶 Genomex。但掺和型工艺仅适合功能合成纤维或功能黏胶纤维的生产，而且批次的量要求比较高，少则几十吨，多则数百吨，存在一定的局限性和风险性。

后加工型因为工艺的灵活性和可操作性成为一种比较常见的生产功能纺织品的方法，尤其适合天然纤维织物的功能后整理。根据织物的用途，后加工型工艺主要有两种：即浸轧法和涂层法。用浸轧法进行纳米材料整理时主要用于生产衬衫、T 恤、帽子、男女休闲服等要求穿着柔软、舒适的夏秋服装面料，而用各类涂布机在织物表面形成柔软的功能性薄层的是涂层法，可广泛适用于多种织物，整理功能均匀、持久，效果理想。由于透气性和手感较差，一般用于加工产业用布、装饰用布、医疗防护用布等。由于后整理中主要依靠黏合剂、交联剂的作用将纳米材料固着在纤维的表面，存在手感差、牢度差、功效弱、纳米分散体系不稳定等缺点，严重制约了纳米功能纺织品的产业化落地。

随着技术的不断进步，在纺织品上原位生长纳米材料的技术日益成熟，完全克服了后整理的牢度和手感的矛盾问题，获得了功能持久的纳米纺织品，成为纺织品染整加工中画龙点睛的一道工序。比较典型的是氧化锌的原位生长技术。图 8-15 所示为棉纺织品表面的纳米氧化锌 SEM 图。

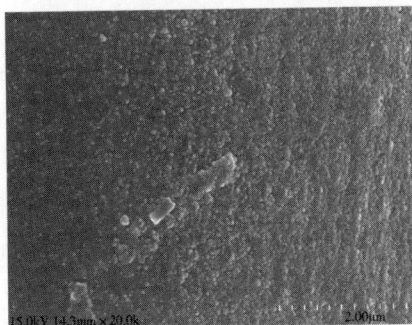

图 8-15　棉纺织品表面的纳米氧化锌
SEM 图（放大 2 万倍）

图8-16 所示为纳米氧化锌处理的棉纺织品煅烧后的照片，清晰的氧化锌骨架证实了其在棉纤维微孔中的原位生长。

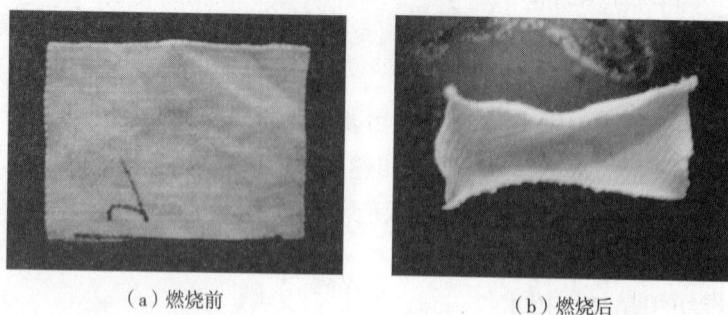

（a）燃烧前　　　　　　　　　　　　（b）燃烧后

图 8-16　纳米氧化锌处理的棉纺织品 1200℃ 煅烧 5min 后的照片

## 四、纳米功能纺织品的评价方法及安全法规

### （一）纳米功能纺织品的评价方法

如何评价纳米功能纺织品一直是学术界尤其纺织领域存在争议的问题。纳米功能纺织品的两项基本标准是采用纳米技术和获得了功能，也就是说单纯采用纳米技术而未获得实际功能或增加功能而未采用纳米技术都不能称为真正的纳米功能纺织品。评价纺织品是否采用纳米技术，比较典型的方法有扫描电镜 SEM、扫描隧道电子显微镜（STM）或原子力显微镜 AFM，通过对纤维表面和横截面的观察，获得纳米材料的尺寸、形貌和分布状况，其中 1~100nm 的尺度范围被认定采用了纳米技术。但这种方法不能评价一些特殊的纳米纺织品，如量子点技术以及纳米本征结构改性技术，因为量子点的尺寸小至 5nm 以下，而且与纤维结合以后，一般分辨率的仪器很难精确测量。而纳米本征结构改性技术是对纤维大分子结构层面的改性，因此如果单纯用传统的方法来评价，势必会对这些新技术做出不公正的判断。还有一些一维纳米材料，本身是一种膜结构，附着在纤维上以后也很难检测。

如何评价是否采用纳米技术获得的功能争议更大，比较简单的方法是根据材料本身的特性来推断，但技术的不断进步也会使一些原本没有的功能当达到一定的尺度或与特殊的纤维结合时会产生意想不到的功能，这的确是一个很难甄别的问题，需要用大量的数据来佐证，否则难以做出有效的判断，给消费者的选择带来很多困惑，也给很多不良商人带来了机会。比如石墨烯纺织品，自从石墨烯问世，大量的概念性石墨烯产品如雨后春笋，仿佛石墨烯无所不能，抗静电、抗菌、发热、远红外、阻燃等全集于一身，而石墨烯本身的优势反而被覆盖或淹没，市场一片哗然。造成这种现象的主要原因就是缺乏科学和严格的评价方法。

纳米功能材料整理的纺织品在人们的生活中扮演着非常重要的角色，在市场上也受到广泛的青睐。但是由于纳米材料看不见摸不着，而且纺织品有些功能如抗菌检测专业性强、测试时间长达 3~4 天，所以普通消费者对购买的纺织品的抗菌性能无法直观评价。如何通过简单快捷的方式，让用户快速检测抗菌产品的真实抗菌效果，从而规范抗菌产品的生产销售和抗菌行业的管理，具有十分深远的意义。

### （二）纳米功能纺织品的安全法规

任何一种新技术的出现都是一柄双刃剑，它可能造福于人类，但如果使用不当，则有可能在某些方面会产生负面影响。有关纳米应用的安全问题主要涉及三个方面。一是纳米材料本身的安全性，二是材料小到一定尺度后的安全性，三是材料溶出量的安全阈值。对不同的使用人群、使用场景，安全性要求也会不一样，不能一概而论。既不能掉以轻心，也不能全盘否定，在科学的基础上做出合理的判断和选择，才能让高科技真正造福于民，发挥其应有的价值。

WTO 最近呼吁要优先研究超细颗粒物，尤其是纳米尺度颗粒物的生物机制。有关纳米颗粒的安全性，欧共体已出台规定，要求口红中使用的纳米颗粒必须大于 100nm 以上。但还没有证据证明，小于 100nm 便一定有害。目前，全世界都还没有纳米产品的质量和安全标准，因此建立纳米产品的质量和安全标准体系非常必要，这不仅会为纳米技术产品的安全应用提供指导，还会帮助减少已存在于人们生活中的纳米物质造成的污染。

综观国内外的纳米纺织技术开发和应用可见，尽管纳米技术的发展还处于前沿和初级阶段，尤其应用在传统领域中，其安全卫生性、行业标准化、技术稳定性等问题还未能得到全面解决。但是，如同人类对于必然世界的认知需要一个过程一样，技术的进步与完善也必然需要一个过程。在这个过程中，如果政府给予大力支持，法律给予有力监管，公众给予信心和客观评价，而有实力、有远见的企业更多地积极参与，纳米技术将成功走进更多的领域，改善人们的生活，造福整个人类。

**1. 溶出性评价**

采用 FZ/T 73023—2006 附录 E 抗菌物质的溶出性测试方法：晕圈法，可用于判定纳米纺织品是否为溶出性抗菌织物，为抗菌织物的安全性提供判定依据，为防止抗菌织物在加工过程中残留的游离化学物质的干扰，用于试验的织物试样应按标准规范性附录 C 进行一次洗涤然后测试。抑菌圈宽度 $D$ 大于 1mm，可判定为溶出型抗菌织物；小于 1mm，可判定为非溶出型抗菌织物。可以用以下公式计算抑菌圈宽度。

$$D = \frac{T - R}{2}$$

式中：$D$——抑菌圈宽度，mm；

　　　$T$——抑菌圈外缘总宽度，mm；

　　　$R$——试样总宽度，mm。

**2. 生物安全评价**

通过纳米功能纺织品对人表皮细胞的生物毒理学研究，以及纳米功能纺织品在正常皮肤和病理皮肤中的存留及其毒性作用研究，进行生物安全评价，主要分两个部分。

（1）一是体外评价纳米功能纺织品对人表皮细胞的生物毒理学作用。

（2）二是体内观察纳米功能纺织品在正常皮肤和病理皮肤中的存留及其毒性作用，研究不同应用方式下对皮肤组织结构、组织器官和功能的影响，纳米功能纺织品残留物对环境的影响，在大量数据的基础上建立一套完整的纳米功能纺织品安全性评价体系。

### 五、纳米功能纺织品存在的问题

纳米材料的诞生为传统纺织品的性能升级提供安全便捷的途径，成为当代开发功能纺织品的主导方向，支撑着传统的纺织行业向高科技转化，有效克服当前印染领域存在的严重环保问题以及染色质量差、附加值低的问题。但是纳米材料在制备以及实际应用中的技术难点长期制约着纳米技术在纺织领域的推广使用，具体可归纳如下：

（1）无机功能整理剂一般是纳米级材料，比表面积大，容易团聚，因此存在制备、储存及应用中的团聚及尺寸均一性问题；

（2）无机功能整理剂为非水溶性物质，应用前的有效分散是纳米功能能否充分发挥的关键，许多纳米材料应用到纺织品上已失去其纳米功能；

（3）无机功能整理剂与纺织品无极性结合基团，主要依靠黏合剂或交联剂成膜作用而固着，导致手感和牢度的矛盾问题，而且很多黏合剂或交联剂还带来甲醛残留问题；

（4）纳米材料制备与应用的产业链脱节的问题。前者属于材料领域，后者属于纺织领域，相互之间的产业链脱节往往是纳米技术不能得到有效应用的关键。

# 第三节　可持续阻燃整理技术

### 一、纺织品阻燃整理概述

#### （一）纺织品阻燃整理发展历程

随着纺织品应用领域的不断扩大和需求量的日益增多，由纺织品燃烧引起的火灾也不断增加。因床上和衣着用品、家居装饰等纺织品燃烧而引起的住宅火灾在火灾总数中占有较大的比例。纺织品被引燃后火势蔓延较快，此外，因纺织品燃烧而产生的有害气体如一氧化碳、氰化氢、氧化氮、氨类等，会导致人体窒息甚至毒害死亡，因此对纺织品进行阻燃处理，对人民的生命安全和财产安全至关重要。

早在 1735 年，Wyld 利用矾液、硼砂以及硫酸亚铁提高了纸张、亚麻、帆布等纺织品和木材的阻燃性能，并申请了第一个关于阻燃的专利。1821 年，Gay-Lussac 使用氯化铵、磷酸铵和硼砂混合物对黄麻和亚麻进行阻燃整理，并系统地研究了纺织品阻燃理论，此后阻燃技术逐渐发展起来。

20 世纪 50~80 年代，欧美相继出台一系列针对纺织品阻燃的法规，如要求某些场合的纺织品（如床上用品、睡衣、航空座椅、宾馆剧院电影院的帷幕地毯等装饰用纺织品）需具有一定的阻燃性能。我国于 20 世纪 80 年代也陆续制定了一系列纺织品阻燃标准。相关技术法规的出台直接促进了阻燃纺织品的开发，并推动阻燃研究进入黄金时期。

纺织品阻燃整理起初都是利用无机化合物如硼酸、磷酸、氨基磺酸及其盐类进行，这种处理不耐久。20世纪50年代后期开发了系列卤素阻燃剂和含磷阻燃剂（如四羟甲基氯化磷及其衍生物）以提高阻燃纤维素纤维等纺织品的阻燃耐水洗性能和实际应用价值。卤系阻燃剂因具有阻燃效率高、性价比高等优势而得到广泛应用，并占据了阻燃领域的主导地位。四羟甲基氯化磷的耐久性较好，表现出较高的商业价值，先后在美国、英国、瑞士等国家投入生产。随后，瑞士 Ciba-Geigy 公司开发了 N-羟甲基-3-（二甲氧基膦酰基）丙酰胺阻燃剂，也具有较好的阻燃效果和耐久性。20世纪70年代以来，国际羊毛局开发了基于钛、锆络合物的 Zirpro 工艺，成为目前羊毛耐久阻燃整理应用最为广泛的技术。进入21世纪后，已开发的大部分纺织品阻燃剂和整理技术得以发展和产业化。

## （二）纺织品阻燃整理环境及安全问题

阻燃剂的安全和生态评估主要涉及安全性和生物可降解性。安全性包含阻燃剂本身及阻燃整理过程和燃烧时所产生物质的急性毒性、致癌性，对皮肤的刺激性、致变异性和对水生物的毒性。后来生物降解性也受到重视，生物降解性差的化合物会积聚起来，对环境造成严重影响。

最早被禁用的阻燃剂是三-（氮杂环丙基）氧化膦（TEPA，又名 APO），本身剧毒，且有致癌性。1977年美国癌症研究所发现几种有效的阻燃剂［如三-（2,3-二溴丙基）膦酸酯（TRIS）］会引发癌症并且极具毒性，阻燃织物的开发也被迫叫停。其后的20年（1980~2000），研究者们将目光转移到阻燃剂对环境和个体带来的危害上，并对早期的阻燃剂进行了优化和梳理，发现这一时期几乎没有新的阻燃技术产生。

卤素阻燃剂尤其是溴阻燃剂阻燃效率高，且成本低廉，在阻燃领域中具有重要地位。但是，卤素阻燃材料在燃烧时发烟量大，释放二噁英和卤化氢等有毒性和腐蚀性气体，造成二次危害。另外，卤素阻燃剂（特别是多溴苯醚）大多可以分解产生亲酯疏水、难降解、环境持久的有机化合物，能通过各种方式在人体中富集，对环境和人身安全构成了严重威胁。

有关卤素阻燃剂带来的环境安全问题引起了广泛关注。2004年欧盟出台了《欧盟电子电机中危害物禁用指令》（RoHS）环保指令，要求从2006年7月1日起，在欧盟国家新上市的电子电器产品中含卤阻燃剂多溴联苯及多溴二苯醚的含量必须低于0.1%（质量分数）。对卤系阻燃剂的应用做出了明确限制，此举加速了全球范围内阻燃材料无卤化的进程。

欧盟危险品及相关修正案79/663/EC、83/264/EEC 和 2003/11/EC 三个法规都涉及与人体直接接触的纺织品用阻燃剂。列入79/663/EC禁用的阻燃剂有 TEPA、TRIS、多溴联苯（PBB）、五溴二苯醚（PBDPE）和八溴二苯醚（LBDPE）。83/264/EEC 是79/663/EC指令的第4次修订本，2003/11/EC 则要求欧盟各成员国在2004年2月15日之前将79/663/EC转换为本国的强制性法规。2002年版的 Oeko-Tex Standard 100 将 TEPA、TRIS 和 PBB 列入禁用名单，2005年的修订版中，又增加了 PBDPE 和 OBDPE 两种多溴二苯醚。

四羟甲基氯化磷（THPC）阻燃剂是最早被商业化应用的有机磷阻燃剂，尤其在棉、涤/

棉织物耐久阻燃整理上的应用广泛，其合成反应如下：

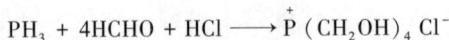

$$PH_3 + 4HCHO + HCl \longrightarrow \overset{+}{P}(CH_2OH)_4 Cl^-$$

发展初期，一般将 THPC 与尿素、三聚氰胺等酰胺类化合物联合使用，焙烘条件下在纤维表面反应生成 P—C—N 键的网络状结构。整理织物获得耐久的阻燃性能，但阻燃整理对织物的手感和强力性能影响较大。

后来英国 A1brightant-Wilson 公司对 THPC 整理工艺进行了改进，开发了 Proban 工艺，采用氨熏法代替了热固化法，解决了整理棉织物脆损的问题。Proban 整理剂的主要成分是 THPC 和尿素的预缩体，经整理后织物的物理性能变化较小，但强度约损失 30%。THPC 是膦羟甲基化合物，由于 P—C 键的键能低，在较高温度下分解出三羟甲基氯化磷、甲醛和氯化氢，后两者会生成双氯甲醚，具有毒性及致癌性。具体反应如下：

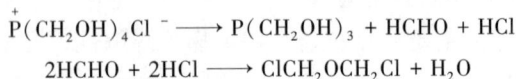

$$\overset{+}{P}(CH_2OH)_4 Cl^- \longrightarrow P(CH_2OH)_3 + HCHO + HCl$$

$$2HCHO + 2HCl \longrightarrow ClCH_2OCH_2Cl + H_2O$$

为了达到阻燃效果和耐久性，使用过程中需添加三聚氰胺树脂［如三羟甲基三聚氰胺（TMM）或六羟甲基三聚氰胺（HMM）］，以维持阻燃剂中氮∶磷＝3∶1 的水平。因此，经该阻燃剂处理后，织物上的游离甲醛含量较高。

## 二、可持续阻燃的内涵及要求

可持续发展已成为 21 世纪的主题，特别是随着人们对生态和环境关注程度的加深，清洁生产、绿色产品、生态纺织品等概念深入人心。可持续一般泛指产品的全生命周期加工过程对环境的长期影响应为最小。可持续阻燃剂首先要求阻燃剂本身无毒环保；其次要求阻燃处理后纺织品在火灾中生成的有毒气体减少，这就使得筛选气相机理型阻燃剂时需要特别注意；再次，要求阻燃剂易于回收，且在回收利用时仍具有阻燃性能；最后，可持续阻燃整理的纺织品还必须满足生态纺织品的要求。

## 三、可持续纺织品阻燃剂

### （一）无甲醛阻燃剂

以 N-羟甲基-二甲基丙烯酰胺磷酸酯（MDPA）为主要组分的 Pyrovatex CP 整理剂是一种重要的纤维素纤维用耐久阻燃剂，最早由瑞士 Ciba-Geigy 公司开发。阻燃剂 DMPA 自身与纤维没有反应性，使用过程中需要与交联剂羟甲基化树脂 HMM、催化剂氯化铵以及尿素结合，在高温焙烘条件下（150℃，4.5min；170℃，1min）通过 HMM 交联到织物上以达到耐久阻燃效果。可根据织物的品种和所要求的阻燃性确定阻燃剂的用量，从而获得满意的效果。

Proban 和 Pyrovatex CP 阻燃体系的阻燃工艺成熟，阻燃效果好，得到大多数需求者的认可，到目前为止仍占据着纤维素纤维织物（如棉织物）的阻燃整理市场。但该阻燃整理存在甲醛释放的问题，通过加入尿素捕捉游离甲醛、优化整理工艺、加强中和水洗等可降低甲醛释放。而图 8-17 中所涉及的缩聚反应是平衡的，在整理和使用过程中始终存在甲醛释放的问题。

通过工艺优化，Pyrovatex CP 整理织物甲醛释放可降低至 75ppm，但甲醛释放是普遍问题，生产厂家 Huntsman 不建议使用 Pyrovatex® 阻燃剂处理儿童睡衣。后来，Huntsman 基于 Pyrovatex CP 产品开发了低甲醛释放的 Pyrovatex LF 产品。

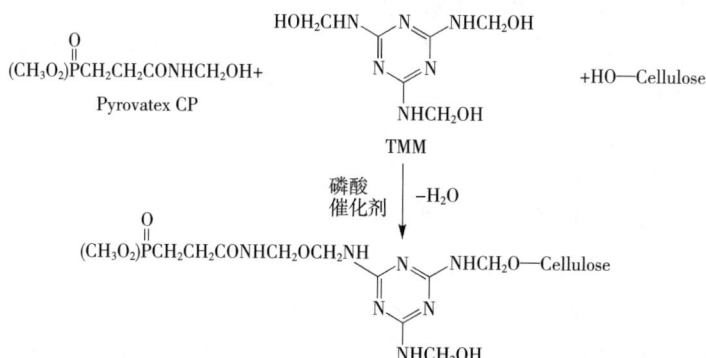

图 8-17 Pyrovatex 系列阻燃剂与纤维的交联机理

近年来，对无甲醛或低甲醛阻燃体系的研究成果报道主要集中在两个方面，即取代阻燃体系中的含甲醛阻燃剂或交联剂。自从多元羧酸技术发展起来以后，利用多元羧酸或其他无甲醛化学品替代目前的含氮羟甲基化合物的阻燃体系研究取得了一定的进展，并因此提出了低甲醛阻燃体系和无甲醛阻燃体系。

一些研究者将汽车空气过滤纸用商业化阻燃剂含羟基有机磷低聚物（HFPO）用于棉和棉混纺织物的阻燃整理。由于 HFPO 不含可直接与棉纤维反应的基团，所以需要引入 TMM 或二羟甲基二羟基乙烯脲（DMDHEU）作为桥基。TMM 具有更强的 P—N 协同作用，阻燃效果优于 DMDHEU，但 DMDHEU 交联效果更好。HFPO 可以与 DMDHEU 形成交联网状结构（图 8-18），整理后的棉织物经过 50 次洗涤后仍具有较好的阻燃效果，且甲醛含量低。另外，利用 1,2,3,4-丁烷四羧酸作为 HFPO 与纤维素纤维的交联剂也可对棉进行无甲醛阻燃整理。

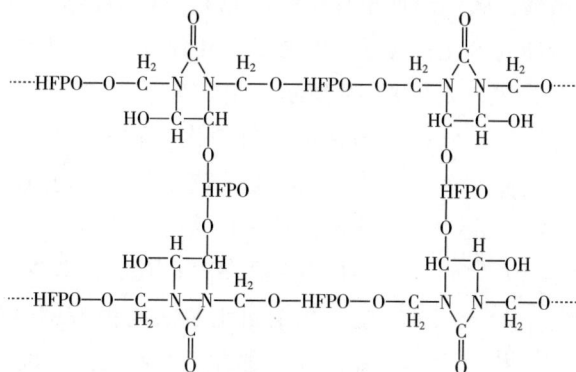

图 8-18 HFPO 和 DMDHEU 形成的交联网状结构

美国的 Stauff 公司开发的乙烯基磷酸酯齐聚物（Fyrol 76®）与 N-羟甲基丙烯酰胺合用，

以过硫酸钾为引发剂，可用于棉、涤/棉、羊毛织物的耐久阻燃整理。整理后的织物耐洗性好，无味，手感柔软，强力保留率高。但是 Fyrol 76 ® 存在毒性，在后整理加工和使用过程中对环境存在污染，经阻燃整理后的材料在燃烧时会产生大量烟雾。

此外，国内外研究者通过接枝共聚技术将系列乙烯基含磷单体如 Phosmer M 和 CL、Pyro-vatim ® PBS、二乙基丙烯酰氧基乙基磷酸酯、二乙基丙烯酰氧基乙基磷酰胺和甲基丙烯酰氧乙基二苯磷酸酯对蚕丝和棉织物进行阻燃改性。接枝织物可获得较好的阻燃性能和耐久性，但所需接枝增重率高，且易产生接枝不匀，对织物的物理服用性能如手感、白度等影响较大。

### （二）生物质来源阻燃剂

随着关注生命健康、环境保护和可持续发展的呼声越来越高，阻燃剂的发展必定是朝着无毒、环保、高效、多功能的方向前进。在绿色、环保的大背景下，研究者将目光转向资源丰富、生物相容性好的生物质材料如天然多糖、芳香族化合物、蛋白质和植物提取物等。这些生物质材料部分可独自使用以提高纺织品的阻燃性能，也可与其他阻燃剂相结合进一步提高其阻燃效果。

#### 1. 壳聚糖

壳聚糖是甲壳素脱乙酰基的产物，其中不仅含有大量的羟基，还含有氨基，使壳聚糖可在膨胀阻燃体系中充当炭源和气源组分。首先，壳聚糖在 43~112℃ 会失水，水分可以带走基体的部分热量；其次，壳聚糖在 252℃ 开始分解，形成吡嗪、吡啶、吡咯和呋喃等挥发性芳香产品，充当膨胀体系的气源。

壳聚糖是一种天然的阳离子多糖，可与阴离子阻燃剂（如多聚磷酸、聚磷酸钠、植酸、脱氧核糖核酸、磷酸化纤维素、磷酸化聚乙烯醇和二氧化钛纳米管等）联合使用，通过层层自组装的方法在材料表面形成聚电解质自组装涂层，用于提高纺织品的阻燃性能。壳聚糖与纺织材料（如纤维素纤维）基质的结合力较好，且在织物表面具有优秀的成膜性能，这也是壳聚糖常被用于制备纺织品用膨胀型阻燃体系的重要原因之一。

#### 2. 植酸

植酸被称为肌醇六磷酸，大量储存于豆类、谷物和油籽中，是植物中磷元素的主要储存形态。植酸分子中含有较高的磷元素含量（28%，质量分数），阻燃效率高，故近年来在纺织品阻燃领域引起了广泛的关注。如图 8-19 所示，植酸分子中含有 6 个磷酸根和 12 个羟基，与带正电荷的化合物和金属离子具有较强的结合能力，故可与阳离子化合物通过层层自组装法制备阻燃涂层。一些阳离子化合物（如壳聚糖、聚乙烯亚胺、氨丙基三乙氧基硅烷、氮改性硅烷、硅溶胶体系）可通过层层自组装法与植酸结合提高棉、蚕丝、涤纶、锦纶 66、腈纶等织物的阻燃性能。此外，研究者采用植酸与尿素合成植酸铵盐，并利用双氰胺催化植酸胺与棉纤维间的反应，制备耐久的阻燃棉织物。

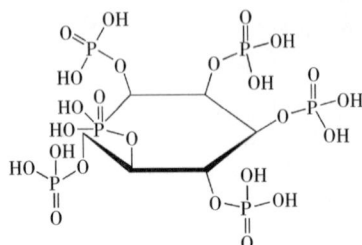

图 8-19 植酸的化学结构

植酸分子中含有较多的磷酸根基团，可通过离子键与羊毛、蚕丝纤维结合。羊毛和蚕丝纤维的耐酸性强，因此植酸在羊毛和蚕丝织物功能整理方面具有较高的适用性。植酸可通过直接吸附的方法应用于羊毛和蚕丝织物，改性织物能够达到阻燃 B1 级，阻燃效果好。但植酸易溶于水，且与纤维间缺少共价键结合，导致阻燃织物不耐久。可通过对植酸进行化学改性，接入反应性基团，或与其他阻燃剂（如无机纳米阻燃剂）相结合的方法制备有机/无机阻燃体系，以提高植酸基阻燃体系在织物上的耐水洗性能。

**3. 植物多酚**

单宁是一种天然植物多酚，广泛存在于五倍子、石榴皮、茶叶和漆树等植物中，是一种特殊的芳香族化合物（图8-20）。单宁酸的化学稳定性好，热稳定性和热传导性低，其分子中含有较多的酚羟基，膨胀性能和成炭性能较好，故可作为阻燃剂使用。单宁酸可以改变棉织物的热分解性能，增加残炭量，但对棉织物的阻燃性能（极限氧指数）影响不大。少量的氢氧化钠可促进单宁酸在棉织物上的吸附以及在加热过程中的脱羧反应，从而起到催化棉基质脱水成炭的作用，故整理棉织物的热释放能力明显降低，极限氧指数升高至 30.2%。通过缩聚反应将对苯二甲酰氯交联在单宁酸上，得到单宁对苯二甲酸酯。交联单宁酸的成炭能力强，涂层锦纶 66 织物在垂直燃烧测试中能够自熄，损毁长度降低。

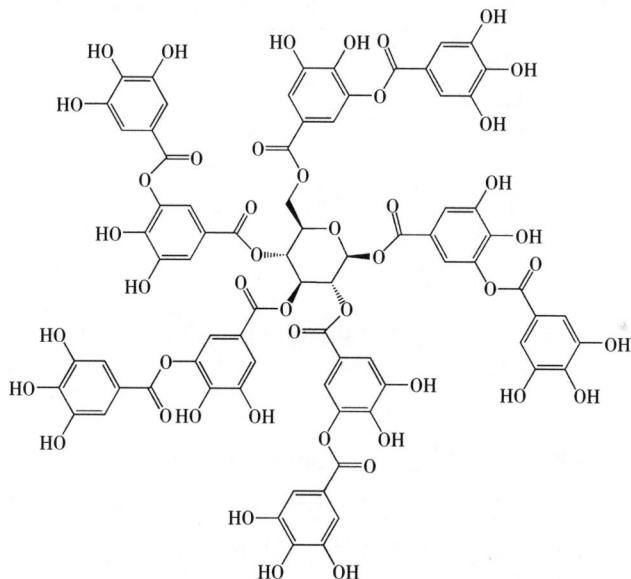

图 8-20 单宁酸分子结构

研究者利用现代仪器对香云纱的结构和性能进行系统地研究，发现香云纱具有较好的阻燃功能，指出反复浸渍薯莨提取液是香云纱具有优异阻燃性能的关键。经验证，采用薯莨块茎提取物（主要成分为缩合单宁）整理的蚕丝织物具有耐久的阻燃性能，缩合单宁良好的成炭性能赋予蚕丝较好的阻燃效果。另外，天然黄酮（黄芩苷、槲皮素和芦丁）与金属离子络合物、茶梗提取物（主要成分为儿茶素）、葡萄籽原花青素整理蚕丝织物具有较好的阻燃性能，且阻燃蚕丝织物经 20 次水洗（40℃洗 30min 为一次）后在垂直燃烧测试中仍能自熄，损毁长度小于 15cm，达到 GB/T 17591—2006《阻燃织物》的阻燃 B1 级，耐水洗性能优异。

### 4. 脱氧核糖核酸

脱氧核糖核酸（DNA）是一种双螺旋单链聚合物，由重复的核苷酸单元组成，而每个核苷酸是由一个含氮碱基（即胞嘧啶、鸟嘌呤、腺嘌呤和胸腺嘧啶）、一个五碳糖（脱氧核糖）和一个磷酸基团组成（图 8-21）。脱氧核糖和磷酸基团组成的主链在 DNA 大分子的外层，而含氮碱基主要在内层，这种结构和化学组成决定了 DNA 自身可作为膨胀阻燃剂使用。DNA 在受热时，分子中的磷酸基团可充当酸源，脱氧核糖单元可充当炭源生成芳香族化合物，含氮碱基可充当发泡剂释放氨气，具有良好的发泡、成炭能力。传统膨胀阻燃剂一般在 300 ~ 350℃时发泡，而 DNA 能够在更低的温度条件下（如 160 ~ 200℃）发泡，形成物理隔绝层。通过浸轧的方法将鲱鱼精子的 DNA 整理到棉织物上，整理棉织物的成炭能力和阻燃性能均有所提高。采用层层自组装将 DNA 和壳聚糖涂覆于棉织物表面，壳聚糖的加入可进一步提高 DNA 的阻燃性能，整理棉织物在垂直燃烧测试中可自熄。组装层数的增加有利于阻燃棉织物最大热释放速率和热释放总量的进一步降低。

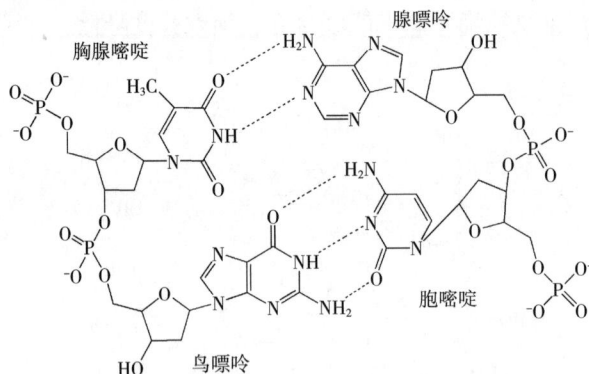

图 8-21　DNA 分子结构式

### 5. 蛋白质

蛋白质中含有一定的碳、氧、氮元素，可能还会有磷和硫元素。酪蛋白是牛奶蛋白的主要成分，其分子中含有一定的磷元素。而疏水蛋白属于富半胱氨酸蛋白质，分子中含有硫元素。这些蛋白质大分子在加热过程中释放酸性物质（如磷酸或硫酸），能够改变纤维素纤维的热分解途径，促进纤维素纤维基质脱水成炭，从而提高棉织物阻燃性能。相似地，乳清蛋白和酪素蛋白能够提高棉、涤纶及其混纺织物的热稳定性和阻燃性能。乳清蛋白和酪素蛋白在织物表面形成薄膜，起到了隔绝氧气和热量的作用，在加热时释放的难燃气体起到稀释可燃气体的作用，并促进纤维素纤维基质脱水成炭，从而起到阻燃作用。将鸡羽蛋白改性合成新型的磷/氮阻燃剂，与硼酸/硼砂体系复合使用可以促进棉基质形成均匀且致密的膨胀炭层，从而改善棉织物的阻燃性能。

### 6. 其他

印度研究者发现植物提取物（如菠菜汁和香蕉假茎提取液）可以提高棉织物、纸张和羊毛织物的阻燃性能。阻燃整理对织物的颜色特征影响较大，对其他物理性能无明显影响。他们指出，菠菜汁提取液中的无机盐（如硅酸钠、氯化镁和氯化钠以及磷酸盐等）赋予了棉织物一定的阻燃效果，香蕉假茎汁液整理织物的阻燃性能是由提取液中的无机金属盐（钙、镁、钾、硅）、金属氧化物、磷酸盐、亚磷酸盐和硅酸盐等共同作用引起的。

### （三）低烟协效阻燃剂

合成纤维材料在燃烧过程中存在烟雾释放量大、熔融滴落等缺陷。据统计，大部分住宅火灾受害者是由于吸入毒气体和烟雾导致窒息而死亡，所以抑烟和减毒成为纺织品阻燃改性中一个重要的指标。开发高效、环保、抑烟、低毒的新型无卤阻燃剂成为阻燃行业的发展趋势。

协效阻燃是指由两种及以上阻燃元素（磷、氮、硅、硼等）共同构成一个阻燃体系，使各部分阻燃元素各自发挥其阻燃优势来达到减少阻燃成本和高效阻燃的目的。磷—氮协效阻燃剂存在凝聚相阻燃和气相阻燃双重作用，兼具磷系和氮系阻燃剂的优点，具有阻燃效率高、生烟量少、对环境友好等特点。

膨胀型阻燃剂是一种环境友好型阻燃剂，具有低毒、低烟、无卤等优点。磷—氮膨胀型阻燃剂主要由炭源（成炭剂）、酸源（脱水剂）和气源（发泡剂）三部分组成。炭源是能生成膨胀多孔炭层的物质，一般是含碳丰富的多官能团（如—OH）成炭剂，如季戊四醇及其二缩醇、淀粉等。酸源一般是在加热条件下释放无机酸的化合物，对无机酸的要求是沸点高和氧化性不太强，它必须能使含碳多元醇脱水，常用的酸源为各类含磷化合物，如磷酸、亚磷酸、磷酸酯、磷酸盐等。气源是受热放出惰性气体的化合物，一般是铵类和酰胺类物质，如尿素、蜜胺、三聚氰胺等，须在适宜的温度下分解，并产生大量气体。膨胀阻燃剂在受热过程中可以促使基体表面形成多孔膨胀炭化层，作为有效的物理屏障，从而在凝聚相中起到阻燃作用。可以通过物理涂覆的方法将膨胀型阻燃剂应用于纺织品的阻燃整理，但所需阻燃剂用量大，且大多数膨胀型阻燃剂组分易溶于水，导致整理织物不耐久。

为了进一步提高磷—氮膨胀型阻燃剂的阻燃效率，可以加入一些金属氧化物等无机协效阻燃剂。例如，含硅阻燃剂具有高效、抑烟、对环境友好等特点，与有机磷阻燃剂复配或者化合更能表现出优异的协同阻燃效果。

# 第四节 环保型拒水整理技术

## 一、拒水机理及评价方法

拒水是自然界常见的一种现象。大自然的进化史使得昆虫的翅膀具有特殊的拒水功能，荷叶表面天然的防护层保护了其表面不被雨水所沾湿。从大自然的启示中，人们在工农业生产、国防建设和日常生活方面获得了巨大的价值，为实现无污染、自清洁表面的梦想打下了坚实的基础。

## （一）纺织品的拒水拒油机理

### 1. 拒水拒油整理的概念

纺织品的拒水拒油整理是指在织物表面施加一种具有特殊分子结构的整理剂，并以物理、化学或物理化学的方式与纤维结合，改变纤维表面层的组成，降低织物的临界表面张力，使织物不再被水或常用油类（如食用油、机油等）润湿。

拒水拒油整理与防水防油整理是两个完全不同的概念。拒水拒油整理是在织物表面沉积一层具有低表面能的整理剂，使织物不被其他液体所润湿。但是纱线及纤维之间仍存在大量孔隙，水蒸气依然能够通过，对织物原有的透湿透气性能影响不大。防水防油整理属于涂层工艺，是指在织物表面涂上一层致密的连续薄膜，填充织物上的孔隙，通过物理方法防止水分渗入，具有较高的抗水渗透能力，但是这种方法会影响织物的服用性能，故而其应用受到一定的限制。

### 2. 拒水拒油的原理

当液体在固体表面铺展时，会以一定的球冠状停留在固体表面，从固、液、气三相交接点，沿液—气界面作切线，此切线与固—液界面线之间存在一个夹角，此夹角定义为接触角 $\theta$，如图 8-22 所示。

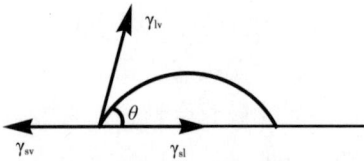

图 8-22　液滴平衡图

液体在化学成分均一且光滑平坦的固体表面上的接触角 $\theta$ 与该液体的表面张力 $\gamma_{lv}$、固体的表面自由能 $\gamma_{sv}$ 以及固—液界面的自由能 $\gamma_{sl}$ 之间遵循 Young 公式：

$$\cos\theta = \frac{\gamma_{sv} - \gamma_{sl}}{\gamma_{lv}}$$

当 $\theta = 0°$ 时，固体表面被完全润湿，具有超亲水或亲油性；

当 $0° < \theta < 90°$ 时，固体表面大部分被润湿，具有亲水或亲油性；

当 $90° < \theta < 180°$ 时，固体表面略微有润湿，具有拒水或拒油性；

当 $150° < \theta < 180°$ 时，固体表面具有超拒水或拒油性；

当 $\theta = 180°$ 时，固体表面不被润湿，拒水或拒油效果优异。

从式中可以看出，固体的表面自由能 $\gamma_{sv}$ 越低，接触角 $\theta$ 越大，因此要获得理想的拒水拒油效果，需要降低固体的表面自由能。表 8-4 是常见液体和固体的（临界）表面张力。织物要达到拒水的目的，其表面张力必须小于水的表面张力（72.8mN/m）；织物要达到拒油效果，其表面张力必须小于常见油类的表面张力（20~40mN/m）。从表 8-4 中可以看出，含氟类拒水整理剂的临界表面张力值最低，因此经该类整理剂整理后的织物可表现出优良的拒水拒油性能。

表 8-4　常见液体和固体的（临界）表面张力

| 液体 | 表面张力 $\gamma /$ （mN/m） | 固体 | 临界表面张力 $\gamma_c /$ （mN/m） |
| --- | --- | --- | --- |
| 水 | 72.8 | 纤维素纤维 | 200 |
| 甘油 | 63.4 | 锦纶 | 46 |

续表

| 液体 | 表面张力<br>$\gamma/$（mN/m） | 固体 | 临界表面张力<br>$\gamma_c/$（mN/m） |
|---|---|---|---|
| 花生油 | 40.0 | 羊毛 | 45 |
| 橄榄油 | 32.3 | 石蜡类拒水整理剂 | 29 |
| 白矿物油 | 26.0 | 有机硅类拒水整理剂 | 26 |
| 正十六烷 | 27.3 | 聚二氟乙烯 | 25 |
| 乙醇 | 22.8 | 聚四氟乙烯 | 18 |
| 正辛烷 | 21.4 | 含氟类拒水整理剂 | 10 |

## （二）拒水拒油的评价方法

### 1. 拒水性能评价方法

织物的拒水性有动态和静态的测试方法。动态测试方法通常是在一定的试验条件下，织物对抗水的润湿（沾水试验）和渗透能力（静水压试验）来表示；静态测试方法是通过测量水滴在织物表面的静态接触角来表示。

（1）沾水试验（喷淋法）。对于织物的拒水性能测试，通常情况下采用淋水性能测试方法，其参考标准为 AATCC 22—2001。制备 18cm×18cm 的待测织物一块，将其紧绷于试样夹持器（金属弯曲环）上，并与水平面呈45°夹角放置，调整试样夹持器以使织物经线沿着水珠流下的方向，试验面的中心在喷嘴表面中心下的150mm处，将250mL冷水倒入测试仪器上的玻璃漏斗中，水将通过漏斗洒于织物表面，控制冷水的倒入速度以使其在 25~30s 内淋洒完毕，然后取起夹持器使织物正面水平朝下，对着一硬物轻敲两次，通过比对试验织物和标准图卡来确定织物的拒水级别。试验装置及标准图卡如图 8-23 所示。

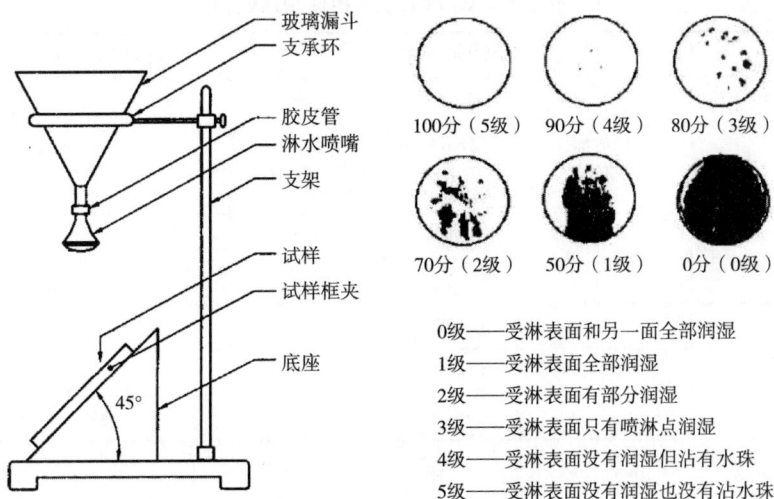

图 8-23　试验装置及标准图卡

（2）静水压试验。经调湿的试样在试样夹中，以试样的一面承受持续上升水压，以表示水透过织物所遇到的阻力，即抗渗水性。在标准条件下［水是新鲜的蒸馏水或去离子水，温度为（20±2）℃或（27±2）℃，水压上升速率为（10±0.5）cm水柱/min或（60±3）cm水柱/min］，直到有三滴水珠渗出为止，以第三滴水珠出现时的水压为准，以厘米水柱表示。其读数精度为：1m水柱以下，读至0.5cm；1~2m水柱，读至1cm；2m水柱以上，读至2cm。测定织物抗渗水性的仪器，一般采用联通管型，试样受压面积为100cm²。

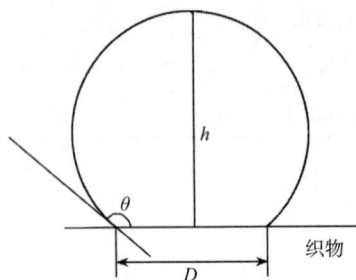

图8-24 量高法示意图

（3）接触角试验。滴液角度测量法是接触角测量最常用的方法之一，其中量高法是角度测量最常用的方法。当液滴的体积小于6μL时，可忽略地球引力对其形状的影响，认为液滴呈标准圆的一部分。把织物水平拉直，置于样品槽内，通过接触角测量仪将织物表面的液滴投影到屏幕上，如图8-24所示，只要测量液滴在织物表面的高度h、液滴与织物接触面的直径D，就可以按下式计算出接触角θ的大小：

$$\theta = 2\arctan\frac{2h}{D}$$

**2. 拒油性能评价方法**

织物的拒油级别测试大多参考标准AATCC 118—2013。该标准的测试方法是利用不同表面能的标准试液测试织物的表面能。表8-5列出了拒油测试中不同级别下的标准试液及其表面能大小。测试开始先使用拒油级别为1的标准试液0.05mL滴于被测织物上，30s内观测是否有润湿和渗透现象，若无则继续使用较高级别标准试液进行试验，直至标准试液在30s内润湿被测织物为止。被测织物的拒油等级为试验中不能润湿织物的最高拒油级别。

表8-5 AATCC 118拒油测试试剂

| 拒油等级 | 标准测试液体体系 | 表面张力（25℃）/（mN/m） |
|---|---|---|
| 1 | 白矿油 | 31.2 |
| 2 | 白矿油：正十六烷=65：35（体积比） | 28.7 |
| 3 | 正十六烷 | 27.1 |
| 4 | 正十四烷 | 26.1 |
| 5 | 正十二烷 | 25.1 |
| 6 | 正癸烷 | 23.5 |
| 7 | 正辛烷 | 21.3 |
| 8 | 正庚烷 | 19.8 |

### 二、长碳链氟烷基及其禁用法规

已研究或使用过的拒水剂种类很多，主要有金属皂类（铝皂和锆皂）、蜡和蜡状物质、金属络合物、吡啶类衍生物、羟甲基化合物、有机硅和含氟化合物等。但是由于耐久性差、对纤维有伤害或者不符合环保要求以及气味、颜色等多种原因，目前常用的拒水剂主要是有机硅和含氟化合物，而拒油剂则是含氟化合物。含氟化合物能赋予材料化学稳定、热稳定和耐摩擦等优异的性能。因此，含氟化合物被广泛应用于皮革、纸张和纺织品的功能涂层、生物医药、航空航天及微电子等诸多领域，成为目前拒水拒油整理剂的主流产品。

#### （一）含氟化合物拒水拒油整理剂的性能特征

含氟化合物优异的性能主要归因于氟元素的特殊性质。氟元素的电负性是4.0，是元素周期表中电负性最大的元素。由于其电负性，使得相邻氟原子相互排斥，导致C—C键的键角由112°减小到107°，所以氟原子呈螺旋状态分布。表8-6列出了常见化学键的键能，其中C—F键的键能最大，约为486kJ/mol，因此C—F键是非常稳定的。当含氟化合物受到高温热刺激或者化学试剂进攻时，分子中首先断裂的是C—C键而不是C—F键。并且当聚合物中引入氟原子后，聚合物C—C键的键能由332kJ/mol增加到421kJ/mol，使C—C键变得坚固。同时，由于氟原子半径比碳原子稍大，恰好可以将两个碳原子之间的孔隙填满，有效地保护了碳链。因此，含氟化合物的化学稳定性和热稳定性均比普通烷烃高。

表8-6　常见化学键的键能

| 化学键 | 键能/（kJ/mol） | 键长/pm |
|---|---|---|
| C—F | 486 | 131.7 |
| C—H | 414 | 109 |
| C—C | 332 | 154 |

另外，由于热力学驱动力的作用，含氟化合物中的含氟基团会自发地迁移并富集于固体表面，使固体的表面自由能下降，达到各种液体难以润湿或者附着于其表面的目的。表8-7为部分固体表面组成与临界表面张力之间的关系。由表8-7可看出，固体的临界表面张力随H原子被F原子取代数量的增加而逐渐降低，当—CF$_3$基团紧密排列于固体表面时，其临界表面张力可下降至6mN/m。此时，固体的表面自由能最低，难以被各种液体润湿，具有最优的拒水拒油性能。

表8-7　固体表面组成及其临界表面张力

| 表面组成 | 临界表面张力 $\gamma_c$/（mN/m） |
|---|---|
| —CH$_2$—CH$_2$— | 31 |
| CF$_3$—CFCl— | 30 |
| —CF$_2$—CH$_2$— | 25 |

续表

| 表面组成 | 临界表面张力 $\gamma_c$ / (mN/m) |
|---|---|
| —CF$_2$—CFH— | 22 |
| —CF$_2$—CF$_2$— | 18 |
| —CF$_2$H | 15 |
| —CF$_3$ | 6 |

### （二）PFOS 和 PFOA 的禁用法规

由上述可知，含氟化合物拒水拒油整理剂中的氟碳链起到了降低纤维表面能、赋予织物拒水拒油的作用。但是不同的氟碳链对纤维包裹所产生的屏蔽作用不尽相同，氟碳链提供的低表面能作用与其空间立体结构、氟烷基长短和氟含量有关。一般认为，随着氟碳链长度增加，其表面屏蔽作用逐渐增强，具有八个碳原子的直链全氟烷基可使纤维表面能降低至 8~10mN/m。因此在过去数十年里，具有八个碳原子的直链全氟辛烷磺酸化合物（perfluorooctane sulfonate，PFOS）和全氟辛酸及其盐类（perfluorooctanic acid，PFOA）作为纺织品拒水拒油整理剂的有效组分，其结构式如图 8-25 和图 8-26 所示。

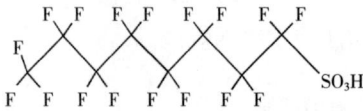

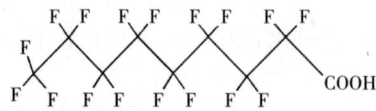

图 8-25  全氟辛基磺酸化合物（PFOS）　　图 8-26  全氟辛酸化合物（PFOA）

### 1. PFOS 和 PFOA 的毒性表现

与此同时，有机氟化学品的生态性和环保性引起了科研工作者的注意。随着含氟材料研究的不断深入，人们发现 PFOS 和 PFOA 在自然环境中难以降解并存在毒性，对环境和人体健康存在严重危害，主要表现在以下四个方面。

（1）持久性。PFOS/PFOA 的持久性极强，即使在浓硫酸中煮 1h 也不会发生分解；并且在增氧或无氧环境中，采用各种微生物对其进行生物处理时，依然没有任何降解的迹象。唯一出现 PFOS 分解的情况是在高温条件下进行焚烧。

（2）生物累积性。已有诸多证据表明，PFOS/PFOA 可以在有机生物体内发生聚集。水中的 PFOS/PFOA 通过水生生物的富集作用和食物链向包括人类在内的高位生物转移。由于 PFOS/PFOA 具有疏水疏脂性，它们不会在脂肪组织中发生累积，但是会依附于血液和肝脏中的蛋白质。已有研究表明，PFOS/PFOA 及其衍生物通过呼吸道吸入、食物摄入等途径进入生物体并富集于人体、生物体中的血、肝、肾、脑中。

（3）毒性。PFOS/PFOA 具有遗传毒性、雄性生殖毒性、神经毒性、发育毒性和内分泌干扰作用等多种毒性，被认为是一类具有全身多器脏毒性的环境污染物。

（4）远距离环境迁移能力。PFOS/PFOA 具有远距离环境传输的能力，污染范围十分广泛。据有关资料表明，全世界范围内被调查的地下水、地表水和海水，甚至人迹罕至的北极地区，生态环境样品、野生动物和人体内均存在 PFOS/PFOA 的污染踪迹。

**2. 有关 PFOS 的禁用法规**

2001 年前后，美国环境保护局提供的数据指出，PFOS 在环境中具有高持久性，在环境中聚集和人体与动物组织中积累，对人体健康和环境产生潜在的危险。基于环境管理和人体健康，中止了 PFOS 的生产和使用，当时美国 3M 公司的 Scotchguard FC 系列曾停产。

瑞典政府于 2005 年 7 月 6 日发布 G/TBT/N/SWE/51 通报，规定 PFOS 和会降解为 PFOS 的物质禁止进入瑞典市场。

欧盟委员会于 2005 年 12 月 5 日提出了关于限制 PFOS 销售及使用的建议和指令草案，并对该建议实施的成本、益处、平衡性、合法性等方面进行了评估。2006 年 10 月 30 日，欧洲议会以 632 票比 10 票通过了该草案，2006 年 12 月 12 日指令草案最终获得部长理事会批准，2007 年 12 月 27 日指令正式公布并生效。

中国于 2020 年 1 月 1 日起实施的《中国严格限制的有毒化学品名录》中包含了全氟辛基磺酸及其盐类和全氟辛基磺酰氟类的十余种物质。该公告指出，凡进口或出口名录中所列有毒化学品的，应按公告及附件规定向生态环境部申请办理有毒化学品进（出）口环境管理放行通知单。进出口经营者应凭有毒化学品进（出）口环境管理放行通知单向海关办理进出口手续。

**3. 有关 PFOA 的禁用法规**

2000 年，美国环境保护局提出，PFOA 及其盐类的暴露影响人体健康，根据美国有毒物质控制法，此类成分被禁止并将其列入化学品目录清单中。

2008 年，加拿大发布将 PFOA 及其盐类增加到有效排除列表中的法规提案，并采取行动，自愿逐步停止 PFOA 的生产，对其使用和释放进行控制。

2010 年，美国也要求削减 95% PFOA 的使用量，计划到 2015 年全面禁用该物质。

2014 年，挪威国家环保局发布消息称，将限制消费品中 PFOA 及其盐类和酯类，并将于 2014 年 6 月 1 日起开始实施。根据产品属性，该法规内容涉及纺织品、地毯及表面有涂层的消费品，PFOA 含量不得超过 $1\mu g/m^2$。

2017 年 6 月 14 日，欧盟发布新法规（EU）2017/1000，修订 REACH 附录 17，新增 68 条 PFOA 及其盐类的限制条款，该修订法规于 2017 年 7 月 4 日期生效。根据该修订法规，自 2020 年 7 月 4 日起，PFOA 及其盐类含量超过 25ppb 或 PFOA 相关物质（可降解或转换为 PFOA 的物质）单个物质或总物质含量超过 1000ppb 的混合物或物品将禁止生产或投入市场。

2019 年 5 月参加《斯德哥尔摩持久性有机污染公约》的各国政府同意将 PFOA 列入公约附件 A。该决定要求各国政府必须采取措施消除 PFOA 的生产和使用，同时设置了 5 年特定豁免领域。

## 三、替代型拒水整理剂及加工技术

针对 PFOS 和 PFOA 对环境和人体健康存在的严重危害，科研人员逐渐开始将拒水拒油整理剂的研发重点放在了环保型上。目前 PFOS 和 PFOA 替代品的合成开发主要有三种方法，即缩短碳氟链长度、引入氧磷等杂原子、在碳氟链上引入分支。基于这三种方法研发出的替代型拒水产品主要有短碳氟链类整理剂、含功能性官能团的全氟或多氟烷基醚类整理剂、含氟硅类整理剂、丙烯酸氟烃酯类整理剂、纳米杂化含氟类整理剂以及无氟类整理剂六大类。

### （一） 短碳氟链拒水拒油整理剂

短碳氟链拒水拒油整理剂主要指 C4 和 C6 类含氟聚合物，该类聚合物由 C4 和 C6 类含氟单体经调聚反应制得。图 8-27 为 C4 和 C6 类含氟单体的化学结构。

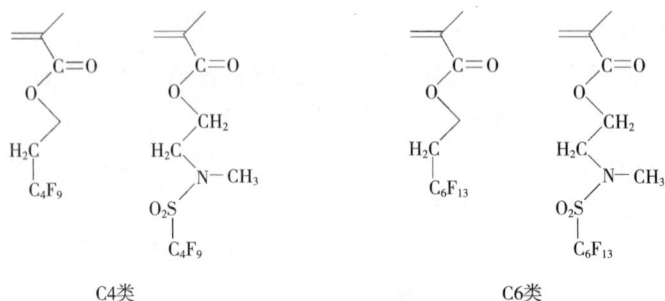

图 8-27　C4 和 C6 类含氟单体

美国杜邦公司采用新的氟调聚物制造技术，使其产生的 PFOA 及其同系物均低于已经公开的有效分析方法的检测限。同时，为了提高整理剂的性能，杜邦公司开发了配套的专用增强剂或增效剂，使整理后织物能够满足拒水拒油性能的要求，甚至可以达到与 C8 结构含氟三防整理剂相似的整理效果。因此，用全氟己烷磺酸或磺酰化物制备的短碳氟链织物拒水拒油整理剂是目前制造商开发最多的产品。但是调聚法制备全氟烷基化合物的最终产物是不同碳链长度的混合物，其碳链分布较宽，很难通过控制反应条件使反应在目标碳链范围内终止。

目前已经市场化的产品有科莱恩公司的 Nuva N 系列、日本大金公司的 Unidyne Multi 系列中的 Unidyne TG-9011、日本旭硝子公司的 Asahiguard E 系列、亨斯迈公司的 Oleophobol C、巴斯夫公司的 Lurotex Protector PRECO 和 Lurotex Protector RLECO 等。

### （二） 含功能性官能团的全氟或多氟烷基醚类拒水拒油整理剂

含功能性官能团的全氟或多氟烷基醚类化合物的主链由醚键构成，其中氧杂原子使刚性结构的氟碳链具有可挠曲性，同时氟原子的强吸电子效应使该类化合物具有较好的稳定性。由于主链中引入的氧杂原子提供了一个攻击位点，在相同条件下，全氟醚链更易生物降解为短链全氟烷基磺酸或短链全氟烷基羧酸。因此，近年来这类化合物也得到了一定程度的开发，其代表性产品有 Gen X 和 F-53B。目前在欧美，Gen X 主要用于含氟树脂的生产，而我国则采用 F-53B 制造铬雾抑制剂等。

### （三） 含氟硅拒水拒油整理剂

含氟化合物具有表面自由能低、耐热性高、化学稳定性好、拒水拒油性佳等优点，同时也存在耐低温性能差、整理后织物手感和柔软性差等缺点。有机硅整理剂具有优良的耐热性、耐候性、疏水性和脱模性，并且有机硅整理剂可以赋予织物防皱、防静电、防起球、柔软等性能，使织物具有滑、爽、挺的风格。因此，在有机硅结构中引入氟基团，可以获得某些独特的性能，如极低的表面张力、较高的热稳定性和化学稳定性、优良的拒水拒油性等，使含氟硅化合物得到了广泛的应用。含氟硅拒水拒油整理剂一般具有如图 8-28 所示的结构通式。

近年来我国高校、研究院所和公司相继研发了多种含氟硅拒水拒油整理剂。苏州大学某课题组研发制备的八氟戊氧丙基甲基硅油整理剂，复合了有机氟和有机硅的优点，整理后织物的综合性能良好，获得了优良的柔软以及拒水效果，拒油效果也明显提高；浙江汉邦化工

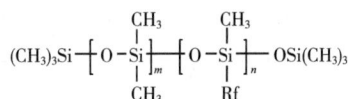

$(CH_3)_3Si\text{-}[O\text{-}Si]_m\text{-}[O\text{-}Si]_n\text{-}OSi(CH_3)_3$

图 8-28　含氟硅拒水拒油整理剂

有限公司推出了 HFES 整理剂，该整理剂由 1,3-二（3-缩水甘油丙基）-1,1,3,3-四甲基二硅氧烷与八甲基四硅氧烷作为含硅单体，在四甲基氢氧化铵催化剂作用下反应制得端环氧基硅油，然后与六氟丙烯三聚体反应，得到淡红色的氟代有机硅化合物，再采用乳化剂将其乳化制得 HFES 整理剂。棉织物经质量浓度为 30g/L 的 HFES 整理剂整理后，其拒水性可达 100 分，柔软性达到 4.8 分（采用闭目触摸法）。

总之，含氟硅拒水拒油整理剂有希望解决含氟（C 原子数>7）三防织物整理剂的安全性、拒油性和柔软性等问题，适用于应用要求较高的领域。

### （四）丙烯酸氟烃酯类拒水拒油整理剂

聚丙烯酸酯类化合物具有优异的成膜性、耐水性、耐腐蚀性以及耐老化性能，大量应用于人们的日常生活生产中。随着科学研究技术的发展，将含氟基团引入聚丙烯酸酯中，使改性后的聚丙烯酸酯不但保持了原有的特性，还极大地提高了其涂膜的耐候性、耐热性以及其拒水拒油性能。因此，丙烯酸氟烃酯类拒水拒油整理剂成为国内外研究学者们的研究热点之一。其结构通式如图 8-29 所示。

组分 I 是丙烯酸氟烃酯类拒水拒油整理剂的主体，氟碳链部分（$R_f$）是降低纤维表面张力，起到拒水拒油作用的关键部分。研究表明，丙烯酸氟烃酯类整理剂的拒水拒油性随着氟碳链中碳原子数的增加而提高，碳原子数在 7 以上，就足以使未氟代的链段屏蔽在氟碳链段之下，碳原子数达到 10 时具有最佳的拒水拒油性；X 为缓冲链节。由于氟碳链的极性强，容易使分子内部发生强烈极化，造成分子的稳定性减弱。为了增加分子内的稳定性，常常在分子中增加缓冲链节，如—$CH_2$—、—$CH_2CH_2$—、—$SO_2NHCH_2CH_2$— 等。

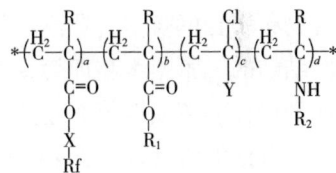

（ I ）　（ II ）　（ III ）　（ IV ）

图 8-29　丙烯酸氟烃酯类
拒水拒油整理剂

组分 II 为（甲基）丙烯酸酯类，赋予整理剂以拒水性、成膜性和柔软性。

组分 III 为硬性单体，赋予整理剂与纤维的黏合性、耐磨性、耐溶剂性和耐洗涤性。

组分 IV 为功能性单体。功能性单体可以是交联性单体，如含有异氰酸酯基、N-羟甲基丙烯酰胺的单体，可以与纤维发生交联或自交联反应，形成强韧的聚合物膜，赋予整理织物耐久性；也可以是含磷化合物，赋予整理织物阻燃性；还可以是聚氧乙烯醚、丙烯酸、磺酰基

等亲水性单体，赋予整理织物易去污性能。

### （五）纳米杂化含氟拒水拒油整理剂

纳米杂化含氟拒水拒油整理剂的原理是荷叶效应。在荷叶粗糙的表面上，水珠只与荷叶表面突起的蜡质晶体毛茸相接触，减少了水珠与固体表面的接触面积，扩大了水珠与空气的界面，在这种情况下液滴不会自动铺展而是保持球体状，这就是荷叶效应。纳米杂化含氟拒水拒油整理剂与常规拒水拒油整理剂的研制不同，它是将降低材料的表面能和形成微纳结构的粗糙度相结合。通过纳米杂化含氟整理剂整理后的织物表面形成与荷叶表面类似的粗糙结构，从而达到拒水拒油的效果。但是在应用过程中，纳米杂化含氟拒水拒油整理剂容易发生凝聚，从而失去纳米特性，并且还存在耐久性差的问题。目前国外已开发的代表性产品有：

（1）Rucostar EEE。该整理剂由德国 Rudolf 公司研制，通过氟碳聚合物与树枝状聚合物在纳米范围内自排并共同结晶制备。产品具有优良的拒水拒油拒污效果，含氟量低，不含 PFOS，PFOA 的含量在限量以下。

（2）Nano-tex NT-X 氟系拒水拒油整理剂。该整理剂由美国 Nano-Tex 公司研发，该氟系拒水拒油整理剂将有机氟与纳米级分子模仿荷叶表面的结构形态和簇绒作用相结合，在织物上形成有序排列和牢固的结合，成为极其粗糙的超疏水层，由此带来优良的拒水拒油拒污效果，同时提高了织物的水洗耐久性。

### （六）无氟拒水整理剂

从性能上来说，无氟防水剂能将织物的表面张力降低至水之下，却不能低于油，因此无氟防水剂只能赋予织物拒水功能，却不能赋予织物拒油性能，远远达不到氟系产品的效果。但是在实际工作中有相当一部分织物，如家用纺织品、户外运动服和休闲服等，只要求有拒水效果，并不需要拒油性能，因而只需采用具有耐久拒水功能的整理剂处理即可。

近年来，开发的无氟耐久拒水整理剂大多采用超支化大分子化合物或树枝状聚合物与碳氢聚合物相结合的技术，把拒水基团引入超支化大分子化合物或树枝状聚合物表面，形成具有特殊结构的无氟拒水整理剂。该类整理剂具有独特的性能，如极低的表面张力，独特的黏度性能和优良的流变性等。经其整理的织物具有优良的拒水性、耐洗性、耐磨性以及柔软的手感，并且该类整理剂不含 PFOS 和 PFOA，对人体无害，是一类安全环保的拒水产品。目前市场上无氟耐久拒水整理剂的代表性品种有：

（1）BIONIC FINISH ECO 整理剂。该整理剂是基于微观结构的树枝状大分子化合物在聚硅氧烷中矩阵排列制成的阳离子型无氟仿生生态防水整理剂，使用时搭配增效剂，可赋予织物优异的拒水性、耐水洗性，赋予织物柔软与平滑的手感，并且无须高温焙烘，整理剂中不含有机卤化物、氟碳化合物以及溶剂等不利于环保的物质；但是经该产品整理后的纺织品不耐干洗，并且该系列产品对温度较为敏感，存放温度范围为 0~40℃。

（2）Nano-tex NT-X 018。该产品是美国 Nano-Tex 公司推出的一种碳氢聚合物结构的无氟耐久拒水剂，能赋予织物高效、优异的拒水效果，适用于纯棉、棉混纺、尼龙等织物的耐久拒水整理。整理后织物经 30 次洗涤后，化纤织物的拒水性为 90 分，纯棉及其混纺织物的拒水性为 70 分，表明织物的耐水性能优异，而且不影响织物的透气性和手感。

（3）Ecorepel 无氟耐久拒水整理剂。该产品由瑞士 Schoeller Technology 公司开发，具有螺旋形长链烷烃结构，整理至纤维后相互继绕着纤维，赋予织物一层低表面能膜，既有拒水效果，又有舒适柔软的手感，不会降低织物的透气性，因此它被绿色和平组织推荐为氟碳化合物拒水整理剂的替代品。此外该产品具有可生物降解性，满足 Oeko-Tex Standard 100 和蓝标等生态标签的要求。

人们越来越关注生态，环境友好型有机氟拒水拒油整理剂的开发与推广已经摆上日程，PFOS 和 PFOA 替代品的研发也取得了实质性的进展。提高产品性能，降低成本，开发环保型拒水整理剂是未来发展的重要方向。

# 第五节　等离子体技术

## 一、等离子体技术概述

### （一）等离子体的产生与技术概述

自然界的物质有三种状态：固态，液态和气态。将固体加热到熔点时，粒子的平均动能超过晶格的结合能，固体会变成液体；将液体加热到沸点时，粒子的动能会超过粒子之间的结合能，液体会变成气体。如果把气体进一步加热，气体则会部分电离或完全电离，失去外层电子的原子变成带电的离子。当带电粒子的比例超过一定程度时，电离气体凸现出明显的电磁性质，而其中正离子和负离子的数目相等，因此被称为等离子体，物质的这种状态也常被称为物质的第四态。它有很高的电导率，与电磁场的耦合作用也极强：带电粒子既可与电场耦合，又可与磁场耦合。等离子体与固体表面相互作用，具有独特的光、热及电学等物理性质，可产生多种物理与化学过程。

**1. 等离子体的概念**

等离子体是由部分电子被剥夺后的原子及原子团被电离后产生的正负离子组成的离子化气体状物质，尺度大于德拜长度的宏观电中性电离气体，其运动主要受电磁力支配，并表现出显著的集体行为。它广泛存在于宇宙中。

**2. 等离子体的产生**

在实验室中，有很多方法和途径可以产生等离子体，如气体放电、激光压缩、射线辐照及热电离等，但最常见和最主要的还是气体放电法。在气体放电实验中，根据放电条件（如气压、电流等）的不同，可以将气体放电分为电晕放电、辉光放电及电弧放电等。

**3. 低温等离子体技术**

低温等离子体技术的应用范围非常很广，这里仅介绍涉及等离子体与固体表面相互作用过程的一些应用技术，如薄膜合成、等离子体刻蚀等，进行简要地介绍。

（1）薄膜合成。目前，采用低温等离子体合成薄膜技术主要有两种方法，即物理气相沉积（简称 PVD）和等离子体增强化学气相沉积（简称 PCVD）。

①物理气相沉。物理气相沉积是借助于等离子体中的离子的物理效应进行薄膜沉积，主要分为离子镀和溅射沉积两种。离子镀技术是一种在等离子体环境下的蒸发技术，工作室的真空度较高。在这种技术中，蒸发出来的原子被电离，然后在电场的作用下加速运动到基体上，从而形成镀膜。这种技术简单易行，沿用已久，广泛地用于集成电路电极的制作、布线、透镜滤光片的镀膜、金属磁带的制作及各种装饰性镀膜。但这种技术本身有许多缺点，如膜与基体表面的附着能力较差、高熔点低蒸气压物质不易镀及制备功能薄膜时物性难以控制等。

②等离子体增强化学气相沉积。等离子体增强化学气相沉积是一种新的制膜技术。它是借助于等离子体使含有薄膜组成原子的气态物质发生化学变化，而在基片上沉积薄膜的一种方法。在这种方法中，等离子体起着降低反应温度和加速反应过程的作用。这种方法特别适用于功能材料薄膜和化合物膜的合成，显示出许多优点，被视为第二代薄膜技术。目前使用的 PCVD 装置样式很多，但基本结构单元却是大同小异。最常用的是射频放电和微波放电 PCVD 装置。

无论是物理气相沉积方法还是化学气相沉积方法，薄膜与基体的界面附着性并不是太好。其原因是沉积的原子能量太低，以致不能进入基体内部。为了增强膜与基体的附着能力，可以采用离子束辅助沉积的方法来合成薄膜。具体方法是：在基体上施加一负偏压，在中性粒子沉积过程的同时，等离子体中的离子经过鞘层电场的加速后轰击到基体的表面上。先沉积到基体表面的中性原子在离子的轰击下，有可能进入基体表面层下面，从而提高表面的附着能力。但这种方法也有一定的缺陷。薄膜表面的原子由于受到离子的轰击后，将导致溅射现象的产生，从而加大了薄膜表面的粗糙度。

（2）等离子体刻蚀技术。在超大规模集成电路的制备工艺中，需要在一些基片（通常为 Si、$SiO_2$ 及 GaAs 等）上制作所需的各种图形和光栅。传统的做法是采用所谓的湿刻蚀法来制备图形，即用酸碱溶液来腐蚀基片。这种刻蚀技术存在着刻蚀出的图形的线宽度不够细和污染严重等问题。显然，湿刻蚀技术不能满足超大规模集成电路的微小化和高密化的要求。

为此，人们发展了一种新的刻蚀技术，即等离子体刻蚀技术。具体的做法如下：

①以 Si 基片为例，首先对其表面进行热氧化，形成一层较厚的 $SiO_2$ 膜（200~1000Å）。其次，在 $SiO_2$ 膜上沉积一层 $Si_3N_4$ 膜，并在 $Si_3N_4$ 上涂抹一层光敏物质，即光刻胶。

②将带有图形的罩子盖在光敏物质上，并用紫外光对其进行辐照。裸露出的光敏物质在紫外光的辐照下，很容易分解。移去罩子，$Si_3N_4$ 表面上将形成由光敏物质组成的图形。

③将上述带有图形的基片放入反应性等离子体中（一般为 $CF_4$ 或 $CCl_4$ 等离子体），并对其施加射频偏压。那么等离子体中的反应性离子在鞘层电场的作用下，将入射到裸露的 $Si_3N_4$ 上，并对其进行刻蚀（化学反应）。随着放电过程的不断进行，位于 $Si_3N_4$ 层下面的 $SiO_2$ 也将受到刻蚀，从而制备出人们所需的图形。

④最后除去光刻胶。由于光刻胶为碳氢化合物，具有很强氧化性。因此，将刻蚀后的基片放入氧等离子体中，即可除去光刻胶。

目前，人们采用等离子体刻蚀技术制备出的图形线宽可以达到亚微米量级，且正在向深亚微米的线宽度进军。但在等离子体刻蚀工艺中，也存在着一些亟待解决问题，如局域刻蚀的微观不均匀性问题。

**4. 等离子体设备**

等离子体设备有中频、射频等离子处理机型；有水平、垂直、卷式 RTR 及转鼓等真空等离子体处理设备和喷射、准辉光、隧道、水平线多种常压等离子体处理设备。PR80L 型等离子体处理机台是世界顶级高频等离子体设备系统，德国高品质元器件融合国内优质工控系统及日本等发达国家之零配件，实现计算机全自动控制功能，达到国际先进水平，使此款等离子体机台具有高稳定性、高性价比、高均匀性等诸多优点。

特色鲜明的处理腔体形状和电极结构可以满足不同形状、不同材质的表面处理要求，包括薄膜、织物、零件、粉体和颗粒等。常见等离子体设备可分为转鼓式低温等离子体表面处理设备、水平式低温等离子体表面处理设备、卷对卷式低温等离子体表面处理设备以及大气压辉光放电表面处理设备。

**（二）等离子体种类及特点**

**1. 等离子体种类**

（1）按产生方式分类。按产生方式可分为天然等离子体和人工等离子体。

①天然等离子体。宇宙中 99.9% 的物质处于等离子体状态，如恒星星系、星云等。地球比较特别，物质大部分以凝聚态形式存在，能量水平低。可是在大气中，由于宇宙射线等外来高能射线的作用，在每立方厘米内每秒会产生 20 个离子，大气上部出现的极光，以及黑夜天空中的余晖，则是另一种形式的等离子体。

②人工等离子体。人们周围随处可见人工产生的等离子体，如日光灯、霓虹灯中的放电等离子体，等离子体炬（焊接、新材料制备、消除污染）中炫目的电弧放电等离子体，爆炸、冲击波中的等离子体以及气体激光器和各种气体放电中的电离气体。

（2）按电离度分类。等离子体中存在电子、正离子和中性粒子（包括不带电荷的粒子，如原子或分子以及原子团）三种粒子，以此来衡量等离子体的电离程度，电离度 $\beta$。这时等离子体可分为以下三类：当 $\beta=1$ 时，称为完全电离等离子体，如日冕、核聚变中的高温等离子体，其电离度是 100%；$0.01<\beta<1$ 时，称为部分电离等离子体，如大气电离层、极光、雷电、电晕放电等都属于部分电离等离子体；$\beta<0.01$ 时，称为弱电离等离子体，如火焰中的等离子体大部分是中性粒子，带电粒子成分较少，属于弱电离等离子体。

（3）按热力学平衡分类。根据离子温度与电子温度是否达到热平衡，可把等离子体分为三类。

①完全热力学平衡等离子体。当整个等离子体系统温度 $T>5\times10^3$K 时，体系处于热平衡状态，各种粒子的平均动能都相同，这种等离子体称为热力学平衡等离子体，简称平衡等离子体。

②局域热力学平衡等离子体。就是局部处于热力学平衡的等离子体。

③非热力学平衡等离子体。通过低气压放电获得等离子体时，气体分子的间距非常大。自由电子可在电场方向得到较大加速度，从而获得较高的能量。而质量较大的离子在电场中则不会得到电子那样大的动能，气体分子也一样。所以，电子的平均动能远远超过中性粒子

和离子的动能，电子的温度可高达 $10^4K$，而中性粒子和离子的温度却只有 $300\sim500K$。这种等离子体处于非平衡状态，所以称为非热力学平衡等离子体，简称非平衡等离子体。

**2. 等离子体特性**

（1）电中性。等离子体整体表现是电中性，但由于某种扰动或其他原因，在局部空间有可能出现离子过剩或电子的偏少；相应地，另一空间出现离子偏少和电子过剩。过剩电子的区域中的电子会有强烈的向电子偏少区域运动的特性，恢复等离子体的电荷分离，因此等离子体具有强烈的维持电中性的特性。但是粒子是处在运动中的，因此，在某一有限小的区域内，电中性是可以不存在的。

（2）德拜屏蔽长度。即描述等离子体内电荷分离的最大线性尺度，它是指等离子体能够保持电中性的区域范围。在德拜球范围内，电中性是不保证的，即球内不能称为等离子体，只能是电离气体。因此，德拜长度是电离气体电中性空间的临界线性尺度的判据。等离子体内带电粒子浓度越大，电子温度越低，德拜长度就越小，非电中性被限制在较小的范围内。

（3）导电性和介电性。等离子体能同时表现出导电性和介电性。在弱电离情况下，带电粒子主要与中性粒子碰撞，直流电导率一般较大，类似金属中电子的自由运动。如果把等离子体置于交变电场中，如电磁场，此时无界的等离子体就像各向异性的电介质，在平行和垂直于磁场传播方向上有不同的介电常数。

**（三）等离子体技术的研究进展**

利用等离子体技术处理纤维，可以达到清洁的效果。刘涛研究低温等离子体对棉纤维的清洁作用，发现棉纤维经低温等离子体处理后可使棉纤维上的杂质黏附性降低，通过后续水洗杂质能被轻易去除。由此可见，适当的等离子体处理能去除纤维表面的附着成分或杂质，达到清洁纤维表面的目的，从而有利于纤维的后整理。若等离子体处理放电时间过长，功率过大，则会对纤维造成损伤。

等离子体技术可在纤维表面引入官能团，改善纤维的亲水性，有利于后续与染料等溶液发生相互作用及提升与其他材料的界面性能。通过氩气低温等离子体处理芳纶，在纤维表面可引入一些新的极性基团（—OH、—COOH 等），提高了纤维表面的润湿性，同时也增强了芳纶纸的界面强度，如图 8-30 所示。

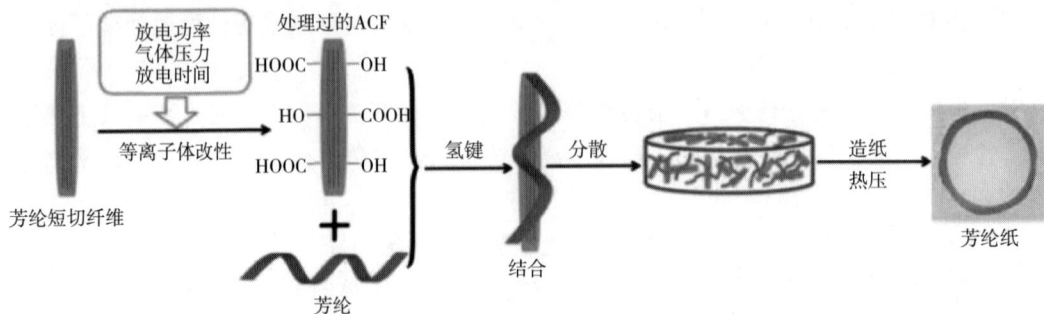

图 8-30　氩气低温等离子体改性的示意图

利用等离子体接枝形成的特殊聚合物表层可以吸附特定的化合物，可应用于废水处理。阳离子艳红染料具有水溶性极强、相对分子质量较小、与分子结合能力强等特点，其废水可生化性差，可以采用低温等离子体接枝聚合技术制备 ES（ethylene-propylene side by side，聚烯烃系纤维）基离子交换纤维，用于吸附染料废水中的阳离子艳红。近年来，利用等离子体技术改性制备可穿戴织物的研究呈逐渐增加趋势。

## 二、等离子体技术在纺织品清洁化染整中的应用

### （一）等离子体技术的作用

等离子体技术改性纺织材料主要通过刻蚀活化、自由基改性、聚合覆膜三种途径实现。利用等离子体技术处理纺织材料可获得以下不同的效果：

（1）清洁效果。通过去除纺织材料表面的杂质，达到清洁的目的。

（2）改变表面形态及性能。使纺织材料表面变粗糙，从而提升润湿性、增加细胞黏附力以及提升其与其他材料之间的界面性能。

（3）引入自由基。改变纺织材料表面的化学组成，从而产生疏水或亲水表面。

（4）等离子体聚合。可将具有特殊性能的固体聚合物沉积到纺织材料表面，从而赋予纺织材料相应的性能。

### （二）等离子体技术在非织造材料和多种织物改性及染色方面的研究与应用

#### 1. 等离子体在棉织物处理中的应用及对染色的影响

等离子体在纺织行业的应用由来已久，但是大多集中在面料的退浆及后整理阶段，在染色方面的工业化应用研究较少。按照传统工艺，棉纤维中的蜡质、灰质等成分要经煮练、漂白等工序去除，以提高染色效果。常压等离子体处理不仅可以达到煮练、漂白同等效果，而且还具有一定的优势：可使棉纤维中的蜡质氧化成二氧化碳和水，有效地减少疏水性物质对水分的阻碍作用；还可提高纤维表面亲水性基团的含量，使纤维的浸润性明显改善；另外，在不损伤纤维的前提下，改善其微观结构。

由于低温等离子体处理后棉织物的前处理可以简单化，因此棉和不太耐碱的蚕丝或羊毛的混纺织物精练时，可以不必担心蚕丝或羊毛受到损伤。在等离子体对棉织物染色的研究中，采用氧低温等离子体处理棉织物，可通过对棉纤维的刻蚀和纤维表面的改性提高纤维表观深度和染料的上染百分率。在染色方面，氧气等离子体处理对棉纤维染色性能的影响主要体现在以下几方面。

（1）氧气低温等离子体刻蚀作用引起织物比表面积增加。比表面积增加有利于染料在纤维中扩散。

（2）氧气低温等离子体处理后羧基等亲水性基团的引入，提高了纤维的润湿性，加快了染料向纤维表面吸附及向纤维内部扩散。

（3）等离子体的刻蚀作用使纤维表面粗糙化，提高了增深效应。但是需要注意的是，等离子体的处理产生的刻蚀作用同样会破坏棉织物表面羟基，羟基的损失将不利于染料活性基团与纤维反应，降低棉织物表观染色深度和增加色差，而且处理时间较长会

引起纤维表面发生交联，同时降低上染速率和平衡上染百分率。只有选择合适的处理工艺，氧气低温等离子体对棉织物刻蚀作用以及一些含氧亲水基团的引入才能有利于染色等进行。

**2. 超细涤纶仿麂皮织物等离子体处理染色工艺研究**

低温等离子体技术是纺织印染行业中清洁生产的新型高能物理加工工艺，仅对材料表面改性，不破坏材料本体，能最大程度保留材料原有的力学性能；等离子体在整个表面上的处理效果相对均匀，可用于纤维材料、粗纱、毛条及织物等，通过弥补材料表面缺陷改善材料表面性能。

用于纤维材料时，可改善表面形貌，提高亲水性、上染率和色牢度。用于粗纱和毛条时，可以提高纤维间的黏结力，从而提高原料的利用率，还可减少纺纱高支纱断头率，提高织物的耐磨性；在织物精练、退浆、漂白等前处理过程中进行等离子体处理，可以赋予织物拒水拒油等新功能。超细纤维仿麂皮织物具有优良的服用性能，织物表面上存在许多细小的纤维，比表面积大，导致染色时吸附的染料量多，初染率高，上染速率快，匀染性、染深性、色牢度受到影响，诸多纺织印染企业一直面临着这些问题的困扰。目前，印染企业对超细涤纶仿麂皮织物的染整加工一般采用添加助剂的方式来改善其染色牢度，染料的利用率较低，且不易染深色。用低温等离子体处理织物后，织物的表面特性发生改变，染色性能可以得到改善。

**3. 常压等离子体处理对锦纶6性能的影响**

等离子体表面改性无须使用大量水和化学物质，是一种环保的非水处理技术，已经广泛应用于润湿性、拒水性、抗油性、染色性、印刷性等表面性能的改善以及表面薄膜的沉积。

锦纶6经常压等离子体射流处理后，表面粗糙度以及极性基团数量的增加，导致动态接触角减小，染料扩散速度加快，从而改善了纤维的吸湿性和染色性，延长处理时间，效果更明显。使用光学、荧光和激光扫描共焦显微镜（LSCM）可以来表征纤维处理前后染料在其横截面的扩散情况，为了使LSCM观察到的纤维横截面图像不失真，选用折射率与锦纶6相近的甘油作为固定介质，即可探测等离子体射流处理引起的染料扩散及其分布的变化。光学、荧光和激光扫描共焦三种显微镜均观察到染料在处理后纤维横截面扩散比原样深且强。

**4. 等离子体处理高强高模聚乙烯醇纤维及其染色性能研究**

由于高强高模PVA纤维取向度较高，纤维中大分子排列致密，水分子以及染料分子很难渗入纤维内部，造成其染色性能较差。等离子体处理作为一种便捷、高效、清洁、环保的处理技术，常被用来改善材料的表面性能，如亲水性、染色性及黏附性等。等离子体的种类有很多，其中，介质阻挡放电（DBD）等离子体处理技术因为经济可靠、实施方便，可在工业生产中大规模应用而备受青睐。

**（三）等离子体技术在多种织物整理中的研究与应用**

**1. 棉纺织品的低温等离子体抗菌改性**

一般来说，采用低温等离子体对棉织物进行抗菌改性，主要是从不同的抗菌材料角度，利用等离子体中电子、离子等活性粒子的特性来实现的。对于棉织物来说，低温等离子体中活性粒子的能量高于棉纤维材料的化学键能，可以在纤维表面形成物理刻蚀及化学氧化，破

［59］侯爱芹,戴瑾瑾. 涤纶在超临界 $CO_2$ 体系中上染性能研究［C］. 第五届全国染色学术讨论会,2009.

［60］祝勇仁,王循明. 超临界二氧化碳染色技术研究进展［J］. 化工进展,2012(9):1891-1898.

［61］陆同庆,龙家杰,张培群,等. 涤纶织物超临界二氧化碳染色研究［J］. 染料与染色,2004(6):39-40.

［62］肖国栋. 超临界 $CO_2$ 流体中棉织物的活性分散染料染色研究［D］. 苏州:苏州大学,2012.

［63］高丽贤,龙家杰,吴勇. 棉织物的超临界流体分散染料染色［J］. 印染,2017,43(6):10-12.

［64］张珍,余志成,林鹤鸣. 超临界二氧化碳对涤纶纤维结构和性能的影响［J］. 丝绸,2004(3):34-36.

［65］孙长春,万刚,刘延辉,等. 超临界 $CO_2$ 无水染色涤纶针织物服用性能研究［J］. 针织工业,2020(5):56-59.

［66］Wolfgang Saus,Dierk Knittel,Eckhard Schollmeyer. Dyeing of textiles in supercritical carbon dioxide ［J］.Textile Research Journal. 1993;63(3):135-142.

［67］Chang K H,Bae H K,Shim J J. Dyeing of PET textile fibers and films in supercritical carbon dioxide［J］.Korean Journal of Chemical Engineering,1996,13(3):310-316.

［68］周明强,李青,陈英. 超临界 $CO_2$ 染色法在超细涤纶纤维染色中的应用［J］. 北京服装学院学报(自然科学版),2007(4):25-30.

［69］丛洪莲,张永超. 生物基锦纶的性能及其在针织面料中的应用［J］. 纺织学报,2015,36(7):22-27.

［70］Tarek M. Abou Elmaaty,Fathy M. et al. Water-free dyeing of polyester and nylon 6 fabrics with novel 2-oxoaceto-hydrazonoyl cyanide derivatives under a supercritical carbon dioxide medium［J］. Fibers and Polymers,2018,19(4):887-893.

［71］林春绵,宋赛赛,周红艺. 锦纶在超临界二氧化碳中的染色研究［J］. 印染,2006,32(7):1-3.

［72］Raju penthala,Gisu Heo,Hyorim kim. Synthesis of azo and anthraquinone dyes and dyeing of nylon 66 in super-critical carbon dioxide. 2020,38:49-58.

［73］Zhang H J,Zhong Z L,Feng L L,et al. Research on polypropylene dyeing in supercritical carbon dioxide［J］.Advanced Materials Research,2011,175-176:646-650.

［74］Liao S K,Chang P S,Lin Y C. Analysis on the dyeing of polypropylene fibers in supercritical carbon dioxide［J］. Journal of Polymer Research,2000,7(3):155-159.

［75］Yusa A,Oshima M. Method for modifying polymer surface and method for producing polymer product ［P］.US 2005/0240004 A1,2005-10-27.

［76］Tarek Abou Elmaaty,Mamdouh Sofan,Hanan Elsisi,et al. Optimization of an eco-friendly dyeing process in both laboratory scale and pilot scale supercritical carbon dioxide unit for polypropylene fabrics with special new disperse dyes［J］. Journal of $CO_2$ Utilization,2019,33:365-371.

［77］刘轩,张朋飞,敖苏和,等. 芳纶纱线的无水染色实验研究［J］. 轻纺工业与技术,2020(3):6-8.

［78］姚明锋,李青. 芳纶/粘胶混纺织物在超临界 $CO_2$ 中的染色研究［J］. 山东纺织科技,2010(6):1-4.

［79］杨文芳,王雷,郑振荣,等. PLA 纤维超临界 $CO_2$ 染色研究［J］. 印染,2007,33(20):13-15.

［80］文会兵,杨一奇,戴瑾瑾. 聚乳酸纤维在超临界 $CO_2$ 中染色的研究［C］.//2007 年度上海印染新技术交流研讨会,2007.

［81］Xujun Luo,Jonathan White,Richard Thompson,et al. Novel sustainable synthesis of dyes for clean dyeing of wool and cotton fibres in supercritical carbon dioxide［J］. Journal of Cleaner Production,2018,199:1-10.

［82］Long J J,Xiao G D,Xu H M,et al. Dyeing of cotton fabric with a reactive disperse dye in supercritical carbon di-oxide［J］. Journal of Supercritical Fluids,2012,69:13-20.

[83]葛师成,赵玉索.超临界二氧化碳中反胶束体系的研究方法[J].化工时刊,2006(5):56-59.

[84]袁爱琳.真丝和羊毛的化学改性及其超临界 $CO_2$ 染色原理及工艺[D].杭州:浙江理工大学,2005.

[85]章燕琴.超临界 $CO_2$ 专用蒽醌型活性分散染料的合成及结构表征[D].苏州:苏州大学,2017.

[86]Da-fa Yang,Xiang-jun Kong,Dan Gao,et al. Dyeing of cotton fabric with reactive disperse dye contain acyl fluoride group in supercritical carbon dioxide [J]. Dyes and Pigments,2017,139:566-574.

[87]Zhang Y Q,Wei X C,Long J J. Ecofriendly Synthesis and application of special disperse reactive dyes in waterless coloration of wool with supercritical carbon dioxide[J]. Journal of Cleaner Production,2016,133:746-756.

[88]袁爱琳,林鹤鸣,余志成.真丝织物的 TCT 改性及其在超临界 $CO_2$ 中的染色[J].丝绸,2005(7):32-34.

[89]冉瑞龙,龙家杰,徐水,等.超临界 $CO_2$ 流体处理对蚕丝纤维结构的影响[J].丝绸,2006(5):22-24.

[90]Kai Yan,Yan-Qin Zhang,Hong Xiao,et al. Development of a special SCFX-AnB3L dye and its application in ecological dyeing of silk with supercritical carbon dioxide[J]. Journal of $CO_2$ Utilization,2020,35:67-78.

[91]Akihiko K,Satoshi H. $H_2$ or $O_2$ evolution from aqueous solutions on layered oxide photocatalysts consisting of $Bi^{3+}$ with $6s^2$ configuration and d0 transition metal ions[J]. Chem. Lett. 1999(28):1103-1104.

[92]Otten C J,Lourie O R,Yu M.-F. et al. Crystalline Boron Nanowires [J]. J. Am. Chem. Soc.,2002(12):4564-4565.

[93]Jézéquel D,Guenot J,Jouini N,et al. Submicrometer zinc oxide particles:Elaboration in polyol medium and morphological characteristics[J]. J. Mater. Res. 1995(10):77-83.

[94]徐甲强,潘庆谊,孙雨安,等.纳米氧化锌的乳液合成、结构表征与气敏性能[J].无机化学学报,1998,14:355-359.

[95]张立德,牟季美.纳米材料与纳米结构[M]北京:科学出版社,2001.

[96]王琳,吴忆宁,汪炎.溶胶—凝胶法制备纳米二氧化钛及其性能研究[J].哈尔滨商业大学学报(自然科学版),2006,22(3):76-79.

[97]Feng S,Xu R. New materials in hydrothermal synthesis[J]. Accounts Chem. Res.,2001(34):239-247.

[98]Jiang Y,Chen D,Song J,et al. A facile hydrothermal synthesis of graphene porous NiO nanocomposite and its application in electrochemical capacitors[J]. Electrochim. Acta.,2013(91):173-178.

[99]Simmons B,Li S,John V,et al. Morphology of CdS nanocrystals synthesized in a mixed surfactant system[J].Nano Letters-NANO LETT,2002(2):263-268.

[100]Velusamy T,Liguori A,Macias-Montero M,et al. Ultra-small CuO nanoparticles with tailored energy-band diagram synthesized by a hybrid plasma-liquid process[J]. Plasma Process Polym,2017(14):e1600224.

[101]Mn Zheng,Jia-qing Wu. Synthesis and properties of nitrogen-doped pink ZnO nanocrystallites[J]. Applied Surface Science,2009,255(11):5656-5661.

[102]郑敏,模板法制备纳米 $TiO_2$ 及其对纤维素纺织品的抗紫外整理[J].功能材料,2007,增刊.

[103]鹿娜,李俊伟,吕丽华,等.纳米石墨烯/PLA 远红外纤维制备及性能研究[J].印染助剂,2018(35):33-36.

[104]Chen Wenhua,Liu Pengju,Min Lizhen,et al. Non-covalently functionalized graphene oxide-based coating to enhance thermal stability and flame retardancy of PVA film [J]. Nano-micro Letters,2018,10(3):39.

[105]郭振福,高绪珊,童俨.碳纳米管/聚酯抗静电纤维的制备和性能[J].合成纤维,2007(7):15-17.

[106]鲁译夫,郑敏,钟珊,等.掺氮碳量子点在涤纶织物上的抗静电应用[J].印染助剂,2019(8):16-20.

[107]吴湘锋,王标兵,胡国胜.纳米氢氧化镁阻燃剂的研究进展[J].材料导报,2007,21(5):17-23.

[108]郑敏,许东,王作山,陈忠立. 一种快速判断纺织品上无机纳米材料的方法[P]. 中国,ZL201110149696. 0,2011-11-28.

[109]朱平. 功能纤维及功能纺织品[M]. 北京:中国纺织出版社,2006.

[110] Visakh P M, Arao Y. Flame retardants: polymer blends, composites and nanocomposites [M]. Springer Switzerland, Cham Switzerland, 2015:209-246.

[111] Gay-Lussac J L. Note on properties of salts for making fabrics incombustible[J]. Annales De Chimie-Science Des Materiaux, 1821, 2(18):211-217.

[112] Horrocks A R. Flame-retardant finishing of textiles[J]. Review of Progress in Coloration and Related Topics, 1986, 16(1):62-101.

[113] Horrocks A R. Flame retardant challenges for textiles and fibres: new chemistry versus innovatory solutions[J]. Polymer Degradation and Stability, 2011, 96(3):377-392.

[114]袁志磊,吴雄英,杨娟. 国内外纺织品服装燃烧性能技术法规与标准的研究[J]. 纺织导报,2004,5:128-133.

[115] Lewin M, Atlas S M, Pearce E M. Flame-retardant polymeric materials[M]. Springer, MA Boston, 1975:137-191.

[116]陈荣圻. 纺织品阻燃剂的安全、生态评估及最新发展(一)[J]. 印染,2007,33(14):46-51.

[117]陈沁,赵涛. 阻燃纤维及纺织品的研究进展[J]. 印染,2015,41(5):49-54.

[118]曾祥全,丁关海. 解读生态纺织品标准100 (Oeko-Tex Standard 100)[J]. 世界标准化与质量管理,2004 (5):44-45.

[119] Aenishänslin R, Guth C, Hofmann P, et al. A new chemical approach to durable flame-retardant cotton fabrics [J]. Textile Research Journal, 1969, 39(4):375-381.

[120] Alongi J, Carosio F, Horrocks R A, et al. Update on flame retardant textiles: state of the art, environmental issues and innovative solutions[M]. Smithers Rapra Technology Ltd, Shropshire UK, 2013.

[121] Wu W, Yang C Q. Comparison of DMDHEU and melamine-formaldehyde as the binding agents for a hydroxy-functional organophosphorus flame retarding agent on cotton[J]. Journal of Fire Sciences, 2004, 22(2):125-142.

[122] Yang C Q, Wu W, Xu Y. The combination of a hydroxyl-functional organophosphorus oligomer and melamine-formaldehyde as a flame retarding system for cotton[J]. Fire and Materials, 2005, 29(2):109-120.

[123] Yang C Q, Chen Q. Flame retardant finishing of the polyester/cotton blend fabric using a cross-linkable hydroxyl-functional organophosphorus oligomer[J]. Fire and Materials, 2019, 43:283-293.

[124] Yang C Q, Wu W. Combination of a hydroxy-functional organophosphorus oligomer and a multifunctional carboxylic acid as a flame retardant finishing system for cotton: Part Ⅰ. The chemical reactions[J]. Fire and Materials, 2010, 27(5):223-237.

[125] Yang C Q, Wu W. Combination of a hydroxyl-functional organophosphorus oligomer and a multifunctional carboxylic acid as a flame retardant finishing system for cotton: Part Ⅱ. Formation of calcium salt during laundering [J]. Fire and Materials, 2010, 27(5):239-251.

[126] Benisek L, Edmondson G K, Phillips W A. Protective clothing-evaluation of wool and other fabrics[J]. Textile Research Journal, 1979, 49(4):212-221.

[127] Guan J, Chen G. Flame resistant modification of silk fabric with vinyl phosphate. Fibers and Polymers, 2008, 9(4):438-443.

[128] Guan J, Chen G. Performance of flame retardancy silk modified with water-soluble vinyl phosphoamide[J]. Journal of Applied Polymer Science, 2013, 129(4): 2335-2341.

[129] Tsukada M, Khan M M R, Tanaka T, et al. Thermal characteristics and physical properties of silk fabrics grafted with phosphorous flame retardant agents[J]. Textile Research Journal, 2011, 81(15): 1541-1548.

[130] Kamlangkla K, Hodak SK, Levalois-Grützmacher J. Multifunctional silk fabrics by means of the plasma induced graft polymerization (PIGP) process[J]. Surface and Coatings Technology, 2011, 205(13-14): 3755-3762.

[131] 李强林, 黄方千, 肖秀婵, 等. 反应性含磷阻燃单体在纺织品中的研究进展(一)[J]. 印染, 2018, 44(11): 53-56.

[132] 臧文慧, 谷晓昱, 张胜, 等. 几种天然高分子阻燃材料的研究[J]. 产业用纺织品, 2016, 34(9): 1-7.

[133] Costes L, Laoutid F, Brohez S, et al. Bio-based flame retardants: when nature meets fire protection[J]. Materials Science and Engineering: R: Reports, 2017, 117: 1-25.

[134] Zeng L, Qin C, Wang L, Li W. Volatile compounds formed from the pyrolysis of chitosan[J]. Carbohydrate Polymers, 2011, 83(4): 1553-1557.

[135] Holder K M, Smith R J, Grunlan J C. A review of flame retardant nanocoatings prepared using layer-by-layer assembly of polyelectrolytes[J]. Journal of Materials Science, 2017, 52(22): 12923-12959.

[136] Laufer G, Kirkland C, Morgan A B, et al. Intumescent multilayer nanocoating, made with renewable polyelectrolytes, for flame-retardant cotton[J]. Biomacromolecules, 2012, 13(9): 2843-2848.

[137] 徐婕, 于鹏美, 陈忠立, 等. 采用静电层层自组装法制备阻燃蚕丝织物的工艺条件及产品性能测试[J]. 蚕业科学, 2014, 40(1): 75-80.

[138] Kundu C K, Wang X, Song L, et al. Borate cross-linked layer-by-layer assembly of green polyelectrolytes on polyamide 66 fabrics for flame-retardant treatment[J]. Progress in Organic Coatings, 2018, 121: 173-181.

[139] Wang X, Romero M Q, Zhang X Q, et al. Intumescent multilayer hybrid coating for flame retardant cotton fabrics based on layer-by-layer assembly and sol-gel process[J]. RSC Advances, 2015, 5(14): 10647-10655.

[140] Ren Y, Huo T, Qin Y, et al. Preparation of flame retardant polyacrylonitrile fabric based on sol-gel and layer-by-layer assembly[J]. Materials, 2018, 11(4): 483.

[141] Jiang Z, Wang C, Fang S, et al. Durable flame-retardant and antidroplet finishing of polyester fabrics with flexible polysiloxane and phytic acid through layer-by-layer assembly and sol-gel process[J]. Journal of Applied Polymer Science, 2018, 135(27): 46414.

[142] Feng Y, Zhou Y, Li D, et al. A plant-based reactive ammonium phytate for use as a flame-retardant for cotton fabric[J]. Carbohydrate Polymers, 2017, 175: 636-644.

[143] Cheng X W, Guan J P, Chen G, et al. Adsorption and flame retardant properties of bio-based phytic acid on wool fabric[J]. Polymers, 2016, 8(4): 122.

[144] Cheng X W, Guan J P, Yang X H, et al. Improvement of flame retardancy of silk fabric by bio-based phytic acid, nano-TiO$_2$, and polycarboxylic acid[J]. Progress in Organic Coatings, 2017, 112: 18-26.

[145] Cheng X W, Guan J P, Kiekens P, et al. Preparation and evaluation of an eco-friendly, reactive, and phytic acid-based flame retardant for wool[J]. Reactive and Functional Polymers, 2019, 134: 58-66.

[146] Cheng X W, Guan J P, Yang X H, et al. A bio-resourced phytic acid/chitosan polyelectrolyte complex for the flame retardant treatment of wool fabric[J]. Journal of Cleaner Production, 2019, 223: 342-349.

[147] Nam S, Condon B D, Xia Z, et al. Intumescent flame-retardant cotton produced by tannic acid and sodium hy-

droxide[J]. Journal of Analytical and Applied Pyrolysis,2017,126:239-246.

[148]Laoutid F,Karaseva V,Costes L,et al. Novel bio-based flame retardant systems derived from tannic acid[J]. Journal of Renewable Materials,2018,6(6):559-572.

[149]Xia Z,Kiratitanavit W,Facendola P,et al. Fire resistant polyphenols based on chemical modification of bio-derived tannic acid[J]. Polymer Degradation and Stability,2018,153:227-243.

[150]Yang T T,Guan J P,Chen G,et al. Instrumental characterization and functional assessment of the two-color silk fabric coated by the extract from Dioscorea cirrhosa tuber and mordanted by iron salt-containing mud[J].Industrial Crops and Products,2018a,111:117-125.

[151]Yang T T,Guan J P,Tang R C,et al. Condensed tannin from Dioscorea cirrhosa tuber as an eco-friendly and durable flame retardant for silk textile[J]. Industrial Crops and Products,2018b,115:16-25.

[152]Zhou Y,Tang R C,Xing T,et al. Flavonoids-metal salts combination:a facile and efficient route for enhancing the flame retardancy of silk[J]. Industrial Crops and Products,2019,130:580-591.

[153]Cheng T H,Liu Z J,Yang J Y,et al. Extraction of functional dyes from tea stem waste in alkaline medium and their application for simultaneous coloration and flame retardant and bioactive functionalization of silk[J]. ACS Sustainable Chemistry & Engineering,2019,7(22):18405-18413.

[154]Guo L, Yang Z Y, Tang R C, et al. Grape seed proanthocyanidins:novel coloring, flame-retardant, and antibacterial agents for silk[J]. ACS Sustainable Chem. Eng. 2020,8:5966-5974.

[155]Alongi J,Di Blasio A,Milnes J,et al. Thermal degradation of DNA,an all-in-one natural intumescent flame retardant[J]. Polymer Degradation and Stability,2015,113:110-118.

[156]Alongi J,Carletto R A,Di Blasio A,et al. DNA:a novel,green,natural flame retardant and suppressant for cotton [J]. Journal of Materials Chemistry A,2013,1(15):4779-4785.

[157]Alongi J,Milnes J,Malucelli G,et al. Thermal degradation of DNA-treated cotton fabrics under different heating conditions[J]. Journal of Analytical and Applied Pyrolysis,2014,108:212-221.

[158]Carosio F,Di Blasio A,Alongi J,et al. Green DNA-based flame retardant coatings assembled through layer by layer[J]. Polymer,2013,54(19):5148-5153.

[159]Alongi J,Carletto R A,Bosco F,et al. Caseins and hydrophobins as novel green flame retardants for cotton fabrics [J]. Polymer Degradation and Stability,2014,99:111-117.

[160]Carosio F,Di Blasio A,Cuttica F,et al. Flame retardancy of polyester and polyester-cotton blends treated with caseins[J]. Industrial and Engineering Chemistry Research,2014,53(10):3917-3923.

[161]Bosco F,Carletto R A,Alongi J,et al. Thermal stability and flame resistance of cotton fabrics treated with whey proteins[J]. Carbohydrate Polymers,2013,94(1):372-377.

[162]Wang X,Lu C,Chen C. Effect of chicken-feather protein-based flame retardant on flame retarding performance of cotton fabric[J]. Journal of Applied Polymer Science,2014,131(15):1-8.

[163]Basak S,Ali S W. Sustainable fire retardancy of textiles using bio-macromolecules[J]. Polymer Degradation and Stability,2016,133:47-64.

[164]Basak S,Samanta K K,Saxena S,et al. Self-extinguishable cellulosic textile from spinacia oleracea[J].Indian Journal of Fiber and Textile Research,2017,42(2):215-222.

[165]Basak S,Samanta K K,Chattopadhyay S K,et al. Green fire retardant finishing and combined dyeing of proteinous wool fabric[J]. Coloration Technology,2016,132(2):135-143.

[166] McHale G, Newton M I, Shirtcliffe N J. Water-repellent soil and its relationship to granularity, surface roughness and hydrophobicity：a materials science view[J]. European Journal of Soil Science, 2005, 56(4)：445-452.

[167] Lafumal A, Quere D. Surperhydrophobic states[J]. Nature Materials, 2003, 2：457-460.

[168] 阎克路. 染整工艺学教程[M]. 北京：中国纺织出版社, 2005.

[169] 韩旭, 赵晓明. 表面活性剂对纺织织物的拒水拒油整理研究进展[J]. 成都纺织高等专科学校学报, 2016, 33(4)：185-188.

[170] 杜文琴, 巫莹柱. 接触角测量的量高法和量角法的比较[J]. 纺织学报, 2007, 28(7)：29-32, 37.

[171] Mielczarski J A, Mielczarski E, Galli G, et al. The surface-segregated nanostructure of fluorinated copolymer-poly (dimethylsiloxane) blend films[J]. Langmuir, 2009, 26(4)：2871-2876.

[172] Cai L, Xiang F, Wang S Q, et al. Influence of anchoring phenyl groups to fluoropolyacrylate coatings：synthesis, characterization and hydrophobicity[J]. Progress in Organic Coatings, 2019, 136：105275.

[173] 卿凤翎, 邱小龙. 有机氟化学[M]. 北京：科学出版社, 2007.

[174] 蔡露. 多全氟烷基化功能材料的制备及结构性能研究[D]. 江苏：苏州大学, 2016.

[175] 王树华. 氟化工的安全技术和环境保护[M]. 北京：化学工业出版社, 2005.

[176] 陈荣圻. PFOS禁令及含氟整理剂的替代取向(上)[J]. 染整技术, 2008, 30(3)：1-5.

[177] 章杰. 长链全氟烷基物整理剂替代品的新进展和新问题(二)[J]. 印染, 2018, 44(23)：54-57.

[178] 章杰. 长链全氟烷基物整理剂替代品的新进展和新问题(一)[J]. 印染, 2018, 44(22)：52-56.

[179] 杭志伟. 等离子技术在纺织品上的应用[J]. 江苏丝绸, 2000(2)：10-12.

[180] 何中琴, 译. 连续式低温等离子体处理装置[J]. 印染译丛, 1999(4)：53-60.

[181] 杨文芳, 顾振哑. 低温等离子体技术在纺织品中的应用[J]. 针织工业, 2000(6)：53-55.

[182] 安红玉, 杨建忠, 郭昌盛. 低温等离子体技术在纺织中的应用[J]. 成都纺织高等专科学校学报, 2016, 33(2)：154-157.

[183] 于伟东, 姚江薇. 纺织加工中的等离子体技术应用现状及基本问题[J]. 纺织导报, 2006(4)：19-20, 22-23.

[184] 王成群, 王琛, 贺云云. 低温等离子体技术及其对纤维表面改性的研究进展[J]. 印染助剂, 2007, 24(9)：7-11.

[185] 赵化侨. 等离子化学与工艺[M]. 合肥：中国科技大学出版社, 1993.

[186] 王继业, 谭艳君, 李勇强, 等. 等离子体处理对棉织物染色性能的影响[J]. 纺织科学与工程学报, 2021, 38(2)：19-22, 34.

[187] 邓炳耀, 高卫东, 费燕娜. 常压等离子体处理对羊毛纤维表面性能的影响[J]. 毛纺科技, 2009, 37(12)：17-19.

[188] 贾丽霞, 陈星雨, 刘瑞, 等. 水分对常压射流等离子体处理对羊毛结构的影响[J]. 毛纺科技, 2015, 43(8)：5-9.

[189] 代国亮. 聚酯纤维及织物的电子束辐照改性[D]. 上海：东华大学, 2015.

[190] 陈红, 李响, 薛罡, 等. 当前印染废水治理中的关键问题[J]. 工业水处理, 2015, 35(10)：16-19.

[191] 左岩, 阎光绪, 郭绍辉. 低温等离子体氧化技术在废水处理中的应用[J]. 水处理技术, 2008(7)：1-6.

[192] 李腊梅, 张宏, 黄青. 介质阻挡放电等离子体灭藻过程中藻细胞内含物降解规律的三维荧光光谱研究[J]. 生物学杂志, 2017, 34(2)：21-25.

[193] 刘红玉, 沈诚, 周陈俪, 等. 等离子体技术在废水处理中的应用[J]. 印染, 2009, 35(11)：47-50.

[194]陈瑜,许德玄,王占华,等.低温等离子体降解染料废水[J].水处理技术,2008(9):75-78,87.

[195]王慧娟,李杰,全燮.高压脉冲放电等离子体处理酸性橙Ⅱ染料废水的实验研究[J].2005(9):222-225.

[196]黄芳敏,王红林,严宗诚,等.介质阻挡放电等离子体对亚甲基蓝的降解[J].环境科学与技术,2010,33(2):35-38.

[197]王晓艳,胡中爱,高锦章.接触辉光放电等离子体处理染料废水[J].石化技术与应用,2001,19(6):402.

[198]盏轲,高锦章,胡中爱,等.低温等离子体在废水降解中的应用[J].甘肃环境研究与监测,2002.15(1):64.

[199]李建平,邵林广,曾庆福,等.微波等离子体对铁炭内电解方法的强化作用[J].工业用水与废水,2005,36(6):27-30.

[200]Yibo Hu,Jiaqi Yang,Cheng Feng,Chenggang Jin,Wenli Wang,Lanjian Zhuge,and Xuemei Wu. A Convenient Method to Realize Large-Area APGD for Wool Surface Modification[J]. IEEE TRANSACTIONS ON PLASMA SCIENCE,2019,47(5):2629-2636.

[201]Cheng Feng,Yibo Hu,Jiawei Qian,Chenggang Jin,Lanjian Zhuge,Wenli Wang,Xuemei Wu(2019):The effect of APGD plasma treatment on silk fabric[J]. Surface Engineering. 2020,36(5):485-491.

[202]Cheng Feng,Yibo Hu,Chenggang Jin,Lanjian ZhuGe,Xuemei Wu and Wenli Wang,The effect of atmospheric pressure glow discharge plasma treatment on the dyeing properties of silk fabric[J]. Plasma Sci. Technol.,2020,22(1):015503.